René A. Haefer

Oberflächen- und Dünnschicht-Technologie

Teil I
Beschichtungen von Oberflächen

Mit 114 Abbildungen und 23 Tabellen

Springer-Verlag Berlin Heidelberg NewYork
London Paris Tokyo 1987

Dr. René A. Haefer
Professor, Institut für Festkörperphysik
der Technischen Universität Graz/Österreich
vormals Leiter der Konzerngruppe Physikalische Grundlagen
der Gebrüder Sulzer AG, Winterthur/Schweiz

Dr. rer. nat. Bernhard Ilschner
Professor, Laboratoire de Métallurgie Mécanique
École Polytechnique Fédérale de Lausanne/Schweiz

CIP-Kurztitelaufnahme der Deutschen Bibliothek
Haefer, René A.:
Oberflächen- und Dünnschicht-Technologie / R A Haefer –
Berlin ; Heidelberg , New York ; London ; Paris ; Tokyo · Springer
Teil 1 Beschichtungen von Oberflächen. – 1987
(Werkstoff-Forschung und -Technik ; Bd 5)
ISBN-13: 978-3-540-16723-5   e-ISBN-13: 978-3-642-82835-5
DOI: 10.1007/ 978-3-642-82835-5
NE: GT

Dieses Werk ist urheberrechtlich geschützt. Die dadurch begründeten Rechte, insbesondere die der Übersetzung, des Nachdrucks, des Vortrags, der Entnahme von Abbildungen und Tabellen, der Funksendung, der Mikroverfilmung oder der Vervielfältigung auf anderen Wegen und der Speicherung in Datenverarbeitungsanlagen, bleiben, auch bei nur auszugsweiser Verwertung, vorbehalten. Eine Vervielfältigung dieses Werkes oder von Teilen dieses Werkes ist auch im Einzelfall nur in den Grenzen der gesetzlichen Bestimmungen des Urheberrechtsgesetzes der Bundesrepublik Deutschland vom 9. September 1965 in der Fassung vom 24. Juni 1985 zulässig. Sie ist grundsätzlich vergütungspflichtig. Zuwiderhandlungen unterliegen den Strafbestimmungen des Urheberrechtsgesetzes.

© Springer-Verlag Berlin, Heidelberg 1987

Die Wiedergabe von Gebrauchsnamen, Handelsnamen, Warenbezeichnungen usw. in diesem Werk berechtigt auch ohne besondere Kennzeichnung nicht zu der Annahme, daß solche Namen im Sinne der Warenzeichen- und Markenschutz-Gesetzgebung als frei zu betrachten wären und daher von jedermann benutzt werden dürften

2362/3020-543210

WFT

Werkstoff-Forschung und -Technik
Herausgegeben von B. Ilschner
Band 5

Geleitwort des Herausgebers

In der modernen Technologie ist die Oberfläche eines Werkstoffs weit mehr als nur die Begrenzung seines massiven Querschnitts. Sie ist vielmehr der Ort für alle Wechselwirkungen mechanischer, thermischer, chemischer und elektromagnetischer Art eines Bauteils mit einer Umgebung. Selbst die eigentlich vom Gesamtquerschnitt zu erfüllenden Aufgaben im Bereich der Festigkeit werden – wie im Fall der Ermüdungsbeanspruchung – durch die Existenz freier Oberflächen nachhaltig beeinflußt, indem sie den Durchtritt von Gleitbändern und die Anrißbildung an Mikro-Kerben ermöglichen.

Die Oberfläche ist somit eine empfindliche Fläche. Von ihr gehen Schädigungen und Werkstoffverluste aus – Ursache für volkswirtschaftliche Verluste in Milliardenhöhe. Ihr Schutz ist daher eine Aufgabe von hoher Priorität – Schutz entweder durch Beschichtung mit Zusatzstoffen, oder durch chemische bzw. physikalische Modifizierung der ursprünglichen Oberfläche. In jedem Falle wird eine Funktionstrennung zwischen der Oberfläche (Schutzwirkung, dekorative Aufgaben) und dem massiven Querschnitt angestrebt.

Die *Oberflächen*, so zum Gegenstand hochentwickelter Verfahrenstechnik geworden, sind in ihrer großen Mehrzahl keine monoatomaren Flächen, sondern sie haben eine *Tiefendimension*, auch dann, wenn sie ohne klare Phasengrenze diffus in das Substrat übergehen. Die Oberfläche wird so zur Oberflächen*schicht*, und in logischer Folge verselbständigen sich solche Schichten in der Anwendung zu *Dünnschichten*, und damit zu Funktionsträgern in zahllosen optischen und elektronischen bis hin zu biomedizinischen Anwendungen; dabei übernehmen sie nunmehr die *Hauptfunktion*, während die Unterlage nur noch als *Träger* dient. In diesem Sinne gewinnen dünne Schichten als aktive Bauelemente der Spitzentechnologie zunehmende Bedeutung.

Beide Gruppen von Anwendungen haben zu einer immer schwerer zu überblickenden Vielfalt differenzierter und hochgezüchteter Verfahren geführt, die, zusammengenommen, das aufstrebende interdisziplinäre Fachgebiet der Oberflächen- und Dünnschichttechnologie bilden. Für Herausgeber und Verlag bedeutet es eine große Freude, dem Fachpublikum gerade zu diesem Zeitpunkt die Monographie eines sowohl von der Technik als auch von der akademischen Lehre her hervorragend ausgewiesenen Autors vorlegen zu können, welche die Fülle der Probleme und Verfahren übersichtlich ordnet und den Zugang zu der weit verstreuten Spezialliteratur in rationaler Weise öffnet.

Der Umfang des Werkes entspricht dem Ideenreichtum, der auf der Basis von Physik, Chemie und Allgemeiner Werkstoffwissenschaft in den letzten 2 Jahrzehnten in diese Technologie geflossen ist. Gerade diese Vielfalt auf solider Basis verspricht dem Werk eine große Breitenwirkung in einer besonders dynamischen Entwicklungsphase der internationalen Werkstofforschung und -technik.

Lausanne, im Januar 1987   Bernhard Ilschner

Vorwort

Dieses Buch ist der erste Teil einer auf zwei Bände angelegten Monographie, die in der Absicht entstand, den Fachleuten, die in der Forschung oder Industrie auf den Gebieten der Werkstoffoberflächen und der dünnen Schichten tätig sind, sowie den Studierenden eine Einführung in die Grundlagen und eine Übersicht über die vielfältigen Anwendungen und Verfahren der Oberflächen- und Dünnschichttechnologie zu geben. Diese Arbeit beruht auf einer langjährigen Tätigkeit des Verfassers auf diesem Gebiet sowohl in der Industrie als auch an der Hochschule.

In ihrem praktischen Einsatz haben technische Oberflächen und dünne Schichten eine Vielzahl von Funktionen zu erfüllen. Um nur einige Beispiele zu nennen: in der Optik als reflexionsmindernde, reflexionserhöhende oder absorbierende Schichten; in der Elektrotechnik als Kontakte, Widerstände und Kondensatoren; in der Mikroelektronik als Metallisierungs- und Passivierungsschichten für hochintegrierte Schaltkreise und Halbleiter-Bauelemente; ferner beim Aufbau von Systemen der integrierten Optik, der Optoelektronik, der Kryoelektronik, der Energietechnik und der biomedizinischen Technik. In der chemischen Verfahrenstechnik und im Maschinenbau werden funktionelle dünne Schichten als Schutz gegen Verschleiß, Korrosion und Hochtemperaturoxidation, aber auch als reibungsarme Schichten, Katalysatorschichten und dekorative Schichten verwendet.

Die volkswirtschaftliche Bedeutung der Oberflächen- und Dünnschicht-Technologie ist in den Industrieländern in den letzten Jahren aus folgenden Gründen erheblich gestiegen:

- Viele Hochtechnologie-Anwendungen, an denen mikroelektronische, optische, optoelektronische, magnetische oder kryoelektronische Bauelemente beteiligt sind, wurden durch die vielfach einzigartigen physikalischen und chemischen Eigenschaften dünner Schichten überhaupt erst möglich.
- Der Einsatz funktioneller dünner Schichten zum Schutz gegen Verschleiß, Korrosion und Hochtemperaturoxidation durch eine anwendungsspezifische Oberflächenbehandlung verfügbarer und preiswerter Grundwerkstoffe erlaubt den rationellen Einsatz von Material, eine kostengünstige Fertigung und sparsamen Energieverbrauch bei Erfüllung der Auflagen und Erfordernisse des Umweltschutzes.
- Schließlich kann die Gebrauchsdauer von Bauteilen und Werkzeugen durch entsprechende Oberflächenvergütung zum Teil beträchtlich erhöht werden.

Aus diesen Gründen kommen heute Methoden der Oberflächen- und Dünnschicht-Technologie, welche die Funktion, Qualität und Zuverlässigkeit technischer Produkte sicherstellen, in allen wichtigen Industriebereichen zum Einsatz.

Zur Erzeugung einer Schicht mit bestimmten Eigenschaften stehen im allgemeinen mehr als eine einzige Methode zur Verfügung. So sind beispielsweise auf dem Gebiet der Schutzschichten zur Verschleißhemmung neben die konventionellen, thermochemisch durch Einsatzhärten oder Nitrieren erzeugten Diffusionsschichten im letzten Jahrzehnt Schichten getreten, die durch die verschiedenen PVD (physical vapor deposition)-Methoden, wie Bedampfen, Sputtern und Ionenplattieren, sowie durch CVD (chemical vapor deposition)-Methoden auf das Werkstück aufgetragen werden. In neuester Zeit gewinnen als weitere Verfahren die thermischen Spritzverfahren, insbesondere das Plasma- und das Vakuum-Plasma-Spritzen, ferner die Methoden der Modifizierung der Oberflächeneigenschaften durch Laserstrahlen, Elektronenstrahlen und Ionenimplantation mehr und mehr an Bedeutung.

In der industriellen Praxis werden Oberflächentechnologien meist nicht nach anwendungsspezifischen, sondern nach verfahrenstechnischen Gesichtspunkten unterschieden. Man kann diese Verfahren in zwei große Gruppen einteilen:

I. Methoden zum Auftragen von Schichten auf ein Substrat: Die wichtigsten dieser Beschichtungsverfahren sind außer den PVD- und CVD-Methoden die Plasmapolymerisation, die elektrochemische und chemische Beschichtung, nichtthermische und thermische Spritzverfahren, Auftragschweißen, Plattieren, Schmelztauchen und Rascherstarrung aus der Schmelze.

II. Methoden zur Modifizierung der Randschicht eines Werkstückes durch geeignete Oberflächenbehandlung. Die wichtigsten dieser Verfahren sind: thermochemische Diffusionsverfahren, thermisches Randschichthärten, mechanische Oberflächenverfestigung, Behandlung mit Laserstrahlen und Elektronenstrahlen, Implantation energiereicher Ionen und schließlich Plasma- und Lithographiemethoden zur Strukturierung von Oberflächen.

Angesichts der Vielzahl dieser Methoden, die es in einer modernen Darstellung der Oberflächen- und Dünnschicht-Technologie zu betrachten gilt, erschien es zweckmäßig, den Stoff aufzuteilen und die Methoden der Gruppe I, d. h. der Beschichtung nebst Anwendungen im vorliegenden ersten Band zu behandeln. Die Methoden der Gruppe II, d. h. der Modifizierung von Oberflächen bleiben dem folgenden zweiten Band vorbehalten, in dem auch gewisse Anwendungen zusammenfassend dargestellt werden, an denen Herstellungsmethoden aus beiden Gruppen beteiligt sind.

Die Monographie soll eine Lücke schließen zwischen dem weit verstreuten Schrifttum über die physikalischen Grundlagen der Oberflächenphänomene und den Einzelbeschreibungen der oberflächentechnologischen Verfahren. Um bei einem gegebenen Oberflächenproblem entscheiden zu können, welches Verfahren, welcher Werkstoff und welche Versuchsbedingungen anzuwenden sind, muß man über entsprechende Kenntnisse verfügen. Solches Wissen an Hand von vielen Ausführungsbeispielen und zahlreichen weiterführenden Literaturhinweisen praxisorientiert zu vermitteln, ist das besondere Anliegen des Buches.

Mein besonderer Dank gilt Herrn Professor Dr. B. Ilschner, École Polytechnique Fédérale de Lausanne, für zahlreiche Hinweise und Diskussionen. Auch den Kollegen in vielen Industriefirmen und Forschungszentren, die mir Testdaten und Bilder zur Verfügung stellten, möchte ich an dieser Stelle herzlich danken. Dem Verlag danke ich für die sorgfältige Ausstattung des Buches und dafür, daß er auf meine Wünsche stets bereitwillig einging.

Graz, im Januar 1987 R. A. Haefer

Inhaltsverzeichnis

1	**Oberflächentechnologien – ein Überblick**	1
1.1	Einleitung	1
1.2	Überblick über Beschichtungsmethoden und ihre Anwendungen	3
1.2.1	PVD-Prozesse	5
1.2.2	CVD-Prozesse	7
1.2.3	Plasmapolymerisation	8
1.2.4	Elektrochemische Abscheidung	8
1.2.5	Chemische Abscheidung	9
1.2.6	Thermische Spritzverfahren	9
1.2.7	Auftragschweißen	11
1.2.8	Plattier-Verfahren	12
1.2.9	Abscheidung aus der metallischen Schmelze	12
1.2.10	Abscheidung von Schichten aus organischen Polymeren	13
1.2.11	Schichtdickenbereiche und Aufwachsraten	13
1.3	Überblick über die Methoden zur Modifizierung der Randschicht	13
1.4	Zur Unterscheidung: dünne Schicht – dicke Schicht	15
1.5	Zum Aufbau des Buches	16
2	**Haftfestigkeit und Mikrostruktur der Schichten, Vorbehandlung der Substrate**	18
2.1	Einleitung	18
2.2	Übergangs(Interface)-Zone zwischen Substrat und Schicht	19
2.2.1	Keimbildung und Schichtaufbau	19
2.2.2	Mechanischer Übergang	19
2.2.3	Monoschicht/Monoschicht-Übergang	19
2.2.4	Verbindungsübergang	20
2.2.5	Diffusionsübergang	20
2.2.6	Pseudodiffusionsübergang	21
2.3	Mikrostruktur von PVD-Kondensaten	21
2.3.1	Strukturzonen-Modelle	21
2.3.2	Einfluß des Inertgasdruckes auf die Struktur	24
2.3.3	Einfluß des Ionenbombardements auf die Struktur	24
2.4	Inkorporation von Fremdatomen	25
2.5	Innere Spannungen in der Schicht	26
2.6	Haftfestigkeit der Schicht	28
2.7	Zeitliche Änderungen der Haftfestigkeit	29
2.8	Folgerungen in bezug auf die Vorbereitung der Substrate	29
2.8.1	Glas- und Oxidkeramik-Oberflächen als Substrate	30

2.8.1.1	Vorreinigung	30
2.8.1.2	Glimmentladungsreinigung	31
2.8.1.3	Sputterreinigung	31
2.8.1.4	Möglichkeiten zur Verbesserung der Haftfestigkeit	31
2.8.2	Metalloberflächen als Substrate	32
2.8.3	Organische Polymere als Substrate	32
3	**Meß- und Prüftechnik von Oberflächen und dünnen Schichten**	**34**
3.1.	Messung der Schichtdicke und der Depositionsrate	34
3.1.1	Gravimetrische Methoden	34
3.1.1.1	Schwingquarz-Methode	35
3.1.1.2	Mikrowägung	37
3.1.1.3	Dosierte Massezufuhr	37
3.1.1.4	Quantitative Beschichtung	37
3.1.2	Optische Methoden	38
3.1.2.1	Photometer-Methode	38
3.1.2.2	Weitere optische Methoden	40
3.1.3	Direkte Meßmethoden	41
3.1.3.1	Stylus-Methode	41
3.1.3.2	Messung mit dem Licht- und dem Elektronenmikroskop	41
3.1.4	Auf der Messung elektrischer oder magnetischer Größen beruhende Methoden	41
3.1.4.1	Widerstandsmeßmethode	41
3.1.4.2	Kapazitätsmeßmethode	41
3.1.4.3	Wirbelstrommeßmethode	42
3.1.4.4	Coulometrische Meßmethode	42
3.1.4.5	Magnetische Meßmethode	42
3.1.4.6	Methode der Durchschlagspannung	43
3.1.4.7	Ultraschall-Impulsecho-Methode	43
3.1.5	Auf Teilchen-Wechselwirkungen beruhende Methoden	43
3.1.5.1	Verdampfungsrate-Monitor und optische Emissionsspektrometrie	43
3.1.5.2	Weitere auf Wechselwirkungen beruhende Methoden	45
3.2	Analyse der chemischen Zusammensetzung	47
3.2.1	Elektronenstrahl-Mikroanalyse (EPM)	47
3.2.2	Auger-Elektronenspektroskopie (AES)	47
3.2.3	Photoelektronenspektroskopie (ESCA)	48
3.2.4	Sekundärionen-Massenspektrometrie (SIMS)	49
3.2.5	Sekundär-Neutralteilchen-Massenspektrometrie (SNMS)	50
3.2.6	Ionen-Streuspektroskopie (ISS)	50
3.2.7	Rutherford-Rückstreuungsspektroskopie (RBS) und andere Hochenergiemethoden	51
3.2.8	Zur Anwendung der Oberflächenanalytik	52
3.3	Untersuchung der mikrogeometrischen und der kristallinen Struktur	53
3.4	Untersuchung physikalischer Eigenschaften der Schichten	53
3.5	Untersuchung mechanisch-technologischer Eigenschaften	54
3.5.1	Mikrohärte	54

Inhaltsverzeichnis XI

3.5.2	Haftfestigkeit	54
3.5.3	Reibung und Verschleiß	55
3.5.4	Eigenspannungen	55
3.6	Funktionsorientierte Prüfverfahren	55
4	**Plasmen in der Oberflächentechnologie**	**56**
4.1	Einleitung	56
4.2	Erzeugung von Niederdruckplasmen	56
4.3	Plasmakenngrößen	58
4.3.1	Trägerdichte und Ionisierungsgrad	58
4.3.2	Elektronen- und Ionentemperatur	59
4.3.3	Mittlere freie Weglänge und Wirkungsquerschnitte	60
4.3.4	Stoßfrequenzen	62
4.3.5	Beweglichkeiten und Diffusionskoeffizienten	62
4.3.6	Elektrische Leitfähigkeit	62
4.3.7	Teilchenbewegung im Magnetfeld	63
4.4	Kollektive Phänomene	64
4.4.1	Kenngrößen	64
4.4.2	Raumladungsschichten und Ströme auf Elektroden im Plasma	65
4.4.3	Bestimmung der Plasmaparameter	67
4.5	Hochfrequenzentladungen und das Prinzip des HF-Sputterns	68
4.6	Reaktionen im Plasma	70
4.6.1	Volumenreaktionen	70
4.6.2	Oberflächenreaktionen	71
4.6.2.1	Reaktionen durch Ionenbombardement	71
4.6.2.2	Reaktionen durch Elektronenbombardement	72
5	**Bedampfungstechniken**	**73**
5.1	Einleitung	73
5.2	Grundlagen des Bedampfungsprozesses	74
5.2.1	Forderungen an den Restgasdruck	74
5.2.2	Zum Vakuumsystem	75
5.2.3	Verdampfungsrate und Dampfdruck	76
5.2.4	Räumliche Verteilung der Dampfstromdichte und Verteilung der Schichtdicke auf verschiedenen Substraten	76
5.2.5	Substratträger und Schichtdickengleichmäßigkeit	78
5.2.6	Aufdampfmaterialien	80
5.2.6.1	Chemische Elemente	80
5.2.6.2	Chemische Verbindungen	80
5.2.6.3	Legierungen, Mischungen	81
5.2.7	Spezielle Verfahren zur Erzielung von Schichten definierter Zusammensetzung	81
5.2.7.1	Mehrquellenverdampfung	81
5.2.7.2	Eintiegelverdampfung mit kontinuierlicher Materialnachlieferung	82
5.2.7.3	Flash-Verdampfung	83

5.2.7.4	Reaktive Bedampfung	83
5.2.7.5	Aktivierte reaktive Bedampfung	83
5.3	Verdampfungsquellen	85
5.3.1	Widerstandsheizung	85
5.3.1.1	Direkte Widerstandsheizung	85
5.3.1.2	Indirekte Widerstandsheizung	86
5.3.2	Induktive Heizung	86
5.3.3	Elektronenstrahlverdampfer	87
5.3.3.1	Verdampfer mit Transversal-Elektronenkanone	87
5.3.3.2	Verdampfer mit Axial-Elektronenkanone	88
5.3.4	Weitere Verdampfungsmethoden	88
5.3.5	Kontinuierliche Verdampfung	89
5.4	Automatische Pumpstand- und Verdampfungssteuerungen	89
5.5	Ausführungsformen von Beschichtungsanlagen	90
5.6	Anwendungen	94
6	**Sputtertechniken**	**95**
6.1	Einleitung	95
6.2	Gesetzmäßigkeiten des Sputterprozesses	96
6.2.1	Sputtern von elementaren, polykristallinen Materialien	96
6.2.1.1	Sputterausbeute	96
6.2.1.2	Energie- und Winkelverteilung der abgestäubten Atome	99
6.2.1.3	Mechanismus des Sputterprozesses	99
6.2.2	Sputtern von Legierungen	100
6.2.3	Sputtern von Verbindungen	101
6.2.4	Reaktives Sputtern	101
6.3	Praktische Ausführung verschiedener Sputtertechniken	102
6.3.1	Planare Dioden mit Gleich- und HF-Spannung	102
6.3.2	Triodensystem mit fremderregtem Plasma	105
6.3.3	Magnetron-Sputtersysteme	105
6.3.3.1	Zylindrische Magnetrons mit elektrostatischem Plasmaeinschluß	107
6.3.3.2	Zylindrische Magnetrons mit magnetischem Plasmaeinschluß	109
6.3.3.3	Planare Magnetrons und Sputter-Gun-Magnetrons	110
6.3.3.4	Hochfrequenzbetriebene Magnetrons	110
6.3.4	Ionenstrahl-Sputtern	110
6.3.5	Sputtertargets	111
6.3.5.1	Herstellung der Targetmaterialien	111
6.3.5.2	Kühlung der Targets	112
6.3.5.3	Mit planaren Magnetrons erzielbare Depositionsraten	114
6.3.6	Sputteranlagen	115
6.3.7	Anwendungen der Sputtertechniken	117
6.3.7.1	Anwendungen in der Elektronikindustrie	118
6.3.7.2	Optische Anwendungen	118
6.3.7.3	Reibungsarme Schichten	118
6.3.7.4	Verschleißfeste harte Schichten	120
6.3.7.5	Dekorative Schichten	120

Inhaltsverzeichnis   XIII

7	**Ionenplattieren**	121
7.1	Einleitung	121
7.2	Mechanismus des Ionenplattierens	121
7.2.1	Beispiel eines Ionenplattierprozesses	121
7.2.2	Wirkungen des Teilchenbombardements auf die Substratoberfläche	123
7.2.3	Bildung der Interfaceschicht unter dem Einfluß des Teilchenbombardements	124
7.2.4	Einflüsse des Teilchenbombardements auf die Struktur und andere Eigenschaften der Schichten	124
7.2.5	Reaktives Ionenplattieren (RIP)	126
7.3	Ausführungsformen von Ionenplattier-Anlagen	126
7.3.1	Ionenplattieren mit DC-Glimmentladung	127
7.3.2	Ionenplattieren im Hochvakuum mit separater Ionenquelle	128
7.3.3	Ionenplattieren mit HF-Entladung	128
7.3.4	Ionenplattieren mit Plasmastrom	129
7.3.5	Ionenplattieren mit Triodenanordnung	130
7.3.6	Ionenplattieren mit elektronenstrahl-induziertem Plasma	131
7.3.7	Ionenplattieren mit Magnetron-Sputtertarget	132
7.3.8	Ionenplattieren mit Hohlkathoden-Bogenentladung	133
7.3.9	Ionenplattieren mit Niedervolt-Bogenentladung	134
7.3.10	Ionenplattieren mit thermischem Bogen (Arc-Verdampfung)	135
7.3.11	Ionenplattieren mit Ionen-Cluster-Strahl	136
7.4	Anwendungen des Ionenplattierens	137
7.4.1	Verschleißschutzschichten auf Werkzeugen und Bauteilen	137
7.4.2	Minderung der Reibung von Metalloberflächen	140
7.4.3	Fügetechnik (Bonding)	141
7.4.4	Korrosionsschutz	141
7.4.5	Anwendungen in der Elektronik	141
7.4.6	Optische Schichten	142
7.4.7	Dekorative, goldfarbene TiN-Schichten	142
8	**Chemische Abscheidung aus der Gasphase: CVD-Verfahren**	143
8.1	Das CVD-Verfahren	143
8.2	Theoretische Grundlagen	145
8.3	CVD-Reaktoren	146
8.4	Eigenschaften der CVD-Schichten	148
8.4.1	Interface-Zone und Struktur der Schichten	148
8.4.2	Duktilität, Sprödigkeit	149
8.4.3	Haftfestigkeit	150
8.4.4	Schichtdicke, Abscheidungsrate und Gleichmäßigkeit	150
8.4.5	Reibungs- und Verschleißverhalten	150
8.5	Anwendungen von CVD-Schichten	151
8.5.1	Verschleiß-Schutzschichten	151
8.5.1.1	Beschichtete Werkzeuge aus Hartmetall	151
8.5.1.2	Beschichtete Werkzeuge aus Stahl	152
8.5.1.3	Instrumentenlager und Wälzlager	153

8.5.1.4	Weitere Beispiele für Verschleißschutzschichten	154
8.5.2	Korrosions-Schutzschichten	156
8.5.3	Spezielle Werkstoffe und Bauelemente	156
8.5.3.1	Materialien für die Halbleitertechnologie	156
8.5.3.2	Pyrolithischer Graphit	157
8.5.3.3	Pyrolithischer Kohlenstoff	157
8.5.3.4	Kompositwerkstoffe	157
8.5.3.5	Mikrokugeln und durch CVD erzeugte Bauteile	158
8.5.3.6	Oberflächen mit dendritischer Struktur für die Energietechnik	158
8.5.4	Lichtwellenleiter	158
8.5.4.1	CVD-Abscheidung auf rotierendem Substratstab, OVPO-Prozeß	160
8.5.4.2	CVD-Abscheidung auf der Stirnfläche eines Quarzstabes, VAD-Prozeß	160
8.5.4.3	CVD-Abscheidung auf der Innenfläche eines rotierenden Quarzrohres, MCVD-Prozeß	160
8.5.4.4	Varianten des MCVD-Prozesses	160
8.5.4.5	Faserziehtechnologie	161
8.5.4.6	Weitere Herstellungsverfahren von Lichtwellenleitern	161
9	**Plasma-aktivierte chemische Dampfabscheidung (PACVD)**	**162**
9.1	Einleitung	162
9.2	Physikalische und chemische Grundlagen des PACVD-Prozesses	162
9.2.1	Das Plasma beim PACVD-Prozeß	162
9.2.2	Plasmachemische Reaktionen	164
9.2.3	Schichtwachstum	165
9.3	Praktische Ausführung von PACVD-Reaktoren	168
9.4	Ergebnisse und Anwendungen	169
9.4.1	Harter amorpher Kohlenstoff (a-C:H)	169
9.4.2	Metall-Kohlenstoff-Schichten	172
9.4.3	Amorphes Silizium (a-Si)	172
9.4.3.1	Passivierung der Strukturdefekte von a-Si	172
9.4.3.2	Präparation von a-Si:H	173
9.4.3.3	Dotierung von a-Si:H	173
9.4.3.4	Mikrokristallines Silizium µx-Si:H	173
9.4.3.5	Weitere Präpationsmethoden für Si-Schichten	173
9.4.3.6	Anwendungen der a-Si:H-Technologie	175
9.4.4	Siliziumnitrid	175
9.4.5	Siliziumoxid und Siliziumoxinitrid	176
9.4.6	Siliziumcarbid	176
9.4.7	Weitere durch PACVD darstellbare Materialien	176
9.4.8	Plasmadotieren	177
10	**Plasmapolymerisation**	**178**
10.1	Merkmale der Plasmapolymerisation	178
10.2	Reaktoren	178
10.3	Monomere	179

Inhaltsverzeichnis

10.4	Depositionsraten plasmapolymerisierter Schichten als Funktion der Prozeßparameter	180
10.5	Anlagen für die Plasmapolymerisation	182
10.6	Anwendungen der Plasmapolymerisation	182
10.6.1	Membrantechnik	182
10.6.1.1	Inverse Osmose	182
10.6.1.2	Gastrennung	183
10.6.1.3	Diffusionsbarrieren gegen Gasabgabe und Permeation	183
10.6.2	Optische Schichten	184
10.6.2.1	Schutzschichten auf Metallspiegeln für die Solartechnik	184
10.6.2.2	Antireflexschichten auf Plexiglas (PMMA)	184
10.6.2.3	Antireflexschichten auf Fenstern von IR-Lasern	184
10.6.2.4	Lichtleiter für die integrierte Optik	185
10.6.3	Elektronik	185
10.6.3.1	Plasmapolymerisierte MMA-Filme für die Elektronenstrahllithographie	185
10.6.3.2	Schutzfilme für elektronische Bauelemente	185
10.6.3.3	Dünnschicht-Bauelemente	186
10.6.4	Kunststofftechnik	186
10.6.5	Biomedizinische Technik	186
10.6.6	Pharmazeutische Technik	186
11	**Elektrochemische und chemische Verfahren zur Herstellung von Schichten**	187
11.1	Überblick	187
11.2	Galvanische Abscheidung von Schichten	188
11.2.1	Abscheidung aus wässerigen Elektrolyten	188
11.2.1.1	Grundlagen	188
11.2.1.2	Die experimentellen Parameter	191
11.2.1.3	Struktur und Eigenschaften der Metallschichten	194
11.2.1.4	Zur Ausführung des galvanischen Prozesses	195
11.2.1.5	Anwendungen von galvanischen Metall- und Legierungsschichten	195
11.2.1.6	Diffusionsschichten	197
11.2.1.7	Galvanisch abgeschiedene Dispersionsschichten	198
11.2.1.8	Beschichtung durch eine Verdrängungsreaktion an der Kathode	200
11.2.2	Galvanische Abscheidung aus nichtwässerigen Elektrolyten	200
11.2.2.1	Galvanisches Aluminieren	200
11.2.2.2	Halbleitende Metallchalcogenide	201
11.2.3	Elektrolytische Abscheidung aus der Salzschmelze	201
11.2.3.1.	Zur Ausführung des Prozesses	201
11.2.3.2	Eigenschaften der Schichten	202
11.2.3.3	Anwendungen der Abscheidung aus der Salzschmelze	203
11.2.4	Galvanoformung	203
11.3	Anodische Oxidation	204
11.3.1	Die auf Aluminium entstehende Sperrschicht	204
11.3.2	Die auf Aluminium entstehende Duplexschicht	205

11.3.3	Duplexschichten und ihre Eigenschaften	206
11.3.4	Aluminium-Hartoxid-Schichten	207
11.3.5	Anodische Oxidation weiterer Metalle	208
11.4	Elektrochemische Spezialverfahren	208
11.4.1	Elektrophorese	208
11.4.2	Elektrotauchlackierung	209
11.4.3	Elektropolieren	210
11.5	Chemische Herstellung von Schichten aus der Lösung	211
11.5.1	Chemisch-reduktive Abscheidung	211
11.5.1.1	Beschichten durch autokatalytische Reduktion (electroless plating)	211
11.5.1.2	Anwendungen des außenstromlosen, autokatalytischen Beschichtens	212
11.5.1.3	Weitere chemisch-reduktive Beschichtungsverfahren	213
11.5.2	Beschichten durch Pyrolyse-Sprühverfahren	213
11.5.3	Chemische Umwandlung von Metalloberflächen durch Chromatieren und Phosphatieren	214
12	**Thermische Spritzverfahren**	**215**
12.1	Einleitung	215
12.2	Verfahren der thermischen Spritztechnik	216
12.2.1	Flammspritzverfahren	216
12.2.2	Detonationsspritzverfahren	217
12.2.3	Lichtbogenspritzverfahren	218
12.2.4	Plasmaspritzverfahren	219
12.2.5	Vakuum-Plasmaspritzverfahren (VPS)	222
12.2.6	Weitere thermische Spritzverfahren	224
12.2.7	Substrate und ihre Vorbereitung	224
12.2.8	Werkstoffe für Spritzverfahren	225
12.3	Eigenschaften der thermisch gespritzten Schichten	226
12.3.1	Struktur der Schichten	226
12.3.2	Dichte und Porosität	228
12.3.3	Oberflächenbeschaffenheit	228
12.3.4	Haftfestigkeit und innere Spannungen	229
12.3.5	Härte und Duktilität	230
12.4	Anwendungen der thermischen Spritzverfahren	230
12.4.1	Schutzschichten gegen Verschleiß	230
12.4.2	Schutzschichten gegen Korrosion	233
12.4.3	Wärmebarrieren	234
12.4.4	Schutzschichten gegen Hochtemperaturkorrosion	235
12.4.5	Herstellung ganzer Bauteile durch Plasmaspritzen	237
12.4.6	Einlauf- und Anlaufschichten	237
12.4.7	Reparatur von Schichten und Bauteilen	239
12.4.8	Oberflächen mit besonderen Eigenschaften, hergestellt durch Plasma- und Vakuum-Plasmaspritzen	239
13	**Auftragschweißen und Plattieren**	**242**
13.1	Überblick	242
13.2	Verfahren des Auftragschweißens	243

13.2.1	Flammen-Auftragschweißen	244
13.2.2	Lichtbogen-Auftragschweißen	244
13.2.2.1	Wolfram-Inertgas (WIG)-Auftragschweißen	245
13.2.2.2	Metall-Inertgas (MIG)-Auftragschweißen	245
13.2.2.3	Metall-Aktivgas (MAG)-Auftragschweißen	245
13.2.2.4	Unter-Pulver (UP)-Auftragschweißen	245
13.2.3	Elektro-Schlacke (ES)-Auftragschweißen	246
13.2.4	Plasma-Auftragschweißen	247
13.2.4.1	Plasma-Pulver- und Plasma-MIG-Auftragschweißen	247
13.2.4.2	Plasma-Heißdraht-Auftragschweißen	248
13.2.5	Zur Auswahl des Schichtmaterials	248
13.2.6	Anwendungen des Auftragschweißens	250
13.2.6.1	Beschichten von Maschinenteilen	250
13.2.6.2	Schweißplattieren in der Halbzeugfertigung	250
13.3	Plattier-Verfahren	251
13.3.1	Gießplattieren	251
13.3.2	Walzplattieren	252
13.3.3	Sprengplattieren	252
13.3.4	Punktplattieren	253
13.3.5	Reibplattieren	254
13.3.6	Aluminothermisches Plattieren	254
14	**Durch Schmelztauchen und Rascherstarrung erzeugte Metallschichten**	255
14.1	Schmelztauchverfahren	255
14.1.1	Diskontinuierliches Schmelztauchverfahren	255
14.1.2	Kontinuierliches Schmelztauchverfahren	256
14.1.3	Eigenschaften und Anwendungen von Schmelztauchüberzügen auf Stahlband und Feinblech	257
14.1.3.1	Zinküberzüge	257
14.1.3.2	Aluminiumüberzüge	258
14.1.3.3	Zinnüberzüge	258
14.1.3.4	Bleiüberzüge	258
14.1.3.5	Weitere Metallüberzüge	259
14.2	Rascherstarrung aus der Schmelze (liquid quenching)	259
14.2.1	Herstellung metallischer Gläser	259
14.2.2	Eigenschaften und Anwendungen metallischer Gläser	260
14.2.3	Weitere Verfahren zur Erzeugung amorpher Metalle	261
15	**Schichten aus organischen Polymeren und dispersen Systemen**	262
15.1	Beschichtungsmaterialien	262
15.2	Mechanismen der Schichtbildung	262
15.3	Lösungsmittelarme Lacke	263
15.4	Anwendungen von Polymerschichten	264
15.4.1	Dekorative Schichten	264
15.4.2	Schutz vor Korrosion und Verwitterung	265

15.4.3	Reibungsarme Polymerschichten	265
15.4.4	Antistatische Polymerschichten	266
15.4.5	Elektrische Anwendungen	266
15.5	Vorbehandlung der Substrate	267
15.6	Beschichtungsverfahren	267
15.6.1	Mechanische Verfahren	267
15.6.1.1	Lackieren und Drucken	267
15.6.1.2	Siebdruck elektrischer Schaltungen	268
15.6.1.3	Tauch-, Spin- und Gießbeschichten	268
15.6.1.4	Laminieren von Polymerschichten	269
15.6.2	Thermische Verfahren	269
15.6.2.1	Extrusion aus der Schmelze	269
15.6.2.2	Fließbettbeschichten	269
15.6.3	Spritzverfahren	270
15.6.3.1	Mechanische Spritzverfahren	270
15.6.3.2	Elektrostatische Spritzverfahren	270
15.6.3.3	Thermische Spritzverfahren	271
15.6.4	Weitere Verfahren zur Herstellung polymerer Schichten	271
15.7	Anwendungen des Tauchverfahrens und des elektrostatischen Spritzens auch auf andere nichtmetallische Werkstoffe	271

Tabellenanhang

Physikalische Eigenschaften von Schichtmaterialien für verschiedene Beschichtungsprozesse und Hinweise auf Anwendungen 273

A 1	Chemische Elemente als Schichtmaterialien für PVD- und CVD-Prozesse	273
A 2	Anwendungen chemischer Elemente als Schichtmaterialien in der Elektronik, Optik und Oberflächenvergütung	275
A 3	Fluoride als Schichtmaterialien für PVD-Prozesse und Anwendungen	279
A 4	Oxide und Oxid-Verbindungen als Schichtmaterialien für PVD-, CVD- und Tauchprozesse und Anwendungen	282
A 5	Nichtoxidische Chalcogenide und einige Halbleiter als Schichtmaterialien und deren technische Anwendungen	287
A 6	Legierungen und Cermets als Schichtmaterialien für PVD-Prozesse	289
A 7	Boride als Schichtmaterialien und deren Anwendungen	290
A 8	Carbide als Schichtmaterialien und deren Anwendungen	291
A 9	Nitride als Schichtmaterialien und deren Anwendungen	292
A 10	Silicide als Schichtmaterialien und deren Anwendungen	294

Literatur 295

Sachverzeichnis 327

1 Oberflächentechnologien — ein Überblick

1.1 Einleitung

Materialoberflächen sind Einflüssen der Umgebung ausgesetzt. An der Oberfläche treten am Festkörper Korrosion und Verschleiß auf. An seiner Oberfläche steht der Festkörper auch in Wechselwirkung mit Licht und anderen äußeren elektrischen und magnetischen Feldern. Mit der fortschreitenden Miniaturisierung mechanischer, elektronischer, optischer und optoelektronischer Komponenten vergrößert sich das Verhältnis von Oberfläche zu Volumen der beteiligten Materialien. In der modernen Materialforschung und der technischen Anwendung gewinnen daher Oberflächeneigenschaften immer mehr an Bedeutung. Jedoch stehen die geforderten mechanischen, elektrischen, optischen oder chemischen Oberflächeneigenschaften oft im Gegensatz zu den gewünschten Volumeneigenschaften, wie etwa einfache Herstellbarkeit, geringe Materialkosten und hohe Festigkeit.

Aus diesen Gründen sind die meisten Bauteile der Hochtechnologie-Anwendungen Komposite, d. h. sie besitzen einen oberflächennahen Bereich mit Eigenschaften, die von denen des darunter liegenden Materials verschieden sind. Beispielsweise kann von einem Maschinenteil sowohl große Härte (und damit geringer Verschleiß bei tribologischer Beanspruchung) als auch große Zähigkeit, d.h. Widerstand gegen Bruchausbreitung, verlangt werden. Eine solche Kombination kann in einem Verbundmaterial verwirklicht werden, das eine Randzone großer Oberflächenhärte und einen zähen Kern besitzt. Von anderen Komponenten des Maschinenbaues und der Verfahrenstechnik, etwa den Schaufeln der Hochtemperaturstufe von Gasturbinen oder den Wänden von Hochtemperaturreaktoren, werden bei hoher Temperatur sowohl große Korrosionsbeständigkeit als auch große Festigkeit gefordert. Die Lösung besteht wieder darin, daß die eine Eigenschaft, die Korrosionsbeständigkeit, durch die Oberfläche und die andere durch das darunter liegende Material gewährleistet wird.

Eine Fülle weiterer Beispiele stellen die dünnen Schichten dar, die in der optischen Industrie als Laser-Spiegel, Antireflexionsschichten etc. auf entsprechende, die mechanische Festigkeit und andere Eigenschaften sicherstellende Substrate aufgebracht werden. Und ebenso auch die dünnen Schichten in optoelektronischen, magnetischen, mikroelektronischen und anderen Bauelementen der modernen Technik, die erst aufgrund der vielfach einzigartigen physikalischen und chemischen Eigenschaften dünner Schichten herstellbar sind.

Abbildung 1.1 gibt einen Überblick über die vielfältigen Anwendungen der Oberflächen- und Dünnschicht-Technologie, die in der vorliegenden, zwei Bände umfassen-

neue Werkstoffe
harter, amorpher („diamantartiger") Kohlenstoff, a-C:H
pyrolithischer Kohlenstoff (p-C)
amorphes Silicium (a-Si:H)
metastabile Phasen   metallische Gläser
Spharoidisierung hochschmelzender Werkstoffe, Ø 1μm...500 μm
ultrafeine Pulver mit Ø 10 nm
hochreines Silicium (Semiconductor grade Si)
hochreine Verbindungshalbleiter, z B   GaAs
dampfungsarme Lichtwellenleiter

Verfahrenstechnik / Maschinenbau
Oberflachenpassivierung durch Metall-, anorganische und organische Schichten
tribologische Anwendungen   Schutzschichten gegen Verschleiß, Erosion, Korrosion
harte Schichten für Schneid- und Stanzwerkzeuge
Schutz gegen Hochtemperaturkorrosion
reibungsarme Schichten
haftvermittelnde Schichten (Fugetechnik)
freitragende Strukturen aus refraktoren Metallen (Raketendusen, Tiegel, Rohre)
dekorative Schichten
Katalysatorschichten
Membrantechnik für Meerwasserentsalzung
Umhullung von Kernbrennstoffen mit p-C

Energietechnik
Solarstrahlungskollektoren
Solarzellen
Warmedammung durch Beschichten von Architekturglas und Plastikfolien
metallbeschichtete Folien zur thermischen Isolation

Optik
Antireflexionsschichten
reflektierende Schichten   Metalle und Dielektrika
Interferenzfilter
Dunnschicht-Polarisatoren
Strahlenteiler
integrierte Optik
Laser-Optik

Optoelektronik
Photodetektoren
photovoltaische Zellen
Bildubertragung
Elektrophotographie
Elektrolumineszenz-Zellen
optische Speicher

magnetische Schichten
magnetische Schalter
Computer-Speicher
Magnetkopfe
magnetische Displays

Elektronik / Mikroelektronik
passive Dunnschichtelemente   Widerstande, Kapazitaten, Leiterbahnen, Kontakte
aktive Dunnschichtelemente   Transistoren, Dioden
integrierte Schaltkreise (VLSI, Very Large Scale Integrated circuits)
SAW (Surface Acoustic Wave)-Elemente
CCD (Charge Coupled Device)-Elemente

Kryoelektronik
supraleitende dunne Schichten, Schalter und Speicherzellen
Tunnelanordnungen für Quasiteilchen und Cooper-Paare
SQUIDs (Superconducting Quantum Interference Devices)
Superisolation für Kryotechnik

thermische Detektoren
Bolometer
Thermometer
photothermische Wandler

biomedizinische und pharmazeutische Technik
biologisch kompatible Filme aus p-C auf Implantaten
neurologische Mikrosonden, Hullen für Depotpharmaka

Abb. 1.1. Anwendungsgebiete der Oberflächen- und Dünnschicht-Technologie

den Monographie im Zusammenhang mit den dazu erforderlichen Fertigungsmethoden behandelt werden. Damit die jeweiligen Bauelemente den an sie gestellten Forderungen genügen, ist ihre Herstellungsmethode nach materialtechnischen, verfahrenstechnischen und anwendungsspezifischen Gesichtspunkten auszuwählen. Sieht man von den herkömmlichen Verfahren des Umformens und Trennens ab, so lassen sich diese Methoden in zwei Hauptgruppen einteilen:
I. Methoden zum Auftragen von Schichten auf einen Festkörper, und
II. Methoden zur Modifizierung der Randzone des Festkörpers durch geeignete Oberflächenbehandlungen.

Die Verfahren der Gruppe I nebst Anwendungen werden im vorliegenden Teil I, und die Verfahren der Gruppe II nebst Anwendungen im folgenden Teil II dargestellt. Ein Überblick über diese Verfahren und ihre wichtigsten Anwendungen soll im folgenden gegeben werden.

1.2 Überblick über Beschichtungsmethoden und ihre Anwendungen

Das Beschichten von Oberflächen kann durch die in Abb. 1.2 aufgeführten Verfahren erfolgen. Die Einteilung der Prozesse ist dabei so getroffen, daß das Schichtmaterial dem Substrat

- bei den ersten fünf Verfahrensgruppen (PVD-Prozesse, CVD-Prozesse, Plasmapolymerisation, elektrochemische Abscheidung, chemische Abscheidung) atomistisch, d. h. in Form von Atomen, Molekülen, Ionen oder Clustern von diesen zugeführt wird,
- bei den nächsten beiden Verfahrensgruppen (thermische Spritzverfahren, Auftragschweißen) in Form von flüssigen oder festen Partikeln makroskopischer Abmessungen von mehr als 10 µm ⌀, und
- bei den folgenden beiden Gruppen (Plattieren, Abscheidung aus der metallischen Schmelze) als kompaktes Material im flüssigen oder festen Zustand.
- Bei der letzten Gruppe schließlich, der Abscheidung von organischen Polymeren, wird das Schichtmaterial als Lösung oder — allgemeiner — als disperses System, d. h. als Kombination aus einem flüssigen oder gasförmigen Dispersionsmittel und makroskopischen Partikeln auf das Substrat aufgetragen.

In gewissen Fällen erschien es ratsam, von der genannten Klassifikation abzuweichen: So wurde die Elektrophorese, obgleich dabei makroskopische Partikel abgeschieden werden, mit Rücksicht auf ihren Zusammenhang mit der elektrochemischen Abscheidung in deren Sonderverfahren eingereiht. Die Probleme der Klassifikation der Beschichtungsmethoden, auch nach anderen Gesichtspunkten als dem hier angewandten, sind in [1.1; 1.2] diskutiert.

Um angesichts der Vielfalt der Verfahren die Orientierung im vorliegenden Buch zu erleichtern, sollen — nach Art einer Zusammenfassung — die einzelnen Beschichtungsmethoden kurz erläutert und ihre jeweiligen Anwendungen genannt werden.

1 Oberflächentechnologien — ein Überblick

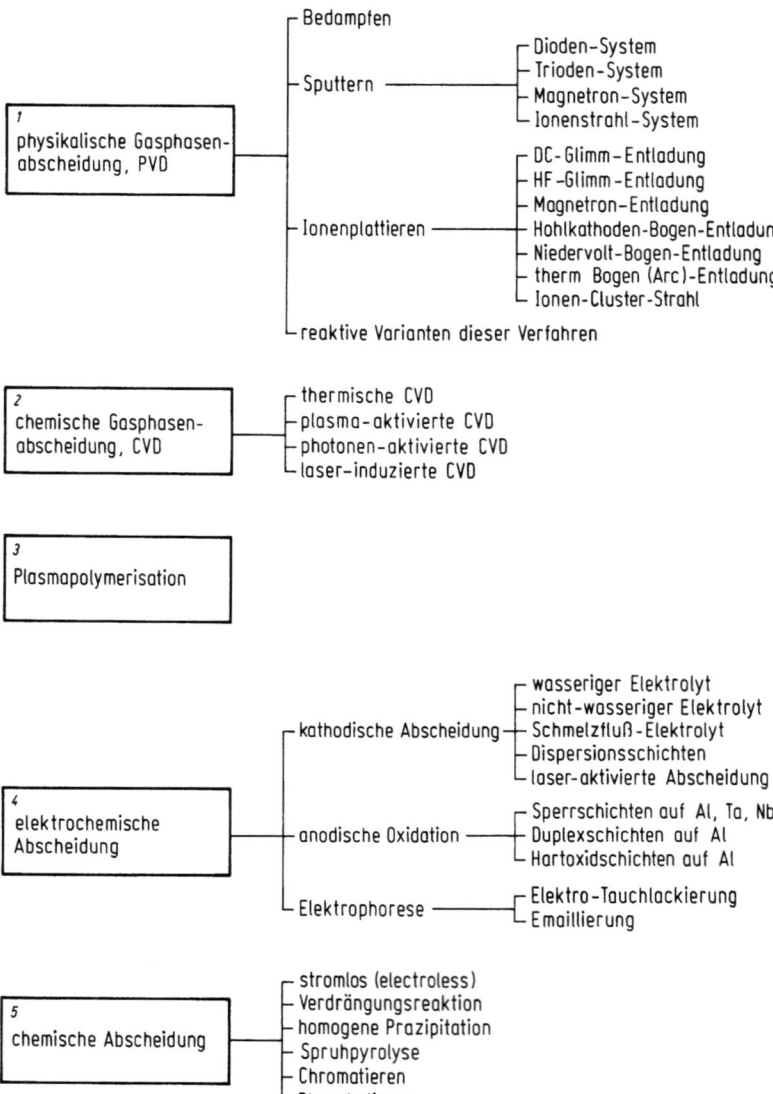

Abb. 1.2. Oberflächentechnologien I: Methoden zum Beschichten

1.2 Überblick über Beschichtungsmethoden und ihre Anwendungen

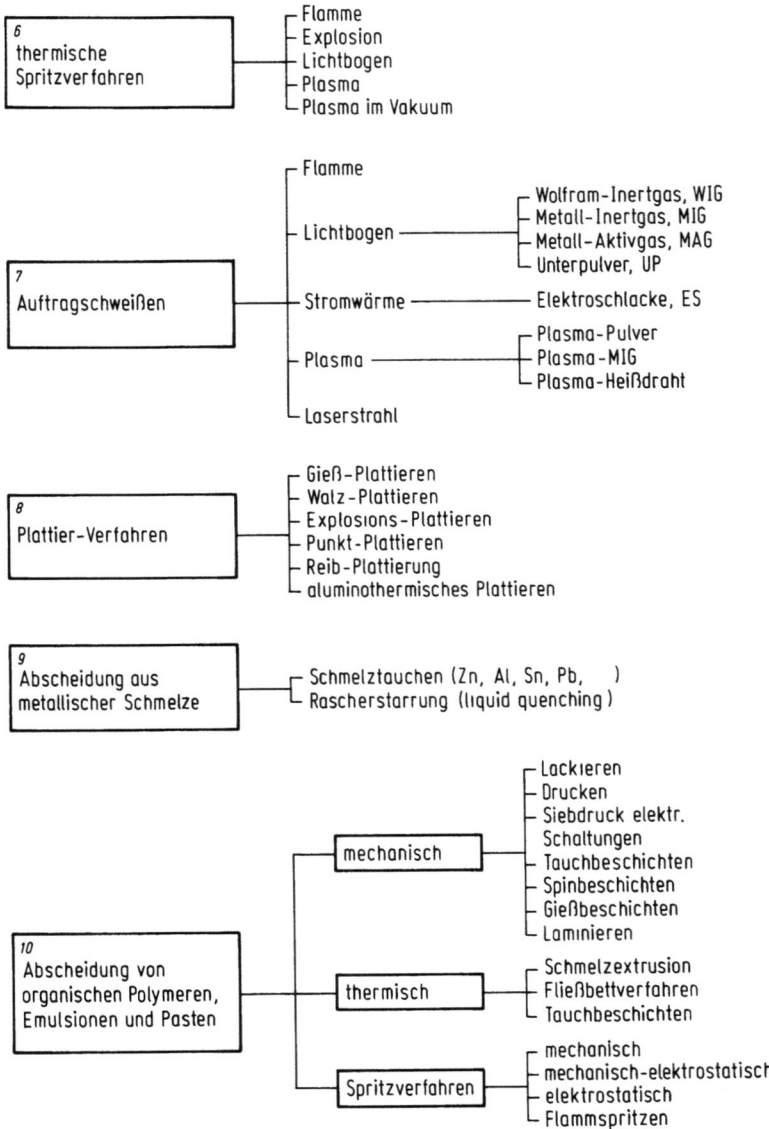

Abb. 1.2. (Fortsetzung)

1.2.1 PVD-Prozesse

Diese Prozesse der physikalischen Abscheidung aus der Gasphase (physical vapor deposition, PVD) umfassen die Verfahren: Bedampfen, Sputtern und Ionenplattieren sowie reaktive Varianten dieser Prozesse.

Bedampfen ist ein in Vakuum ausgeführter Prozeß, bei dem das Schichtmaterial in einer heizbaren Quelle verdampft wird, die Dampfatome sich praktisch geradlinig ausbreiten und auf dem Substrat und benachbarten Wänden als Schicht niederschlagen.

Sputtern (Kathodenzerstäubung) ist ein Vakuumprozeß, bei dem Ionen auf das Schichtmaterial (Targetmaterial) treffen und dieses durch Impulsübertragung zerstäuben. Die zerstäubten Atome oder Moleküle schlagen sich auf dem Substrat und benachbarten Wänden als Schicht nieder.

Ionenplattieren ist ein Vakuumprozeß, bei dem ein Teil der zum Substrat gelangenden Atome ionisiert und durch ein elektrisches Feld beschleunigt wird. Dadurch wird die Energie, mit der diese Teilchen auf das Substrat treffen, erhöht, was sich günstig auf die Wachstumsbedingungen der Schicht und ihre Eigenschaften auswirkt. Je nach der zur Ionisierung der Atome angewandten Methode gibt es verschiedene Ausführungsformen des Ionenplattierens.

Alle drei Prozesse besitzen reaktive Varianten, bei denen durch Einlassen eines reaktiven Gases in die Vakuumkammer eine chemische Verbindung des verdampften bzw. zerstäubten Materials mit dem Gas als Schicht abgeschieden wird.

Besondere Vorteile der PVD-Verfahren sind

- die Vielfalt der möglichen Substratmaterialien: Metalle, Legierungen, Keramik, Glas, Plastik etc., und
- die Vielfalt an Schichtmaterialien: Metalle, Metall-Legierungen, Halbleiter, Metalloxide, viele Karbide, Nitride, Cermets, Sulfide, Selenide, Telluride etc., deren Eigenschaften in den Tabellen A1 bis A10 im Anhang zusammengestellt sind.

Anwendungen: Die Hauptanwendungen der PVD-Prozesse bestehen darin, dünne Schichten für optische, optoelektronische, magnetische und mikroelektronische Bauelemente herzustellen. Weitere Anwendungen liegen vor auf den Gebieten der Tribologie, dem Schutz vor Korrosion, der Wärmeisolation, den dekorativen Schichten etc. Um nur einige Beispiele zu nennen:

- Schneidwerkzeuge, wie Spiralbohrer und Wendeschneidplatten, werden durch reaktives Ionenplattieren bei $T \leq 500\,°C$ mit TiN beschichtet. Dadurch steigt die Standzeit auf das 4 bis 10fache, werden die Schnittkräfte reduziert und die Produktivität erhöht. Der jährliche Umsatz von solchen Werkzeugen beträgt weltweit mehr als eine Milliarde Dollar.
- Als Trockenschmiermittel werden Schichten aus Au, MoS_2 und WSe_2 durch Sputtern oder Ionenplattieren auf Komponenten von Lagern aufgebracht, die unter erhöhter Temperatur oder im Vakuum betrieben werden und flüssige Schmiermittel nicht zulassen.
- Zum Schutz gegen Korrosion wird Stahl mit Al (als Ersatz für Sn) durch Aufdampfen beschichtet; ferner Titan mit Al (als Ersatz für Cd) durch Ionenplattieren für Anwendungen im Flugzeugbau, oder Stahl mit Al_2O_3, Cr, Ta und Ti durch Ionenplattieren für Anwendungen in der chemischen Verfahrenstechnik.
- Wärmedämmschichten vom Typ Dielektrikum/Metall/Dielektrikum auf Architekturglas und Polymerfolien werden durch Sputtern erzeugt.
- Mit Al bedampfte Polymerfolien dienen zur Wärmeisolation (Superisolation in der Kryotechnik) oder zur Dekoration oder als Verpackungsmaterial.
- Zur Dekoration dienen ferner durch Sputtern erzeugte Schichten aus Cr auf Plastik-

teilen im Automobilbau oder aus goldfarbenem TiN auf Uhrengehäusen und Schmuck.
- Transparente, elektrisch leitende Schichten aus SnO_2-In_2O_3 (ITO), die meistens durch Sputtern hergestellt werden, werden bei optoelektronischen Komponenten, Displays und im Gerätebau eingesetzt.
- Ultrafeine Pulver von etwa 10 nm $\varnothing$, z. B. aus ferromagnetischen Materialien für den Bau von Videobändern hoher Speicherdichte, und
- epitaxiale Halbleiterschichten werden durch die Ionen-Cluster-Technik, eine Variante des Ionenplattierens, hergestellt.

1.2.2 CVD-Prozesse

Diese Prozesse der chemischen Abscheidung aus der Dampfphase (chemical vapor deposition, CVD) umfassen: thermische CVD, plasma-aktivierte CVD, photonen-aktivierte und laser-induzierte CVD.

Der *thermische CVD-Prozeß* (vielfach auch nur CVD-Prozeß genannt) ist ein Verfahren, bei dem chemische Reaktionen in der Dampfphase (Reduktion, Oxidation, Pyrolyse ...) nahe oder auf dem Substrat bei erhöhter Temperatur (200...2 000 °C) und Drücken $p \leq 1$ bar stattfinden, so daß sich ein Reaktionsprodukt als Schicht auf dem Substrat abscheidet.

Plasma-aktivierte CVD ist ein CVD-Prozeß, bei dem die chemischen Reaktionen in der Dampfphase durch ein Plasma aktiviert werden und daher bei gegenüber der thermischen CVD tieferer Temperatur stattfinden.

Eine Aktivierung des CVD-Prozesses ist auch durch Photonen möglich, wobei zwischen Photodissoziation durch UV-Licht und thermischer Wirkung von IR-Strahlung auf das Substrat unterschieden werden muß. Die laser-induzierte CVD wird zusammen mit anderen Laserstrahl-Verfahren erst in Teil II behandelt.

Mit den CVD-Verfahren lassen sich Schichten aus vielen Metallen, Halbleitern, Kohlenstoff, Karbiden, Nitriden, Boriden, Siliciden und Oxiden auf Substraten aus Metall, Metall-Legierungen, Graphit, Karbiden und Oxiden abscheiden, sofern diese bei der erforderlichen Prozeßtemperatur stabil sind.

Die *Anwendungen* der CVD-Verfahren liegen hauptsächlich auf den Gebieten des Maschinen- und Apparatebaues sowie der elektronischen Bauelemente:

Das thermische CVD-Verfahren dient zur Herstellung von Schutzschichten gegen Verschleiß, und zwar aus TiN und TiC, die bei 700...1 200 °C auf Schneidwerkzeugen und anderen Werkzeugen aus Hartmetall und Stahl abgeschieden werden, oder aus Cr-karbid auf z. B. mechanischen Kupplungen. Bei relativ niedriger Temperatur (300...600 °C) lassen sich Verschleißschutzschichten aus W_2C auf Mg-, Al- und Ti-Legierungen herstellen.

Ferner liefert das thermische CVD-Verfahren Korrosionsschutzschichten aus TiC, TiN, NbC, Cr-karbid, BN, TiB_2, Al_2O_3 und Ta für den Anlagenbau, und Silicid-Schichten als Schutz gegen Hochtemperaturkorrosion.

Eine Reihe spezieller Werkstoffe wird durch das thermische CVD-Verfahren hergestellt, wie z. B.:

- hochreines Si und Verbindungshalbleiter wie GaAs für die Halbleitertechnologie,
- pyrolithischer Kohlenstoff (p-C), der als Wärmebarriere auf Raketendüsen, als Umhüllung von Kernbrennstoffen und als biologisch kompatible Schicht auf Implantaten der biomedizinischen Technik dient; ferner
- dendritische Strukturen für Solarenergie-Kollektoren, und
- Lichtwellenleiter aus hochreinem SiO_2 für optische Anwendungen.

Durch plasma-aktivierte CVD werden hergestellt:

- amorphes Silicium (a-Si:H) zum Bau von Dünnschicht-Solarzellen, Dioden, Transistoren, Photorezeptoren für die Elektrophotographie,
- Schichten aus Si-nitrid und Si-karbid zur Passivierung, und aus Si-oxid und Si-oxynitrid zur Isolierung in integrierten Schaltkreisen,
- harter amorpher („diamantähnlicher") Kohlenstoff (a-C:H) als Antireflexionsschicht für Si-Solarzellen, und als Verschleißschutzschicht bei gleichzeitiger Abscheidung von Metall (z. B. W).

1.2.3 Plasmapolymerisation

Dies ist ein Prozeß, bei dem organische oder anorganische Polymere aus einem Monomer-Dampf durch Anwendung einer Glimmentladung (oder auch ultravioletter Strahlung oder eines Elektronenstrahles) abgeschieden werden.

Anwendungen:

- Herstellung von Membranen für die Meerwasserentsalzung,
- Schutzschichten auf Spiegeln für die Solartechnik,
- Lichtleiter für die integrierte Optik,
- Antireflexionsschichten auf Plexiglas und Fenstern von IR-Lasern,
- biologisch kompatible Schichten auf Implantaten in der Medizin,
- Herstellung von Hüllen für Depotpharmaka.

1.2.4 Elektrochemische Abscheidung

An der *Kathode* einer elektrolytischen Zelle werden

- aus wässerigen Elektrolyten: Ag, Au, Cd, Co, Cr, Fe, Ni, Pb, Pd, Pt, Rh, Sn, Zn und Legierungen,
- aus nicht-wässerigen Elektrolyten: Al, Metall-Chalcogenide (z. B. Cu_2S), und
- aus geschmolzenen Elektrolyten: Mo, Nb, Ta, TiB_2, ZrB_2 (Metalliding-Prozeß) als Schicht abgeschieden.

Anwendungen dieser Schichten bestehen in allen Bereichen der technischen Fertigung.
Durch *anodische Oxidation* in einer Zelle mit wässerigem Elektrolyten werden, je nach den Betriebsbedingungen, hergestellt:

1.2 Überblick über Beschichtungsmethoden und ihre Anwendungen

- Sperrschichten auf Al und Ta für Dünnschicht-Kondensatoren,
- anfärbbare (poröse) Duplex-Schichten auf Al für die Verwendung in Industrie, Innen- und Außenarchitektur (weltweit mehr als 10^8 m^2 Al-Oberfläche pro Jahr),
- Al-Hartoxid-Schichten für den Anlagenbau.

Als elektrochemische *Spezialverfahren* sind zu nennen:

- Herstellung von Dispersionsschichten aus z. B. SiC/Ni (d. h. SiC als Dispersat in einer Ni-Matrix) für Zylinderlaufflächen von Motoren,
- Galvanoformung, d. h. Herstellung von komplizierten Bauteilen (Hohlkörpern) durch kathodische Abscheidung,
- Elektrophorese mit den Anwendungen: Elektrotauch-Lackierung, Tauchemaillierung, Leuchtschirme, Wärmebarrieren in Raketendüsen etc.

1.2.5 Chemische Abscheidung

Die folgenden Verfahren und Anwendungen sind von Bedeutung:

- Die reduktive, stromlose (electroless) Abscheidung, die zum Metallisieren von Kunststoffen mit Ni, Cu, Cr, Au dient;
  Anwendungen: Leiterplatten für die Elektroindustrie, dekorative Schichten.
- Verdrängungsreaktionen, z. B. zur Herstellung eines CdS/Cu$_2$S-Überganges für Solarzellen,
- homogene Präzipitation, z. B. für Ag-Spiegel auf Glas, II-VI- und IV-VI-Verbindungshalbleiter,
- Pyrolyse-Sprühverfahren: ITO-Schichten, CdS-Filme,
- Chromatieren und Phophatieren von Metallteilen als Schutz gegen atmosphärische Korrosion oder Haftgrund für Anstriche.

1.2.6 Thermische Spritzverfahren

Diese Verfahren dienen zum Beschichten von Werkstücken mit Metallen, keramischen Stoffen, Cermets und Hartstoffen. Die als Pulver oder Draht vorliegenden Beschichtungsmaterialien werden in einer energiereichen Wärmequelle (Flamme, explosives Gasgemisch, Lichtbogen, Plasma einer Bogenentladung) geschmolzen und durch geeignete Mittel als feine Tröpfchen auf das an Luft befindliche und im allgemeinen kalte Substrat aufgesprüht.

Eine wichtige Variante ist das Vakuum-Plasma-Spritzverfahren, bei dem sich Plasmabrenner und Substrat im Vakuum befinden und das Substrat auf eine hohe Temperatur (etwa 1 000 °C) aufgeheizt werden kann. Gegenüber den anderen Spritzverfahren haben die durch Vakuum-Plasmaspritzen erzeugten Schichten die Vorteile höherer Haftfestigkeit und der Freiheit von Poren und Oxideinschlüssen. Dies ist z. B. bei Schutzschichten gegen Hochtemperaturkorrosion von besonderer Bedeutung.

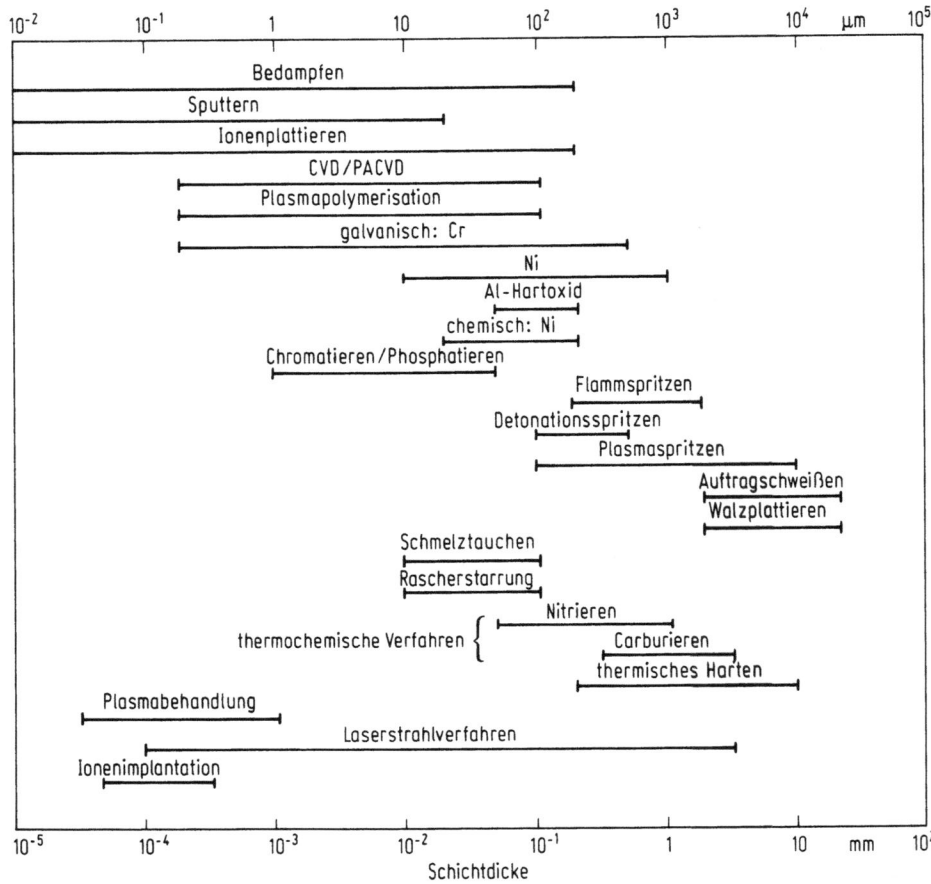

Abb. 1.3. Durch verschiedene Methoden erzeugte Schichtdicken

Gegenüber den PVD-, CVD-, elektrochemischen und chemischen Methoden haben die thermischen Spritzverfahren die Vorteile wesentlich höherer Depositionsraten und auch höherer maximaler Schichtdicke (Abb. 1.3 und 1.4). *Hauptanwendungen* der einzelnen Verfahren sind:

- Flammspritzen: Zn- und Al-Schichten auf Stahlkonstruktionen zwecks Korrosionsschutz; Bronze- und Weißmetallschichten auf Lagern sowie Mo- und Stahlschichten auf Maschinenteilen als Verschleißschutz;
- Detonationsspritzen: verschleißresistente Beschichtungen für die Luftfahrtindustrie und die Kerntechnik;
- Lichtbogenspritzen: Zn- und Al-Beschichtungen großer Flächen zwecks Korrosionsschutz, Verschleißschutzschichten auf Wellen, Walzen etc., sowie Reparatur nach Abnützung;
- Plasmaspritzen und Vakuum-Plasmaspritzen: Schutzschichten gegen Verschleiß

1.2 Überblick über Beschichtungsmethoden und ihre Anwendungen 11

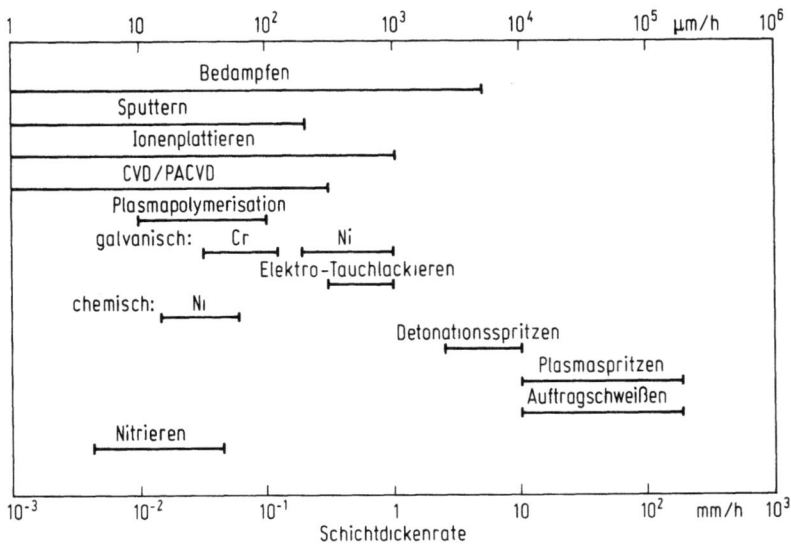

Abb. 1.4. Mit verschiedenen Methoden erzielbare Schichtdickenraten

(z. B. Cr_3C_2-NiCr), atmosphärische Korrosion (z. B. Al, Zn), Immersionskorrosion (Ta, Mo, Ti, NiCr, NiCrBSi etc.); ferner Wärmebarrieren (Al_2O_3, MgO, ZrO_2, SiO_2, etc.) in Brennkammern und Gießkokillen, Schutzschichten gegen Hochtemperaturkorrosion aus z. B. CoCrAlY auf Gasturbinenschaufeln, Herstellung ganzer Bauteile (Hohlkörper) aus refraktärem Material, z. B. Raketendüsen, Sphäroidisierung von hochschmelzenden Werkstoffen (1...500 µm ⌀), selbstschmierende Schichten (Ni-Graphit, Ni-MoS_2), oberflächenaktive, z. B. katalytisch wirksame Schichten, elektrisch leitende und isolierende Schichten für die Elektrotechnik, MHD-Generatoren, Plasmaforschung und Solartechnik.

1.2.7 Auftragschweißen

Auftragschweißen (auch Schweißplattieren genannt) ist das Beschichten metallischer Werkstücke mittels schweißtechnischer Verfahren. Die Verfahren gliedert man nach der Art der verwendeten Energiequelle, die als Flamme, Lichtbogen, Joulesche Wärme, Plasmastrahl, Laserstrahl und Elektronenstrahl zur Verfügung stehen kann. Mit diesen Energiequellen wird sowohl das aufzutragende Material als auch eine dünne Oberflächenschicht des Werkstückes geschmolzen, so daß durch Diffusion und Vermischung eine haftfeste, porenfreie Schicht entsteht. Verschiedene Verfahrensvarianten sind in Abb. 1.2 aufgeführt. Als *Anwendungen* sind zu nennen:

- Verschleiß- und korrosionsresistente Schichten auf Maschinenteilen für die Bauindustrie, Hüttenindustrie und Anlagen zur Hartzerkleinerung,

- Schweißplattieren in der Halbzeugfertigung, und
- Reparatur von Maschinenteilen.

1.2.8 Plattier-Verfahren

Plattieren ist das Verbinden zweier (oder mehrerer) relativ dicker Metallschichten unter der Einwirkung von Wärme und/oder Druck, wobei die Metalle miteinander verschweißen, d. h. sich in der Berührungszone vermischen. Anders als beim Auftragschweißen und thermischen Spritzen wird das Schichtmaterial hier in kompakter Form, z. B. als Blech auf das Substrat aufgebracht. Von besonderer Bedeutung sind das Walzplattieren und das Explosionsplattieren:

Walzplattieren: Werkstoffe zum Plattieren von Stahl sind: hochlegierte Stähle, Ti, Ag, Al, Ni, Ni-Mo-Cr- und CuSn-Legierungen. Der Dickenbereich plattierter Bleche liegt zwischen 10 und 80 mm, wovon 5...20% auf den Plattierwerkstoff entfallen.

Das *Explosionsplattieren* (auch Sprengplattieren genannt) ermöglicht:

- das ein- und beidseitige Plattieren von Stahlblech mit Al, Mo, Ta, Ti, Zr und Cr-Ni-Stahl, sowie von Gußeisen mit Stahl und Cu,
- Innen- und Außenplattierungen von Rohren und Zylindern, und
- die Herstellung von Verbundmetallen für die Elektroindustrie, z. B. von Cu auf Al.

Anwendungen dieser Verfahren liegen vor allem in der Halbzeugfertigung für den allgemeinen Maschinenbau und den chemischen Apparatebau.

1.2.9 Abscheidung aus der metallischen Schmelze

Hier sind zwei Verfahren von Bedeutung:

Das *Schmelztauch-Verfahren* ermöglicht das Beschichten von Werkstücken und Halbfabrikaten durch Eintauchen in schmelzflüssiges Metall. Das Verfahren hat für den Korrosionsschutz von Stahl große Bedeutung erlangt. Als Überzugsmetalle werden hauptsächlich Al, Pb, Sn und Zn verwendet, die im diskontinuierlichen oder kontinuierlichen Verfahren aufgebracht werden.

Bei der *Rascherstarrung aus der Schmelze* (liquid quenching) wird auf eine schnell rotierende Kühlwalze aus einer Metallschmelze ein dünner Strahl aufgegossen, der sich dabei zu einem Band verbreitet, rasch abkühlt ($10^6\,\mathrm{K s^{-1}}$) und amorph erstarrt. Auf diese Weise werden „metallische Gläser" in Form von dünnen (10...100 µm dicken) Bändern und Folien hergestellt, die sich durch geringe magnetische Koerzitivfeldstärke, hohe Sättigungsinduktion, hohe mechanische Festigkeit, Korrosionsresistenz und chemische Reaktivität auszeichnen. Anwendungen bestehen bisher vor allem in der Elektrotechnik: Magnetköpfe, Schaltnetzteile, magnetische Schirme und magnetische Sensoren.

1.2.10 Abscheidung von Schichten aus organischen Polymeren

Schichten aus organischen Polymeren werden aus Lacken hergestellt, die als flüssige, pulverförmig-feste oder pastenförmige Substanzen auf Substrate aufgetragen und durch chemische Reaktionen und/oder physikalische Veränderung in einen festhaftenden Film umgewandelt werden. Die Lacke sind dispersive Systeme, die außer dem organischen Bindemittel noch Lösungsmittel, Pigmente und Füllstoffe enthalten können. Die Beschichtungsverfahren sind in Abb. 1.2 zusammengestellt. Einige dieser Verfahren sind auch auf anorganische Schichtmaterialien (Oxide, Silikate etc.) anwendbar.

Der Einsatz von organischen Polymerschichten reicht von dekorativen Effekten über den Schutz vor Verschleiß und Korrosion bis zur Strukturierung mikroelektronischer und optoelektronischer Bauelemente durch lithographische Prozesse.

1.2.11 Schichtdickenbereiche und Aufwachsraten

Mit den Beschichtungsverfahren wird ein Schichtdickenbereich überdeckt, der sich von weniger als 1 nm bis zu einigen 10 mm, also über sieben Größenordnungen erstreckt, Abb. 1.3. Geringe Schichtdicken ($\leq 10\,\mu m$) werden vorzugsweise durch PVD- und CVD-Verfahren hergestellt, und größere Schichtdicken ($\geq 0,1$ mm) durch thermische Spritzverfahren, Auftragschweißen und Plattieren. Die in Abb. 1.3 angegebenen Bereiche sind Richtwerte für Schichten guter Qualität, die in einer akzeptablen Prozeßdauer herstellbar sind. Die untere Grenze der Bereiche ist durch eine zu große Porosität gegeben, und die obere Grenze dadurch, daß konkurrierende Verfahren schneller und billiger arbeiten. Bei allen Verfahren nimmt die Porosität mit zunehmender Schichtdicke ab, weil dann gleichzeitig die Zahl der durchgehenden Poren sinkt.

Auch die Werte der Aufwachsraten, die von etwa $1\,\mu m\,h^{-1}$ bis $200\,mm\,h^{-1}$ reichen, überspannen einen weiten Bereich, an dessen oberer Grenze wieder die thermischen Spritzverfahren und das Auftragschweißen stehen, Abb. 1.4.

1.3 Überblick über die Methoden zur Modifizierung der Randschicht

Durch verschiedene Verfahren der Oberflächenbehandlung können die Materialeigenschaften des Festkörpers bis zu einer bestimmten Eindringtiefe, d.h. innerhalb einer gewissen Randschicht geändert werden. Die Eigenschaften der Randschicht hängen dann vom Substratmaterial, dem jeweiligen Verfahren und den Prozeßparametern ab. Man unterscheidet die folgenden sieben Verfahrensgruppen:

1. *Thermochemische Verfahren:* Hier wird durch Eindiffundieren von Material bei hoher Temperatur eine Diffusionsschicht erzeugt. Beim Carburieren (Aufkohlen), Nitrieren

und Borieren von Metallen bilden sich Karbide, bzw. Nitride oder Boride, durch die der Verschleiß- und der Korrosionswiderstand des Werkstückes erhöht werden. Die Randschicht ist durch einen entsprechenden Konzentrationsabfall der eindiffundierten Atome von der Oberfläche zum Inneren gekennzeichnet, der sich je nach den Betriebsbedingungen über eine Tiefe von einigen 0,1 mm bis etwa 3 mm erstreckt, Abb. 1.3.

2. Die *thermischen Verfahren* des Randschichthärtens von Stahl beruhen auf dem Transformationshärten durch Selbstabschreckung der Randzone. Hier haben in letzter Zeit das lokale Härten mit elektromagnetischen Impulsen, Elektronenstrahlen und Laserstrahlen an Bedeutung gewonnen. Die Dicke der Randschicht, die durch das erzielte Tiefenprofil der Härte gegeben ist, liegt im Bereich von einigen 0,1 mm bis etwa 10 mm, Abb. 1.3.

3. Die *mechanischen Verfahren* der Oberflächenverfestigung von Metallen z. B. durch Strahlen oder Rollen beruhen auf plastischer Verformung der Randzone.

Zu diesen drei, seit langem praktizierten Verfahren [1.3] sind in letzter Zeit drei weitere Oberflächentechnologien hinzugekommen:

4. Die *Laserstrahl-Behandlung* von Oberflächen: Die Laserbestrahlung ermöglicht außer dem erwähnten Transformationshärten noch das Härten durch Umschmelzen, durch Einlegieren von Zusatzstoffen und durch Schockwellen; ferner das Herstellen amorpher Phasen durch Rascherstarung (laser glazing) und das Ausheilen von Strahlenschäden in Halbleitern nach Dotierung durch Ionenimplantation. Die Eindringtiefe der Laserstrahlung liegt, je nach den Betriebsbedingungen, im Bereich 0,1 µm bis einige mm, Abb. 1.3. Interessante Möglichkeiten eröffnet auch die Kombination von Laserbestrahlung und Beschichtungstechniken, insbesondere das laser-induzierte CVD-Verfahren und die laser-verstärkte galvanische Abscheidung [1.4; 1.5].

5. Durch die *Implantation von Ionen* in Festkörper wird der Randzone — wie bei den thermochemischen Verfahren — Material zugeführt. Hiervon wird beim Dotieren in der Halbleitertechnik und der Mikroelektronik Gebrauch gemacht. Darüber hinaus gewinnt die Ionenimplantation ständig an Bedeutung durch die möglichen Verbesserungen tribologischer, elektrischer, optischer und chemischer Eigenschaften vieler Werkstoffe. Da die Randschichtdicke von 50...300 nm (Abb. 1.3) für manche dieser Anwendungen zu gering ist, wird die Ionenimplantation auch in Kombination mit einem Beschichtungsprozeß ausgeführt, um höhere Randschichtdicken zu erreichen [1.6].

6. Die *Plasma- und Elektronenstrahl-Behandlung* von Kunststoffen und Textilien bewirkt, daß die Moleküle in einer Tiefe bis zu etwa 0,1 µm stärker vernetzt werden [1.4]. Dadurch werden gewisse Oberflächeneigenschaften verbessert, wie z.B. die Benetzbarkeit (wichtig für das Bedrucken, Einfärben und Verkleben), die Festigkeit und die Lösungsmittelbeständigkeit.

Schließlich müssen zu den Verfahren der Oberflächenmodifikation auch diejenigen gerechnet werden, durch die die geometrische Struktur verändert wird, d. h.:

7. die *Methoden des Abtragens und Strukturierens* von Oberflächen durch Plasma-Ätzen und andere Ätzverfahren sowie die verschiedenen lithographischen Prozesse. Diese Verfahren haben in der Fertigung mikroelektronischer und optoelektronischer Bauelemente eine große Bedeutung [1.7].

1.4 Zur Unterscheidung: dünne Schicht — dicke Schicht

Die Grenze zwischen dünner und dicker Schicht läßt sich nicht durch eine bestimmte Schichtdicke definieren — wenn auch gelegentlich hierfür der Wert 1 µm genannt wird. Dünne Schichten sind vielmehr dadurch gekennzeichnet, daß Abweichungen von den Eigenschaften des kompakten Materials auftreten, und zwar als Folge

1. des zunehmenden Verhältnisses von Oberfläche/Volumen bei abnehmender Schichtdicke, und
2. der von den Herstellungsbedingungen abhängigen mikroskopischen Struktur der Schicht.

Zu 1. Als Folge geringer Schichtdicke werden beispielsweise beobachtet: optische Interferenzen, Zunahme des spezifischen elektrischen Widerstandes und Abnahme seines Temperaturkoeffizienten, Zunahme der kritischen magnetischen Induktion und der kritischen Temperatur der Supraleitung, Tunneleffekt von Quasiteilchen (Giaever-Effekt), Tunneleffekt von Elektronenpaaren (Josephson-Effekt). Die Schichtdicken, bei denen diese Dünnfilm-Phänomene auftreten, sind sehr unterschiedlich: Eine Indiumoxid-Schicht (In_2O_3), die aufgrund optischer Interferenzen als im sichtbaren Bereich transparente und im IR reflektierende Schicht zur Wärmedämmung eingesetzt wird, muß etwa 300 nm dick sein [1.8]. Eine solche für optische Anwendungen dünne Schicht wäre, würde man sie als Isolator in ein Josephson-Element einbauen, eine (viel zu) dicke Schicht. Ein solches Tunnelelement mit In-Elektroden erfordert nämlich eine In_2O_3-Schicht von nur etwa 2 nm Dicke [1.9]. Mit anderen Worten: Eine gegebene Schicht kann in einem bestimmten Experiment „dünn" und in einem anderen „dick" sein.

Zu 2. Als Folge einer gegenüber dem kompakten Material veränderten Mikrostruktur können auftreten: Erhöhung des Korrosionswiderstandes, der Härte, der magnetischen Sättigungsinduktion, der kritischen Temperatur der Supraleitung und der optischen Absorption gewisser Materialien. Diese vielfach auf metastabilen, ungeordneten Strukturen beruhenden Erscheinungen lassen sich nicht nur durch gewisse Beschichtungsverfahren, sondern auch durch Verfahren der Oberflächenmodifikation realisieren. Beispiele für jene: Herstellung von amorphem Silicium durch plasma-aktivierte CVD, Herstellung metallischer Gläser durch Rascherstarrung aus der Schmelze (liquid quenching). Beispiele für diese: Herstellung amorpher Phasen sowohl durch Laser-Glazing als auch durch Ionenimplantation. Durch einige dieser Verfahren lassen sich amorphe Schichten von mehr als 100 µm Dicke herstellen, die im Sinne der obigen Definition als „dünn" zu betrachten sind.

Die Beispiele zeigen auch, daß dünne Schichten mit für die technische Anwendung interessanten Eigenschaften nicht nur durch Beschichten, sondern auch durch Oberflächenmodifikation erzeugt werden können. In der Materialforschung und der industriellen Fertigung gewinnen metastabile, ungeordnete Strukturen zunehmend an Bedeutung.

1.5 Zum Aufbau des Buches

Wie erwähnt, ist der vorliegende erste Band den Beschichtungsmethoden nebst Anwendungen gewidmet, und der folgende Teil II den Methoden der Oberflächenmodifikation nebst Anwendungen. Daneben gibt es drei Wissensgebiete, die in mehreren Oberflächentechnologien eine Rolle spielen und deshalb in den folgenden drei Kapiteln des vorliegenden Bandes erörtert werden sollen.

Das erste dieser Gebiete betrifft die Mikrostruktur, die Haftfestigkeit und andere Eigenschaften der Schichten in ihrer Abhängigkeit von den Herstellungsbedingungen. Das System Substrat/Schicht ist nämlich ein Komposit, dessen Verhalten nicht nur von den Eigenschaften der Schicht und des Substrats abhängt, sondern auch von der zwischen diesen beiden liegenden Übergangszone (Interfacezone). Die Struktur der Interfacezone hängt außer von den Herstellungsbedingungen der Schicht noch von der Art und der Vorbehandlung des Substrats ab. Die Interfacezone ist für die Haftfestigkeit der Schicht und damit für ihr mechanisches Verhalten verantwortlich. Bei den Beschichtungsprozessen umfaßt die Interfacezone einen diskreten, von den Prozeßbedingungen abhängigen Bereich, während bei den durch thermochemische Behandlung oder Ionenimplantation erzeugten Diffusionsschichten ein solch diskreter Bereich nicht existiert. Diese Zusammenhänge werden in Kap. 2 behandelt.

Im Kap. 3 folgt die Meß- und Prüftechnik von Materialoberflächen und dünnen Schichten, d. h. die Bestimmung von Schichtdicke und Depositionsrate, die Analyse der chemischen Zusammensetzung von dünnen Schichten bzw. Randschichten, die Untersuchung ihrer mikrogeometrischen und kristallinen Struktur, der physikalischen und mechanisch-technologischen Eigenschaften sowie Hinweise auf funktionsorientierte Prüfverfahren.

Die Plasmatechnik schließlich spielt in der Oberflächentechnologie eine wichtige Rolle: Nicht-thermische Plasmen werden benötigt beim Sputtern, Ionenplattieren, bei der aktivierten reaktiven Bedampfung, dem plasma-aktivierten CVD-Prozeß, der Plasmapolymerisation, der Plasmabehandlung von Kunststoffen, dem plasma-aktivierten Ätzen und den plasma-aktivierten thermochemischen Verfahren des Carburierens, Nitrierens und Oxidierens. Thermische Plasmen werden benötigt als Wärmequelle bei thermischen Spritzverfahren und Methoden des Auftragschweißens. Die entsprechenden Grundlagen der Plasmaphysik werden im Kap. 4 zusammengefaßt.

Auf diese allgemeinen Grundlagen folgen 11 Kapitel, in denen die einzelnen, im Schema der Abb. 1.2 aufgeführten Beschichtungsmethoden behandelt werden. Dabei werden jeweils die theoretischen Grundlagen der Methode, ihre praktischen Ausführungsformen und Varianten, die Schichtmaterialien und Schichteigenschaften, Vorteile und Grenzen des Verfahrens sowie technische Anwendungen diskutiert und durch weiterführende Literatur belegt.

Leider können nicht alle in Abb. 1.1 genannten Anwendungen in dieser Weise diskutiert werden. Es gibt nämlich Anwendungen, die nicht auf einer einzigen Oberflächentechnik beruhen, sondern von mehreren dieser Techniken Gebrauch machen müssen. So sind z. B. bei der Fertigung von Bauelementen der Mikroelektronik: PVD- und CVD-Methoden zum Aufbringen von Schichten, Ionenimplantation zum Dotie-

1.5 Zum Aufbau des Buches

ren, Laserbestrahlung oder thermische Verfahren zum Ausheilen von Strahlenschäden, Lithographie- und Plasmaverfahren zum Strukturieren und weitere Prozeßschritte zum Passivieren, Kontaktieren etc. erforderlich. Ähnlich liegen die Verhältnisse bei den dünnen Schichten in der Optik, der Optoelektronik, dem Magnetismus, der Kryoelektronik, der Energie- und Solartechnik. Diese auf verschiedenen Technologien basierenden Awendungsgebiete können daher erst nach Behandlung aller Methoden der Beschichtung und der Oberflächenmodifikation dargestellt werden. Das geschieht in mehreren Kapiteln in der zweiten Hälfte von Teil II im Anschluß an die Darstellung der verschiedenen Methoden der Oberflächenbehandlung.

2 Haftfestigkeit und Mikrostruktur der Schichten, Vorbehandlung der Substrate

2.1 Einleitung

In allen Einsatzbereichen von beschichteten Werkstoffen wird gefordert, daß die Schichten mit einer der technischen Anwendung entsprechenden, genügend großen Haftfestigkeit auf die artverschiedene Unterlage aufgebracht werden und das Werkstück möglichst lange Zeit funktionstüchtig bleibt. Die durch ihre Haftfestigkeit gekennzeichnete Adhäsion der Schicht ist eine makroskopische Eigenschaft, die von den atomaren Bindungskräften in der Übergangszone (Interface) zwischen Substrat und Schicht, den inneren Spannungen im Verbund Schicht/Substrat und den jeweiligen Beanspruchungen abhängt. Letztere können durch mechanische (Zug, Scherung), thermische (hohe und niedrige Temperaturen, auch in zyklischer Folge), chemische (Korrosion, sowohl chemisch als auch elektrochemisch) und andere Einwirkungen erzeugt werden. Nach Mattox [2.1] wird eine „gute Adhäsion" im allgemeinen erreicht, wenn

1. eine starke Atom-Atom-Bindung in der Interfacezone,
2. geringe innere Spannungen in der Schicht,
3. kein „leichter" Deformations- oder Bruchmodus, und
4. keine Langzeit-Degradation im Schicht-Substrat-Verbund vorliegen.

Die Haftfestigkeit hängt daher insbesondere von den Werkstoffpartnern dieses Verbundes, dem Typ der Interfacezone, der Mikrostruktur und damit den Herstellungsbedingungen der Schicht sowie der Art und der Vorbehandlung des Substrats ab. Diese Zusammenhänge sollen im folgenden in ihrer Anwendung insbesondere auf die PVD-Beschichtungsverfahren dargestellt werden. Doch sind die hier erzielten Ergebnisse auch auf andere Beschichtungsmethoden anwendbar, worauf jeweils hingewiesen wird.

2.2 Übergangs(Interface)-Zone zwischen Substrat und Schicht

2.2.1 Keimbildung und Schichtaufbau

Wenn Atome auf eine Festkörperoberfläche treffen, werden sie entweder unmittelbar, d.h. innerhalb der Zeit von etwa einer Gitterschwingung ($\approx 10^{-12}$ s) reflektiert, oder sie geben genügend Energie an das Gitter ab und werden als Adatome lose gebunden. Als Adatome diffundieren sie über die Oberfläche, bis sie entweder desorbieren oder als stabiler Keim bzw. durch Anlagerung an vorhandene Keime kondensieren [2.2]. Die Oberflächenbeweglichkeit der Adatome ist durch ihre kinetische Energie, die Substrattemperatur und die Stärke der Wechselwirkung zwischen Adatom und Substrat gegeben. Ist diese Wechselwirkung stark, so erhält man eine hohe Keimdichte (Keime pro m^2), und umgekehrt bei schwacher Wechselwirkung eine geringe Keimdichte. Durch Anlagerung von Adatomen wachsen die Keime (bei konstanter Keimdichte) zu Inseln, und diese koalisieren zu einem — je nach den Bedingungen — mehr oder weniger zusammenhängenden Film. Die Keimdichte und das Keimwachstum bestimmen die Kontaktfläche in der Interfacezone bzw. die auf die Hohlräume entfallende Fläche [2.3; 2.4]. Bei geringer Keimdichte ist die Haftfestigkeit wegen geringer Kontaktfläche und leichter Bruchausbreitung durch die Hohlräume gering [2.3]. Die Keimdichte kann auch durch eine Gasatmosphäre [2.5], Ionenbombardement [2.6], Verunreinigungen [2.7; 2.8], Oberflächendefekte [2.2] und damit durch die Beschichtungstechnik [2.9] beeinflußt werden, worauf später noch eingegangen wird.

Nach Mattox [2.10] unterscheidet man die im folgenden beschriebenen fünf Typen von Übergangszonen, Abb. 2.1.

2.2.2 Mechanischer Übergang

Die Substratoberfläche ist aufgerauht und enthält Poren, in denen das Schichtmaterial verankert wird, Abb. 2.1a. Dadurch kommt eine für viele Fälle ausreichende, rein mechanische Haftung zustande. Zu beachten ist, daß Rauhigkeiten des Substrats zu Abschattungen beim Beschichten und damit zu einer porösen Struktur führen [2.11]. Andererseits kann sich ein Bruch in einer Schicht, die auf einem z.B. durch Sandstrahlen aufgerauhten Werkstück aufgebracht wurde, nur schwierig ausbreiten, weil er oft seine Richtung ändern oder festeres Material passieren muß. Beispiele für mechanische Übergangszonen liegen vor auf dem Gebiet dicker Schichten, die durch thermisches Spritzen oder galvanisch auf Metalle sowie chemisch auf Sinterkeramik oder angeätzten Kunststoff aufgebracht wurden.

2.2.3 Monoschicht/Monoschicht-Übergang

Hier besteht ein abrupter Übergang vom Substrat zum Filmmaterial innerhalb weniger Atomlagen, Abb. 2.1b. Ein solcher Übergang bildet sich, wenn keine Diffusion oder

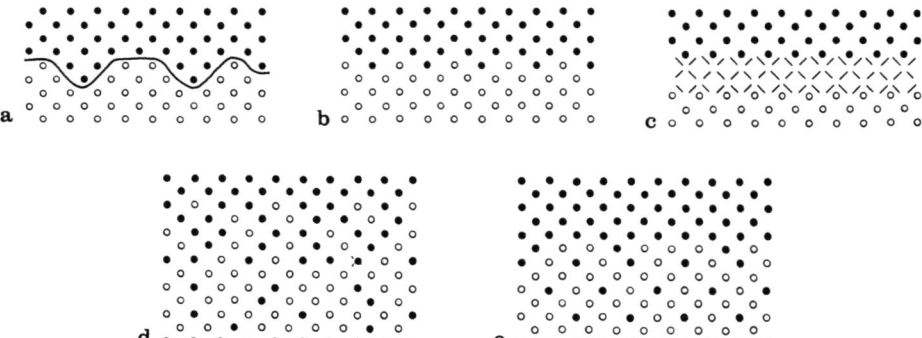

Abb. 2.1 a-e. Schematische Darstellung der fünf Übergangs(Interface)-Zonen zwischen Substrat und Schicht, nach Mattox [2.10] **a** Mechanisch, **b** Monoschicht/Monoschicht, **c** chemische Bindung, **d** Diffusion, **e** Pseudodiffusion

chemische Reaktion zwischen den Partnern auftritt, d. h. keine gegenseitige Löslichkeit besteht, eine zu geringe Energie verfügbar ist oder Verunreinigungen auf dem Substrat vorhanden sind. Unter solchen Bedingungen durch Aufdampfen hergestellte Schichten können Beispiele für Monoschicht/Monoschicht-Übergänge darstellen.

2.2.4 Verbindungsübergang

Dieser Übergang, der durch chemische Reaktion zwischen Substrat- und Schichtmaterial entsteht, setzt chemische Bindung der Partner voraus und wird durch erhöhte Temperatur begünstigt, Abb. 2.1c. Dabei kann sich in einer viele Atomabstände umfassenden Zone eine intermetallische Verbindung, ein Oxid oder eine andere Verbindung bilden. Intermetallische Verbindungen sind meist spröde, brechen leicht und können im Werkstoffverbund Brüche auslösen. Oxide können Wärmebarrieren und günstige Übergänge von Metall zu Keramik darstellen. Beispiele für letzteres sind durch CVD-Verfahren oder thermisches Spritzen erzeugte oxidische Zwischenschichten.

2.2.5 Diffusionsübergang

Bei gegenseitiger Löslichkeit von Substrat- und Schichtmaterial und entsprechender Erwärmung bildet sich durch Interdiffusion ein kontinuierlicher Übergang der chemischen Zusammensetzung, der Gitterparameter und der inneren Spannungen vom Substrat zum Schichtmaterial, Abb. 2.1d [2.12]. Bei unterschiedlichen Diffusionsraten beider Materialien können aufgrund des Kirkendall-Effektes Porositäten in der Übergangszone entstehen [2.13], es sei denn, letztere ist hinreichend dünn [2.14].

Der Diffusionsübergang tritt überall dort auf, wo zwei ineinander lösliche Materialien mit atomar sauberen Flächen unter Erwärmung längere Zeit miteinander im Kontakt sind. Das ist bei vielen Beschichtungen durch Ionenplattieren, CVD-Verfahren, Vakuum-Plasmaspritzen und Schmelztauchen der Fall. Es kann aber auch beim Aufdampfen und Sputtern erreicht werden, wenn das Substrat entsprechend aufgeheizt wird.

2.2.6 Pseudodiffusionsübergang

Dieser Übergang bildet sich bei Materialpaarungen ohne gegenseitige Löslichkeit unter starker Energieeinwirkung auf das Substrat, etwa durch Ionenbombardement oder Ionenimplantation, Abb. 2.1e. Hochenergetische Ionen oder Neutrale dringen je nach Energie bis zu einer bestimmten Tiefe in das Gitter des Substrats ein und bleiben stekken, ohne daß Diffusion eintritt, wie dies z. B. beim Ionenplattieren zu beobachten ist. Auch Ionenbombardement vor der Beschichtung kann durch Erzeugung hoher Konzentrationen von Punktdefekten [2.15] und von inneren Spannungen [2.16] die Löslichkeit in der Übergangsschicht und damit die Diffusion während der anschließenden Beschichtung erhöhen. Ein anderes Beispiel liegt vor, wenn zwei geschmolzene Metalle in Kontakt kommen, sich mischen und dann schockartig abgekühlt werden, wie z. B. beim Plasma-Auftragschweißen oder beim Beschichten mit Laserstrahlen.

In der Praxis sind die erhaltenen Interfacezonen oft eine Kombination der verschiedenen Übergangstypen. Hinsichtlich der Haftfestigkeit sind solche Übergänge am besten, welche die inneren Spannungen — verursacht durch unterschiedliche Werte der thermischen Ausdehnungskoeffizienten, der Gitterparameter und der Löslichkeiten der Materialpartner — über eine Zone von großem Volumen gleichmäßig verteilen, ohne daß dabei Stellen verminderter Festigkeit oder erhöhter Brüchigkeit auftreten. Diese Bedingungen werden am besten durch Diffusionsübergänge erfüllt, die vielfach durch Erhitzen des Substrats während und/oder nach der Abscheidung erzielt werden [2.12; 2.17].

2.3 Mikrostruktur von PVD-Kondensaten

2.3.1 Strukturzonen-Modelle

Für das Wachstum der Schicht und die Ausbildung ihrer Struktur sind drei Faktoren maßgebend: die Rauhigkeit technischer Oberflächen, die Aktivierungsenergien für die Oberflächen- und die Volumendiffusion der Schichtatome und schließlich die Adatom/Substrat-Bindungsenergie. Die Rauhigkeit des Substrats bewirkt Abschattungen der im allgemeinen aus einer Vorzugsrichtung einfallenden Atome und damit eine ungleichmäßige Belegung, so daß eine poröse Struktur entsteht [2.18]. Dieser Abschattungseffekt kann jedoch durch Oberflächendiffusion ausgeglichen werden. Die genannten Energien sind für viele reine Metalle ihrer absoluten Schmelztemperatur T_m

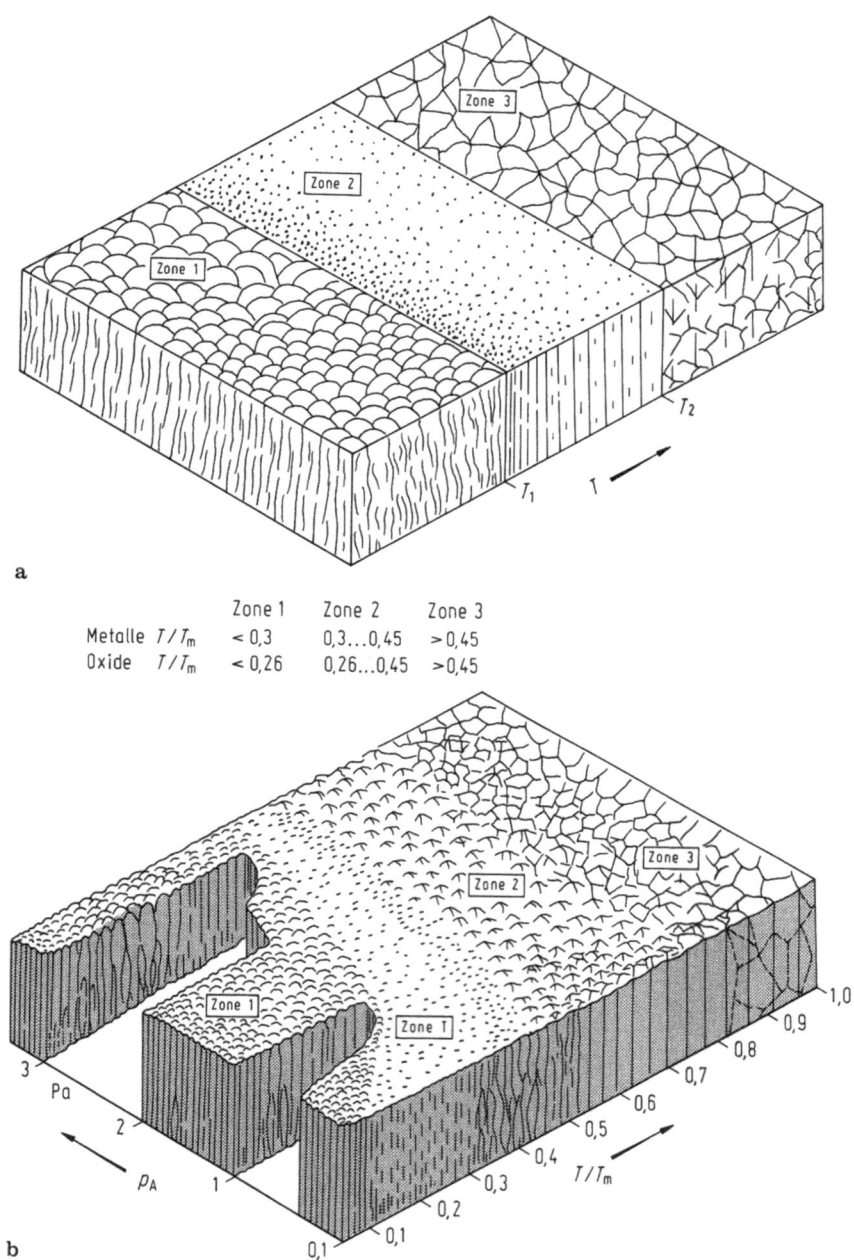

Abb. 2.2. a, b. Strukturzonen-Modelle. **a** Nach Movchan und Demchishin [2.20], **b** nach Thornton [2.21; 2.22]. Zone 1: poröse Struktur aus nadelförmigen Kristalliten. Zone T: dichtes faserförmiges Gefüge. Zone 2: kolumnares Gefüge. Zone 3: rekristallisiertes Gefüge. (T Substrattemperatur, T_m Schmelztemperatur, P_A Argon-Druck)

2.3 Mikrostruktur von PVD-Kondensaten

proportional [2.19]. Daher ist zu vermuten, daß von den drei Effekten: Abschattung, Oberflächendiffusion und Volumendiffusion — jeweils einer in einem bestimmten Bereich von T/T_m, d. h. der auf T_m bezogenen Substrattemperatur T dominiert und den Typ der entstehenden Mikrostruktur prägt. Dies ist die Grundlage für die beiden folgenden Strukturzonen-Modelle:

Movchan und Demchishin [2.20] untersuchten die Struktur von im Hochvakuum (bei $10^{-4}...10^{-3}$ Pa) aufgedampften, relativ dicken (bis 2 mm) Schichten aus Ti, Ni, W, ZrO_2 und Al_2O_3 als Funktion von T/T_m. Sie konnten ihre Ergebnisse durch das Dreizonen-Modell nach Abb. 2.2a beschreiben.

Dieses Movchan-Demchishin (M.-D.)-Modell wurde von Thornton [2.21; 2.22] aufgrund von Experimenten mit einer Hohlkathoden-Sputteranordnung bei Drücken im Bereich 0,1...4 Pa Argon erweitert. Thornton fügte erstens als weitere Variable den Argondruck hinzu, um den Einfluß einer Gasatmosphäre (ohne Ionenbombardement) auf die Struktur zu beschreiben. Zum anderen wurde eine Übergangs(Transitions)-Zone T zwischen den Zonen 1 und 2 eingefügt, Abb. 2.2b. Diese Übergangszone ist bei Schichten aus Metallen und einphasigen Legierungen nicht deutlich ausgeprägt, wohl aber bei Schichten aus refraktären Verbindungen und mehrphasigen Legierungen, die durch Aufdampfen im Hochvakuum oder in Gegenwart von inerten oder reaktiven Gasen durch Sputtern oder Ionenplattieren hergestellt werden. Im übrigen stimmen die Zonen 1, 2 und 3 beider Modelle in ihren Merkmalen überein.

Die *Zone 1* umfaßt die sich bei niedrigem T/T_m bildende Struktur. Die Adatom-Diffusion reicht nicht aus, um die Wirkung der Abschattung auszugleichen. Daher entstehen aus einer relativ geringen Zahl von Keimen nadelförmige Kristallite, die mit zunehmender Höhe durch Einfangen von Schichtatomen breiter werden und sich zu auf der Spitze stehenden Kegeln mit gewölbten Basisflächen entwickeln. Die Schicht ist porös, und die Kristallite haben bei einer gegenseitigen Distanz von einigen 10 nm eine hohe Dislokationsdichte und hohe innere Spannungen [2.20].

Die *Zone T* ist dadurch gekennzeichnet, daß die Adatome durch Oberflächendiffusion die Wirkung der Abschattungen zum Teil ausgleichen. Es entsteht eine faserförmige und gegenüber der vorangehenden dichtere Struktur [2.21].

Die *Zone 2* ist durch den Bereich T/T_m definiert, in dem die Oberflächendiffusion für das Wachstum bestimmend ist. Es bildet sich eine kolumnare Struktur, wobei der Säulendurchmesser mit der Substrattemperatur T wächst und die Porosität entsprechend abnimmt [2.20].

Die *Zone 3* schließlich umfaßt den T/T_m-Bereich, in dem das Wachstum durch die Volumendiffusion bestimmt wird. Es entsteht ein rekristallisiertes dichtes Gefüge. Dieser Temperaturbereich ist auch für das epitaktische Wachstum von Halbleitern durch Aufdampfen, Sputtern und CVD von Bedeutung [2.23; 2.24].

In dem einfachen M.-D.-Modell ist die Übergangstemperatur T_1 zwischen den Zonen 1 und 2 durch $T_1/T_m = 0{,}3$ für Metalle und $T_1/T_m = 0{,}22...0{,}26$ für Oxide gegeben, und die Übergangstemperatur T_2 zwischen den Zonen 2 und 3 durch $T_2/T_m = 0{,}40...0{,}45$ für Metalle und Oxide [2.20]. Diese Übergangstemperaturen wurden z. B. für die folgenden Aufdampfmaterialien bestätigt: Au, Cu, Ir, Mg, W und rostfreier Stahl in [2.25], Ni-20% Cr in [2.26], Al, Zr in [2.27], Cu-Ni in [2.28] und TiC in [2.29].

2.3.2 Einfluß des Inertgasdruckes auf die Struktur

Nach dem Thornton-Modell steigen die Übergangstemperaturen T_1 und T_2 mit wachsendem Inertgasdruck p. Das liegt im wesentlichen daran, daß auf das Substrat einfallendes Inertgas durch Kollision mit Adatomen deren Beweglichkeit reduziert, so daß sich die Übergangstemperaturen mit wachsendem Druck zu höheren T/T_m-Werten verschieben [2.22]. Dem wirkt allerdings der Effekt entgegen, daß bei hinreichender Druckerhöhung die Schichtatome durch Streuung im Gasraum isotrop auf das Substrat einfallen und dadurch die Wirkung der Abschattung überwunden wird.

2.3.3 Einfluß des Ionenbombardements auf die Struktur

Ein Ionenbombardement erzeugt auf dem Substrat Punktdefekte und erhöht damit die Keimdichte; zum anderen wird durch Energieübertragung auf die Adatome deren Beweglichkeit erhöht. Daher entsteht bei gegebenem T/T_m gegenüber dem Fall ohne Ioneneinwirkung eine Struktur aus Kristalliten, die dichter gepackt sind und größere

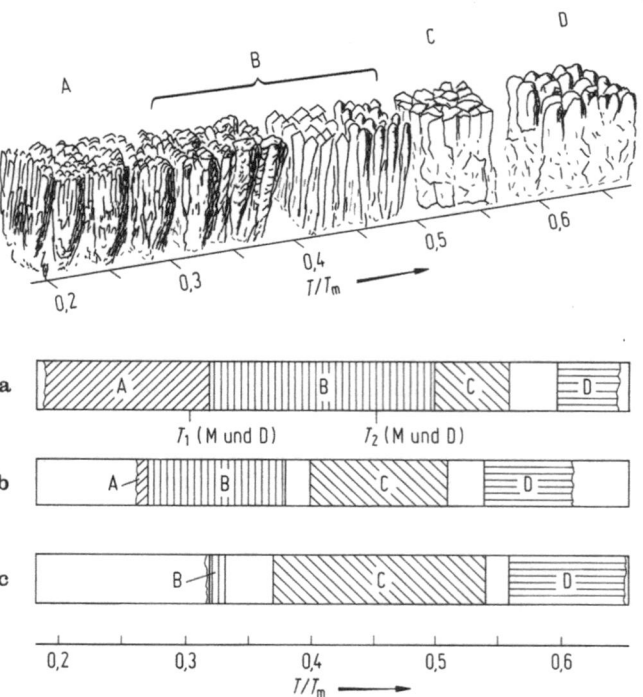

Abb. 2.3 a-c. Einfluß der Substrattemperatur T und der Biasspannung U_B auf die Struktur ionenplattierter Titan-Schichten, nach [2.34]. Argon-Druck 2,7 Pa. **a** $U_B = 0$, **b** $U_B = -5$ kV, **c** $U_B = -10$ kV

Durchmesser haben [2.29a]; m.a.W.: das Ionenbombardement beeinflußt die Struktur in dem Sinne, daß sich die Zonengrenzen zu tieferen T/T_m-Werten hin verschieben [2.30; 2.31]. Dieser Effekt, der durch das zusätzliche Aufheizen des Substrats durch Ionenbombardement allein nicht erklärt werden kann, wird in der Tat beobachtet [2.32-2.34].

Als Beispiel zeigt Abb. 2.3 Ergebnisse von Lardon et al. [2.34] über die Struktur von Ti-Schichten auf einem Mo-Substrat in Abhängigkeit von dessen Temperatur T. Die Schichten wurden durch Verdampfen aus einer Elektronenkanone bei einem Ar-Druck von 2,7 Pa hergestellt, und zwar einmal ohne Vorspannung am Substrat, also durch reines Aufdampfen, und zum anderen mit Vorspannungen bis -10 kV und 2 mA cm^{-2} Stromdichte, also durch Ionenplattieren. Die durch Aufdampfen und Ionenplattieren erhaltenen Schichten haben an sich ähnliche Strukturen, nur verschieben sich mit (dem Betrage nach) zunehmender Substratspannung die Grenzen zwischen den Zonen A und B bzw. B und C in Richtung tieferer Temperatur, wobei A der Zone 1, B der Zone 2 und C + D der Zone 3 im M.-D.-Modell entsprechen. Für die Praxis bedeutet dies, daß bei einer Substrattemperatur, bei der durch reines Aufdampfen poröse Schichten mit Nadelstruktur entstehen, durch Ionenplattieren Schichten mit einem dichten Gefüge erhalten werden können.

Allerdings besteht ein wichtiger Unterschied zwischen dem dichten Gefüge der Aufdampfschichten und dem der Ionenplattierschichten [2.29a]: Die durch Aufdampfen bei entsprechend hoher Temperatur entstandene Struktur ist das Ergebnis von Rekristallisation und Kornwachstum durch Volumendiffusion. Beim Ionenplattieren spielt die Volumendiffusion wegen der tieferen Substrattemperatur eine geringere Rolle, hingegen werden bei intensivem Ionenbombardement kontinuierlich neue Keime gebildet, so daß ein feinkörniges, aber dichtes Gefüge entsteht.

2.4 Inkorporation von Fremdatomen

In die wachsende Schicht inkorporierte Fremdatome können mit den Schichtatomen Verbindungen eingehen, interstitielle oder substitutionelle Positionen einnehmen und dadurch die Schichteigenschaften, z. B. die inneren Spannungen, verändern [2.35]. Verunreinigungen können auf Korngrenzen zur Versprödung und im Korninneren zu polymorphen Phasen führen [2.36]. Fremdsubstanzen können auch das kolumnare Wachsen der Schicht durch kontinuierliche Renukleation unterbinden, so daß ein feinerkörniges Gefüge entsteht [2.37; 2.38].

Ein Beispiel für die ständige Renukleation ist die Wirkung der „Glanzstoffe", die galvanischen Bädern zur Erzielung glänzender Schichten zugesetzt werden (Kap. 11). Üblicherweise haben galvanisch abgeschiedene Schichten eine dendritische Struktur, die aufgrund der großen Beweglichkeit der hydratisierten Ionen und der bevorzugten Kondensation auf gewissen Kristallflächen — in weitgehender Analogie zu den PVD-Schichten — entsteht. Durch Zugabe der Glanzstoffe, d. h. bestimmter organischer Additive zum Elektrolyten, bildet sich ein sehr feinkörniges Gefüge, das den gewünschten Glanz bewirkt.

Bei allen Beschichtungsprozessen werden Fremdatome in die Schicht eingebaut — sei es als nicht erwünschte, aber unvermeidliche Verunreinigung oder als gezieltes Mittel, um besondere Schichteigenschaften zu erreichen. So liegen nicht erwünschte Verunreinigungen z.B. vor bei galvanisch erzeugten Schichten, die Wasser und mitabgeschiedene organische oder anorganische Additive enthalten können. Bei der stromlosen (chemischen) Abscheidung werden Katalysatorsubstanzen (Phosphor, Bor) in die Schicht eingebaut. Bei den Vakuumprozessen sind im Restgas O_2, N_2, H_2 und Kohlenwasserstoffe vorhanden, die durch Gasabgabe der Materialien, Einströmung durch Lecks und Rückströmung von Pumpentreibmitteln in die Apparatur gelangen und z.B. beim Aufdampfen in die Schicht aufgenommen werden können. Bei den Sputterprozessen, insbesondere dem Bias-Sputtern, kommt die Implantation von Sputtergas hinzu. Bei den CVD-Prozessen kann Trägergas und nicht vollständig umgesetztes Reaktionsgas inkorporiert werden. Da selbst geringe Mengen von Verunreinigungen sich stark auf die Schichteigenschaften auswirken können, ist die zum Teil starke Streuung der Meßergebnisse verschiedener Autoren verständlich [2.39].

Die Inkorporation von Fremdsubstanzen in die Schicht wird als gezieltes Mittel bei den folgenden Verfahren eingesetzt:

- Die reaktiven PVD-Verfahren erlauben, in Gegenwart reaktiver Gase ein elementares Beschichtungsmaterial in Form einer Verbindung, z.B. als Karbid, Nitrid, Oxid oder Borid niederzuschlagen [2.40]. Diese Techniken sind: die reaktive Bedampfung (Kap. 5), das reaktive Sputtern (Kap. 6) und das reaktive Ionenplattieren (Kap. 7).
- Durch Mehrquellen-Bedampfung lassen sich Schichten aus dispersionsverstärkten Legierungen, z.B. Ni-Cr mit ZrO_2-Einschlüssen oder Dispersions-Vielfach-Laminate von alternierenden Metall- und Keramikschichten herstellen [2.41].
- Bei der CVD-Abscheidung von Chrom oder Wolfram auf Stahl und Hartmetallen diffundiert der Kohlenstoff des Substrats in die Schicht und bildet Karbide, was bei der Herstellung von Hartstoffschichten von großer Bedeutung ist [2.42] (Kap. 8).
- Die Ionenimplantation von Fremdatomen findet in der Halbleitertechnologie [2.44; 2.45] und in zunehmendem Maße auch zur Herstellung abriebfester Schichten [2.46; 2.47] Verwendung (s. Teil II).

2.5 Innere Spannungen in der Schicht

Alle Schichten befinden sich im Zustand mehr oder weniger großer innerer Spannungen (auch Eigenspannungen genannt), die aus zwei Anteilen, dem intrinsischen und dem thermischen bestehen. Die thermische Spannung hat ihre Ursache in den unterschiedlichen thermischen Ausdehnungskoeffizienten von Schicht und Substrat. Die intrinsische Spannung rührt von struktureller Unordnung her, d.h. von inkorporierten Fremdatomen und von Schichtatomen, die außerhalb des Potentialminimums liegen [2.39; 2.48]. Diese Spannungen äußern sich, je nach den Depositionsbedingungen, ent-

2.5 Innere Spannungen in der Schicht

weder als Druck oder als Zug, so daß sich der Film parallel zur Oberfläche auszudehnen bzw. zu kontrahieren sucht. Meßmethoden zur Bestimmung dieser Spannungen sind in [2.48] beschrieben.

Werden niedrig schmelzende Materialien bei hinreichend hoher Substrattemperatur ($T/T_m > 0,5$) aufgebracht, so bleiben die intrinsischen Spannungen wegen der Begünstigung der Platzwechselvorgänge relativ gering, während die thermischen Spannungen dominieren. Ein Ausgleich der letzteren kann erfolgen, wenn die Schichten auf Raumtemperatur gebracht oder getempert werden. Das dabei auftretende Fließen von Material kann zur Bildung von Hügeln oder Löchern in der Schicht führen, je nachdem, ob diese durch die Temperaturänderung unter Druck oder Zug gesetzt wird. Hügelbildung wurde z. B. bei Schichten aus Al [2.49], Au [2.50] und Pb [2.51] beobachtet, die durch PVD-Methoden bei erhöhter Substrattemperatur aufgebracht wurden.

Hochschmelzende Materialien werden im allgemeinen bei relativ niedrigen T/T_m-Werten ($<0,25$) abgeschieden, so daß die intrinsischen Spannungen gegenüber den thermischen dominieren. Bei hinreichend dünnen Schichten (<500 nm) sind die intrinsischen Spannungen über die gesamte Schichtdicke annähernd konstant. Sie treten bei Aufdampfschichten üblicherweise als Zug [2.52] und bei Sputterschichten vielfach als Druck [2.53; 2.54] auf. Die Spannungen können der Zerreißfestigkeit des Schichtmaterials nahe kommen und bei refraktären Metallen (Mo, W) Werte von 10^3 N mm^{-2} erreichen. Oft übersteigt die intrinsische Spannung auch die Zerreißfestigkeit des kompakten Schichtmaterials, was auf gewisse Verfestigungsmechanismen in der Schicht hinweist [2.55].

Die Bindungskräfte in der Interfacezone zwischen Substrat und Film müssen den Scherkräften widerstehen, die durch die intrinsische und thermische Spannung verursacht werden. Da der Beitrag der intrinsischen Spannung zur Scherkraft mit der Schichtdicke wächst, kann die Schicht bei Überschreiten einer gewissen kritischen Dicke von der Unterlage abplatzen. Unter ungünstigen Bedingungen kann dies schon bei 100 nm Dicke geschehen.

Die intrinsischen Spannungen können hinsichtlich Art (Druck oder Zug) und Betrag durch Prozeßparameter wie Substrattemperatur, Depositionsrate, Einfallswinkel der Schichtatome, Gasinkorporation und Restgasatmosphäre beeinflußt werden. Dies wurde für Aufdampfschichten in [2.56-2.58] und für Sputterschichten in [2.59-2.63] nachgewiesen. Die Inkorporation von inerten oder reaktiven Gasen und die dadurch bewirkte Änderung der Mikrostruktur ist oft die Ursache für den Übergang von Druck- zu Zugspannungen oder umgekehrt, was für Aufdampfschichten in [2.64; 2.65] und für Sputterschichten in [2.63] gezeigt wurde. Damit ergibt sich die Möglichkeit, weitgehend spannungsfreie und damit auch relativ dicke Schichten durch PVD-Methoden herzustellen.

Review-Artikel über innere Spannungen liegen in [2.57; 2.48] und über andere mechanische Eigenschaften dünner Schichten in [2.39; 2.48; 2.65; 2.66] vor.

2.6 Haftfestigkeit der Schicht

Wie eingangs erwähnt, hängt die Haftfestigkeit der Schicht von der zwischen Schicht- und Substratmaterial bestehenden Bindungsenergie und der Struktur der Interfacezone ab [2.1; 2.3]. Dabei kann es sich um eine chemische, eine elektrostatische, eine van der Waals-Bindung oder eine Kombination aus diesen handeln [2.67-2.69]. Die chemische Bindung, die mit einer Bindungsenergie von 0,5 bis etwa 10 eV die stärkste unter ihnen ist, kommt dadurch zustande, daß zwischen den Schicht- und den Substratatomen Elektronen transferiert oder neu verteilt werden. Dies setzt einen innigen Kontakt der Partneratome voraus. Im Fall der kovalenten, der Ionen- und der metallischen Bindung hängen die Bindungskräfte vom Grad des Elektronentransfers ab. In den ersten beiden dieser Fälle entstehen Verbindungen, die im allgemeinen spröde und brüchig sind, im letzten Fall meistens jedoch duktile Legierungen.

Die van der Waals-Bindung beruht auf einer Polarisationswechselwirkung, die keinen besonders innigen Kontakt der Partneratome verlangt, aber schwächer (0,1...0,4 eV) als die chemische Bindung ist und mit wachsender Distanz rasch abnimmt.

Die elektrostatische Bindung, die auf einer elektrischen Doppelschicht zwischen Film und Substrat beruht, bildet sich vielfach an Metall-Isolator-Interfacezonen. Eine solche Doppelschicht, die eine mit der van der Waals-Bindung vergleichbare Bindungsenergie ergibt, wurde an Schichten aus Al, Ag und Au auf Polymer-Substraten nachgewiesen [2.68-2.72].

Es läßt sich theoretisch zeigen, daß eine typische chemische Bindung (4 eV) einer mechanischen Spannung von maximal $1 \cdot 10^4 \text{ N mm}^{-2}$ widerstehen sollte, und eine typische van der Waals-Bindung (0,2 eV) einer Spannung von maximal $5 \cdot 10^2 \text{ N mm}^{-2}$ [2.48]. Messungen der Haftfestigkeit [2.73; 2.74] ergeben aber oft geringere Werte als theoretisch zu erwarten, und zwar aus drei Gründen: Einmal müssen auch die inneren Spannungen berücksichtigt werden, die sich zur außen angelegten Spannung (tensoriell) addieren und dem theoretischen Wert der Haftfestigkeit nahe kommen können. Zum anderen ist die Festigkeit der Interfaceschichten (ähnlich wie die der Festkörper) durch Defekte in der Mikrostruktur bestimmt und daher geringer als es der atomaren Bindung entspricht. Und schließlich kann eine geringe Haftfestigkeit ihre Ursache auch in der Struktur der Interfaceschicht haben; z. B., wenn die Kontaktfläche wegen geringer Keimdichte bedeutend kleiner als die geometrische Interfacefläche ist [2.75].

Da durch Ionenbombardement nach Abschn. 2.3.3 die Keimdichte und damit die Kontaktfläche auf dem Substrat erhöht und die Zonengrenzen im M.-D.-Modell zu tieferen T/T_m-Werten hin verschoben werden, ist die Haftfestigkeit von Schichten, die durch Bias-Sputtern erzeugt werden, höher als die von Aufdampfschichten [2.1; 2.3; 2.9]. Noch höhere Haftfestigkeiten besitzen Schichten mit einer durch Diffusion und/oder chemische Reaktion erzeugten Interfacezone, wie z.B. durch Ionenplattieren und CVD-Verfahren hergestellte Schichten. Dies belegen die experimentellen Werte der Haftfestigkeit in Tabelle 2.1 die (abgesehen von der durch Lichtbogenspritzen erzeugten Schicht [2.75b]) mit der in Abschn. 3.5.2 beschriebenen Ritztest-Methode [2.75a] ermittelt wurden.

2.8 Folgerungen in bezug auf die Vorbereitung der Substrate 29

Tabelle 2.1. Haftfestigkeit von nach verschiedenen Methoden hergestellten Schichten [2.75a; 2.75b]

Methode	Schicht-/Substrat-material	Substrathärte $N\,mm^{-2}$	Haftfestigkeit $N\,mm^{-2}$
Aufdampfen	Metall/Glas	6000	1- 100
Lichtbogenspritzen	X46Cr13/X5CrNi18-9	-	40
Galvanisch	Ni/Stahl	3000	100
Sputtern	TiN/Stahl	2000	50- 150
Sputtern	TiC/Schnellstahl	11000	500
CVD	TiN-TiC/Hartmetall	15000	bis 2000

2.7 Zeitliche Änderungen der Haftfestigkeit

Schichten auf oxidhaltigen Substraten (Glas, Keramik) zeigen vielfach eine Verbesserung der Haftfestigkeit im Laufe der Zeit, was auf chemische Reaktionen und/oder Diffusion in der Interfacezone zurückzuführen ist [2.76-2.78]. Durch Erhöhung der Temperatur werden diese Vorgänge in ihrem Verlauf beschleunigt [2.11], doch kann es durch Bildung von Hohlräumen (Kirkendall-Effekt) auch zur Verminderung der Haftfestigkeit kommen [2.13]. Das Verhalten der Haftfestigkeit unter thermischen und mechanischen Wechselbeanspruchungen wurde in [2.3; 2.32; 2.79] und das unter korrosiver Beanspruchung in [2.80-2.82] untersucht.

2.8 Folgerungen in bezug auf die Vorbereitung der Substrate

Die Reinheit der Substratoberfläche hat einen entscheidenden Einfluß auf die Mikrostruktur, die Haftfestigkeit und weitere Eigenschaften der Schicht. Die Merkmale, die eine „reine", oder besser gesagt, geeignete Substratoberfläche definieren, hängen von der jeweiligen Anwendung der Schicht ab. Wenn Gasadsorption und -desorption, Oberflächendiffusion und ähnliche Grenzflächenerscheinungen untersucht werden sollen, wird eine Oberfläche gefordert, die mit nur einem geringen Bruchteil einer Monoschicht von Fremdatomen belegt ist. Hier wird also eine atomar reine Oberfläche verlangt, wie sie z.B. mit der in der Feldelektronen- und Feldionenmikroskopie praktizierten UHV-Technik herstellbar ist [2.83].

Soll andererseits die Stahlkonstruktion einer Brücke durch eine Zinkschicht gegen Korrosion geschützt werden, so genügt Sandstrahlen als Vorbehandlung. Dadurch werden Rost- und Zunderschichten entfernt, und eine mechanische Übergangszone durch das Aufrauhen vorbereitet. Die anschließend durch Flammspritzen aufgetragene Schicht wird in ihren Eigenschaften praktisch nicht durch Verunreinigungen aus der Luft oder den Flammengasen beeinflußt.

Im folgenden sollen die speziellen Reinigungsverfahren besprochen werden, die bei den PVD-Prozessen angewendet werden [2.84]. Hier besteht der Reinigungsprozeß im allgemeinen aus einer Vorreinigung außerhalb der Vakuumanlage und einer Reinigung innerhalb derselben als Teilprozeß der Beschichtung. Die Vakuumanlage wird vielfach so aufgestellt, daß ihre Prozeßkammer von einem staubfreien Raum [2.85] aus zugänglich ist, während der übrige Teil sich in einem Service-Raum befindet.

Die Vorbereitung von drei Klassen von Substraten soll besprochen werden: Glas- und Keramiksubstrate, Metallsubstrate und Substrate aus organischen Polymeren. Auf die im allgemeinen weniger aufwendige Vorbereitung der Substrate für andere Beschichtungstechnologien wird später bei geeigneter Gelegenheit hingewiesen.

2.8.1 Glas- und Oxidkeramik-Oberflächen als Substrate

2.8.1.1 Vorreinigung

Glasoberflächen besitzen eine chemisch gebundene „permanente" Wasserhaut von etwa 10 nm Dicke und darüber eine adsorptiv und daher weniger stark gebundene „temporäre" Wasserhaut von etwa 50 nm Dicke [2.86]. Die temporäre Wasserhaut kann durch Ausheizen an Luft bei 150...200 °C entfernt werden, bildet sich aber nach dem Abkühlen erneut innerhalb von etwa 15 Minuten. Daher wird dieses Ausheizen meist erst im Vakuum ausgeführt. Um die permanente Wasserhaut abzutragen, ist ein Ausheizen im Vakuum bis nahe an den Erweichungspunkt (je nach Glassorte: etwa 400 bis >500 °C) erforderlich.

Das Vorreinigen von Glas kann aus folgenden Teilschritten bestehen, durch die Staubpartikel, Fettschichten und die temporäre Wasserhaut entfernt werden [2.86a–2.86d]:

1. Waschen oder Sprühreinigen im Sodabad,
2. Spülen in Leitungswasser,
3. Waschen oder Sprühreinigen mit 60...80 °C heißer Chromschwefelsäure oder Ammoniumbifluorid,
4. Spülen mit Leitungswasser,
5. Ultraschall-Reinigen in destilliertem Wasser,
6. Strahlspülen mit destilliertem, deionisierten Wasser,
7. Behandlung mit Isopropanol-Dampf.

Als relativ neue Methode zum Beseitigen von Kohlenwasserstoff-Verunreinigungen wird auch UV-Bestrahlung angewendet. Dabei entsteht Ozon, der die Kohlenwasserstoffe in flüchtige Bestandteile (H_2O, CO_2 etc.) umwandelt [2.86e]. — Das Entfernen der Staubpartikel auf dem Glas kann auch durch Aufbringen von Lackschichten (z.B. aus Nitrocellulose in Amylacetat) erfolgen, die nach dem Trocknen abgezogen werden und die eingeschlossenen Partikel mitnehmen [2.86f].

Das Vorreinigen von Al_2O_3-Keramik erfolgt ähnlich wie beim Glas. Durch Ätzen mit HF oder geschmolzenem NaOH kann die Oberfläche aufgerauht werden, so daß eine mechanische Interfacezone mit guter Haftfestigkeit von Metallschichten zustande kommt.

2.8 Folgerungen in bezug auf die Vorbereitung der Substrate

Im Anschluß an diese Prozeduren werden die vorgereinigten Teile auf Substrathalter montiert und, um erneutes Verunreinigen zu vermeiden, möglichst rasch in die Vakuumanlage eingebracht. Die Vorbehandlung der Substrate im Vakuum hängt von der Art des anschließend ausgeführten Beschichtungsprozesses ab. Vor dem Aufdampfen wird vorwiegend die Reinigung durch eine Glimmentladung, und vor dem Sputtern die Reinigung durch Zerstäuben angewendet. Zusätzlich kann das Substrat noch ausgeheizt und auch während der Beschichtung auf erhöhter Temperatur gehalten werden.

2.8.1.2 Glimmentladungsreinigung

Nachdem in der Bedampfungsanlage ein ausreichendes Hochvakuum hergestellt ist, wird (bei gedrosseltem Saugvermögen der Pumpe) ein inertes Gas, z.B. Ar von 10 Pa eingelassen und eine Glimmentladung zwischen einer isoliert eingeführten stab- oder ringförmigen Al-Kathode und dem geerdeten Substrathalter als Anode gezündet [2.87-2.90], s. Abb. 5.1. Die Daten der Entladung betragen etwa $1\,\text{mA cm}^{-2}$ am Substrathalter und 2 kV Spannung. Ist das Substrat isolierend, so lädt es sich aufgrund der gegenüber den Ionen höheren Beweglichkeit der Elektronen negativ auf. Dadurch entsteht ein Ionenstrom vom Plasma zum Substrat, der letzteres durch Zerstäuben reinigt. Elektrisch leitende Substrate werden von Elektronen aus dem Plasma getroffen, die Desorption von Verunreinigungen sowie ein gewisses Aufheizen bewirken. Ferner schlägt sich auf den Substraten zerstäubtes Glimmelektrodenmaterial nieder und bildet hier Kondensationskeime.

2.8.1.3 Sputterreinigung

Um ein isolierendes Substrat vor dem Beschichten durch Zerstäuben in der Sputteranlage zu reinigen, muß diese mit einer HF-Spannung betrieben werden, und zwar derart, daß das Substrat alternierend mit Ionen und Elektronen bombardiert wird (HF-Bias-Sputtern, Abschn. 6.3.1). Beim Beschichten durch Ionenplattieren ist das kontinuierliche Sputterreinigen ein integraler Bestandteil des Prozesses (Kap. 7). Isolierende Substrate müssen auch hier an eine HF-Spannung angeschlossen sein, um zu vermeiden, daß sie sich positiv aufladen und das Ionenbombardement verhindern.

2.8.1.4 Möglichkeiten zur Verbesserung der Haftfestigkeit

Wie bereits erwähnt, liefern das Bias-Sputtern und das Ionenplattieren besser haftende Schichten als einfaches Aufdampfen. Außer den genannten Gründen hierfür ist als weiterer der der kontinuierlichen Reinigung der wachsenden Schicht durch das Bombardement mit Ionen aus dem Plasma zu nennen.

Als weitere Möglichkeiten zur Verbesserung der Haftfestigkeit ergeben sich [2.91]:

- Haftvermittler-Schichten: Eine dünne Schicht aus einem reaktiven Metall, wie Ti, Cr etc. wird zunächst auf dem Glas- oder Keramiksubstrat niedergeschlagen, und dann

die gewünschte Metallschicht, z. B. Au. Die haftvermittelnde Schicht reagiert chemisch oder durch Diffusion mit dem Substrat und legiert sich mit der Metallschicht.
- Gradierter Oxid-Übergang: Das Aufstäuben einer Metallschicht erfolgt unter Zugabe von Sauerstoff, dessen Partialdruck anfänglich relativ hoch ist und dann langsam auf Null reduziert wird.
- Implantation oder Diffusion von haftvermittelnden Atomen: Um z. B. die Haftung von W auf SiO_2-Flächen zu verbessern, kann man Al, das eine geringere Valenzzahl (+3) als Si (+4) hat, in die Oberfläche eindringen lassen. Dadurch entsteht eine unabgesättigte Sauerstoffbindung, die dann zur Bindung von W zur Verfügung steht.

2.8.2 Metalloberflächen als Substrate

Verunreinigungen auf Metalloberflächen können die Diffusion der Schichtatome und ihre Reaktion mit dem Substrat verhindern, und zwar insbesondere Verunreinigungen in Form von Oxid-, Kohlenstoff- und Kohlenwasserstoffschichten. Zur Vorreinigung stehen eine Reihe von Methoden zur Verfügung: mechanisches Reinigen, Eintauchen in Flußmittel (meist geschmolzene Salze), chemisches Ätzen, Elektropolieren (Abschn. 11.4.3), Glühen im Wasserstoff oder im Vakuum. Die Wahl der geeigneten Techniken und Agentien hängt vom jeweiligen Metall und vom Beschichtungsprozeß ab [2.84; 2.92].

Das Sputterreinigen ist die am häufigsten verwendete Reinigungsmethode von Metallsubstraten im Vakuum. Dabei werden die leitenden Substrate dem Plasma gegenüber negativ vorgespannt. Auch reaktives Plasma-Ätzen wird zum Reinigen von Metall- und Halbleitersubstraten verwendet [2.3] (s. Teil II).

2.8.3 Organische Polymere als Substrate

Der Mechanismus der Adhäsion zwischen Metallen und organischen Polymeren ist nur teilweise verstanden [2.93; 2.94]. Um eine gute Adhäsion zu erreichen, gibt es vier Methoden zur Vorbehandlung der Polymeroberflächen [2.95-2.98]:

- *Aufrauhen* durch Schmirgeln, Sandstrahlen oder chemisches Ätzen, letzteres z. B. bei ABS (Acrylnitril-Butadien-Styren) durch Chromschwefelsäure. Dadurch ergibt sich eine mechanische Übergangszone.
- *Aktivieren* durch chemische Behandlung, so daß gewisse Elemente, die eine Bindung vermitteln, in die Oberfläche eindringen, z. B. Jod in Nylon oder Na in Teflon. Eine Variante ist das Auftragen eines Lackes, der bestimmte stark polare organische Substanzen geringer molarer Masse enthält.
- *Vernetzen* (cross linking), um die Festigkeit und die Bindungskräfte an der Oberfläche zu erhöhen. Dies wird erreicht durch Einwirkung a) einer Korona-Entladung, b) eines Plasmas, c) von UV-Strahlung und d) von hochenergetischen Elektronen (s. Teil II).

2.8 Folgerungen in bezug auf die Vorbereitung der Substrate

- *Inkorporation von Atomen durch Sputtern:* Wenn die Beschichtung durch Sputtern erfolgt, dringen Schichtatome, deren Energie mit etwa 10 eV erheblich über der thermischen Energie liegt, bis zu einer gewissen Tiefe in den Kunststoff ein. Die so inkorporierten Atome wirken dann als Keimstellen für die nachfolgenden Schichtatome [2.60].

Die Beschichtung von organischen Polymeren erfolgt vor allem durch PVD-Verfahren (Kap. 5-7) und durch chemische Methoden (Kap. 11) mit anschließender elektrochemischer Verstärkung der Schicht.

3 Meß- und Prüftechnik von Oberflächen und dünnen Schichten

Um sicherzustellen, daß die mit den verschiedenen Technologien hergestellten Oberflächen und dünnen Schichten ihren jeweiligen technischen Anforderungen genügen, sind entsprechende Untersuchungen, Messungen und Prüfungen erforderlich. Die hierfür angewandten Verfahren lassen sich einteilen in:

1. Bestimmung der Schichtdicke und der Depositionsrate,
2. Analyse der chemischen Zusammensetzung,
3. Untersuchung der mikrogeometrischen und kristallinen Struktur,
4. Untersuchung physikalischer Eigenschaften,
5. Untersuchung mechanisch-technologischer Eigenschaften, und
6. funktionsorientierte Prüfverfahren.

3.1 Messung der Schichtdicke und der Depositionsrate

Die Methoden zur Bestimmung der Schichtdicke kann man unterteilen in gravimetrische, optische und direkte Methoden sowie Verfahren, die auf der Messung einer elektrischen oder magnetischen Größe bzw. einer Teilchenwechselwirkung beruhen. Welche dieser Meßmethoden für einen bestimmten Anwendungsfall geeignet sind, hängt vom Beschichtungsprozeß und den Materialien der Schicht und des Substrats ab, worauf im folgenden jeweils hingewiesen wird.

3.1.1 Gravimetrische Methoden

Hier handelt es sich um Meßmethoden, die auf der Bestimmung einer Masse beruhen. Die Schichtdicke d läßt sich bei bekannter Dichte ϱ aus der Masse m des Schichtmaterials berechnen, die auf der Fläche A niedergeschlagen wird: $d = m/(A\varrho)$. Ist die pro s zugeführte Masse $\dot{m}$ bzw. der Schichtdickenzuwachs pro s $\dot{d}$ (= Schichtdickenrate) bekannt und ferner die Depositionsrate $a = \dot{m}/A = \dot{d}\varrho$ konstant, so wächst die Schichtdicke $d = at/\varrho$ proportional zur Beschichtungszeit t.

3.1 Messung der Schichtdicke und der Depositionsrate

3.1.1.1 Schwingquarz-Methode

Diese Methode ist das bei den PVD-Prozessen am häufigsten angewandte Prinzip zur Messung und Kontrolle von Schichtdicken und Schichtdickenraten. In den serienmäßig verfügbaren Ausführungen werden die Schichtdicke im Bereich 0,1 nm...100 µm und die Schichtdickenrate im Bereich 0,01...100 nm s^{-1} laufend digital angezeigt, Abb. 3.1a. Eine automatische Zeiteinstellung für Hilfsfunktionen, wie Vorheizen, Vorzerstäuben, Blendenöffnen oder -schließen etc., erlaubt den Einsatz der Methode in prozeßgesteuerten PVD-Anlagen [3.1].

Die von Sauerbrey [3.2] angegebene Methode beruht auf der Änderung der Resonanzfrequenz $f = N/d_q$ eines Schwingquarzes, wenn er mit einer Schicht der Masse $\Delta m = \varrho A d$ belegt wird. Dabei ist d_q die Dicke des Schwingquarzes und N seine Frequenzkonstante, die für den sog. AT-Schnitt des Quarzes $N = 1,67$ mm MHz beträgt.

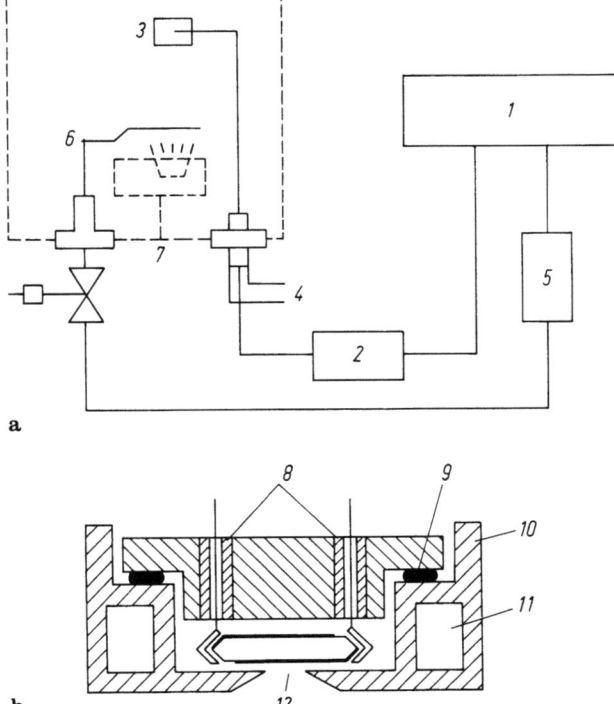

c-e siehe Seite 36

Abb. 3.1 a-e. Schwingquarz-Methode zur Messung und Kontrolle der Schichtdicke und der Schichtdickenrate. **a** Schema der Meßanordnung; **b** Schwingquarz-Meßkopf, schematisch; **c** Schwingquarz-Meßkopf für einen Kristall, Typ Balzers QSK 300; **d** dito, für acht manuell betätigte Kristalle, Typ Balzers QSK 810; **e** dito, für sechs motor-betätigte Kristalle, Typ Balzers QSK 610.
1 Schwingquarz-Meßgerät mit D/A-Wandler; *2* Oszillator; *3* Meßkopf mit Schwingquarz; *4* Wasserkühlung des Schwingquarzes; *5* Blendensteuerung; *6* Blende; *7* Dampfquelle; *8* Zuführungen zum Schwingquarz; *9* Dichtung; *10* Kupferblock; *11* Wasserkühlung; *12* Apertur

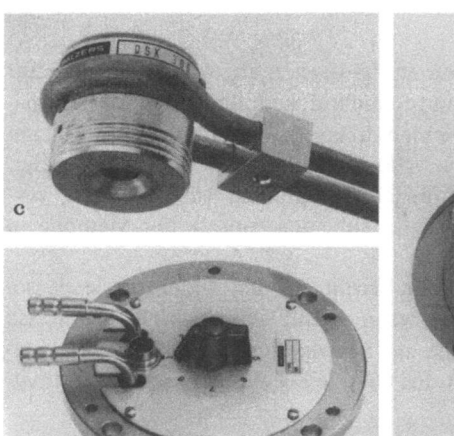
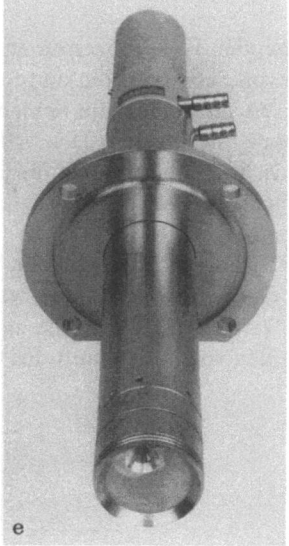

Abb. 3.1 c-e

Die Belegung Δm wirkt wie eine Dickenzunahme des Quarzes um $\Delta d_q = \Delta m/(\varrho_q A_q)$, wobei A_q, ϱ_q die Fläche bzw. die Dichte des Quarzplättchens bedeuten. Die Resonanzfrequenz nimmt dann für $\Delta f \ll f$ proportional zu d ab, und es gilt

$$-\Delta f = \frac{N\Delta m}{d_q^2 \varrho_q A_q} = \frac{A f^2 \Delta m}{A_q N \varrho_q A} = C \frac{\Delta m}{A} = C\varrho d,$$

wobei die Konstante $C = Af^2/(A_q N \varrho_q)$ ein Maß für die Wägeempfindlichkeit darstellt. Eine genauere Ableitung liefert statt A/A_q eine Funktion $\varphi(A/A_q)$ [3.2; 3.3]. Für einen Quarz von $f = 6$ MHz und $d_q = 0,28$ mm ist nach [3.4] $C = 8$ MHz/(kg m^{-2}). Für $d = 0,1$ nm und $\varrho = 10^4$ kg m^{-3} ist $\Delta m/A = 10^{-6}$ kg m^{-2}, und damit $\Delta f = -8$ Hz. Auch bei $d = 1$ µm ist Δf mit -80 kHz noch klein gegen f, so daß der Meßbereich von etwa 0,1 nm bis zu einigen µm reicht. In vielen Fällen können mit einem Quarzplättchen 10...100 Aufdampfprozesse kontrolliert werden, wobei für jeden Prozeß ein neuer Wert von f einzusetzen ist.

Temperaturerhöhungen ΔT des Quarzes infolge Wärmestrahlung des Verdampfers und der Substratheizung sowie der Kondensationswärme des Aufdampfmaterials ändern die Resonanzfrequenz um $\Delta f = \beta f \Delta T$. Der Temperaturkoeffizient ist für den AT-Schnitt des Quarzes mit $\beta = -1 \cdot 10^{-6}$ K^{-1} am niedrigsten, so daß bei $f = 6$ MHz $\Delta f/\Delta T = -6$ Hz/K beträgt. Durch eine Wasserkühlung des Quarzes wird der Temperatureinfluß so weit reduziert, daß Schichtdicken von 100 nm mit 1‰ Fehler bestimmt werden können [3.5]. Für die theoretische Begründung der Schwingquarzmethode sind die Arbeiten [3.6-3.9] von besonderem Interesse, und für die Anwendung unter Berücksichtigung bzw. Ausschaltung störender Nebeneffekte die Arbeit von Pulker et al.

3.1 Messung der Schichtdicke und der Depositionsrate

[3.10]. Dabei ist von Bedeutung, daß durch Differenzieren des Signals die Depositionsrate a bzw. die Schichtdickenrate $\dot{d}$ erhalten wird.

Die Abb. 3.1b-e zeigen das Schema eines Schwingquarz-Meßkopfes und mehrere praktische Ausführungen, und zwar solche mit nur einem Quarzkristall, mit 8 manuell auswechselbaren sowie mit 6 durch Motorantrieb auswechselbaren Quarzkristallen.

3.1.1.2 Mikrowägung

Diese sehr genaue, aber für die Praxis wenig geeignete Methode wird zur Kalibrierung anderer Verfahren verwendet. Alle Mikrowaagen zur Schichtdickenmessung arbeiten im Vakuum und mit Kompensation des Schichtgewichtes durch eine Gegenkraft [3.11–3.16]. Die Kompensation erfolgt durch mechanische, optische oder elektrische (z. B. Drehspul-) Systeme, mit denen sowohl die Massendicke m/A als auch die Depositionsrate $\dot{m}/A$ gemessen werden können. Die Nachweisgrenze der Schichtdicke liegt bei 0,1 nm und die obere Meßgrenze bei 1 µm.

3.1.1.3 Dosierte Massezufuhr

Viele Beschichtungsprozesse werden mit dosierter Massezufuhr, d. h. einem über eine bestimmte Beschichtungsdauer konstant gehaltenen Massenstrom (in kg s^{-1}) bei definierten Abmessungen der Anordnung und konstant gehaltenen Prozeßparametern ausgeführt. Das Verfahren erfordert eine Kalibrierung, z. B. mittels Wägung oder chemischer Mikroanalyse [3.17–3.19], um den Zusammenhang zwischen Massendicke m/A am Substrat und zugeführter Masse zu ermitteln. Nach dieser Kalibrierung genügt es dann in vielen Anwendungsfällen, die relevanten Prozeßparameter einschließlich der Massezufuhr hinsichtlich ihrer Konstanz zu überwachen, um innerhalb gegebener Toleranzen in gleichen Zeiten gleiche Schichtdicken herzustellen. Dabei erfolgt die Zufuhr der Masse, je nach Art des Prozesses, im festen, gasförmigen oder flüssigen Zustand oder (bei der galvanischen Abscheidung oder der Plasmapolymerisation) als Ionenstrom.

Ihrer Einfachheit wegen wird die dosierte Massezufuhr in breitem Umfang technisch eingesetzt: bei den thermischen Spritzverfahren, dem Vakuum-Plasmaspritzen, dem CVD-Prozeß, der Plasmapolymersiation, der galvanischen und chemischen Abscheidung, dem Auftragschweißen, dem Laserstrahlbeschichten und auch vielen Anwendungen der Bedampfungs-, Sputter- und Ionenplattiertechnik.

3.1.1.4 Quantitative Beschichtung

Das Schichtmaterial wird nach Einwaage und unter definierten Bedingungen der Apparatur dem Prozeß vollständig, d. h. als gesamte Quantität zugeführt: so z. B. nach vorangegangener Kalibrierung bei der quantitativen Verdampfung [3.20], bei gewissen Varianten des Auftragschweißens, wie dem Elektro-Schlacke-Prozeß (Kap. 13), und bei gewissen Formen des Plattierens (Kap. 13).

3.1.2 Optische Methoden

3.1.2.1 Photometer-Methode

Diese Methode wird vor allem bei den PVD-Prozessen zur Herstellung von Mehrfachschichten für optische Anwendungen eingesetzt, weil sie die optische Dicke nd mißt und daher Änderungen der Brechzahl n während der Beschichtung durch entsprechende Änderungen von d kompensiert werden.

Mit dem Photometer nach Abb. 3.2 wird die Intensität des an den beiden Grenzflächen der Schicht reflektierten und die des durch die Schicht hindurchgehenden Lichtes gemessen [3.21; 3.22]. Diese Intensitäten bestimmen, auf die einfallende Intensität bezogen, den Reflexionsgrad R bzw. den Transmissionsgrad T der Schicht. Das einfallende Licht passiert ein Interferenzfilter, ist also monochromatisch und wird durch einen Chopper moduliert, so daß Störungen durch Fremdlicht vermieden werden. Der Lichtstrahl wird auf das Substrat oder ein Testglas gerichtet, das sich in einem Testglaswechsler befindet. Die Lichtintensitäten werden mit Photomultipliern gemessen. Logische Schaltungen ermöglichen das Unterbrechen des Aufdampfens (Betätigen der Blende), wenn der Sollwert von R bzw. T erreicht ist.

Obgleich sich d aus R und T bei gegebenen Werten der optischen Konstanten n und k berechnen läßt [3.23; 3.24], ist es in der Praxis einfacher, d aus Kurven oder Ta-

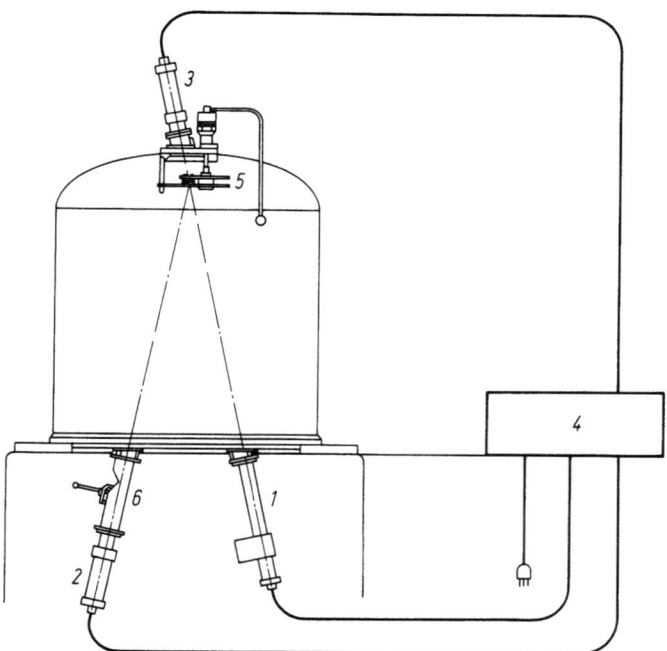

Abb. 3.2. Photometer-Methode zur Messung der Schichtdicke [3.21], System Balzers GSM 210. *1* modulierte Lichtquelle; *2* Empfänger für das an der Schicht reflektierte Licht, *3* Empfänger für das durch die Schicht transmittierte Licht, *4* Anzeige-Instrument, *5* Testglaswechsler, *6* Strahlablenkung

3.1 Messung der Schichtdicke und der Depositionsrate

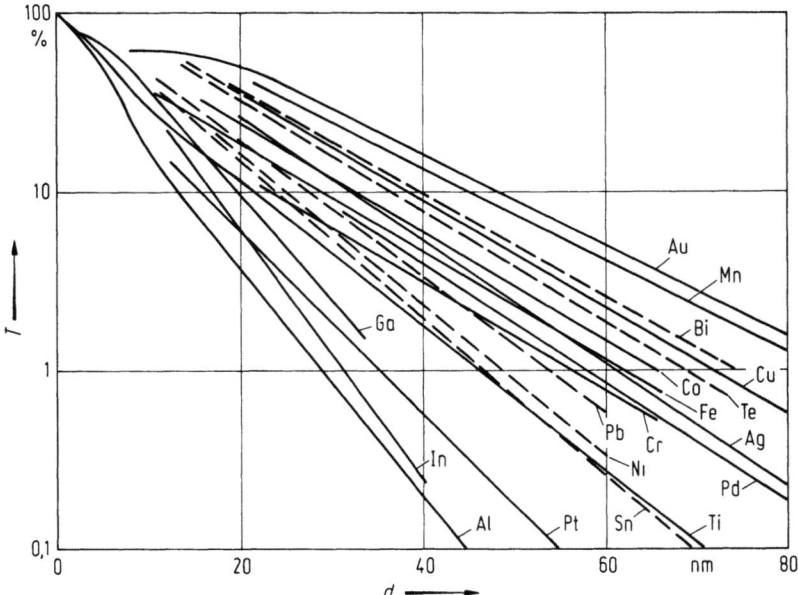

Abb. 3.3. Transmissionsgrad T in Abhängigkeit von der Schichtdicke d, gemessen bei $\lambda = 550$ nm, ausgenommen Ni, Pb, Sn bei $\lambda = 503$ nm und Bi, Te mit weißem Glühlicht [3.25]. Substrat: Glas, $R = 4\%$, durch Glimmen gereinigt; Kondensationsrate: $a_k \approx 100$ nm min^{-1}; Substrattemperatur: einige 10 °C; Nachbehandlung: Tempern im Vakuum bei wenigen 100 °C

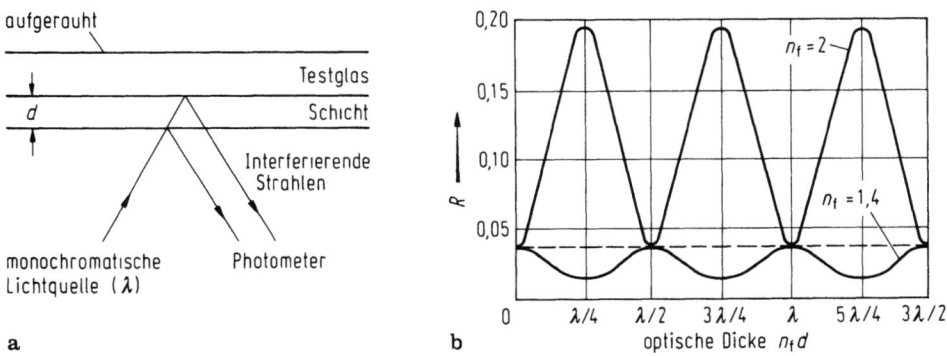

Abb. 3.4 a, b. Zweistrahlinterferenz an einer dielektrischen, absorptionsfreien Schicht, berechnet nach [3.24; 3.26]. **a** Anordnung, **b** Reflexionsgrad R als Funktion der optischen Dicke $n_f d$ der Schicht bei verschiedenen Brechzahlen n_f. Brechzahl des Testglases $n_s = 1,5$

bellenwerten zu entnehmen, die ebenso wie n und k von den Herstellungsbedingungen abhängig sind. Abbildung 3.3 [3.25] zeigt die Größe T in Abhängigkeit von d für eine Reihe von Metallen, für die $R + T + A = 1$ (mit A = Absorptionsgrad) gilt.

Bei absorptionsfreien oder schwach absorbierenden Schichten ändern sich R und T infolge Interferenzwirkung periodisch mit wachsendem d, falls Schicht und Substrat unterschiedliche Brechzahlen n haben, Abb. 3.4 [3.24; 3.26]. Wenn die optische Dicke $nd = m\lambda/4$ ganzzahlige Vielfache m eines Viertels der verwendeten Wellenlänge λ durchläuft, treten Extrema von R und T auf. Durch Interpolation kann d bei Kenntnis der Ordnungszahl m auf etwa 25 nm genau bestimmt werden. Die Methode ist besonders vorteilhaft bei der Herstellung von optischen Schichten, wie Antireflexionsschichten, kalten Spiegeln und Interferenzfiltern, wo nd auf ganzzahlige Vielfache von $\lambda/4$ eingestellt wird. Als Beispiel zeigt Abb. 3.5 den Verlauf von R und T bei der Herstellung eines kalten Spiegels, d. h. eines Vielschichtensystems aus alternierenden hoch- (ZnS) und niedrigbrechenden (MgF_2) $\lambda/4$-Schichten [3.27].

3.1.2.2 Weitere optische Methoden

Als weitere Methoden der Schichtdickenmessung sind zu nennen:

- Die Messung der Schichtdicke als Höhe einer Stufe in optischen Schmalband-Interferenzfiltern, wobei als untere Meßgrenze der Wert $d = 0{,}3$ nm erreicht wurde [3.21].
- Vielstrahl-Interferenzverfahren [3.28-3.31],
- Interferometer mit Lichtstrahlen [3.32] oder mit Röntgenstrahlen [3.33],
- Polarisationsmethoden (Ellipsometrie) [3.26; 3.34].

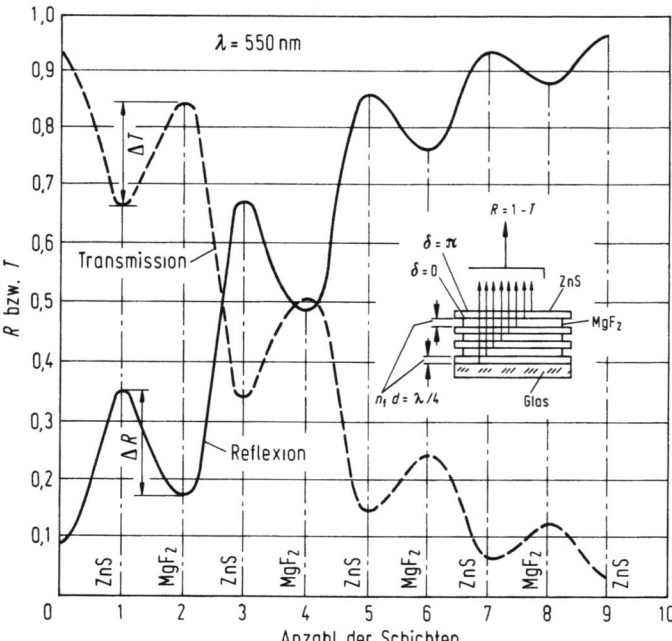

Abb. 3.5. Reflexionsgrad R und Transmissionsgrad $T = 1 - R$ eines Systems von alternierend aufgedampften hoch-(ZnS, $n = 2{,}3$) und niedrig-(MgF_2, $n = 1{,}38$) brechenden $\lambda/4$-Schichten mit $\lambda = 550$ nm in Abhängigkeit von der Zahl der Schichten [3.27]. δ = Phasensprünge an den verschiedenen Grenzflächen

3.1.3 Direkte Meßmethoden

3.1.3.1 Stylus-Methode

Die Schicht muß als Stufe auf einem ebenen Substrat vorliegen. Eine Diamantnadel von z. B. 13 µm Krümmungsradius wird mit konstanter Geschwindigkeit über die zu untersuchende Fläche gezogen, und die Höhe der Stufe mit einem elektromechanischen Pick-up-System gemessen. Voraussetzungen sind eine hinreichende Härte der Schicht und ein ebenes Substrat. Der Meßbereich liegt zwischen etwa 5 nm und einigen 10 µm [3.35; 3.36]. Eine weitere Anwendung der serienmäßig erhältlichen Geräte mit analoger [3.36a] und/oder digitaler [3.36b] Anzeige ist die Reliefdarstellung von Oberflächen und die Erfassung der Rauhigkeit (nach DIN 4768).

3.1.3.2 Messung mit dem Licht- und dem Elektronenmikroskop

Zur Bestimmung der Schichtdicke werden mit dem Lichtmikroskop z. B. metallographische Schliffe vermessen, mit dem Transmissions-Elektronenmikroskop Oberflächenabdrücke einer durch die Schicht erzeugten Stufe, und mit dem Rasterelektronenmikroskop diese Stufe selber bzw. eine Bruchfläche der Schicht. Der Dickenmeßbereich der elektronenmikroskopischen Methoden reicht von einigen nm bis etwa 10 µm [3.37-3.42].

3.1.4 Auf der Messung elektrischer oder magnetischer Größen beruhende Methoden

3.1.4.1 Widerstandsmeßmethode

Diese Methode wird bei PVD-Prozessen vielfach zur Bestimmung der Dicke metallischer Schichten eingesetzt. Als Monitorelement wird eine isolierende Platte mit zwei parallelen Kontaktstreifen benutzt, zwischen denen die Schicht über eine Maske niedergeschlagen wird [3.43]. Der Widerstand R als Maß für die Schichtdicke wird mit einer Brückenschaltung kontrolliert, und die Kondensationsrate mittels eines Differenziergliedes. Mit Hilfe eines Nullindikators wird das Beschichten unterbrochen, wenn der Sollwert der Schichtdicke erreicht ist. Der Meßbereich liegt zwischen 1 nm und (je nach spezifischem Widerstand) 0,1...10 µm. Anwendungen: Metallschichten für integrierte Schaltungen, Widerstandsschichten aus NiCr, metallisierte Folien für Kondensatoren und Wärmeisolation.

3.1.4.2 Kapazitätsmeßmethode

Eine zur vorangehenden analoge Methode zur Bestimmung der Dicke isolierender Schichten besteht darin, ein Monitorelement mit kammförmigen, ineinandergreifenden Flächenelektroden zu verwenden und die beim Beschichten auftretende Kapazitätsänderung zu messen [3.44; 3.45].

3.1.4.3 Wirbelstrommeßmethode

Die Dicken von Isolatorschichten auf Nichteisenmetall (NE)-Substraten oder die von NE-Schichten auf Isolierstoff-Substraten können mit dieser Methode nach DIN 50984 gemessen werden. Die Meßgröße ist z. B. die an einer HF-Spule liegende Spannung, die durch die Wirbelströme im NE-Metall modifiziert wird [3.46]. Da die Meßgröße außer von der Schichtdicke noch von der elektrischen Leitfähigkeit des NE-Metalls abhängt, bedarf es einer Kalibrierung. Anwendungen liegen bei der Aluminisierung des Bildschirms von Fernsehröhren oder der Metallisierung von Kunststoffen, z. B. bei gedruckten Schaltungen, vor. Mögliche Schicht/Substrat-Materialpaarungen dieser vielfältig eingesetzten Meßmethode zeigt Tabelle 3.1 [3.47].

3.1.4.4 Coulometrische Meßmethode

Bei diesem Verfahren nach DIN 50955 wird eine bestimmte Fläche der Schicht bei konstantem Strom in einem gegebenen Elektrolyten anodisch abgetragen. Die Zeit, die bis zum Stromabfall bzw. Spannungsanstieg vergeht, ist ein Maß für die nach dem Faraday-Gesetz zu berechnende Schichtdicke. Obgleich das Verfahren zerstörender Art und nur für Metallschichten (auch auf nichtmetallischer Unterlage) geeignet ist, wird es auf viele Schicht/Substrat-Paarungen angewendet, wie die Tabelle 3.1 zeigt [3.47].

3.1.4.5 Magnetische Meßmethode

Dieses Verfahren nach DIN 50981 wird auf Schichten angewendet, die sich auf einer planen Unterlage aus ferritischem Stahl befinden. Die Methode beruht darauf, daß die Haftkraft eines auf die Schicht (aus Metall, Lack, Kunststoff etc.) gesetzten Magneten von der Schichtdicke abhängt. Da das Meßergebnis auch von der Permeabilität des

Tabelle 3.1. Geeignete Materialpaarungen für die folgenden Schichtdicken-Meßmethoden [3.47]: B Beta-Rückstreuverfahren, C Coulometrisches Verfahren, M magnetisches Verfahren, W Wirbelstromverfahren

Substrat	Schichtmaterial												
	Ag	Al	Au	Cd	Cr	Cu	Ni	NiP	Pb	Pt	Rh	Sn	Zn
Ag	-	-	B	-	B	B	BM	B	B	B	-	-	B
Al, Al-Leg.	BC	-	B	BC	BCW	BC	BCM	BC	BC	B	B	BC	BC
Au	B	-	-	-	-	-	-	-	-	-	B	-	-
Cu, Cu-Leg.	BC	-	B	BC	BCW	-	CM	-	BC	B	B	BC	C
Ni	BC	-	B	BC	BC	C	-	-	BC	B	B	BC	C
Stahl, ferrit.	BCM	BM	BM	BCM	MW	CM	CM	C	BCM	BM	BM	BCM	BCM
Stahl, austen.	BC	B	B	BC	C	C	CM	C	BC	B	B	BC	BC
Ti	B	B	B	B	-	BC	BM	-	B	B	B	B	B
Zn	B	-	B	B	B	B	C	M	-	B	B	B	-
Glas, Keramik Kunststoff	BC	BW	B	BC	BC	BCW	BCW	BC	BC	B	B	BC	BC

Stahls abhängt, ist eine Kalibrierung erforderlich. Auch Nickel als Schichtmaterial ist nach entsprechender Kalibrierung der Dickenmessung zugänglich. Wie die Tabelle 3.1 zeigt, wird diese Methode vielfach bei Schichten auf ferritischem Stahl angewendet [3.47].

3.1.4.6 Methode der Durchschlagspannung

Durch Messung der Durchschlagspannung wird vielfach die Dicke von isolierenden Schichten, z. B. von Eloxal- oder Emailschichten bestimmt [3.48].

3.1.4.7 Ultraschall-Impulsecho-Methode

Dieses Verfahren setzt Schichtdicken $d \geq 1$ mm voraus [3.49].

3.1.5 Auf Teilchen-Wechselwirkungen beruhende Methoden

3.1.5.1 Verdampfungsrate-Monitor und optische Emissionsspektrometrie

Der Verdampfungsmonitor wurde speziell für Anwendungen der Aufdampftechnik entwickelt. Dabei wird zur Kontrolle der Dampfstromdichte der Dampfstrom in der Nähe des Substrats durch Elektronenstoß ionisiert und der Ionenstrom mit einem Ionisationsvakuummeter [3.50] oder — besser noch, weil frei von Störungen durch das Restgas — einem Massenspektrometer gemessen [3.51]. Mit dem von Huber et al. [3.51] entwickelten Gerät können mit einem Quadrupol-Massenspektrometer zwei (oder mehr) Elektronenstrahlverdampfer gleichzeitig in ihrer Verdampfungsrate durch Regelung der Kathodenheizung und der Wehnelt-Spannung kontrolliert werden, Abb. 3.6. Auf diese Weise können die Verdampfungsraten simultan verdampfender Materialien auf ihren einzelnen Sollwerten gehalten werden. Anwendungen: Molekularstrahl-Epitaxie (MBE), UHV-Epitaxie von Si, Dünnschicht-Supraleiter und Halbleiter aus mehreren Komponenten. Ferner: Bestimmung des Kondensationskoeffizienten α_k aus Aufdampf- und Kondensationsrate. In einer Variante dieses Verfahrens wird die Dichte des durch Elektronenstoß angeregten und ionisierten Dampfes durch ein optisches Emissionsspektrometer bestimmt. Zu diesem Zweck wird das aus dem Elektronenstoßbereich emittierte Licht via Lichtleiter einem optischen Gittermonochromator zugeführt [3.52].

Die optische Emissionsspektrometrie ist ein aus der Plasmadiagnostik übernommenes Verfahren, das auch (ohne eigene Elektronenstoßquelle) zur Kontrolle aller plasmaunterstützten Beschichtungstechniken, wie Sputtern, Ionenplattieren etc. verwendet wird.

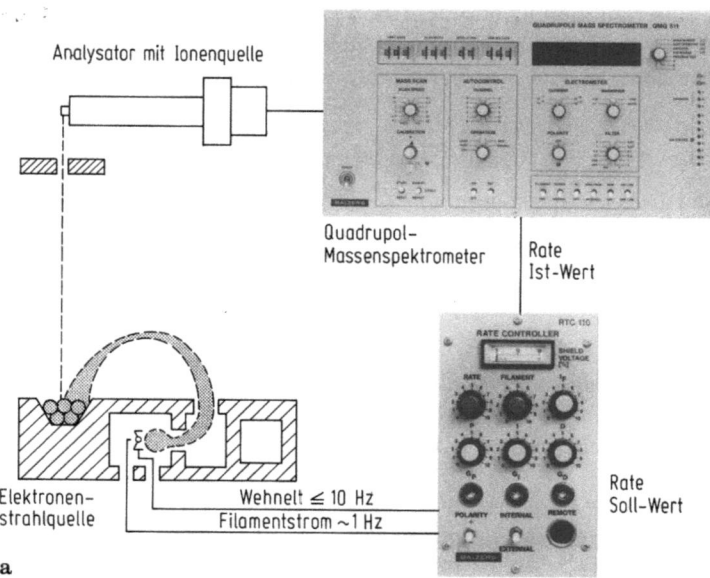

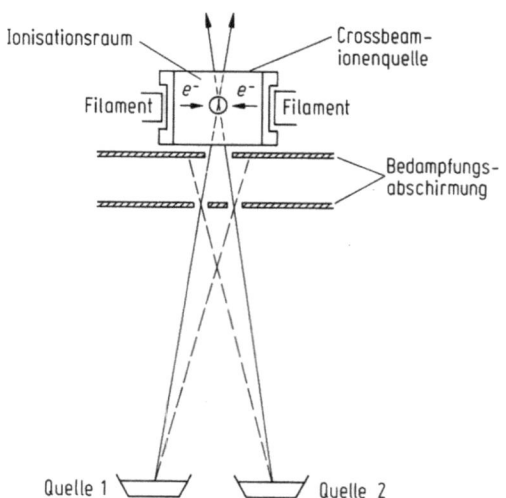

Abb. 3.6 a-d. Verdampfungsrate-Regelung mit dem Dünnschicht-Prozeß-System Balzers UMS 500 P. **a** Regelung der Kathodenheizung und der Wehnelt-Spannung des Elektronenstrahlverdampfers entsprechend dem vom Quadrupol-Massenspektrometer (Analysator) angegebenen Ist-Wert der Verdampfungsrate. **b** Simultan-Verdampfung aus zwei Elektronenstrahlverdampfern mit dem Analysator im Cross-over der Dampfstrahlen. **c** Nachweis, daß eine geregelte Simultanverdampfung ohne gegenseitige Beeinflussung der Verdampfungsraten stattfindet. **d** Rateregelung: rechts, nur mit geregelter Emission; links, mit zusätzlicher Wehnelt-Steuerung

3.1 Messung der Schichtdicke und der Depositionsrate

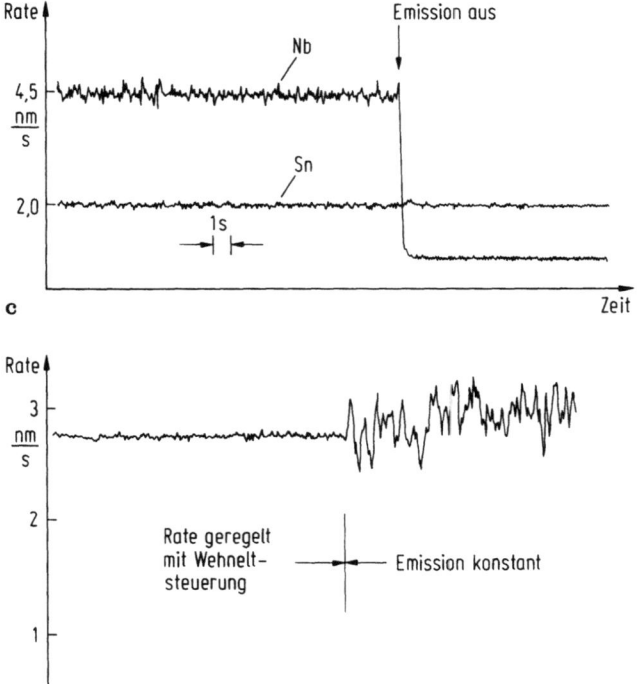

Abb. 3.6 c, d

3.1.5.2 Weitere auf Wechselwirkungen beruhende Methoden

Hier sind zu nennen die Methode der

- Beta (Elektronen)-Rückstreuung nach DIN 50983 [3.53; 3.54], die besonders zur Dickenmessung an dünnen Edelmetallschichten und an Metallschichten auf gedruckten Schaltungen geeignet ist. Diese Methode gehört zusammen mit dem coulometrischen, magnetischen und Wirbelstromverfahren zu den am häufigsten verwendeten Verfahren zur Messung der Dicke von Metallschichten (Tabelle 3.1). Ferner:
- die Röntgen-Fluoreszenzmethode [3.55], die auch zur Bestimmung der Dicke von Mehrfachschichten geeignet ist, und
- die Tracer-Methode [3.56], bei der entweder das Schichtmaterial oder das Substrat radioaktive Atome enthalten muß.

Tabelle 3.2. Methoden zur Bestimmung der Struktur und der chemischen Zusammensetzung von Oberflächen und dünnen Schichten

Anregung durch		Nachweis durch				
		Photonen		Elektronen		Ionen
		optisch	Röntgen			
Photonen	optisch	AA UV IR		ESCA	UPS	LIMA
	Röntgen		XRF XRD		XPS	
Elektronen			EPM	SEM TEM STM	AES SAM LEED RHEED	
Ionen		SCANIIR	IIX			SIMS IPM SNMS RBS ISS

Erklärung der Abkürzungen:

AA	Atomic Absorption
AES	Auger Electron Spectroscopy
EPM	Electron Probe Microanalysis
ESCA	Electron Spectroscopy for Chemical Analysis
IIX	Ion Induced X-Rays
IPM	Ion Probe Microanalysis
IR	Infrared Spectroscopy
ISS	Ion Scattering Spectroscopy
LEED	Low Energy Electron Diffraction
LIMA	Laser induced Ion Mass Analyzer
RBS	Rutherford Backscattering Spectroscopy
RHEED	Reflexion High Energy Electron Diffraction
SAM	Scanning Auger Microanalysis
SCANIIR	Surface Composition Analysis by Neutral and Ion Impact Radiation
SEM	Scanning Electron Microscopy
SIMS	Secondary Ion Mass Spectrometry
SNMS	Secondary Neutrals Mass Spectrometry
STM	Scanning Tunnel Microscopy
TEM	Transmission Electron Microscopy
UPS	UV-Photoelectron Spectroscopy
UV	UV-Spectroscopy
XPS	X-Ray Photoelectron Spectroscopy
XRD	X-Ray Diffraction
XRF	X-Ray Fluorescence Spectroscopy

3.2 Analyse der chemischen Zusammensetzung

Konventionelle chemische Analysenmethoden, wie Atomemission, Atomabsorption, Spektralanalyse, Röntgenfluoreszenz, Massenspektrometrie und Vakuum-Heißextraktion spielen eine große Rolle bei der Herstellung der in den verschiedenen Verfahren benutzten Beschichtungsmaterialien. In den meisten Fällen sind Proben von einigen Milligramm erforderlich, und die Nachweisgrenze liegt im ppm-Bereich.

Andererseits haben die Forderungen an die Mikroanalyse von Oberflächen und dünnen Schichten hinsichtlich Flächenauflösung und Informationstiefe zu einer Vielzahl neuer Methoden geführt. Diese Methoden beruhen darauf, daß man Wechselwirkungsprozesse von Photonen, Elektronen, Ionen oder anderen Teilchen mit der zu analysierenden Schicht untersucht. Dabei werden — je nach der Art der Anregung und der zu analysierenden Substanz — Teilchen elastisch oder unelastisch gestreut oder Sekundärteilchen emittiert, und diese Teilchen durch ein entsprechendes Detektorsystem analysiert. Einige der wichtigsten dieser Methoden sind, geordnet nach anregenden und nachzuweisenden Teilchen, in Tabelle 3.2 zusammengestellt.

3.2.1 Elektronenstrahl-Mikroanalyse (EPM)

Die Elektronenstrahl-Mikroanalyse (EPM, s. Tabelle 3.2), auch Röntgenmikroanalyse genannt, ist das älteste dieser Verfahren. Es wird eingesetzt, wenn Schichten von etwa 1 µm Dicke zu analysieren sind. Es existieren zwei Ausführungsformen: die Mikrosonde mit wellenlängendispersivem Kristallspektrometer, vielfach kombiniert mit dem TEM, sowie die mit dem SEM kombinierte Mikrosonde in der Form eines energiedispersiven Si(Li)-Halbleiterspektrometers [3.57; 3.58].

Die Mikrosonde versagt im Bereich leichter Elemente, etwa bei Kohlenstoff und Sauerstoff in Stahl mit Teilchenzahlanteilen unter 1%, und ferner bei Schichten, die dünner als die durch die Eindringtiefe des Elektronenstrahls gegebene Informationstiefe von etwa 1 µm sind. Daher sind in den letzten Jahren Methoden zur atomaren Analyse an der Oberfläche und im oberflächennahen Bereich entwickelt worden, die außerdem die Änderung der Zusammensetzung mit der Tiefe zu messen gestatten [3.59]. Die wichtigsten dieser Methoden sind: die Auger-Elektronenspektroskopie AES, Elektronenspektroskopie für die chemische Analyse ESCA, Sekundär-Ionen-Massen-Spektroskopie SIMS, die Sekundär-Neutralteilchen-Massenspektrometrie SNMS und die Rutherford-Rückstreuung RBS.

3.2.2 Auger-Elektronenspektroskopie (AES)

Die Probe wird üblicherweise mit Elektronen von 1...10 keV beschossen. Dadurch werden aus inneren Schalen der Probenatome Elektronen entfernt, die durch Übergänge von Elektronen aus höheren Schalen wieder aufgefüllt werden, Abb. 3.7. Die dabei frei

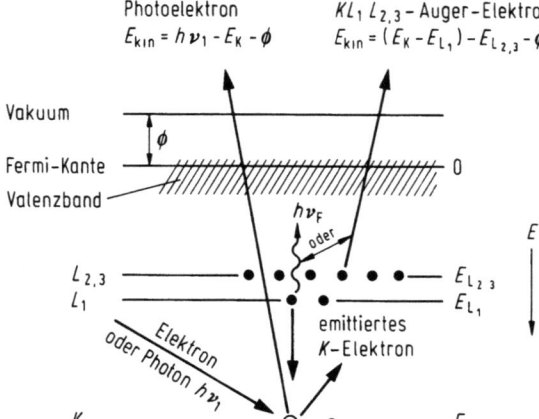

Abb. 3.7. Termschema für die Auger-Elektronen (AES)- und die Photoelektronen (ESCA)-Spektroskopie. Φ Elektronenaustrittsarbeit

werdende Energie wird entweder als Röntgenquant $h\nu_F$ abgestrahlt (Röntgenfluoreszenz) oder innerhalb des Atoms auf ein drittes Elektron übertragen (Auger-Effekt), das in Freiheit gesetzt wird. Die durch die Austrittstiefe der Auger-Elektronen gegebene Informationstiefe beträgt 1...10 nm. Zur Analyse wird die Zahl der pro s emittierten Auger-Elektronen (mit einem Sekundärelektronenvervielfacher) als Funktion ihrer kinetischen Energie (z.B. mit einem Zylinder-Spiegel-Analysator) gemessen [3.60; 3.61]. Die Maxima des so gewonnenen AES-Spektrums geben aufgrund tabelliert vorliegender Werte für die Energieterme Auskunft über die Art der Probenatome und ihre Konzentration. Um den von Streuelektronen herrührenden Untergrund des AES-Spektrums zu unterdrücken, wird dieses mit elektronischen Mitteln differenziert. Die Ordnungszahl der nachweisbaren Atome ist $Z > 3$, und die Nachweisgrenze der Teilchenzahlanteile etwa 0,1 %. Die Messung von Tiefenprofilen ist nicht zerstörungsfrei möglich, sondern — ebenso wie bei den drei folgenden Verfahren ESCA, SIMS und ISS — nur durch Abtragen der Schicht durch Sputtern.

3.2.3 Photoelektronenspektroskopie (ESCA)

Zur Anregung dient entweder Röntgenstrahlung (dann heißt das Verfahren XPS, s. Tabelle 3.2) oder UV-Licht (dann heißt es UPS). Beim XPS-Verfahren verwendet man z. B. die Aluminium-K-Strahlung mit der Photonenenergie $h\nu_1 \approx 1486$ eV, Abb. 3.7. Die auf das in Freiheit gesetzte Photoelektron übertragene kinetische Energie $E_{kin} = h\nu_1 - E_K - \Phi$ ist gleich $h\nu_1$ vermindert um die für das zu analysierende Element charakteristische Bindungsenergie E_K und die Austrittsarbeit Φ. Ähnlich wie bei der AES-Analyse wird die Zahl der pro s emittierten Elektronen in Abhängigkeit von E_{kin} gemessen, und daraus aufgrund tabelliert vorliegender Werte der Energieterme die Verteilung der Atomkonzentrationen ermittelt. Neben Photoelektronen treten auch Auger-Elektronen auf, deren Peaks im Spektrum dadurch erkannt werden, daß ihre energetische Lage von $h\nu_1$ unabhängig ist. Die Ordnungszahl nachweisbarer Elemente

3.2 Analyse der chemischen Zusammensetzung

ist $Z > 3$, die Informationstiefe 0,5...10 nm und die Nachweisgrenze der Teilchenzahlanteile 0,1 % [3.61-3.63].

Ein Vorteil des ESCA-Verfahrens besteht darin, daß außer der analytischen Information eine Aussage über den Bindungszustand der Atome aufgrund der von der Art der Bindung (z.B. metallisch oder oxidisch) abhängigen Linienverschiebung (chemical shift) erhalten werden kann.

3.2.4 Sekundärionen-Massenspektrometrie (SIMS)

Die Probe wird mit Ionen, meist Ar^+ von bis zu 10 keV Energie beschossen, Abb. 3.8a. Zwischen dem einfallenden Ion und den Targetatomen kommt es zu elastischen Stoßprozessen, als deren Folge im Target Stoßkaskaden auftreten, von denen einige auch die Oberfläche erreichen und hier zur Emission einzelner Atome oder Molekülbruchstücke führen. Von den emittierten, d.h. zerstäubten Teilchen ist ein gewisser Teil positiv oder negativ geladen und damit z.B. in einem Quadrupol-Massenspektrometer nachweisbar. Das so gewonnene Sekundärionen-Massenspektrum ist charakteristisch für die Verteilung der Elemente an der Probenoberfläche und auch (aufgrund der Molekülbruchstücke) für deren Bindungszustand. Die mittlere Austrittstiefe beträgt einige nm. Da das SIMS-Spektrum vom Prinzip her untergrundfrei ist, besitzt das Verfahren eine sehr niedrige Nachweisgrenze (Teilchenzahlanteile 10^{-4} %). Alle Elemente (auch Wasserstoff) nebst Isotopen sind nachweisbar [3.64-3.66].

Während die Verfahren AES und ESCA zerstörungsfrei arbeiten (falls die Probe nicht zusätzlich einem Sputterprozeß ausgesetzt wird), ist das SIMS-Verfahren zerstörender Art. Das bringt aber den Vorteil, daß Tiefenprofile der Atomkonzentration gemessen werden können.

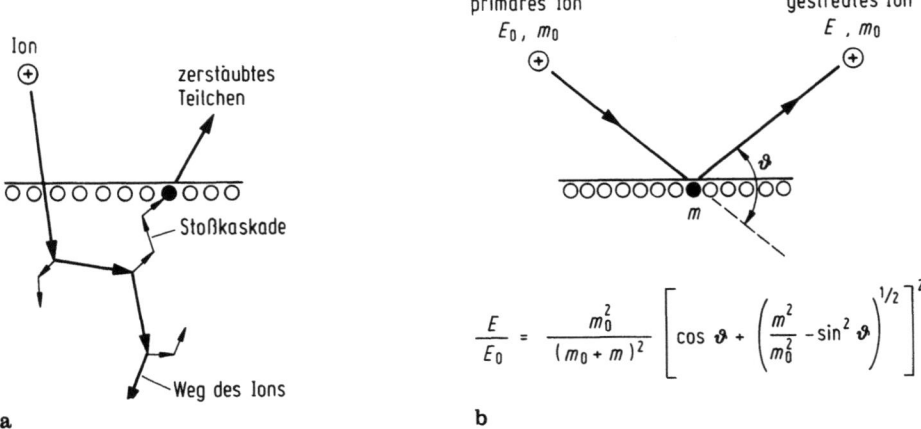

Abb. 3.8. Prinzipdarstellung der (**a**) Sekundärionen-Massenspektrometrie (SIMS), der Sekundär-Neutralteilchen-Massenspektrometrie (SNMS) und (**b**) der Ionenstreuspektroskopie (ISS)

3.2.5 Sekundär-Neutralteilchen-Massenspektrometrie (SNMS)

Beim SIMS-Verfahren sind die Vorgänge der Emission und Ionisation der zu analysierenden Teilchen gekoppelt (Matrixeffekt [3.59]). Daher sind die Intensitäten der einzelnen Linien des Massenspektrums nicht repräsentativ für die Zusammensetzung der untersuchten Oberfläche. Um zu einer quantitativen Analyse zu gelangen, bedarf es einer Eichung mit Proben bekannter Zusammensetzung. Im Interesse der Meßgenauigkeit, insbesondere bei der Analyse von Sandwich-Strukturen mit Diffusions- und Implantationsprofilen, ist es jedoch vorzuziehen, die Vorgänge der Emission und Ionisation unabhängig voneinander auszuführen.

Dies geschieht beim SNMS-Verfahren (Abb. 3.8a) dadurch, daß die durch Ionenbombardement erzeugten neutralen Partikel, die den Hauptteil der Sputteremission bilden, auf geeignete Weise ionisiert und dann im Quadrupol-Massenspektrometer nachgewiesen werden [3.59]. Die Atomkonzentration einer gegebenen Masse ist dann eine Funktion der jeweiligen Sputterausbeute und der Wahrscheinlichkeit für Ionisation in der verwendeten Apparatur. Als Mittel zur Ionisation der zerstäubten Teilchen hat sich der Elektronenstoß in einem HF-Niederdruck-Edelgas(Ar)-Plasma bewährt. Gleichzeitig können die Ar^+-Ionen dieses Plasmas als bombardierende Teilchen zur Erzeugung der Neutralteilchen benutzt werden (direct bombardement mode, DBM [3.66a]). Das Verfahren hat, abgesehen von der Vermeidung des Matrixeffektes, folgende Vorteile:

- Wegen der geringen Ionenenergie (einige 10 eV) tritt praktisch keine Änderung der Zusammensetzung der Probe (atomic mixing) durch das Ionenbombardement auf, und
- aufgrund der hohen Ionendichte ($\approx 10^{10}$ cm^{-3}) im Plasma wird eine hohe Ionenstromdichte (einige mA cm^{-2}) und damit eine hohe Sputterrate erzielt.

Die Methode hat sich beispielsweise bei der Ausmessung der Diffusionsprofile in W-Si-Mehrfachschichten von hochintegrierten MOS-Strukturen bestens bewährt. Dabei wurden strukturelle Details mit einer Tiefenauflösung von etwa 1 nm erfaßt [3.66b].

3.2.6 Ionen-Streuspektroskopie (ISS)

Dieses Verfahren ermöglicht eine Analyse der obersten Atomlage der Probe, deren Oberfläche mit Ionen bekannter Energie E_0 (einige 100...10^3 eV) und der Masse m_0 beschossen wird, Abb. 3.8b. Die an den Oberflächenatomen der Masse m unter einem bestimmten Winkel (z.B. $\theta = 90°$) elastisch gestreuten Primärionen werden in einem Detektor ihrer Energie E nach analysiert. Das so erhaltene ISS-Spektrum besitzt Maxima bei den Werten E/E_0, die nach der Theorie der elastischen Streuung den Massenverhältnissen m/m_0 entsprechen [3.67; 3.68].

3.2.7 Rutherford-Rückstreuungsspektroskopie (RBS) und andere Hochenergiemethoden

Die RBS-Analyse ist eine Hochenergieversion der ISS-Methode. Sie wird mit Ionen von Wasserstoff, Helium oder anderen leichten Elementen im Energiebereich 0,1...5 MeV ausgeführt, Abb. 3.9. Die elastische Streuung der Primärionen findet in einer von den Versuchsparametern abhängigen Tiefe statt. Die Energietiefenzuordnung für die nachzuweisenden Atome der Masse $m > m_0$ läßt sich aus dem Energieverlust des Ions (m_0) beim Eindringen bis zur Tiefe δ, aus der Energieabgabe beim Stoß gegen die Masse m und aus dem Energieverlust bis zur Rückkehr an die Probenoberfläche berechnen. Aus den unter Variation der Energie E_0 der Primärionen gemessenen Energiespektren der rückgestreuten Ionen lassen sich Tiefenprofile der Atomkonzentration für $Z \geq 1$ im Bereich $\delta = 0,1...10\,\mu m$ zerstörungsfrei bestimmen. Ein besonderer Vorteil der RBS-Methode, die eine Nachweisgrenze der Teilchenzahlanteile von 10^{-3} % besitzt, besteht darin, daß sie eine absolute Analysenmethode ist, während die vorangehenden Methoden zweckmäßig mittels Standardproben kalibriert werden müssen [3.69; 3.70].

Mit energiereichen leichten Ionen lassen sich, wie in Abb. 3.9 schematisch dargestellt ist, auch zwei weitere, für die Festkörperphysik wichtige Analysenmethoden verwirklichen [3.70]:

- Die Methode der ionen-induzierten Röntgenstrahlung (IIX, ion induced X-rays) und
- die Methode der durch Ionen ausgelösten Kernreaktionen, wobei charakteristische Reaktionsprodukte, wie Protonen, Deuteronen, γ-Quanten und α-Teilchen emittiert werden (NRA, nuclear reaction analysis).

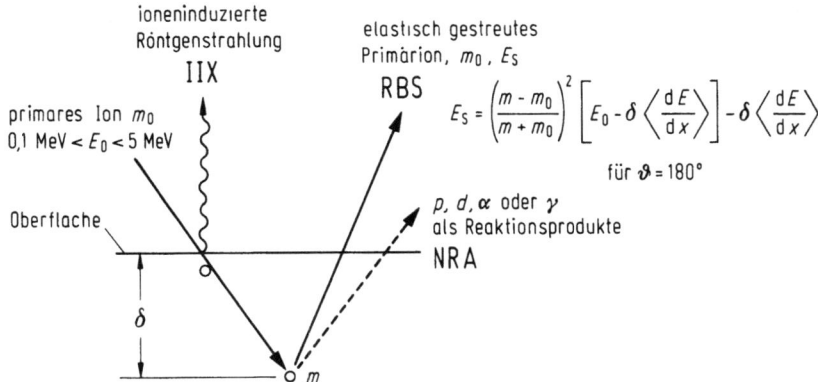

Abb. 3.9. Schematische Darstellung der Wechselwirkungen von energiereichen leichten Ionen mit Festkörpern und deren Anwendung zur Analyse: a Ioneninduzierte Röntgenstrahlung (ion induced X-rays: IIX); b elastische Rückstreuung der Primärionen (Rutherford Backscattering: RBS); c Kernreaktionen unter Emission charakteristischer Reaktionsprodukte, wie Protonen, Deuteronen, γ-Quanten oder α-Teilchen (nuclear reaction analysis: NRA)

3.2.8 Zur Anwendung der Oberflächenanalytik

Unbeschichtete, metallische Werkstoffe sind nach Schmaltz [3.71] mit einer Adsorptionsschicht und einer Oxid- oder Reaktionsschicht bedeckt, an die sich eine durch spanende Bearbeitung plastisch verformte, bis zum Grundwerkstoff reichende Schicht anschließt, Abb. 3.10. Die beiden äußeren Schichten bestimmen vielfach das funktionelle Verhalten, z. B. als tribochemische Schichten beim Verschleiß, als passivierende Schichten bei der Korrosion oder als Kontaminationsschichten bei elektrischen Kontakten, beim Löten oder beim Beschichten der Oberfläche. Beim Beschichtungsprozeß mit entsprechender Substratvorbehandlung können die beiden äußeren Schichten entfernt und auch der darunter liegende Werkstoff in seiner chemischen Zusammensetzung infolge Diffusion verändert werden, und umgekehrt auch die aufgetragene Schicht durch die Unterlage. Da sich derartige Vorgänge in Schichtdickenbereichen zwischen einigen Atomlagen und einigen μm abspielen, kommt der Oberflächenana-

Tabelle 3.3. Übersicht über analytische Verfahren zu bestimmten Fragen

Problem	Methode
chemische Zusammensetzung	
• auf der Oberfläche (Monolage)	ISS
• nahe der Oberfläche (einige nm)	AES
• im Volumen (≈ 1 μm)	EMP
Tiefenprofile der Atomkonzentrationen	
(Diffusionsprofile, Implantationsprofile)	
• nach Abtragen durch Sputtern	AES, ISS, SIMS, SNMS
• zerstörungsfrei	RBS
chemische Bindung	
• aus der Bindungsenergie	ESCA (XPS)
• aus Molekülbruchstücken	SIMS, SNMS
Mikrostruktur der Oberfläche,	
Querschnitt durch die Schicht	SEM

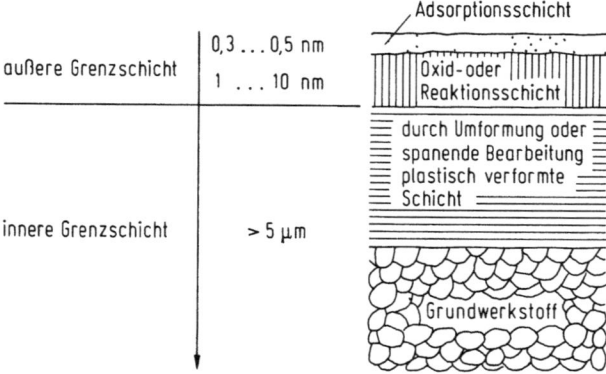

Abb. 3.10. Aufbau von metallischen Oberflächenbereichen nach [3.71]

lyse eine besondere Bedeutung zu. Eine Übersicht über die bei bestimmten Fragestellungen anzuwendenden analytischen Verfahren gibt Tabelle 3.3.
Die am häufigsten angewandten Verfahren zur Oberflächenanalyse und zur Bestimmung von Tiefenprofilen der Atomkonzentration sind AES, ESCA (XPS), SIMS und SNMS. Sie werden bei nahezu allen Anwendungen der Oberflächen- und Dünnschichttechnologie — sowohl in der Phase der Entwicklung als auch später bei der Überwachung der Fertigung, z. B. zur Kontrolle der Oberflächenreinigung, des Plasmaätzens etc. — eingesetzt [3.59; 3.72-3.75].

3.3 Untersuchung der mikrogeometrischen und der kristallinen Struktur

Licht- und interferenzmikroskopische Verfahren werden zur metallurgischen Untersuchung und — zusammen mit elektrischen Tastschnittgeräten — zur Messung der Rauhigkeit von Oberflächen und des Profilverlaufs (nach DIN 4768) eingesetzt [3.76-3.79a]. Zur Untersuchung der geometrischen Struktur im Submikrometerbereich dienen neben dem Transmissionselektronenmikroskop (TEM) vor allem das Rasterelektronenmikroskop (SEM). Die Aufklärung der kristallinen Struktur erfolgt durch Röntgen- und Elektronendiffraktion, und speziell an der Oberfläche durch die Verfahren LEED und RHEED (Tabelle 3.1) [3.80; 3.81].
Die Untersuchung der Lochfreiheit dünner Schichten ist besonders wichtig für Anwendungen auf den Gebieten Elektronik, Korrosionsschutz, Laserstrahlschutz und Photomasken. Löcher (pinholes) mit Durchmessern >1 µm lassen sich mit Projektionsgeräten oder dem Lichtmikroskop auszählen. Löcher oder Poren mit kleineren Durchmessern werden mit dem SEM oder durch chemische Methoden [3.81a] nachgewiesen.

3.4 Untersuchung physikalischer Eigenschaften

Die Untersuchung physikalischer Eigenschaften dünner Schichten gründet sich auf Methoden der physikalischen Meßtechnik, die umfassend in [3.82] behandelt sind. Da die zu messenden Eigenschaften sich nach dem jeweiligen Anwendungsgebiet der Schichten richten, folgen hier noch einige spezielle Hinweise: Optische Eigenschaften und Meßmethoden sind in [3.83-3.85] behandelt, solartechnische in [3.86], elektrische in [3.87], dielektrische in [3.88; 3.89], piezoelektrische in [3.90], magnetische in [3.91; 3.92]; und ferner Messungen an Halbleitern in [3.93; 3.94], Supraleitern in [3.95] und integrierten Schaltkreisen in [3.96-3.98]. Als neuartige Methode zur Prüfung hochintegrierter (VLSI-) Schaltungen im Rasterelektronenmikroskop ist die Elektronenstrahl-Meßtechnik zu nennen [3.99-3.101].

3.5 Untersuchung mechanisch-technologischer Eigenschaften

Zu den mechanisch-technologischen Eigenschaften von Oberflächen und dünnen Schichten gehören (außer der in Abschn. 3.1 gesondert behandelten Schichtdicke) die folgenden Größen:

3.5.1 Mikrohärte

Die Mikrohärte wird mit einem Härteprüfer bestimmt, der einen Diamanten mit z. B. einer Vickers- oder Knoop-Pyramide besitzt [3.82; 3.102a-d]. Ein neuartiges und serienmäßig erhältliches Härtemeßgerät ist der Ultramikrohärte-Tester UMHT-3 [3.103a] für Lasten kleiner als $1 \cdot 10^{-2}$ N und den Einsatz im Rasterelektronenmikroskop. Das von Bangert et al. [3.103b] entwickelte Gerät ist zum Testen von dünnen Schichten, Fasern und feinstrukturierten Oberflächen der Mikroelektronik geeignet.

3.5.2 Haftfestigkeit

Die Haftfestigkeit von dünnen Schichten und Oberflächenüberzügen kann durch den Abreißtest nach DIN 53323 [3.104] und den Kugelaufpralltest [3.105] bestimmt werden. Weitere Methoden sind in [3.106; 3.107] beschrieben. Eine neue, bereits viel verwendete Methode, die reproduzierbare und physikalisch deutbare Ergebnisse liefert, ist der von Benjamin und Weaver [3.108a] erstmals vorgeschlagene Ritztest, der am LSRH[1] weiterentwickelt und verbessert wurde [3.108b]. Das Prinzip des Ritztestes ist

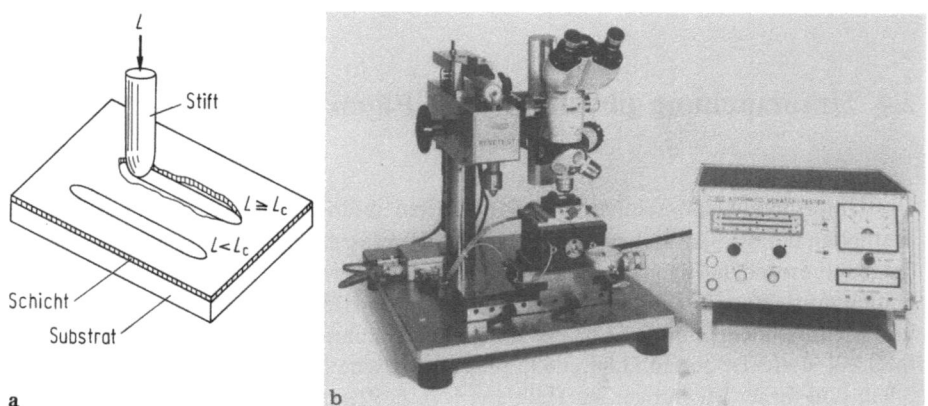

Abb. 3.11 a, b. Ritztest zur Bestimmung der Haftfestigkeit der Schicht. **a** Prinzip; **b** LSRH-Testgerät [3.108b]. L_c kritische Last

---

[1] Laboratoire Suisse de Recherche Horlogères, CH-2 000 Neuchâtel

in Abb. 3.11a dargestellt, und die am LSRH entwickelte, serienmäßig erhältliche Apparatur in Abb. 3.11b.

Der Test besteht darin, eine belastete Diamantspitze mit definiertem Krümmungsradius und bestimmten Pyramidenwinkeln über die Oberfläche des beschichteten Substrats zu ziehen. Dabei wird die Last L sukzessive erhöht, bis die Schicht bei der kritischen Last L_c ausbricht bzw. sich von der Unterlage abhebt. Das Kriterium hierfür ist das Einsetzen einer akustischen Emission, die mittels eines Sensors aufgezeichnet wird. Nach der Theorie ergibt sich die Haftfestigkeit σ_A aus

$$\sigma_A = K \left(\frac{L_c H}{\pi R^2} \right)^{1/2},$$

wobei R der Krümmungsradius der Spitze in mm, H die Härte des Substrats in $N\,mm^{-2}$, L_c die kritische Last in N und K ein experimentell bestimmbarer Koeffizient $0{,}2 < K < 1$ ist. Wenn die Härte H des Substrats nicht bekannt ist, kann mit der Näherung $\sigma_A = 2KL_c/(\pi Rb)$ gerechnet werden, wobei b die Breite der erzeugten Spur ist.

3.5.3 Reibung und Verschleiß

Der Reibungskoeffizient und die Verschleißrate ($\Delta d/\Delta s$ = Dickenabnahme Δd pro Reibungsweg Δs) werden meist mit einer Stift-Scheibe (pin-on-disk)-Apparatur unter definierten Bedingungen (Belastung und Material des Stiftes, Umfangsgeschwindigkeit der z.B. mit dem zu testenden Material belegten Scheibe) in einer definierten Atmosphäre (z. B. trockener N_2, H_2O-Dampf, UHV etc.) gemessen [3.75; 3.109], (Abb. 8.4).

3.5.4 Eigenspannungen

Innere Spannungen in der Schicht (vgl. Abschn. 2.5) können bestimmt werden aus der Durchbiegung dünner Substrate, auf die die Schicht aufgebracht wird [3.109a; 3.109b], oder auch durch Röntgen-, Ultraschall- und magnetische Verfahren [3.110; 3.111].

3.6 Funktionsorientierte Prüfverfahren

Außer den genannten Meß- und Prüftechniken sind funktionsorientierte Prüfungen auszuführen, die sich nach dem jeweiligen Anwendungsfall richten und daher nicht in allgemein gültiger Form angegeben werden können. Sie betreffen beispielsweise die Temperatur- und Strahlungsbeständigkeit, die Verschleißfestigkeit, die Korrosionsbeständigkeit, die Erosions- und Kavitationsresistenz, die Abriebfestigkeit von z.B. vergüteten Objektiven und Brillengläsern sowie die Beständigkeit gegenüber Witterung und Umwelteinflüssen. Gewisse Prüfverfahren sind standardisiert und in allgemein verbindlichen Vorschriften niedergelegt, z.B. den MIL-Specifications in den USA und den DIN-Vorschriften in Deutschland.

4 Plasmen in der Oberflächentechnologie

4.1 Einleitung

Ein Plasma ist ein quasineutrales Gemisch aus freien Elektronen, Ionen und Neutralteilchen eines Gases, die sich untereinander in ständiger Wechselwirkung befinden. Plasmen in Gasen und Dämpfen bei niedrigen Drücken ($p < 100$ Pa $= 1$ mbar), d. h. nichtthermische Plasmen, spielen wegen ihrer Wechselwirkungen mit Festkörperoberflächen bei folgenden Beschichtungsprozessen eine Rolle: Sputtern, Ionenplattieren, aktivierte reaktive Bedampfung, plasma-aktivierter CVD-Prozeß, plasma-aktiviertes Ätzen und Plasmapolymerisation. Plasmen bei höheren Drücken ($p > 10^4$ Pa $= 0,1$ bar), d. h. thermische Plasmen, werden bei thermischen Spritzverfahren und dem Auftragschweißen als Wärmequelle eingesetzt. Darstellungen über Plasmaphysik liegen in [4.1-4.7] vor.

4.2 Erzeugung von Niederdruckplasmen

Die technische Erzeugung von Niederdruckplasmen beruht auf der Ionisation von Gasen oder Dämpfen bei niedrigen Drücken $p \leq 100$ Pa durch Elektronenstoß. Zwei Methoden, die Gleichstrommethode und die (später in Abschn. 4.5 diskutierte) Hochfrequenzmethode werden verwendet. Bei der Gleichstrommethode werden die aus einer Kalt- oder einer Glühkathode emittierten Elektronen in einem elektrischen Gleichfeld beschleunigt. Als Beispiel soll der Aufbau einer Gasentladung in einer planaren Diode mit kalter Kathode und einer Argonfüllung von $p \leq 10$ Pa $= 0,1$ mbar betrachtet werden, Abb. 4.1. Bei sehr kleiner Spannung U zwischen den Elektroden folgen die zufällig (infolge Photoeffekt oder kosmischer Strahlung) vorhandenen Elektronen dem Zug des elektrischen Feldes und bewirken einen geringen Strom. Erhöht man die Spannung, so reicht schließlich die aus dem Feld aufgenommene Energie der Elektronen zur Ionisation von Atomen oder Molekülen aus. Da bei jedem Ionisierungsakt ein Elektron frei wird und auch dieses aus dem Feld Energie aufnehmen und ionisieren kann, bildet sich eine Elektronenlawine mit einer längs des Weges x exponentiell ansteigenden Ladungsträgerdichte $n_e \sim \exp(\alpha_T x)$ aus, wobei der von der Gasart abhängige Townsendsche Ionisationskoeffizient $\alpha_T = \alpha_T(E/p)$ eine Funktion des Verhältnis-

4.2 Erzeugung von Niederdruckplasmen 57

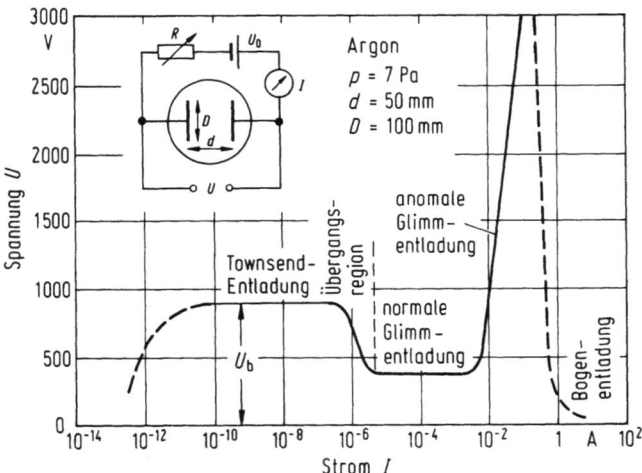

Abb. 4.1. Strom-Spannungscharakteristik einer Gasentladung

ses der elektrischen Feldstärke E zum Druck p ist. Die entstandenen positiven Ionen treffen auf die Kathode auf und lösen hier mit der Ausbeute γ (=Anzahl der emittierten Elektronen pro auftretendes Ion; $\gamma \approx 0{,}1$) neue Elektronen aus, die auf ihrem Wege zur Anode weitere Ladungsträger erzeugen. Auf diese Weise wächst der Entladungsstrom rasch an. Wenn die an der Kathode startenden Elektronen gerade so viele Ionen erzeugen, daß diese an der Kathode gleich viele Elektronen wie zuvor auslösen, d.h. jedes Elektron gemäß dem Townsend-Kriterium

$$\gamma(\exp \alpha_T d - 1) = 1 \tag{4.1}$$

für seinen Ersatz sorgt, dann brennt die (durch den Vorwiderstand R im Strom begrenzte) Entladung selbständig. Dies erfolgt bei der Durchbruchspannung $U_b = U_b(pd)$, die nach (4.1) zu berechnen ist und sich bei gegebenem Gas und Elektrodenmaterial als Funktion des Produktes aus Druck p und Elektrodenabstand d erweist (Paschen-Gesetz).

Mit steigender Stromstärke kommen Raumladungen ins Spiel, die den Potentialverlauf vor der Kathode aufsteilen und die Ionisation begünstigen. Dadurch sinkt die Spannung U gegenüber U_b, und es wird der Bereich der normalen Glimmentladung durchlaufen, in dem U und die Stromdichte j konstant sind und die Stromstärke I der von der Entladung bedeckten Elektrodenfläche proportional ist. Ist letztere vollständig bedeckt, so schließt sich bei Erhöhung von I ein Gebiet steigender I, U-Charakteristik an, die anomale Glimmentladung, bei der die Niederdruckplasma-Beschichtungsprozesse meist stattfinden.

In der Glimmentladung bildet sich eine durch den Zustand der Quasineutralität gekennzeichnete Plasmasäule aus, die gegenüber der Kathode auf positivem Potential liegt und in der eine nur geringe makroskopische Feldstärke herrscht, Abb. 4.2. Der steile Potentialanstieg (Kathodenfall) im Kathodendunkelraum ist durch eine positive Raumladung verursacht. Hier erhalten die Elektronen die zur Ionisation erforderliche

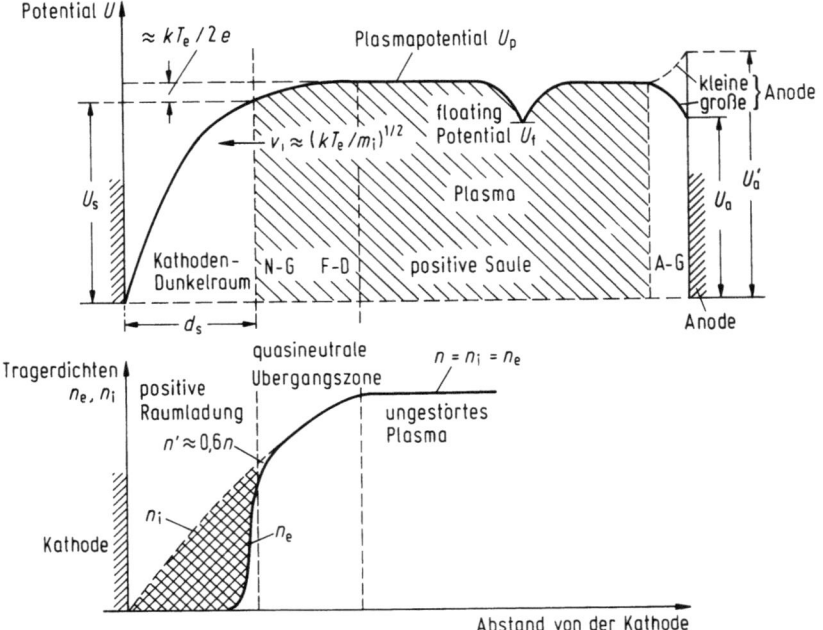

Abb. 4.2. Verlauf des Potentials in einer Glimmentladung sowie der Trägerdichte beim Übergang vom ungestörten Plasma in eine Zone positiver Raumladung, schematisch. N-G negatives Glimmlicht, F-D Faradayscher Dunkelraum, A-G Anodenglimmlicht (Anodenfallraum)

Energie, mit der sie in das die Bereiche negatives Glimmlicht, Faraday-Dunkelraum und positive Säule umfassende Plasma eintreten. Für die Existenz der Entladung sind die positive Säule und der Faraday-Dunkelraum nicht erforderlich. Daher wird in den Anwendungen der Elektrodenabstand meist so bemessen, daß der Anodenfallraum das negative Glimmlicht berührt. Der Elektrodenabstand d ist dann z. B. mit 40...50 mm bei 5...10 Pa Argon einige Male größer als der Kathodendunkelraum d_s.

4.3 Plasmakenngrößen

4.3.1 Trägerdichte und Ionisierungsgrad

Enthält das Plasma pro Volumeneinheit n_e Elektronen und n_i einfach positiv geladene Ionen, so lautet die Bedingung der Quasineutralität $n_e = n_i \equiv n$, wobei n die Trägerdichte, d.h. die Anzahl der Trägerpaare pro m^{-3} bezeichnet. In Glimmentladungen ist $n = 10^{14}...10^{17}\,m^{-3}$, und in Magnetron-Entladungen $10^{16}...10^{19}\,m^{-3}$.

Der Ionisierungsgrad α ist durch

$$\alpha = n/(n + n_n)$$

definiert, wobei n_n die Anzahldichte der Neutralteilchen bedeutet. In einem Plasma bei $p = 0{,}1$ Pa, d.h. $n_n = 2{,}41 \cdot 10^{19}$ m^{-3} bei 300 K, und $n = 10^{16}$ m^{-3} ist z.B. $\alpha \approx 4 \cdot 10^{-4}$. Plasmen mit $\alpha \geqslant 10^{-4}$ werden als „dicht" bezeichnet.

4.3.2 Elektronen- und Ionentemperatur

Den Elektronen und Ionen läßt sich je eine Temperatur zuordnen, wenn sie eine Maxwell-Verteilung besitzen, was in einem Niederdruckplasma, wenn auch nur näherungsweise der Fall ist. Zur Frage der Energieverteilung und der Abweichungen von der Maxwell-Verteilung sei auf [4.8-4.12] verwiesen. In der Plasmaphysik ist es üblich, der Teilchenenergie W durch die Relation $W = kT$ die Temperatur T zuzuordnen [4.4]. Als Energieeinheit wird das Elektronenvolt mit folgender Umrechnung in Kelvin

$$1 \text{ eV} = 1{,}602\,1 \cdot 10^{-19} \text{ J} \triangleq 11\,605 \text{ K} \tag{4.2}$$

verwendet. Hierbei ist zu beachten: In der kinetischen Theorie beträgt die mittlere Energie $\overline{W} = 3/2\, kT$. Daher gilt z.B. für ein 2 eV-Plasma, daß $kT_e = 2$ eV, aber die mittlere Elektronenenergie $\overline{W}_e = 3/2\, kT_e = 3$ eV ist.

Im *Niederdruckplasma* existiert kein thermisches Gleichgewicht zwischen seinen drei Komponenten: Die Temperatur der Elektronen ist groß gegen die der Ionen und der Neutralen: $T_e \gg T_i$, T_n, d.h. das Niederdruckplasma ist nicht-isotherm. Das hat folgende Gründe:

1. Die Elektronen nehmen im elektrischen Feld E viel rascher Energie auf als die Ionen. In der Zeit Δt gewinnt ein Elektron die kinetische Energie $(eE\Delta t)^2/2m_e$, ein Ion hiervon aber nur den Bruchteil $m_e/m_i \leqslant 10^{-4}$.
2. Bei einem elastischen Stoß eines Elektrons (W_e) gegen ein Neutralteilchen (W_n) wird auf letzteres von dem Energieüberschuß $W_e - W_n$ nur der Bruchteil

$$\frac{\Delta W}{W_e - W_n} = \frac{4 m_e m_n}{(m_e + m_n)^2} \cos^2 \theta \approx \frac{4 m_e}{m_n} \cos^2 \theta \leqslant 10^{-4} \tag{4.3}$$

übertragen. θ ist der Winkel zwischen der Einfallsrichtung des Elektrons und der Verbindungslinie der Zentren der Stoßpartner beim Stoß. Ein Elektron kann daher in einer Folge von elastischen Stößen im Feld E eine zur Ionisation eines Neutralteilchens ausreichende Energie akkumulieren.
3. Bei einem inelastischen Stoß eines Elektrons gegen ein Neutralteilchen kann auf dieses der Bruchteil

$$\frac{\Delta W}{W_e} = \frac{m_n}{m_n + m_e} \cos^2 \theta \approx \cos^2 \theta \leqslant 1 \tag{4.4}$$

der Elektronenenergie $W_e > \Delta W$ in Form von Anregungs- oder Ionisationsenergie ΔW übertragen werden. Dieser Bruchteil kann Werte von fast 1 erreichen, wobei die Überschußenergie $W_e - \Delta W$ im Falle der Ionisation vor allem dem abgetrennten Elektron zugute kommt.
4. Die positiven Ionen hingegen verlieren beim Stoß gegen ein Neutralteilchen wegen

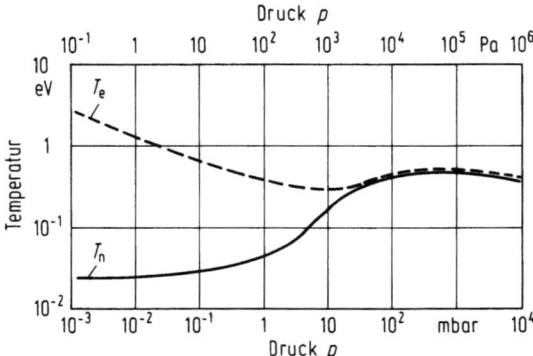

Abb. 4.3. Elektronentemperatur T_e und Gastemperatur T_n (beide in eV) in Abhängigkeit vom Druck bei konstantem Strom in einer elektrischen Entladung in Luft [4.2.]

der praktisch gleichen Massen (nach (4.3) mit m_i, W_i statt m_e, W_e) im Mittel die Hälfte ihres Energieüberschußes $W_i - W_n$.

Die Ionentemperatur liegt daher nur relativ wenig oberhalb der Gastemperatur. Für ein 2 eV-Niederdruckplasma ist z. B. $T_n \approx 300$ K, $T_i \approx 500$ K und $T_e = 23\,200$ K. Die energiereichen Elektronen sind also dafür verantwortlich, daß bei niedriger Gastemperatur auf plasmachemische Weise Hochtemperaturprozesse ausgeführt werden können [4.3].

Im *Hochdruckplasma* ($p > 0,1$ bar $= 10^4$ Pa), etwa im dichten und verhältnismäßig kalten Plasma einer Bogenentladung, stellt sich wegen der energieaustauschenden Stöße zwischen allen Plasmakomponenten ein thermodynamisches Gleichgewicht ein. Dieses Plasma ist isotherm. Dies kommt in dem in Abb. 4.3 dargestellten Verlauf von T_e und T_n in Abhängigkeit vom Druck bei konstantem Entladungsstrom I und Luft als Füllgas zum Ausdruck [4.2].

4.3.3 Mittlere freie Weglängen und Wirkungsquerschnitte

Die Wahrscheinlichkeit $P(x)$ dafür, daß ein Teilchen die Strecke x in einer Gasentladung durcheilt, ohne einen bestimmten Stoßprozeß A auszuführen, ist durch

$$P(x) = \exp(-x/\bar{l}_A) \tag{4.5}$$

gegeben, wobei $\bar{l}_A$ die entsprechende mittlere freie Weglänge bedeutet. Der Wert $\bar{l}_A$ für Elektronen, die ein Gas der Teilchenanzahldichte n_n durchsetzen und dabei die Reaktion A mit dem Wirkungsquerschnitt σ_A ausführen, beträgt

$$\bar{l}_A = (n_n \sigma_A)^{-1}. \tag{4.6}$$

Der totale Wirkungsquerschnitt kann durch $\sigma_{tot} = \sum \sigma_j$ beschrieben werden, wobei die einzelnen Beiträge σ_j durch elastische Stöße, Anregung, Ionisation, Anlagerung, Dissoziation und andere mögliche Prozesse zustande kommen. Als Beispiel zeigt Abb. 4.4 Wirkungsquerschnitte für Elektronen in Abhängigkeit von der Elektronenenergie. Ist

4.3 Plasmakenngrößen

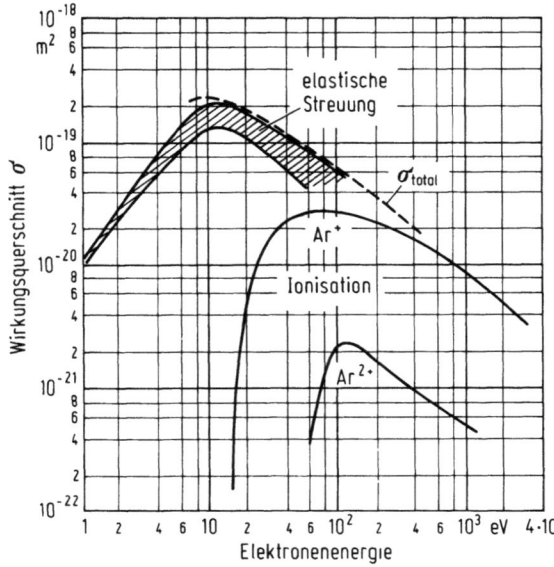

Abb. 4.4. Wirkungsquerschnitte für Elektronen in Argon. Totaler WQ. [4.6], elastischer WQ. [4.13], WQ. für Ionisation Ar$^+$ und Ar^{++} [4.14]

diese Energie klein, so besteht der Hauptprozeß aus elastischen Stößen. Bei Energien, die einige Male größer als die Ionisationsenergie (=15,75 eV für Ar) sind, ist die Ionisation der Hauptprozeß. Der totale Wirkungsquerschnitt von Argon für Elektronen der Energie 1...10^3 eV beträgt 10^{-20}...10^{-19} m^2. Von der gleichen Größenordnung sind auch die gaskinetischen Wirkungsquerschnitte von Neutralteilchen untereinander, so z.B. für Argonatome: $\sigma_n = 10,41 \cdot 10^{-20}$ m^2 [4.15]. Die mittlere freie Weglänge der Neutralteilchen beträgt

$$\bar{l}_n = \left(4\sqrt{2}\, n_n \sigma_n\right)^{-1}, \tag{4.7}$$

und die von rasch fliegenden Ionen im arteigenen Gas

$$\bar{l}_i = (4\, n_n \sigma_n)^{-1}. \tag{4.8}$$

Aus (4.7) folgt mit $p = n_n kT$ für das Produkt aus mittlerer freier Weglänge und Druck z.B. für Argon von 300 K

$$\bar{l}_n p = 6{,}7 \text{ mm Pa} = 6{,}7 \cdot 10^{-3} \text{ cm mbar}. \tag{4.9}$$

Die kinetische Energie, die freie Elektronen zwischen zwei Stößen im Plasma auf dem Wege $\bar{l}_e$ in Richtung des elektrischen Feldes E gewinnen, beträgt

$$\Delta W = eE\bar{l}_e. \tag{4.10}$$

Mit den Werten $\sigma_{tot} = 1 \cdot 10^{-19}$ m^2, $p = 10$ Pa, $E = 10$ V mm^{-1} erhält man $\bar{l}_e = 4$ mm und $\Delta W = 40$ eV.

4.3.4 Stoßfrequenz

Die Stoßfrequenz v ist definiert als die Zahl der Stöße des Typs A, die ein Teilchen pro s ausführt. Im gaskinetischen Bild ergibt sich

$$v = \bar{v}/\bar{l}_A, \tag{4.11}$$

wobei $\bar{v}$ die mittlere Geschwindigkeit des stoßenden Teilchens ist, die für ein Elektron der Temperatur T_e

$$\bar{v}_e = (8\,kT_e/\pi m_e)^{1/2} = 6{,}69 \cdot 10^5 [kT_e(\text{eV})]^{1/2} = 6{,}21 \cdot 10^3 [T_e(\text{K})]^{1/2}, \quad \text{m s}^{-1} \tag{4.12}$$

beträgt. Von besonderem Interesse sind die von Spitzer [4.5; 4.4] berechneten Elektron-Elektron- (v_{ee}) und Elektron-Ion- (v_{ei}) Stoßfrequenzen

$$v_{ee} = 2\,v_{ei} = \frac{ne^4}{8\,\pi\varepsilon_0^2 m_e^2} \langle v_e^{-1} \rangle^3 \ln\Lambda = 3{,}4 \cdot 10^{-6}\, n\,(\text{m}^{-3})\ln\Lambda/[T_e(\text{K})]^{3/2}, \tag{4.13}$$

wobei $\ln\Lambda$ ein in [4.5] tabellarisch angegebener Zahlenwert von 10...20 ist. Wenn v_{ee} groß gegen die Elektron-Atom-Stoßfrequenz $v_{ea} = \bar{v}_e/\bar{l}_{ea} = \bar{v}_e n_n \sigma_{ea}$ ist, dann ist Coulomb-Wechselwirkung im Plasma vorherrschend.

4.3.5 Beweglichkeiten und Diffusionskoeffizient

Die Beweglichkeit μ ist (im magnetfeldfreien Plasma) durch das Verhältnis der Driftgeschwindigkeit v_{dj} eines Ladungsträgers j zur elektrischen Feldstärke E definiert: $v_{dj} = \mu_j E$. Wenn die Frequenz v_j der unelastischen Stöße des Ladungsträgers so groß ist, daß seine Driftgeschwindigkeit klein gegen seine thermische Geschwindigkeit ist, gilt im magnetfeldfreien Plasma

$$\mu_j = e/(m_j v_j), \tag{4.14}$$

wobei m_j die Masse des Ladungsträgers und e die Elementarladung ist. Experimentelle Werte von μ_j für Ionen findet man in [4.16; 4.17]. Die Beweglichkeit der Elektronen ist wegen $m_e \ll m_i$ bedeutend größer als die der Ionen.

Der Diffusionskoeffizient D_j ist nach der Einstein-Relation

$$D_j = \mu_j kT/e \tag{4.15}$$

der Beweglichkeit μ_j proportional.

4.3.6 Elektrische Leitfähigkeit

Der Beitrag einer Teilchenart j zur Leitfähigkeit σ des Plasmas ist im Fall eines Gleichstroms durch

$$\sigma_j = en_j\mu_j = \frac{e^2 n_j}{m_j v_j} = \frac{2{,}56 \cdot 10^{-38}\, n_j\,(\text{m}^{-3})}{m_j\,(\text{kg})\,v_j\,(\text{s}^{-1})}, \quad \Omega^{-1}\text{m}^{-1} \tag{4.16}$$

gegeben. Die Leitfähigkeit wird wegen des Einflusses von $m_j v_j$ im wesentlichen durch die Elektronen bestimmt. Wird die Spannung am Plasma erhöht, so steigt σ wegen der Trägerzunahme stark an. Für den Fall dominierender Coulomb-Wechselwirkung hat Spitzer [4.5] die Leitfähigkeit $\sigma \sim T_e^{3/2}$ berechnet. Bei Überlagerung von Magnetfeldern wird σ anisotrop. Sind HF-Felder im Plasma vorhanden, wird σ komplex.

4.3.7 Teilchenbewegung im Magnetfeld

Von den Magnetfeldern, wie sie in Magnetronanordnungen verwendet werden (5...50 mT), werden die Ionen praktisch nicht in ihrer Bewegung beeinflußt, sondern nur die Elektronen [4.4]. Im homogenen Magnetfeld $\boldsymbol{B}$ = const (bei $\boldsymbol{E}$ = 0) driften die Elektronen mit der Geschwindigkeit $v_\parallel$ entlang einer $\boldsymbol{B}$-Linie und umkreisen sie mit der Zyklotronfrequenz

$$\omega_c = (e/m_e) B = 1{,}76 \cdot 10^{11} B(T), \quad \text{rad s}^{-1} \tag{4.17}$$

auf dem Zyklotronradius

$$r_c = (m_e/e) v_\perp / B = 3{,}37 \cdot 10^{-6} [W_\perp (\text{eV})]^{1/2}/B(T), \quad \text{m.} \tag{4.18}$$

Die Bahn ist eine Schraubenlinie, Abb. 4.5a. Wird $\boldsymbol{B}$ ein elektrisches Feld $\boldsymbol{E} \parallel \boldsymbol{B}$ überlagert, so steigt die Ganghöhe der Schraubenlinie kontinuierlich an.

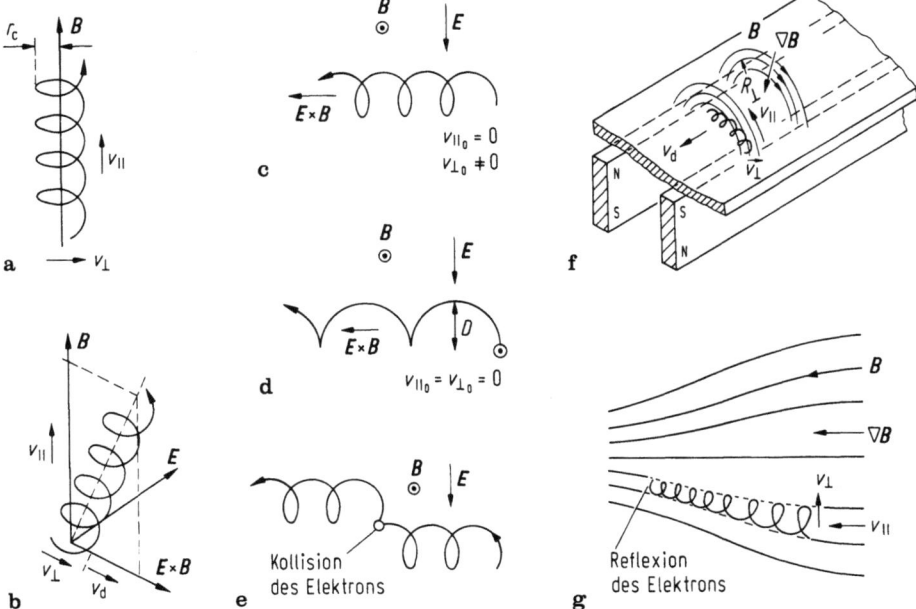

Abb. 4.5 a-g. Elekronenbewegung im Magnetfeld

Sind E und B homogen, aber transversal zueinander, so überlagert sich der Schraubenbewegung eine Driftbewegung mit der Geschwindigkeit

$$v_d = (E \times B)/B^2, \tag{4.19}$$

die senkrecht auf E und B steht und den Betrag $v_d = E/B$ hat, Abb. 4.5b. Die Elektronenbahn hat die Form einer Zykloide. In Abb. 4.5c und d sind zwei Spezialfälle für $v_\parallel = 0$ dargestellt. In Abb. 4.5c ist die Anfangsgeschwindigkeit in der Ebene senkrecht zu B verschieden von Null, und in Abb. 4.5d ist sie gleich Null. Im letzteren Fall ist der Rollkreisdurchmesser der Zykloide $D = 2r_c$, wobei für $v_\perp$ der Wert $v_d = E/B$ einzusetzen ist:

$$D = \frac{2m_e}{e}\frac{E}{B^2} = 1{,}137 \cdot 10^{-11}\frac{E(\text{V/m})}{[B(\text{T})]^2}, \quad \text{m} \tag{4.20}$$

Wenn das Elektron auf seiner Zykloidenbahn unelastisch stößt, beginnt es entsprechend seiner nach dem Stoß verbleibenden Geschwindigkeit eine neue, zur Anode hin verschobene Zykloidenbahn, Abb. 5e. Zwei Fälle von inhomogenen Magnetfeldern sind noch von praktischer Bedeutung bei Magnetron-Sputtersystemen:
Zirkulare Magnetfelder nach Abb. 4.5f besitzen einen Feldgradienten $\nabla B \perp B$, der eine $\nabla B \times B$ — Driftbewegung mit einer zu $v_\perp^2$ proportionalen Geschwindigkeit erzeugt. Dieser Bewegung überlagert sich eine zweite Driftbewegung, die die gleiche Richtung hat und durch die Zentrifugalkraft verursacht wird, die durch die Geschwindigkeitskomponente $v_\parallel$ entsteht. Die totale Driftgeschwindigkeit hat angenähert den Betrag

$$v_d = (\tfrac{1}{2} v_\perp^2 + v_\parallel^2)/(\omega_c R), \tag{4.21}$$

wobei R der Feldradius ist [4.4].

Ein anderer Fall liegt vor, wenn der Feldgradient $\nabla B \parallel B$ ist, Abb. 4.5g. Elektronen, die in eine solche Region eintreten, suchen ihr magnetisches Moment $\mu_M = m_e v_\perp^2/2B$ zu bewahren. Daher muß $v_\perp$ zunehmen, wenn sich das Elektron in Richtung zunehmender magnetischer Flußdichte B bewegt. Die Erhaltung der Energie erfordert dann die Abnahme von $v_\parallel$, so daß das Elektron reflektiert werden kann (magnetisches Spiegelfeld).

Wichtige Anwendungen der hier besprochenen Teilchenbewegungen im Magnetfeld bilden die im Abschn. 6.3.3 behandelten Magnetron-Sputtersysteme.

4.4 Kollektive Phänomene

4.4.1 Kenngrößen

Die Coulomb-Wechselwirkungen zwischen den Ladungsträgern befähigen das Plasma zu kollektiven Verhaltensweisen. Drei Kenngrößen liefern ein Maß hierfür [4.4].

4.4 Kollektive Phänomene

Die *Debye-Länge*

$$l_\mathrm{D} = \left(\frac{\varepsilon_0 kT_\mathrm{e}}{n_\mathrm{e} e^2}\right)^{1/2} = 7\,434 \left[\frac{kT_\mathrm{e}(\mathrm{eV})}{n_\mathrm{e}(\mathrm{m}^{-3})}\right]^{1/2}, \quad \mathrm{m} \tag{4.22}$$

ist ein Maß für die Reichweite der Coulomb-Kräfte im Plasma. Sie ergibt sich aus der Bedingung, daß im Abstand l_D vom Ort eines Ladungsträgers dessen Coulombfeld durch die anderen Ladungsträger abgeschirmt ist. Innerhalb einer Kugel vom Radius l_D (Debye-Kugel) um ein geladenes Teilchen ist die Bedingung der Quasineutralität gestört. Ein Plasma kann nicht in einem Raum mit Abmessungen kleiner als l_D existieren.

Die *Plasmafrequenz*

$$\nu_\mathrm{p} = \frac{1}{2\pi}\left(\frac{e^2 n_\mathrm{e}}{\varepsilon_0 m_\mathrm{e}}\right)^{1/2} = 8{,}98[n_\mathrm{e}(\mathrm{m}^{-3})]^{1/2}, \quad \mathrm{s}^{-1} \tag{4.23}$$

ist die Frequenz, mit der die Elektronen als Ensemble gegenüber den als ruhend vorausgesetzten Ionen Plasmaschwingungen ausführen. Letztere können sich ausbilden, wenn ν_p groß gegen die Frequenz ν_ea unelastischer Stöße der Elektronen gegen Neutralteilchen ist.

Der *kritische Ionisationsgrad*

$$\alpha_\mathrm{c} \approx 1{,}8 \cdot 10^{16}\, \sigma_\mathrm{ea}(\mathrm{m}^2)\,[kT_\mathrm{e}(\mathrm{eV})]^2 \tag{4.24}$$

erlaubt eine Aussage darüber, ob Elektron-Atom-Stöße (ν_ea) oder Elektron-Elektron-Stöße (ν_ee) dominieren. Je nachdem, ob $\alpha \lessgtr \alpha_\mathrm{c}$, ist $\nu_\mathrm{ee} \lessgtr \nu_\mathrm{ea}$. Ist $\alpha \gg \alpha_\mathrm{c}$, so sind Stöße mit Coulomb-Wechselwirkung dominierend, was in stromstarken Magnetronentladungen durchaus vorkommt.

4.4.2 Raumladungsschichten und Ströme auf Elektroden im Plasma

Im unendlich ausgedehnten stationären Plasma sind die Parameter $n = n_\mathrm{e} = n_\mathrm{i}$, T_e, T_i sowie das Plasmapotential U_p konstant. Bringt man eine Wand in das Plasma, so lädt sie sich diesem gegenüber negativ auf, weil die Rate, mit der die Elektronen ($j_\mathrm{e} \sim \bar{v}_\mathrm{e}$) im ersten Augenblick auftreffen, beträchtlich höher ist als die der Ionen ($j_\mathrm{i} \sim \bar{v}_\mathrm{i}$). Später folgende Elektronen werden dann von der Wand abgestoßen, und die Ionen angezogen. Daher werden das Potential, die Ladungsträgerdichten und die Teilchengeschwindigkeiten in der Nähe von Wänden und ebenso auch von Elektroden gegenüber den Werten im ungestörten Plasma verändert. Die Ortsabhängigkeit von T_e kann dabei allerdings wegen der hohen Elektronengeschwindigkeit meist vernachlässigt werden. In Abb. 4.2 ist der Potentialverlauf in einem Plasma schematisch dargestellt, das im Kontakt mit drei Elektroden, der Kathode, einer isolierten Sonde und der Anode, steht. In der Nähe dieser Elektroden bilden sich Raumladungsschichten aus, die sich als Dunkelräume zu erkennen geben. Sie sollen im einzelnen betrachtet werden.

Kathodenfallgebiet. Zwischen dem ungestörten Plasma und dem Kathodendunkelraum mit seiner positiven Raumladung befindet sich eine quasineutrale Übergangszone, in der nach dem Randschichtkriterium von Bohm [4.18] das Plasmapotential um $\Delta U \approx kT_e/2e$ abfällt und damit auch die Ladungsträgerdichte (nach der Boltzmann-Relation) auf $n'/n = \exp(-1/2) \approx 0{,}6$ absinkt. Die Ionen treten aus dieser Zone mit der Geschwindigkeit $v_1 \approx (kT_e/m_1)^{1/2}$ aus. Unter der Voraussetzung eines so niedrigen Druckes, daß im Kathodendunkelraum keine Kollisionen stattfinden, fließt der (kollisionslose) Ionensättigungsstrom mit der Dichte (Abb. 4.2)

$$j_{is} = en'v_1 \approx 0{,}6\, en(kT_e/m_1)^{1/2} = 1{,}49 \cdot 10^{-16}\, n \left[\frac{kT_e(\mathrm{eV})}{M_1/40}\right]^{1/2}, \quad \mathrm{A\, m^{-2}}. \quad (4.25)$$

Von besonderer Bedeutung ist dabei, daß die Ionenstromdichte am Target einer Sputteranlage allein durch die Plasmaparameter n und T_e bestimmt wird. Da die Ionen an der Kathode mit der Ausbeute γ Elektronen auslösen, beträgt die gesamte Stromdichte $j_{tot} = j_1(1 + \gamma)$.

Die Dicke d_s der Raumladungsschicht vor einer ebenen Elektrode ist durch die Child-Langmuir-Raumladungsgleichung gegeben, die, angewandt auf Ionen,

$$j_1 = (4\varepsilon_0/9)\,(2e/m_1)^{1/2}(U_s^{3/2}/d_s^2) = 8{,}65 \cdot 10^{-9}(40/M_1)^{1/2}\,\frac{[U_s(\mathrm{V})]^{3/2}}{[d_s(\mathrm{m})]^2}, \quad \mathrm{A\, m^{-2}} \quad (4.26)$$

lautet.

Bei hinreichend niedrigem Druck ($\bar{l}_1 > d_s$) treffen die Ionen mit der Energie $e(U_s + kT_e/2e) \approx eU_s \approx eU_a$ auf die Kathode, wobei U_a die Anodenspannung bedeutet. Bei höherem Druck, d. h. $\bar{l}_1 < d_s$, kommt es zu Energieverlusten der Ionen, insbesondere durch Umladungen [4.19]. An die Stelle von (4.25) tritt dann der beweglichkeitsbegrenzte Ionenstrom mit der Dichte

$$j_1 = 9\varepsilon_0 \mu_1 U_s^2/(8 d_s^3) < j_{is}. \quad (4.27)$$

Isolierte Sonde. Hier gilt die Bedingung der Quasineutralität $j_e = j_1$, ferner das Kriterium von Bohm. Da die Sonde ein gegenüber dem Plasma um $\Delta U = U_f - U_p$ vermindertes Potential annimmt, fließt der Ionenstrom j_{is} nach (4.25) und der Elektronenstrom als Anlaufstrom

$$j_{ea} = j_{es} \exp(e\Delta U/kT_e) < j_{es}, \quad \Delta U < 0, \quad (4.28)$$

wobei

$$j_{es} = en\bar{v}_e/4 = en(kT_e/2\pi m_e)^{1/2} = 2{,}68 \cdot 10^{-14}\, n(\mathrm{m}^{-3})\,[kT_e(\mathrm{eV})]^{1/2}, \quad \mathrm{A\, m^{-2}} \quad (4.29)$$

die Dichte des Elektronensättigungsstroms ist. Für das Floating-Potential U_f folgt dann

$$U_f - U_p = (kT_e/2e)\,ln(2{,}3\, m_e/m_1) < 0. \quad (4.30)$$

Mit $kT_e = 2$ eV, $m_1/m_e = 39{,}94 \cdot 1836$ (Argon) erhält man $U_f - U_p = -10{,}4$ V.

Anodenfallgebiet. Das Potential vor der Anode ist fallend, wenn — wie in den meisten Anordnungen — die Anodenfläche so groß ist, daß die Stromdichte kleiner als j_{es} ist.

Dann bildet sich vor der Anode eine positive Raumladungsschicht, und die Anode hat dem Plasma gegenüber ein um ΔU_a tieferes Potential mit $0 < \Delta U_a < U_p - U_f$. Der Strom setzt sich dann aus einem Elektronenanlaufstrom j_{ea} nach (4.28) mit $\Delta U = -\Delta U_a$ und einem Ionensättigungsstrom j_{is} nach (4.25) zusammen.

Das Potential vor der Anode ist steigend, wenn die Anodenfläche so klein ist, daß die Elektronenstromdichte größer als der Sättigungswert nach (4.29) sein muß. Dann muß das Anodenpotential U'_a den Wert U_p überschreiten, um einen dem Strom im Außenkreis entsprechenden Elektronenstrom zu fördern. Vor der Anode besteht eine negative Raumladungsschicht. Eine wichtige Rolle spielt dabei die Sekundärelektronenemission an der Anode [4.21].

Zusammenfassend ist festzuhalten:

1. Ist die Potentialdifferenz $\Delta U = U_E - U_p$ zwischen einer Elektrode E und dem Plasma P negativ, so fließen bei hinreichend niedrigem Druck der Ionensättigungsstrom nach (4.25) und der Elektronenanlaufstrom nach (4.28).
2. Ist $\Delta U = U_E - U_p$ positiv, so fließt der Elektronensättigungsstrom nach (4.29), während $j_i = 0$ ist, weil die Ionen des Plasmas wegen ihrer geringen Energie bereits bei kleinen positiven ΔU-Werten die Elektrode E nicht erreichen.

4.4.3 Bestimmung der Plasmaparameter

Die Plasmaparameter T_e, n und U_p können mit Hilfe elektrostatischer Sonden bestimmt werden, die in das Plasma eingeführt werden. In dem Verfahren nach Langmuir [4.22] mißt man die Sondencharakteristik, d. h. den im Sondenkreis fließenden Strom als Funktion der zwischen der Sonde und einer Bezugselektrode (z. B. der Kathode) liegenden Potentialdifferenz U, Abb. 4.6. In dieser I, U-Charakteristik bedeuten der Abschnitt I den Ionensättigungsstrom j_{is} nach (4.25), der Abschnitt II die Summe aus j_{is} und dem Elektronenanlaufstrom j_{ea} nach (4.28), und der Abschnitt III den Elek-

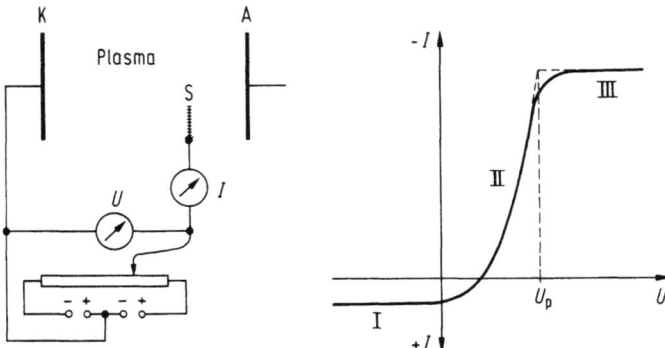

Abb. 4.6. Sondenmeßkreis und Sondencharakteristik, schematisch. K Kathode, A Anode, S elektrostatische Einzelsonde (Langmuir-Sonde), I Sondenstrom, U Sondenspannung, U_p Plasmapotential

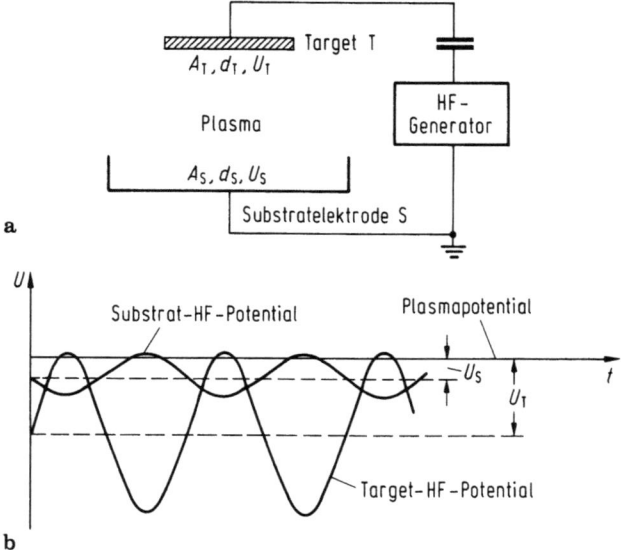

Abb. 4.7 a, b. Hochfrequenz-Sputtermethode [4.28–4.30]. a Schema einer planaren HF-Sputterdiode, A_T, A_S Elektrodenflächen; d_T, d_S Breiten der Dunkelräume und U_T, U_S Selfbiasing-Potentiale beider Elektroden; b Schematische Darstellung der Potentiale U am Target und an der Substratelektrode als Funktion der Zeit t relativ zum Plasmapotential. U_T, U_S Selfbiasing-Potentiale von T und S

tronensättigungsstrom nach (4.29). Aus dem Abschnitt II ergibt sich nach Korrektur um j_{is} durch Bildung von $d ln j_{ea}/dU = e/kT_e$ die Elektronentemperatur T_e und durch Bildung von $d^2 j_{ea}/dU^2$ die Energieverteilung der Elektronen [4.23]. Der Abschnitt III liefert gemäß (4.29) die Ladungsträgerdichte n, und der obere Knick wegen $j_{ea} = j_{es}$, d. h. $U - U_p = 0$ das Plasmapotential $U = U_p$.

Außer elektrostatischen Einzelsonden werden auch elektrostatische Doppelsonden [4.24] und flächenveränderliche Sonden [4.25] verwendet. Weiterführende Hinweise findet man in [4.20].

4.5 Hochfrequenzentladungen und das Prinzip des HF-Sputterns

Bei der HF-Methode zur Plasmaerzeugung wird den Elektronen die zur Ionisation erforderliche Energie durch ein HF-Feld entweder induktiv als Wirbelfeld (Abb. 9.2a und e) oder kapazitiv über zwei Elektroden zugeführt, wobei letztere entweder innerhalb des Vakuumgefäßes (Abb. 9.2c und d) oder außerhalb der (dielektrischen) Gefäßwand (Abb. 9.2b) angeordnet sein können. Da in der HF-Entladung nur Verschiebungsströme fließen, können die Elektroden auch mit Isolatoren belegt sein. Damit ist es — im Gegensatz zur DC-Entladung — möglich,

4.5 Hochfrequenzentladungen und das Prinzip des HF-Sputterns

- auch aus nichtleitenden Stoffen durch Sputtern (Kap. 6) oder Ionenplattieren (Kap. 7) Schichten zu erzeugen,
- auch nichtleitende Schichten durch Plasmaätzen (Teil II) abzutragen,
- reaktive Plasmaprozesse auszuführen, bei denen isolierende Schichten auf den Elektroden entstehen wie beim plasma-aktivierten CVD (Kap. 9) und der Plasmapolymerisation (Kap. 10).

Dieser Sachverhalt hat die Anwendungsmöglichkeiten der Plasmamethoden beträchtlich erweitert.

Das Sputtern in einer HF-Gasentladung beruht darauf, daß sich jede kapazitiv an das Plasma gekoppelte Oberfläche diesem gegenüber negativ auflädt. Verbindet man beispielsweise das Target T einer planaren Diode (Abb. 4.7a) über eine Kapazität mit dem Pol einer HF-Quelle, deren anderer Pol über eine metallische Gegenelektrode, den Substrathalter S, an das Plasma gekoppelt ist, so können zunächst während der positiven Halbwelle wegen ihrer höheren Beweglichkeit viel mehr Elektronen das Target erreichen als Ionen während der negativen Halbwelle. Da die Bedingung der Quasineutralität verlangt, daß auf eine gleichstrommäßig isolierte Elektrode im zeitlichen Mittel ebenso viele Elektronen wie Ionen einströmen, bildet sich am Target eine negative Gleichspannungsaufladung (Self-Biasing) relativ zum Plasma [4.26]. Im stationären Zustand kann der Betrag der DC-Biasspannung U_T bei geeignet eingestelltem Anpassungsnetzwerk nur wenig kleiner sein als die Amplitude des HF-Spannungsabfalls zwischen Plasma und Target, Abb. 4.7b. Die Frequenz der HF-Spannung wird so hoch gewählt — 13,56 MHz ist üblich —, daß die Ionen den zeitlichen Variationen der Spannung nicht folgen können, sondern nur die Elektronen [4.27]. Dann fließen während fast der ganzen HF-Periode Ionen zum Target, und nur in einem kurzen Zeitabschnitt, in dem das Target positiv gegenüber dem Plasma ist, ein relativ großer Elektronenstrom [4.28–4.30]. Das Target wird also praktisch kontinuierlich mit Ionen bombardiert.

Visuell erscheint die Entladung wie eine Gleichstromentladung mit einem Dunkelraum, d. h. einer positiven Raumladungsschicht über jeder Elektrode. Der Effekt des Self-Biasing tritt nämlich im Prinzip auch an der Gegenelektrode S auf. Da nun derselbe Verschiebungsstrom I_v über beide Elektroden fließt, teilt sich die HF-Spannung kapazitiv zwischen den beiden Raumladungsschichten im Verhältnis

$$U_T/U_S = C_S/C_T = (A_s d_T)/(A_T d_S) = (A_S/A_T)^4 \tag{4.31}$$

auf. Dabei sind die Kapazitäten C_S, C_T der Raumladungsschichten proportional zur zugehörigen Elektrodenfläche (A) und umgekehrt proportional zur entsprechenden Dicke (d). Wird ferner (4.26) beachtet, d.h. $d \sim U^{3/4}$, so erhält man das rechts stehende Ergebnis [4.28; 4.29]. Wenn auch die experimentelle Prüfung ergab, daß U_T/U_S weniger stark als von der vierten Potenz des Flächenverhältnisses abhängt [4.30], so läßt sich doch durch Wahl dieses Verhältnisses erreichen, daß praktisch die gesamte Spannung vor dem Target abfällt und die Rückzerstäubung an S vernachlässigbar gering bleibt. Wird andererseits, wie beim Bias-Sputtern (Abb. 6.3), eine gewisse Rückzerstäubung gefordert, so kann U_S mit Hilfe des Anpassungsnetzwerkes entsprechend eingestellt werden [4.29]. Es können aber auch beide Elektroden als identische Sputtertargets betrieben werden und die Substrate außerhalb des Zwischenraums auf einer Gegenelektrode angeordnet werden.

4.6 Reaktionen im Plasma

4.6.1 Volumenreaktionen

Die Wechselwirkungen der Elektronen mit den Atomen und Molekülen des Plasmas, d. h. Anregung, Ionisation und Dissoziation, sind die für die Anwendung wichtigsten Volumenreaktionen. Während Atome ihre Anregungsenergie im allgemeinen durch Strahlung wiederabgeben (falls der dazu erforderliche Übergang nicht quantenmechanisch verboten ist), kann die Anregungsenergie bei Molekülen zur Dissoziation weiterer Moleküle dienen [4.31; 4.32]. Ein Beispiel bietet das vielfach zum Plasmaätzen benutzte CF_4, das eine niedrigste Anregungsenergie von 12,5 eV besitzt [4.33]. In einem Zweischrittprozeß kann auf die Anregung

$$e^- + CF_4 \rightarrow CF_4^* + e^-$$

die Dissoziation

$$CF_4^* \rightarrow CF_3 + F$$

in die Radikale CF_3 und F folgen [4.34]. Dabei sind die F-Atome für das Plasmaätzen von z. B. Si verantwortlich.

Auch der Ionisationsprozeß kann als sog. dissoziative Ionisation

$$e^- + CF_4 \rightarrow CF_3^+ + F + 2e^-$$

zu einer Dissoziation führen. Außerdem gibt es die einfache Ionisation von Molekülen, z. B.

$$e^- + O_2 \rightarrow O_2^+ + 2e^-.$$

Elektronen niedriger Energie, die ihre Energie durch unelastische Stöße verloren haben und sich in einem Bereich niedriger elektrischer Feldstärke (z. B. im negativen Glimmlicht) befinden, können durch Anlagerung an elektronegative Moleküle negative Ionen bilden, z. B.

$$e^- + O_2 \rightarrow O_2^-,$$

die dann in Atome dissoziieren können

$$O_2^- \rightarrow O^- + O.$$

Da einzelne Atome (wegen der Erhaltungssätze) nur im Dreierstoß zu zweiatomigen Molekülen rekombinieren können, haben sie im Niederdruckplasma eine hohe Lebensdauer. Wenn andererseits zwei molekulare Radikale aufeinandertreffen, kann die Dissoziationsenergie auf eine große Zahl von Freiheitsgraden verteilt werden, so daß sie mit einer Wahrscheinlichkeit von nahezu 1 assoziieren [4.32], wie z. B.

$$CH_3 + CH_3 \rightarrow C_2H_6.$$

Dies ist die Grundlage der Plasmapolymerisation [4.35].

4.6 Reaktionen im Plasma

Schließlich ist noch auf die Existenz von metastabilen Zuständen von Atomen und Molekülen hinzuweisen, deren Übergang in den Grundzustand durch Strahlung quantenmechanisch verboten ist. Diese Zustände spielen aufgrund ihrer langen Lebensdauer im Niederdruckplasma in der Teilchen- und Energiebilanz eine wichtige Rolle. Metastabile Atome können ihre Anregungsenergie in sog. Penning-Prozessen auf andere Teilchen übertragen und diese ionisieren und dissoziieren [4.36].

Als *Anwendungen* der Volumenreaktionen sind zu nennen:

- Das plasma-aktivierte CVD-Verfahren (Kap. 9), z. B. das Beschichten eines Substrats mit Si_3N_4 im SiH_4/NH_3-Plasma nach der Nettoformel $3 SiH_4 + 4 NH_3 \rightarrow Si_3N_4 + 12 H_2$. Im Plasma werden die Ausgangsprodukte ionisiert und bis zu atomaren Bestandteilen dissoziiert, so daß die Schichtbildung bereits bei 300 °C erfolgt, während das gewöhnliche CVD-Verfahren hierfür 800...1 200 °C erfordert [4.37]. Dies ist ein für die Anwendung wichtiger Sachverhalt.
- Das Plasma-Ätzen (Teil II), bei dem am Substrat durch Wechselwirkung mit dem Plasma ein flüchtiges Reaktionsprodukt entsteht. So wird ein Si-Substrat im CF_4-Plasma durch Reaktion mit atomarem Fluor und Bildung von SiF_4 abgetragen. Und ebenso auch organische Schichten in der Photolithographie und der elektronenmikroskopischen Präparation durch Anwendung von atomarem Sauerstoff [4.31].
- Die Plasma-Polymerisation (Kap. 10), bei der durch Assoziation von freien Radikalen Produkte höherer molarer Masse entstehen, die sich auf einem Substrat kondensieren, wo sie durch Plasmastrahlung und Bombardement von Elektronen oder Ionen zu einem polymeren Film vernetzt werden [4.31; 4.32].

4.6.2 Oberflächenreaktionen

Oberflächen, die im Kontakt mit einem Plasma stehen, werden von Photonen, Ionen und/oder Elektronen bombardiert, von denen vor allem die beiden letzteren wichtige Reaktionen auslösen.

4.6.2.1 Reaktionen durch Ionenbombardement

Durch Ionenstoß gegen Festkörperoberflächen entstehen folgende Wirkungen:

1. Der *Sputter*effekt, d. h. die Emission (Zerstäubung) von vorwiegend neutralen Atomen bzw. Molekülbruchstücken des Targetmaterials. Dieser auf Impulsübertragung beruhende Effekt wird zusammen mit den Sputter-Beschichtungstechniken in Kap. 6 behandelt. Das Sputtern ist auch die Grundlage des Ionen-Ätzens, des Ionenstrahl-Ätzens (Teil II) und der Glimmentladungsreinigung durch Ionenbeschuß (Abschn. 2.8.1.3).
2. Die *Struktur* und damit zusammenhängende Eigenschaften der wachsenden Schicht werden durch Ionenbombardement beeinflußt, weil dadurch auf der Schicht Platzwechselvorgänge ausgelöst werden. Hiervon wird, wie bereits in Abschn. 2.3.3 begründet, beim Bias-Sputtern und beim Ionenplattieren (Kap. 7) Gebrauch gemacht.

3. Die *Adsorption* von Molekülen und anschließende Reaktionen werden durch Ionenbeschuß beeinflußt. Dabei können durch Impulsübertragung a) die Dissoziation adsorbierter Moleküle, b) eine dissoziative Chemisorption und c) die Bildung fester Verbindungen durch Assoziation bewirkt werden. Diese Erscheinungen spielen bei der Plasmapolymerisation, dem plasma-aktivierten CVD und dem Plasmaätzen eine wichtige Rolle. So bewirkt z. B. F_2-Gas, das mit einer 10^{-2} Pa entsprechenden Einfallsrate auf eine Si-Oberfläche trifft, eine nur geringe Ätzrate. Wird die Si-Oberfläche zusätzlich mit Ar^+-Ionen (500 eV, 10 µA/cm²) bombardiert, so steigt die Ätzrate aufgrund dissoziativer Chemisorption ($F_2 \rightarrow F + F$) auf etwa das 100fache. Der Sputtereffekt allein (ohne F_2) würde nur eine 25fache Erhöhung bringen [4.38].
4. Die *Elektronenemission* der Kathode durch Ionenbeschuß ist ein für die Existenz der Plasmaentladung wichtiger Wechselwirkungsprozeß. Die Ausbeute γ dieses Prozesses (4.1) hängt insbesondere von der Elektronenaustrittsarbeit und der Fermi-Energie des Targetmaterials ab [4.39].

4.6.2.2 Reaktionen durch Elektronenbombardement

Durch Elektronenbeschuß können an der Oberfläche adsorbierte Teilchen angeregt, ionisiert oder dissoziiert werden. Dadurch können a) eine erhöhte Wahrscheinlichkeit für Desorption (elektronen-induzierte Desorption), b) eine elektronen-induzierte Adsorption und c) elektronenstimulierte Oberflächenreaktionen auftreten. Ein Beispiel für letzteres betrifft das Ätzen von SiO_2- und Si_3N_4-Schichten mit XeF_2 [4.38]. Weder dieses Gas allein (bei 0,1 Pa) noch das Bombardieren mit 1,5 keV-Elektronen (50 mA/cm²) bewirken ein Ätzen, sondern erst ihre Kombination. Die Wirkung des Elektronenbombardements besteht darin, das XeF_2 zu dissoziieren und die Aktivierungsenergie zur Bildung des flüchtigen SiF_4 zur Verfügung zu stellen. Weitere Beispiele für Oberflächenreaktionen durch Elektronenbeschuß liefert die Plasmapolymerisation [4.40].

5 Bedampfungstechniken

5.1 Einleitung

Beim Bedampfungsprozeß wird die zu verdampfende Substanz im Vakuum in einem Tiegel auf eine hinreichend hohe Temperatur erhitzt, Abb. 5.1. Die verdampfenden Atome oder Moleküle verlassen die Oberfläche des Verdampfungsgutes und schlagen sich als Schicht auf dem Substrat und umgebenden Wänden nieder. Der Prozeß findet üblicherweise im Hochvakuum bei $p < 10^{-3}$ Pa statt. Die Teilchen fliegen dann praktisch ohne Kollisionen, also geradlinig von der Quelle zum Substrat. Um bestimmte Schichteigenschaften (z.B. Härte, Struktur) zu erzielen, müssen die Substrate vielfach vor und während des Aufdampfens auf Temperaturen bis zu einigen 100 °C gebracht werden. Dazu dient eine Substratheizung mittels Heizstäben oder Quarzlampen. Eine drehbare Blende deckt den Dampfstrahl ab, bis die Dampfquelle ihre Gleichgewichtstemperatur erreicht hat, und unterbricht ihn wieder, wenn die gewünschte Schichtdicke hergestellt ist.

Zusammenfassende Darstellungen der Bedampfungstechnik liegen in [5.1–5.4] vor.

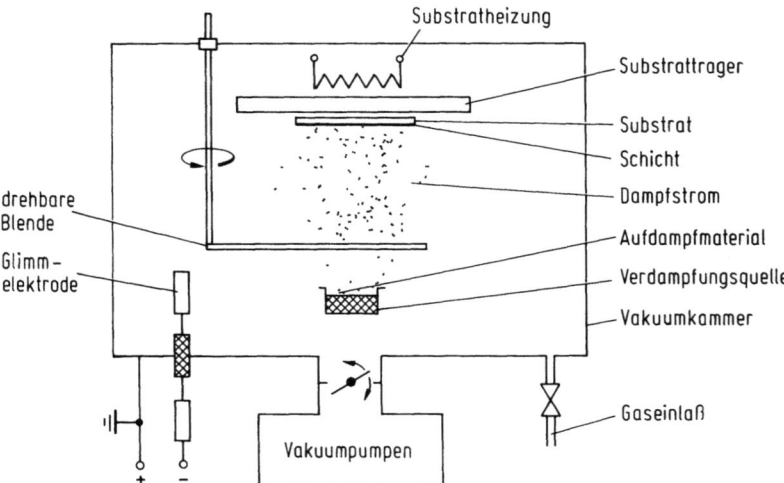

Abb. 5.1. Schema der Bedampfung im Hochvakuum

5.2 Grundlagen des Bedampfungsprozesses

5.2.1 Forderungen an den Restgasdruck

Beim Bedampfen im Hochvakuum hat der Druck p des Restgases zwei Bedingungen zu genügen: Erstens muß die geradlinige Ausbreitung der Dampfteilchen gewährleistet sein, damit z.B. beim Bedampfen durch Masken scharfe Konturen entstehen. Zum anderen muß am Substrat das Verhältnis der Stoßraten von Restgas- und Dampfteilchen mit Rücksicht auf die Reinheit der Schicht hinreichend klein sein.

Zu 1. Der Anteil N eines Stroms von N_0 Teilchen, der eine Strecke x im Gas ohne Stöße durchläuft, beträgt nach (4.5) und (4.6)

$$N = N_0 \exp(-n\sigma x) = N_0 \exp(-x/\bar{l}). \tag{5.1}$$

Dabei ist die mittlere freie Weglänge $\bar{l} = (n\sigma)^{-1}$ umgekehrt proportional zur Anzahldichte n der Teilchen und ihrem Wirkungsquerschnitt σ. Für den Wert $\bar{l}$ der üblichen Komponenten des Restgases gilt annähernd $\bar{l}p = 5$ mm Pa [5.1]. Größenordnungsmäßig gilt dies auch für die freie Weglänge der Dampfteilchen im Restgas beim Druck p. Bei $p = 10^{-2}$ Pa ist dann $\bar{l} = 500$ mm, so daß z.B. bei einer Distanz $x = 150$ mm zwischen Dampfquelle und Substrat 74% aller Dampfteilchen ohne Stoß das Substrat erreichen; bei $p = 10^{-3}$ PA sind es 97%. Wenn die Wechselwirkung der Dampfteilchen untereinander vernachlässigbar ist, also bei nicht zu hohem Dampfdruck aufgedampft wird, lautet die Forderung an den Enddruck: $p < 10^{-3}$ Pa.

Zu 2. Die Flächenstoßrate v_g der Restgasteilchen beträgt [5.5]

$$v_g = N_A p (2\pi MRT)^{-1/2} = 2{,}635 \cdot 10^{24} p(MT)^{-1/2}, \quad \mathrm{m^{-2} s^{-1}}, \tag{5.2}$$

die der Dampfteilchen am Substrat

$$v_d = \varrho N_A a_w / M_d \quad \text{mit} \quad a_w = \dot{m}/(A\varrho) \tag{5.3}$$

und das Verhältnis beider Stoßraten

$$\frac{v_g}{v_d} = \frac{M_d}{(2\pi MRT)^{1/2}} \frac{p}{a_w}. \tag{5.4}$$

Dabei sind: $N_A = 6{,}02 \cdot 10^{26}$ kmol^{-1} die Avogadro-Zahl, M und M_d die molaren Massen vom Gas bzw. Dampf, a_w die Wachstumsrate der Schicht in m s^{-1} bei der Massenstromdichte $\dot{m}/A$ und der Dichte ϱ. Für Luft von $T = 293$ K als Restgas und Al mit $\varrho = 2700$ kg m^{-3} und $M_d = 27$ kg kmol^{-1} als Aufdampfmaterial ist $v_g/v_d \approx 5 \cdot 10^{-7} p/a_w$. Die Wachstumsraten a_w liegen in praxi zwischen 1 und 100 nm s^{-1}, so daß bei $p = 10^{-3}$ Pa v_g/v_d Werte zwischen 0,5 und 0,005 annimmt.

Für den Fremdgasgehalt der Schicht ist außer v_g/v_d noch die Art von Fremdgas und Dampf sowie die Substrattemperatur maßgebend. Für chemisch nicht aktive Fremdgase ist die Stickingwahrscheinlichkeit im allgemeinen sehr klein, so daß $v_g/v_d \approx 1$ akzeptiert werden kann. Die Stickingwahrscheinlichkeiten von O_2, H_2O und Öldämpfen an der im Wachsen begriffenen Schicht sind nahezu gleich 1, so daß für solche Komponenten $v_g/v_d \ll 1$ zu fordern ist.

Die genannten Forderungen sind durch entsprechende Wahl der Pumpen, Konstruktion der Anlage und verfahrenstechnische Maßnahmen wie Ausheizen der Vakuumkammer und Vorentgasen des Aufdampfmaterials zu erfüllen.

5.2.2 Zum Vakuumsystem

Die im Hochvakuumbereich zu fördernden Gasströme rühren vor allem von der Gasabgabe aller Wände und der des erhitzten Aufdampfmaterials her. Erfahrungsgemäß muß das Saugvermögen der Hochvakuumpumpe $1 \ldots 3 \, m^3 \, s^{-1}$ pro m^2 Wandfläche betragen [5.5]. In vielen Fällen werden Öldiffusionspumpen mit tiefgekühltem Baffle verwendet, denen eine Drehschieberpumpe oder, bei größeren Anlagen, eine Kombination aus Wälzkolben- und Drehschieberpumpen vorgeschaltet ist, Abb. 5.2a. Da sich die Ölrückströmung prinzipiell nicht vermeiden läßt, finden mehr und mehr „trokkene" Hochvakuumpumpen Eingang in die Schichtenfertigung, d. h. neben Ionengetter- und Turbomolekularpumpen vor allem Refrigerator-Kryopumpen, Abb. 5.2b. Um die Rückdiffusion von Kohlenwasserstoffen aus der Vorpumpe in den Rezipienten zu vermeiden, wird dieser nur bis zu einem Druck im Übergangsbereich zur Kontinuumströmung (einige 10 Pa) vorevakuiert und ggf. eine Katalysatorfalle [5.6] in die Vorkuumleitung eingebaut. Über Erfahrungen mit Kryopumpen in Anlagen für die Schichtenfertigung ist in [5.5] berichtet.

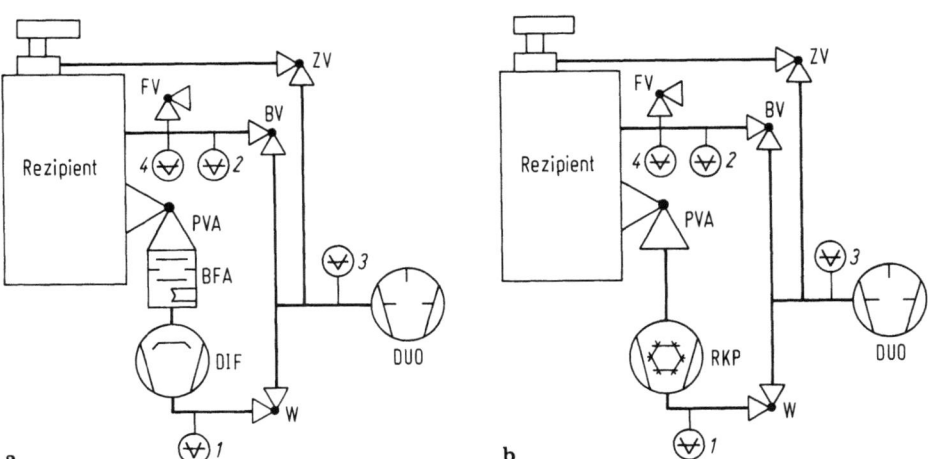

Abb. 5.2 a, b. Pumpstand für die Bedampfungsanlage Balzers BAK 760. a Mit Diffusionspumpe, b mit Refrigerator-Kryopumpe. DUO Drehschieberpumpe, DIF Öldiffusionspumpe, BFA Baffle, PVA Plattenventil, RKP Refrigeratorkryopumpe, W Vorvakuumventil, BV Bypassventil, FV Flutventil, ZV Zwischenvakuumventil, 1 Vorvakuum-Meßröhre zur Messung des Vorvakuums in der Vorvakuumleitung, 2 Vorvakuum-Meßröhre zur Messung des Vorvakuums im Rezipienten, 3 Vorvakuum-Meßröhre zur Messung des Vorvakuums an der Vorvakuumpumpe, 4 Hochvakuum-Meßröhre zur Messung des Hochvakuums im Rezipienten

Um zu einer möglichst kurzen Chargenzeit zu gelangen, empfiehlt sich die sog. „50°-Technik" [5.5]: Durch Aufheizen der Kammerwand mit 80 °C heißem Wasser auf etwa 50 °C vor dem Fluten und während des Beschickens der Anlage wird die Wasserdampfadsorption gegenüber dem sonst üblichen Maß stark reduziert, und damit auch die Pumpzeit. Während des Hochvakuumpumpens wird die Kammerwand dann wieder mit kaltem Leitungswasser gekühlt. Ferner ist es im Interesse der Haftfestigkeit der Schichten wichtig, auf den Substraten adsorbierte Wasserhäute vor dem Bedampfen durch die Glimmentladungsreinigung (Abschn. 2.8) zu entfernen.

Zur Messung und Überwachung des Druckes dienen Vakuummeter: Pirani- und Thermokreuz-Manometer für das Grobvakuum, Ionisationsvakuummeter mit kalter Kathode oder mit Glühkathode sowie Massenspektrometer für den Hochvakuum- und UHV-Bereich.

5.2.3 Verdampfungsrate und Dampfdruck

Für die Verdampfung fester oder flüssiger Stoffe ins Vakuum gilt die Beziehung von Hertz und Knudsen [5.7; 5.8], nach der die spezifische Verdampfungsrate

$$a_v = \frac{dm_v}{A\,dT} = \alpha_v (m_0/2\pi kT)^{1/2} (p_s(T) - p_0)$$
$$= 4{,}375 \cdot 10^{-3} \alpha_v (M/T)^{1/2} (p_s(T) - p_0), \quad \text{kg m}^{-2}\text{s}^{-1} \tag{5.5}$$

beträgt. Dabei ist: M die molare Masse, m_0 die Teilchenmasse, α_v der Verdampfungskoeffizient, $p_s(T)$ der Sättigungsdampfdruck des Verdampfungsgutes bei der Temperatur T und $p_0 \ll p_s$ dessen Dampfdruck im Vakuumbehälter. Bei $p_s = 1$ Pa $= 10^{-2}$ mbar ist für die meisten Substanzen a_v von der Größenordnung 10^{-3} kg m^{-2} s^{-1} $= 10^{-4}$ g cm^{-2} s^{-1}. Über die thermodynamischen und molekularkinetischen Grundlagen des Verdampfungsprozesses liegen ausgezeichnete Darstellungen in [5.9; 5.10] vor.

Experimentell wird α_v durch Messung des Verhältnisses der a_v-Werte bei freier Verdampfung und bei Verdampfung aus einer Knudsen-Zelle, für die $\alpha_v = 1$ gilt, bestimmt. Bei reinen Metallen wurden α_v-Werte von nahezu 1 gefunden. Verunreinigungen auf der Oberfläche können α_v stark herabsetzen [5.9]. Die mit der Temperatur T exponentiell ansteigenden Dampfdrücke $p_s(T)$ werden durch Messung von a_v unter Anwendung von (5.5) ermittelt. Für eine große Zahl von Elementen sind diese Werte tabellarisch in [5.11a; 5.11b] zusammengestellt. Als Verdampfungstemperatur wird angenähert die Temperatur gewählt, bei der $p_s = 1$ Pa ist (Tabelle A1, im Anhang).

5.2.4 Räumliche Verteilung der Dampfstromdichte und Verteilung der Schichtdicke auf verschiedenen Substraten

Wird von einer ebenen, kleinflächigen Quelle die Masse m_1 verdampft, so wird davon nach dem Kosinusgesetz der Bruchteil

$$dm/m_1 = \cos\alpha\, d\omega/\pi \tag{5.6}$$

5.2 Grundlagen des Bedampfungsprozesses

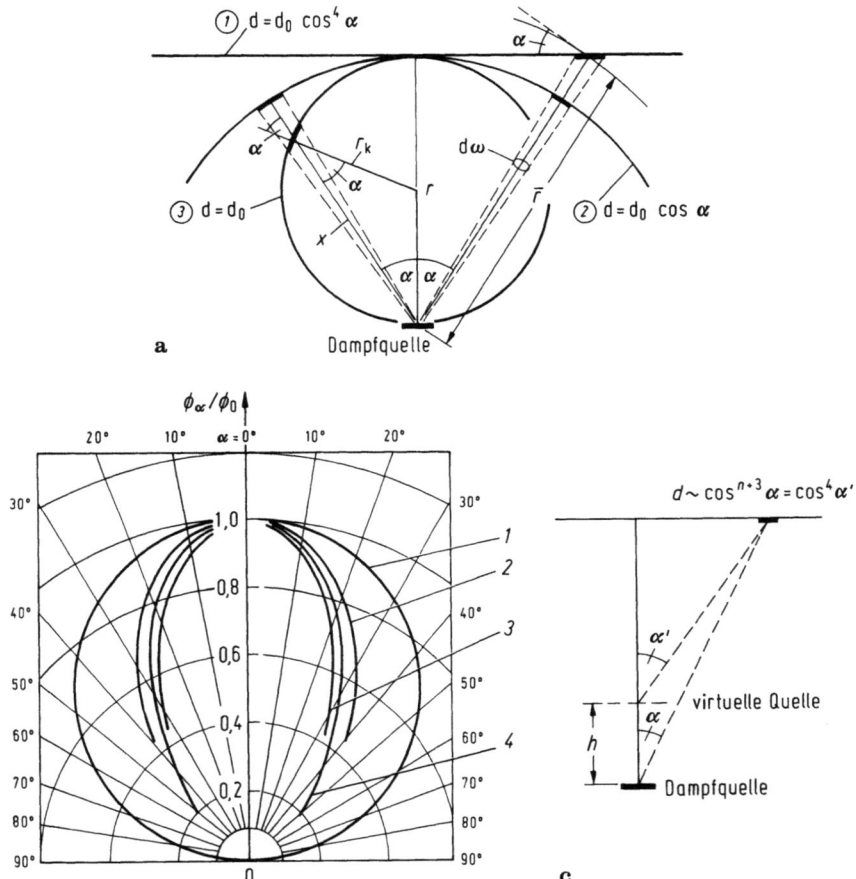

Abb. 5.3 a-c. Zur Verteilung der Dampfstromdichte über einer kleinflächigen Quelle. **a** Zur Ermittlung der Schichtdicke d auf verschiedenen Substraten: 1) Planteller, 2) Kugelkalotte, 3) Knudsen-Kugel. **b** Dampfstromdichte-Verteilung $\Phi/\Phi_0 = \cos^n \alpha$ für *1)* $n=1$, *2)* $n=3$, *3)* $n=5$, *4)* 5 kW-Elektronenstrahlverdampfer [5.13]. **c** Zur Ermittlung der Lage der virtuellen Dampfquelle

in den Raumwinkel $d\omega = dA/r^2$ unter dem Winkel α gegen die Flächennormale emittiert, Abb. 5.3a. Die räumliche Verteilung der Dampfstromdichte $\Phi = d\dot{m}/d\omega$ (=Massenstrom pro Raumwinkeleinheit) kann man aus der Schichtdickenverteilung bestimmen, die auf einer Hohlkugel vom Radius r entsteht, in deren Zentrum sich die Quelle befindet. Dann gilt nach (5.6)

$$\Phi(\alpha) = d\dot{m}/d\omega = \Phi_0 \cos \alpha \tag{5.7}$$

mit $\Phi_0 = \dot{m}_1/\pi$. Die Schichtdicke auf der Hohlkugel hat dann ebenfalls eine Kosinus-Verteilung: es ist $d = d_0 \cos \alpha$, wobei der Maximalwert der Schichtdicke $d_0 = m_1/(\varrho \pi r^2)$ beträgt (Abb. 5.3a, Fläche 2).

Auf einer Ebene im Abstand r parallel zur Fläche der Quelle ist die entstehende

Schichtdicke um den Faktor $(r/\bar{r})^2 \cos \alpha = \cos^3 \alpha$ kleiner als auf der Kugel, d.h.: $d = d_0 \cos^4 \alpha$ (Abb. 5.3a, Fläche *1*).

Auf der Kugel vom Radius $r_K = r/2$ nach Abb. 5.3a ist die Schichtdicke um den Faktor $(r/x)^2 \cos \alpha = \cos^{-1} \alpha$ größer als auf der Halbkugel vom Radius r, d.h. hier ist die Schichtdicke $d = d_0 = m_1/(4\pi r_k^2)$ = const. Diese sog. „Knudsen-Kugel" ist unter den gemachten Voraussetzungen eine Fläche konstanter Schichtdicke. Für viele andere Anordnungen von Substraten und Quellen, die nach dem Kosinusgesetz (oder auch isotrop als Punktquellen) emittieren, liegen Berechnungen der Schichtdickenverteilungen vor [5.2; 5.12].

Abweichungen vom Kosinusgesetz treten bei flächenhaften Verdampfern auf, wenn z.B. die dampfabgebende Fläche unterhalb des Tiegelrandes liegt, weil dann die Emission unter großen Winkeln α abgeschirmt wird. Sehr viel ausgeprägter aber sind die Abweichungen im Fall der Hochrateverdampfung mittels Elektronenstrahlen. Dann bildet sich im Brennfleck ein Krater, aus dem heraus die Emission mit einer gewissen Richtstrahlwirkung erfolgt. Im Polardiagramm hat die Verdampfercharakteristik $\Phi(\alpha)$ dann ein gegenüber der dem Kosinusgesetz entsprechenden Kugelform abgeplattetes Profil, das sich für $\alpha \leq 30°$ durch

$$\Phi = \Phi_0 \cos^n \alpha, \quad n > 1 \tag{5.8}$$

beschreiben läßt, Abb. 5.3b. Für die in dieses Diagramm eingetragene Charakteristik eines 5 kW-Elektronenstrahlverdampfers nach [5.13] gilt $n = 3,5...4$. Der Exponent n wächst mit steigender Verdampfungsrate und nimmt Werte zwischen 1 und 6 an [5.13-5.16].

Die Berechnung der Schichtdickenverteilung bei Abweichungen vom Kosinusgesetz kann durch die Einführung einer virtuellen Dampfquelle, die mit einer Kosinusverteilung $\Phi \sim \cos \alpha'$ emittiert, vereinfacht werden [5.17], Abb. 5.3c. Ihre Höhe h über der realen Quelle ist durch die Bedingung $\cos^4 \alpha' = \cos^{n+3} \alpha$ gegeben, die besagt, daß beide Quellen auf dem ebenen Substrat die gleiche Dickenverteilung erzeugen.

5.2.5 Substratträger und Schichtdickengleichmäßigkeit

Die auf einem Substrat erzielte Schichtdicke hängt von seiner Position auf dem Substratträger ab. Um die Schichtdickengleichmäßigkeit von Substrat zu Substrat zu verbessern, wird bei rotierendem Substratträger aufgedampft. So sind bei Anlagen mit vertikal angeordnetem Rezipienten die Substrate vielfach auf Plantellern oder Kugelkalotten (Abb. 5.4a) untergebracht. Werden diese beim Aufdampfen um die Rezipientenachse, außerhalb derer die Verdampfer liegen, gedreht, so werden die einzelnen Substrate zwischen quellenfernen und quellennahen Positionen hin- und herbewegt und die Schichtdickenunterschiede dadurch zum Teil ausgeglichen [5.18]. Mit einem Planteller wird eine Schichtdickentoleranz von 5...9 % erreicht, und mit einer Kugelkalotte eine solche von 3...7 %. Geringere Schichtdickentoleranzen bis etwa 2 % erhält man mit planetenartig angetriebenen Kugelkalotten, z.B. Knudsen-Planetengetrieben (Abb. 5.4b), und noch geringere mit einem Universal-Planetengetriebe, bei dem eine Anzahl kleinerer und einzeln justierbarer Substratträger an die Verdampfercharakteristik angepaßt werden kann, Abb. 5.4c und d [5.19]. Wendekalotten nach Abb. 5.4e er-

5.2 Grundlagen des Bedampfungsprozesses

Abb. 5.4 a-f. Substratträger für Bedampfungsanlagen, Typ Balzers. **a** Kugelkalotte, **b** Knudsen-Planetengetriebe, **c** Universal-Planetengetriebe für Glockenanlage, **d** Universal-Planetengetrieben für kubische Anlage, **e** Wendekalotte, **f** Schüttgut-Bedampfungseinrichtung

möglichen das beidseitige Bedampfen von Substraten ohne Unterbrechung des Vakuums und damit eine Kapazitätserweiterung der Anlage. Schließlich ist auf die Möglichkeit der Bedampfung von Schüttgut, z.B. von Keramikröhrchen oder Stäbchen mit NiCr zwecks Herstellung von elektrischen Widerständen, hinzuweisen. Ein hierfür geeigneter zylindrischer Substratbehälter nach Abb. 5.4f, der während der Bedampfung rotiert, besteht aus einem Drahtnetz von z.B. 1,3 mm Maschenweite. Substratträger für andere Anlagentypen werden in Abschn. 5.5 besprochen.

5.2.6 Aufdampfmaterialien

Als Schichtmaterialien werden feste Substanzen in Form von chemischen Elementen, Verbindungen, Legierungen und feindispersen Mischungen verwendet. Von den vielen bekannten anorganischen Substanzen läßt sich nur ein relativ kleiner Teil ohne Zersetzung im Hochvakuum verdampfen. In allen anderen Fällen sind zur Erzeugung stöchiometrischer Schichten spezielle Aufdampftechniken (Abschn. 5.2.7) erforderlich.

Allgemein wird gefordert, daß die Materialien in geeigneter Reinheit und Form vorliegen. Eine ausreichende Reinheit muß hinsichtlich sowohl fester Fremdstoffe als auch des Gasgehaltes bestehen. Geeignete Formen sind: gepreßte oder gesinterte Pillen oder Granulat (z.B 0,2 mm für Flash-Verdampfung). Metallische Stoffe sind vielfach auch als Draht oder (speziell für Elektronenkanonen) als Scheiben mit den Tiegelabmessungen erhältlich.

5.2.6.1 Chemische Elemente

Mit den modernen Verdampfern (reaktionsträge Tiegel und Schiffchen, Elektronenkanonen) können selbst schwer verdampfbare Metalle ohne Verunreinigungen verdampft werden. Der Einfluß von Reaktionen mit dem Restgas während der Kondensation kann durch Reduktion des Restgasdruckes und die Wahl von Substrattemperatur T_s und Verdampfungsrate a_v hinreichend niedrig gehalten werden. Die Kondensation, die bei gewissen Substanzen (z.B. Cd, Ga, Sb, Sn, Zn) problematisch ist, kann durch Bekeimung sowie Wahl von T_s und a_v beeinflußt werden [5.20; 5.21]. Eine Zusammenstellung von Daten und Anwendungen zeigen die Tabellen A 1 und A 2 im Anhang.

5.2.6.2 Chemische Verbindungen

Halogenide. Einige einfache Halogenide verdampfen praktisch ohne Zersetzung, wie z.B. die für optische Schichten wichtigen Substanzen AlF_3, CaF_2, CeF_3, LaF_3, MgF_2, NdF_2, PbF_2 und ThF_4 [5.22]. Komplizierter aufgebaute Halogenide zerfallen beim Aufdampfen, so z.B. Kryolith: $Na_3(AlF_6) \rightarrow 3\,NaF + AlF_3$ [5.23; 5.24]. Die Schichten enthalten NaF und infolge Rekombination $Na_3(AlF_6)$ und $Na(AlF_4)$ [5.25]. Weitere Daten, s. Tabelle A 3.

Oxide. Einige Suboxide, wie etwa GeO, PbO, SiO und SnO, verdampfen aus widerstandsbeheizten Schiffchen praktisch ohne Zersetzung. Hochschmelzende Oxide, wie

z. B. Al_2O_3, BeO, SiO_2 und ZrO_2 verdampfen unter Elektronenstrahlheizung mit mehr oder weniger starker Dissoziation, die bei der Kondensation zum Teil wieder rückgängig gemacht wird [5.26; 5.27]. Vollständig oxidierte Schichten können aber durch reaktives Verdampfen von Suboxiden oder sogar von Metallen in einer O_2-Atmosphäre von $1\ldots4 \cdot 10^{-2}$ Pa erzielt werden [5.28; 5.29], z. B. nach dem Schema $TiO + \frac{1}{2} O_2 \rightarrow TiO_2$ oder $Ti + O_2 \rightarrow TiO_2$ (Abschn. 5.2.7). Weitere Daten in Tabelle A 4.

Sulfide, Selenide und Telluride. Bei diesen nichtoxidischen Chalcogeniden sind sowohl die Dissoziation beim Verdampfen als auch die Rekombination beim Kondensieren bereits stark ausgeprägt. Obgleich z. B. ZnS beim Verdampfen vollständig in Zn und S_2 zerfällt [5.9; 5.30], werden dennoch praktisch stöchiometrische ZnS-Schichten erhalten [5.31]. Die Dissoziation von ZnS ist auch die Ursache für die Temperaturabhängigkeit seines Kondensationskoeffizienten [5.32]. Bei den aus den Sulfiden CdS und Sb_2S_3 entstehenden Schichten können stöchiometrische Abweichungen im Sinne eines Metallatomüberschusses auftreten, und ebenso bei den Seleniden [5.33; 5.34] und den Telluriden [5.35–5.37]. Weitere Daten, s. Tabelle A 5.

Halbleiter. Hier sind vor allem die III-V-Halbleiter von Bedeutung, die beim Verdampfen in ihre Komponenten zerfallen. Doch kann auch hier eine stöchiometrische Schichtabscheidung erreicht werden, und zwar durch Flash-Verdampfung (Beispiele: GaAs [5.38], InSb [5.39], AlSb [5.40; 5.41]) oder durch Mehrquellen-Verdampfung bei geeignet gewählter Substrattemperatur [5.42] (Beispiele: GaAs, InSb, InAs, CdSe und Bi_2Te_3 [5.26; 5.43; 5.44] und $GaAs_xP_{1-x}$ [5.45]) oder auch durch Kathodenzerstäubung. Weitere Daten, s. Tabelle A 5.

5.2.6.3. Legierungen, Mischungen

Beim Verdampfen von Legierungen (z. B. Ni-Cr) hängt die Zusammensetzung des Dampfes und damit die der Schicht vom Verhältnis der Dampfdrücke und der Aktivitätskoeffizienten der Komponenten ab. In der Quelle kommt es zu einer Verarmung an der leichter flüchtigen Komponente [5.46; 5.47]. Bei Mischungen aus mehreren Elementen und/oder Verbindungen (z. B. Cermets, wie Cr-SiO) ist zusätzlich noch die Reaktion der Stoffe untereinander in Betracht zu ziehen. Beispiele von Legierungen und Cermets sind in Tabelle A 6 zusammengestellt. Schichten definierter Zusammensetzung liefern die im folgenden beschriebenen Verfahren.

5.2.7 Spezielle Verfahren zur Erzielung von Schichten definierter Zusammensetzung

5.2.7.1 Mehrquellenverdampfung

Hier werden die einzelnen Komponenten (Elemente, Verbindungen) aus getrennten Tiegeln verdampft und gemeinsam auf dem Substrat kondensiert, Abb. 5.5a [5.14; 5.42;

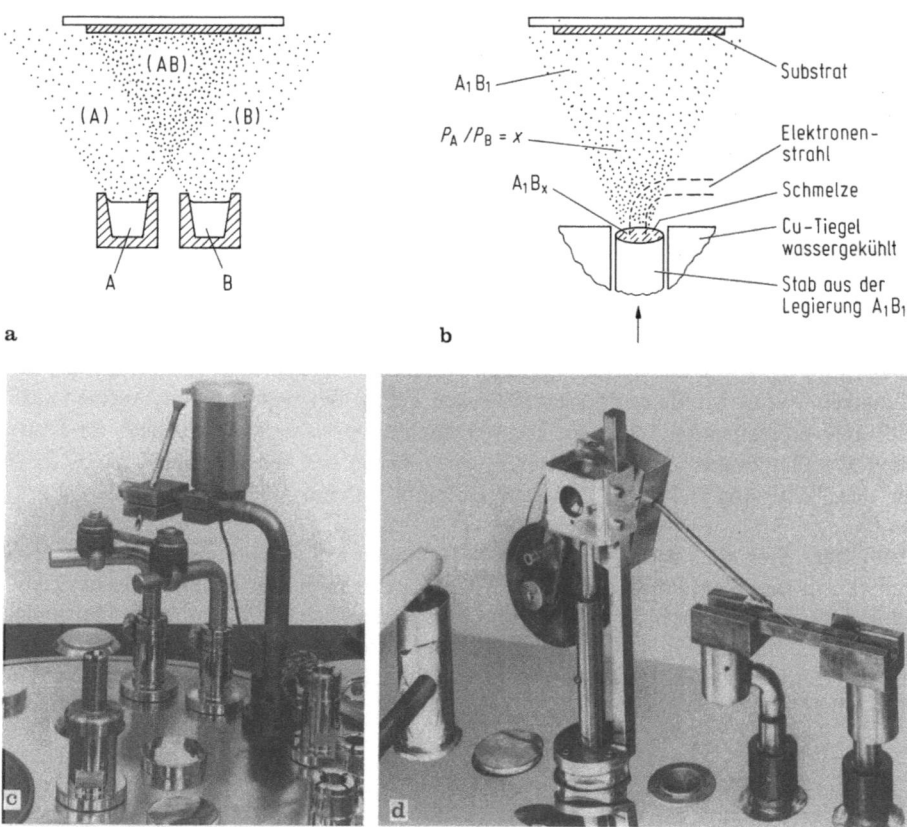

Abb. 5.5 a-d. Möglichkeiten der stöchiometrischen Verdampfung, **a** Mehrtiegel-Methode; **b** Elektronenstrahl-Verdampfung einer Legierung nach Erreichen des stationären Zustandes der Schmelze; **c** Flash-Verdampfung des Materials in Form von Granulat, das dem Verdampfer durch einen Vibrations-Wendelförderer geregelt zugeführt wird, Typ Balzers BEF 203; **d** Flash-Verdampfung des Materials in Form von Draht, der dem Verdampfer von einer Vorratsrolle kontinuierlich und geregelt zugeführt wird, Typ Balzers BDN 102

5.48; 5.49]. Die Verdampfungsraten können durch die Tiegeltemperaturen kontrolliert werden oder, besser noch, durch die in Abb. 3.6 dargestellte Methode der Verdampfung aus zwei geregelten Elektronenstrahlverdampfern [3.51].

5.2.7.2 Eintiegelverdampfung mit kontinuierlicher Materialnachlieferung

Bei der Anordnung nach Abb. 5.5b besteht das Verdampfungsmaterial aus einem Stab einer Legierung A_1B_1. Die Kuppe des Stabes trägt eine durch Elektronenstrahlheizung erzeugte Schmelze konstant gehaltener Tiefe [5.50–5.53]. Wenn die verdampfende Materialmenge durch Nachführung kontinuierlich ersetzt wird, stellt sich in der Schmelze nach einer gewissen Anlaufzeit stationär die Zusammensetzung A_1B_x ein, wobei

5.2 Grundlagen des Bedampfungsprozesses

$x = p_s(A)/p_s(B)$ das Dampfdruckverhältnis der Komponenten bedeutet. Im Dampfstrom und — gleiche Kondensationskoeffizienten $\alpha_k(A) = \alpha_k(B)$ vorausgesetzt — auch auf dem Substrat besteht dann aufgrund der Kontinuitätsbedingung die gleiche Zusammensetzung A_1B_1 wie im Ausgangsmaterial. Läßt sich letzteres nicht als Legierung herstellen, so genügt auch ein aus dem Komponentengemisch gefertigter Sinterkörper. Varianten des Verfahrens ergeben sich, wenn der unter konstanten Bedingungen gehaltenen Schmelze drahtförmiges oder granulares Material kontinuierlich nachgeliefert wird [5.54].

5.2.7.3 Flash-Verdampfung

Hier wird das Verdampfungsgut als Komponentengemisch, Legierung, Verbindung oder Element in kleinen Portionen, z. B. als Granulat oder Draht, auf einen heißen Verdampferblock gebracht und hier schlagartig und quantitativ verdampft [5.2; 5.4]. Die Temperatur des Verdampfers liegt erheblich über den sonst üblichen Verdampfungstemperaturen der Komponenten, so daß die unterschiedlichen Dampfdrücke keine wesentliche Rolle spielen und auf dem entsprechend geheizten Substrat eine homogene Schicht entsteht. Bei der Anordnung nach Abb. 5.5c wird das Verdampfungsgut als Granulat mit Hilfe eines Vibrations-Wendelförderers dem Verdampfer geregelt zugeführt. Die Einrichtung ist besonders für die Herstellung elektrischer Dünnschichtwiderstände aus z. B. NiCr oder Cermets geeignet.

Eine Variante, doch mit kontinuierlicher Materialzufuhr durch einen Draht, der von einer Vorratsrolle geregelt zum heißen Verdampferblock geführt wird, ist die Anordnung nach Abb. 5.5d. Solche Einrichtungen werden z. B. zur Herstellung dicker Schichten aus Al, anderen Metallen oder Legierungen bei hohen Verdampfungsraten und großem Materialvorrat in der Mikroelektronik- und Halbleiterindustrie eingesetzt.

5.2.7.4 Reaktive Bedampfung (reactive evaporation, RE)

Bei diesem Prozeß nach Auwärter [5.28] läßt man das verdampfte Material mit einem in den Rezipienten eingelassenen Gas von $10^{-2} \ldots 10^{-1}$ Pa reagieren, so daß auf dem Substrat die gewünschte Verbindung entsteht, Abb. 5.6a [5.29; 5.55]. Dieser RE-Prozeß wurde zunächst zur Erzeugung von Oxiden (z. B. TiO_2, SiO_2) durch Verdampfen der Elemente (Ti, Si) oder ihrer Suboxide (TiO, SiO) in Sauerstoff angewendet, dann aber auch zur Bildung von Nitriden und Karbiden in N_2 bzw. Kohlenwasserstoffen. So wird z. B. TiC durch die Reaktion $2\,Ti + C_2H_2 \rightarrow 2\,TiC + H_2$ gebildet. Da es sich um eine Reaktion zwischen chemisorbiertem Gas und Aufdampfmaterial handelt, sind die Aufwachsraten relativ gering ($\leq 0{,}1$ µm/min) [5.56; 5.57].

5.2.7.5 Aktivierte reaktive Bedampfung (activated reactive evaporation, ARE)

Der Vorschlag, das Reaktionsgas durch eine Gasentladung zu „aktivieren" d.h. die Reaktionsausbeute gegenüber dem RE-Prozeß zu vergrößern, ist schon von Auwärter [5.28] ausgesprochen worden. Zur Aktivierung eignen sich alle Methoden, die der An-

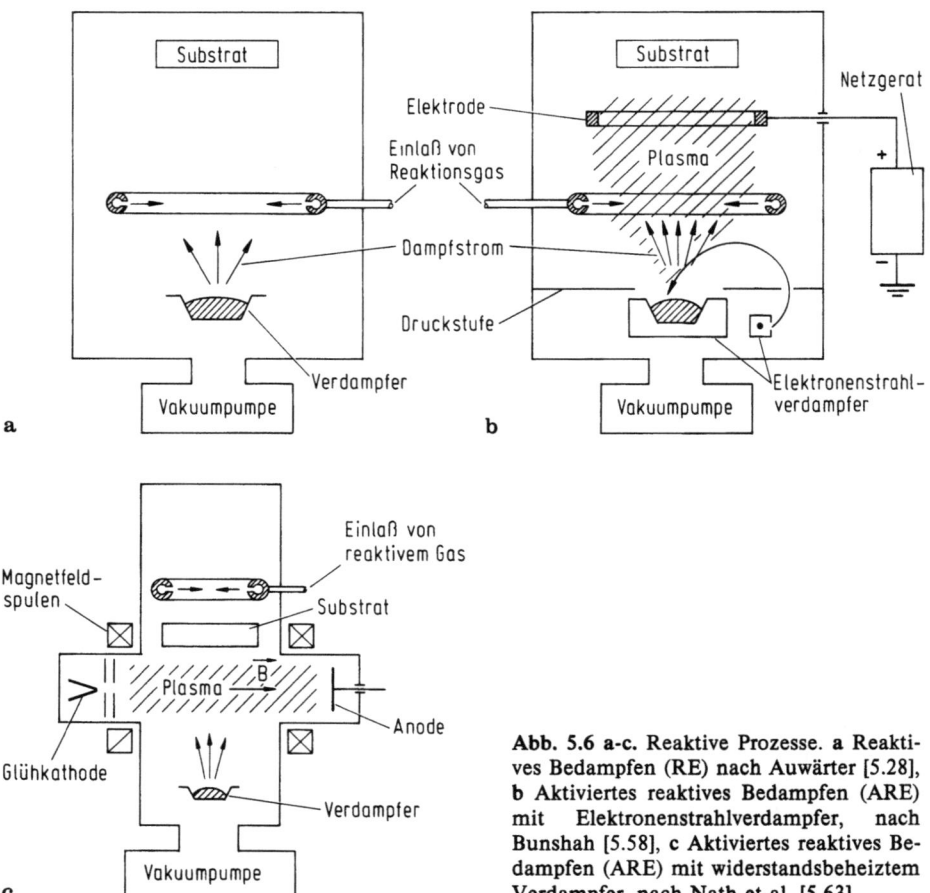

Abb. 5.6 a-c. Reaktive Prozesse. a Reaktives Bedampfen (RE) nach Auwärter [5.28], b Aktiviertes reaktives Bedampfen (ARE) mit Elektronenstrahlverdampfer, nach Bunshah [5.58], c Aktiviertes reaktives Bedampfen (ARE) mit widerstandsbeheiztem Verdampfer, nach Nath et al. [5.63]

regung, Ionisation und Dissoziation des Reaktionsgases und des Dampfes dienen. Bei dem von Bunshah et al. [5.58] realisierten ARE-Prozeß wird ein Metall durch einen Elektronenstrahl verdampft, Abb. 5.6b. Die an der Metalloberfläche ausgelösten Sekundärelektronen werden durch eine positiv (mit 20...100 V) vorgespannte Ringelektrode beschleunigt, so daß sich zwischen Verdampfungsgut und Substrat ein Plasma ausbildet. Auf das Substrat treffen, wenn es geerdet oder isoliert ist, angeregte und neutrale Teilchen der Reaktionspartner sowie möglicher Reaktionsprodukte auf. Unter ihnen sind vor allem die durch Umladung entstandenen energiereichen Neutralteilchen sowie die durch Dissoziation erzeugten atomaren Reaktionsgase (O, N etc.) für die Aktivierung der Oberflächenreaktionen verantwortlich zu machen [5.58]. Es ist wichtig, daß das Reaktionsgas in ausreichender Menge angeboten wird. Seine Stoßrate an der Substratoberfläche muß daher mindestens so groß sein wie die des Dampfes.

Die Aktivierung durch eine elektrische Entladung kann auch in der Weise erfolgen, daß das Substrat auf ein positives [5.59] (low pressure plasma deposition: LPPD-Prozeß) oder ein negatives Potential [5.60] gegenüber dem Verdampfungsmaterial gebracht wird. Die Ringelektrode kann dann entfallen. Je nach Polung treffen dann negative oder positive Ladungsträger auf das Substrat und erhöhen hier die Reaktionswahrscheinlichkeit. Bei negativem Substrat ist die Anordnung allerdings mit der des später in Kap. 7 behandelten reaktiven Ionenplattierens identisch [5.60].

Bunshah et al. [5.61] zeigten mit der Anordnung nach Abb. 5.6b, daß die Synthese von TiC durch die Reaktion von Ti und C_2H_2 mit einem C/Ti-Verhältnis von nahezu 1 möglich ist. Am Beispiel von fünf verschiedenen Ti-Oxiden zeigten sie ferner, daß der ARE-Prozeß bei gegebenem O_2-Partialdruck ein höheres Oxid und damit eine höhere Ausnutzung des Reaktionsgases als der RE-Prozeß liefert. Analoge Beobachtungen liegen über Ti-Nitrid-Schichten vor [5.62].

Der ARE-Prozeß läßt sich auch mit widerstandsbeheiztem Verdampfer durchführen, was für niedrig schmelzende Metalle von Vorteil ist. In der Anordnung Abb. 5.6c [5.63] wird das Plasma durch thermionisch ausgelöste Elektronen aufrechterhalten. Auf diese Weise können z. B. elektrisch leitende, transparente Filme aus In-Oxid und Sn-Oxid hergestellt werden [5.64–5.66].

5.3 Verdampfungsquellen

Man teilt die Verdampfungsquellen nach dem Prinzip ihrer Heizung ein, die durch Stromwärme, Elektronenstrahler, elektromagnetische Induktion, Gasentladung oder Laser erfolgen kann [5.1–5.4]. Dabei ist zu beachten, daß nicht jedes Material mit jeder Quelle verdampft werden kann, weil

1. die flächenbezogene Heizleistung der einzelnen Verdampfer unterschiedlich ist und
2. chemische Reaktionen zwischen Aufdampf- und Tiegelmaterial auftreten können, die zur Verunreinigung der Schicht und/oder Zerstörung der Dampfquelle führen [5.67; 5.68].

Die Tabellen A 1, A 3, A 4 und A 5 enthalten Angaben über die für bestimmte Materialien geeigneten Verdampfer und die Verdampfungstemperatur.

5.3.1 Widerstandsheizung

5.3.1.1 Direkte Widerstandsheizung

Gewisse elektrisch leitende Elemente, die in Form von Drähten oder Stäben vorliegen und schon unterhalb des Schmelzpunktes einen Dampfdruck $\geq 0{,}1$ Pa erreichen, können durch direkten Stromdurchgang sublimiert werden. Diese auf C, Cr, Fe, Mo, Ni, Pd, Rh und Ti anwendbare Methode wird aber relativ selten benutzt.

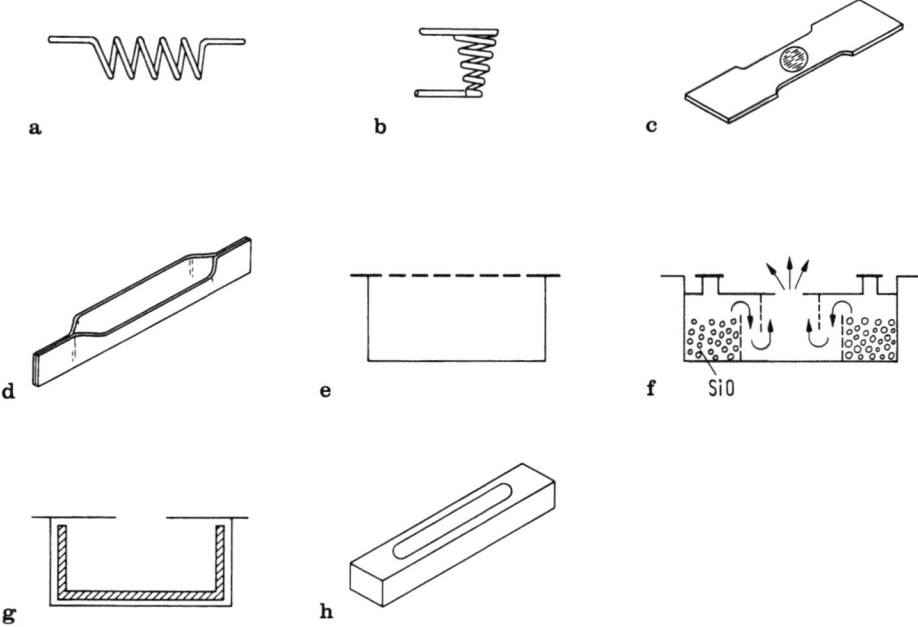

Abb. 5.7 a-h. Verschiedene widerstandsbeheizte Verdampfer. **a** Zylinderwendel, **b** Konuswendel, **c** Band, gedimpelt, **d** Schiffchen, **e** Kastenschiffchen, **f** Baffle-Schiffchen, **g** Schiffchen mit keramischem Tiegeleinsatz, **h** Verdampferblock. Materialien: **a-g**: W, Mo, Ta; **h**: Bornitrid, Titandiborid

5.3.1.2 Indirekte Widerstandsheizung

Bei dieser am häufigsten angewendeten Methode wird das Verdampfungsgut auf ein durch Stromdurchgang geheiztes Schiffchen (Spiralen, Bänder, Tiegel) aus W, Mo, Ta, C, Pt, BN, TiB_2 oder auf einen (durch ein Schiffchen geheizten) Keramikeinsatz gelegt und verdampft. Das elektrisch leitende Material aus 50 % BN und 50 % TiB_2, ein HDA-Komposit von Union Carbide kann auch mechanisch bearbeitet werden. Die Tiegeleinsätze, die aus Quarz, Al-oxid, Zr-oxid, Zr-borid, Ti-diborid, Bornitrid, Graphit etc. bestehen können, werden unter dem Aspekt der Korrosionsbeständigkeit ausgewählt (5.69). Abbildung 5.7 zeigt verschiedene Ausführungsformen von widerstandsbeheizten Verdampfern.

5.3.2 Induktive Heizung

Die Heizung erfolgt durch nieder- oder hochfrequente Induktion, wobei das Verdampfungsmaterial elektrisch leitend sein muß. Beim Verdampfen von Al und anderen Metallen haben sich Tiegel aus BN + TiB_2 bewährt [5.70].

5.3.3 Elektronenstrahlverdampfer

Diese mit Elektronenstrahlen geheizten Verdampfer haben zwei Vorteile:

1. eine hohe Leistungsdichte und einen weiten Bereich der spezifischen Verdampfungsrate,
2. praktisch keine Tiegelreaktionen, weil sich das Verdampfungsgut in einem wassergekühlten Kupfertiegel befindet.

Daher lassen sich insbesondere reaktive (Ta, Ti, Zr) und hochschmelzende (Pt, Rh, Mo, W) Metalle und auch Dielektrika im technischen Maßstab verdampfen und als Schichten hoher Reinheit niederschlagen. Bei der Verdampfung von guten Wärmeleitern (Al, Ag, Au) reduziert man den vom Cu-Tiegel verursachten Leistungsverlust durch Tiegeleinsätze aus Graphit, Al_2O_3, BN oder TiB_2. Damit hat sich die Elektronenstrahlheizung in den letzten Jahren als universelle Methode zur Erzeugung hochreiner Schichten etabliert. Die gegenüber der Widerstandsheizung höheren Anschaffungskosten werden durch geringere laufende Ausgaben und höhere Produktionsraten mehr als wettgemacht. Die obere Grenze des einzuhaltenden Druckes von 0,1 Pa ist durch die Streuung der Elektronen am Gas und die Verkürzung der Lebensdauer der Wolframkathode durch Ionenbombardement und Oxidation gegeben. Von den verschiedenen Ausführungsformen sollen zwei bewährte Typen besprochen werden.

5.3.3.1 Verdampfer mit Transversal-Elektronenkanone

Das System nach Abb. 5.8a besitzt eine lineare, direkt geheizte Kathode aus Wolfram. Die Elektronen, die im elektrischen Feld zwischen Wehnelt-Blende und Anode beschleunigt werden, bilden einen Flachstrahl, der durch ein magnetisches Querfeld umgelenkt und nahezu senkrecht auf den Tiegel fällt [5.71]. Dieses Querfeld wirkt außerdem als Falle auf die am Verdampfungsgut rückgestreuten Elektronen und verhindert damit, daß diese das Substrat erreichen und die Schichteigenschaften beeinflussen. Die Abb. 5.8b zeigt eine Ausführungsform eines Elektronenstrahlverdampfers, den Typ Balzers ESQ 200, der mit einer maximalen Leistung von 12 kW, einer Spannung bis 11 kV und einem Elektronenstrom bis 1,2 A arbeitet. Die minimale Brennfleckgröße beträgt 0,25 cm^2. Die Verdampfungsrate ist bei gegebener Brennfleckgröße der zugeführten Leistung annähernd proportional. Eine optimale Anpassung an jedes Verdampfungsmaterial wird durch Steuerung der Wehnelt-Spannung und damit der Brennfleckgröße und zusätzlich durch elektromagnetische x-y-Wobbelung des Strahlers erreicht. Der wassergekühlte Tiegel kann durch einen ferngesteuerten Antrieb gedreht bzw. positioniert werden. Die Tiegel sind austauschbar. Die Tiegel nach Abb. 5.8e und f können verschiedene Materialien, z. B. Metalle und Dielektrika, aufnehmen, die in einem Bedampfungszyklus mit automatischer Tiegelpositionierung in bestimmter Reihenfolge aufgedampft werden. Die während des Beschichtens kontinuierlich rotierenden Tiegel nach Abb. 5.8c und d können unter gleichzeitiger Wobbelung des Elektronenstrahles verwendet werden, um größere Mengen von Materialien gleichmäßig, frei von Spritzern und (im Fall teurer Substanzen) mit guter Materialausnützung aufzudampfen. Für UHV-Anlagen existieren auch bis 400 °C ausheizbare Elektronenstrahlverdampfer.

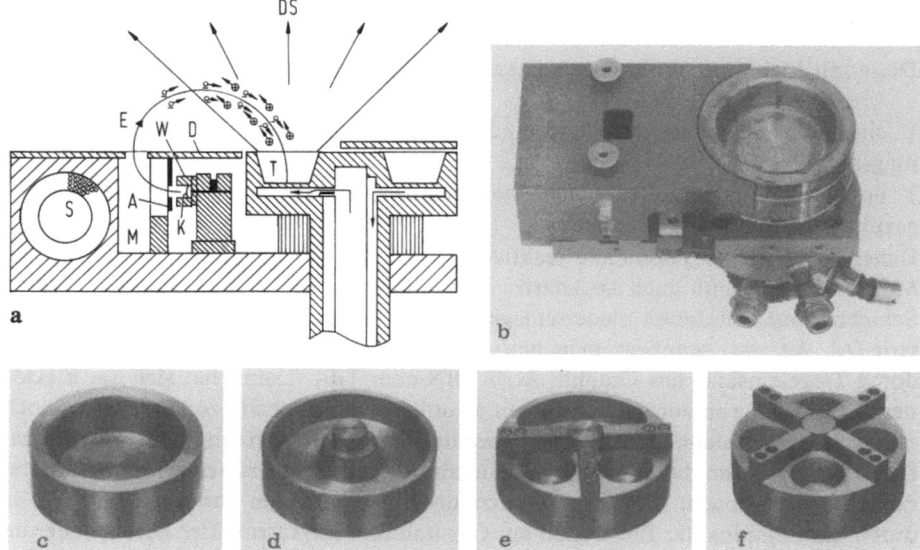

Abb. 5.8 a-f. Elektronenstrahl-Verdampfer in transversaler (270°-) Bauweise. **a** Schema; A Anode, K Kathode, W Wehneltblende, S Spule, M Polschuhe, D Deckplatte, E Elektronenstrom, DS Dampfstrom, T Tiegel mit Aufdampfmaterial; **b** Elektronenstrahl-Verdampfer, Typ Balzers ESQ 200; **c** Topftiegel; **d** Rinnentiegel; **e** Pendeltiegel; **f** Vierlochtiegel

5.3.3.2 Verdampfer mit Axial-Elektronenkanone

Diese Elektronenkanonen sind durch ein rotationssymmetrisches Strahlerzeugungssystem mit magnetischer [5.72] oder elektrostatischer [5.73] Linse zur Führung und Fokussierung des Strahls gekennzeichnet. Vielfach wird der Elektronenstrahl horizontal in die Vakuumkammer eingeschossen und dann durch ein magnetisches Querfeld um 90° umgelenkt und auf den Tiegel mit dem Verdampfungsgut gerichtet (Abb. 7.1b). Es gibt eine hinsichtlich der Verdampfungsrate optimale Fokussierung des Elektronenstrahles. Verdampfer mit magnetischer Strahlfokussierung existieren für Leistungen zwischen 5 und 500 kW [5.72; 5.74].

5.3.4 Weitere Verdampfungsmethoden

Weitere Methoden zum Verdampfen beruhen auf der Anwendung

- der Hohlkathoden-Bogenentladung,
- der Niedervolt-Bogenentladung,
- des thermischen Bogens und
- der Laserstrahlen.

Die drei Methoden der Bogenentladung haben eine besondere Bedeutung für das Ionenplattieren und werden daher in Kap. 7 behandelt. Die Laserstrahlmethode, die in der Bedampfungstechnik nur in sehr speziellen Fällen [5.75] angewandt wird, aber auf anderen Gebieten der Oberflächentechnologie eine große Bedeutung erlangt hat, wird in Teil II erörtert.

5.3.5 Kontinuierliche Verdampfung

Bei der Verdampfung großer Mengen während langer Zeiten, z. B. zur Herstellung dicker Schichten oder in Durchlaufanlagen für die Bandbedampfung muß das Material der Quelle unter Aufdampfbedingungen zugeführt werden. Dies geschieht, je nach dem verwendeten Material, durch Drahtnachschub, Wendelförderer oder Pillendispenser [5.1].

5.4 Automatische Pumpstand- und Verdampfungssteuerungen

Die Eigenschaften einer dünnen Schicht hängen bei gegebenem Material nicht allein von ihrer Dicke ab, sondern auch von ihrer Struktur, d. h. von den Parametern: Substrattemperatur, Kondensationsrate, Zusammensetzung und Partialdruckverteilung der Restgasatmosphäre. Um reproduzierbare Ergebnisse zu erzielen, müssen diese Parameter kontrolliert werden: Die Schichtdicke und die Kondensationsrate werden mit den in Abschn. 3.1 beschriebenen Methoden, vor allem der Schwingquarzmethode, kontrolliert, die Drücke mit den in Abschn. 5.2.2 angegebenen Vakuummetern, und die Partialdruckverteilung z. B. mit einem Quadrupol-Massenspektrometer [5.5].

Der Aufdampfprozeß besteht aus verschiedenen Teilprozessen, die jeder für sich entweder manuell oder automatisch gesteuert werden können. Im letzteren Fall können die einzelnen Teilprozesse in ihrer zeitlichen Folge zu einem automatisch ablaufenden Gesamtprozeß vereinigt werden. Zu diesen Teilprozessen gehören:

Die *Vakuumerzeugung:* Hier laufen, durch ein Startsignal ausgelöst, alle für Pumpen und Ventile erforderlichen Schaltvorgänge, durch Druckmonitoren überwacht und koordiniert, in Abhängigkeit von Druck und Zeit automatisch ab [5.76-5.78]. Sobald der geforderte Druck erreicht ist, wird die Bereitschaft für weitere Teilprozesse gemeldet. Bei Störungen (durch Kühlwasserausfall, Lufteinbruch etc.) wird der Pumpstand durch entsprechende Schutzeinrichtungen geschützt.

Reinigung durch Glimmentladung: Dies ist ein Teilprozeß, bei dem der Entladungsstrom durch Regelung des Gaseinlasses mittels eines servogesteuerten Nadelventils auf einen vorgegebenen Wert eingestellt wird.

Ausheizen der Substrate und Einstellen der Substrattemperatur: Diese Prozesse erfolgen nach einem bestimmten Temperatur-Zeit-Plan. Der Heizstrom wird aufgrund der mit z. B. einem Thermoelement gemessenen Substrattemperatur geregelt.

Aufdampfen: Steuereinrichtungen vollführen nach einem bestimmten Zeitplan das Entgasen der Verdampfer, die Drehbewegung des Substratträgers, das Öffnen der

Blende, das Regeln der Kondensationsrate z. B. mittels eines Schwingquarz-Monitors, das Schließen der Blende nach Erreichen des Sollwertes der Schichtdicke sowie weitere Abschaltvorgänge [5.79].

Weitere automatisierte Teilvorgänge können sein: Ausheizen der Vakuumkammer, Tiefkühlen von Kryoflächen, Einlassen von Reaktionsgas bei RE- und ARE-Prozessen, Fluten der Kammer nach dem Aufdampfen und schließlich die 50°-Technik kurz vor dem Fluten und während des Chargenwechsels.

Wird das Zusammenwirken aller Teilprozesse durch einen Programmgeber koordiniert, so gelangt man zu einer Prozeßsteuerung [5.80]. Ein Beispiel hierfür ist das Balzers-BPU-System, das in verschiedenen Ausbaustufen vom halbautomatischen Betrieb bis zur vollautomatischen Prozeßsteuerung reicht. In der einfachsten Ausführung, der mit manueller Steuerung (BPU 100M) läuft der Pumpprozeß automatisch ab, während das Aufdampfen nebst den übrigen Prozessen durch Handsteuerung erfolgt. Andererseits wird die vollautomatische Prozeßsteuerung (BPU 100P) durch einen Minicomputer ausgeführt, in den die maßgebenden Parameter für das Aufdampfen verschiedener Materialien aus Schiffchen und/oder Elektronenstrahlverdampfern in der gewünschten Reihenfolge und ebenso die aller übrigen Teilprozesse über eine Tastatur eingespeichert werden. Auf einer Bildschirmröhre werden dann die Ist- und Soll-Werte der Parameter sowie ggf. auftretende Störungen angezeigt.

5.5 Ausführungsformen von Beschichtungsanlagen

Die im folgenden beschriebenen Vakuumanlagen sind zum Beschichten nicht nur durch Bedampfen, sondern — nach Einsetzen entsprechender Quellen — auch durch Sputtern geeignet. Man unterscheidet die folgenden Typen von Anlagen:

1. *Anlagen mit vertikal angeordnetem Rezipienten* für chargenweise Beschichtung (batch type production), Abb. 5.9a. Für Anwendungen in der optischen und elektronischen Industrie empfiehlt sich anstelle der konventionellen Grundplatte/Glocke-Bauweise eine Anlage mit kubischer Prozeßkammer, die von einem staubfreien Raum aus zugänglich ist, während sich der rückwärtige Teil mit den Pumpen etc. im Service-Raum befindet [5.81]. Als Beispiel zeigt Abb. 5.10 die Bedampfungsanlage BAK 760 von Balzers. An die Rückwand der etwa 1 m³ großen Prozeßkammer aus nichtrostendem Stahl ist der Pumpstand (Abb. 5.2) angesetzt. In der Kammerdecke befinden sich die Flansche für den Substratträger-Drehantrieb und die Substratheizung (Abb. 5.4b, d und e). Der ganze Boden der Kammer steht für den Einbau von Verdampfungs- und Sputterquellen zur Verfügung. Durch allseitig aufgeschweißte Halbrohrschlangen ist die Kammer mit Wasser kühl- und heizbar. Mit einer Refrigerator-Kryopumpe von 12 m³/s Saugvermögen für Luft (25 m³/s für H_2O und 9 m³/s für H_2) wird bei sauberer und leerer Anlage schon nach etwa 15 Minuten Pumpzeit der Druck von 10^{-5} Pa = 10^{-7} mbar erreicht. Anwendungen der Anlage liegen auf den Gebieten der optischen und der Elektronik-Industrie.

2. *Anlagen mit horizontal angeordnetem Rezipienten* für chargenweise Beschichtung,

5.5 Ausführungsformen von Beschichtungsanlagen

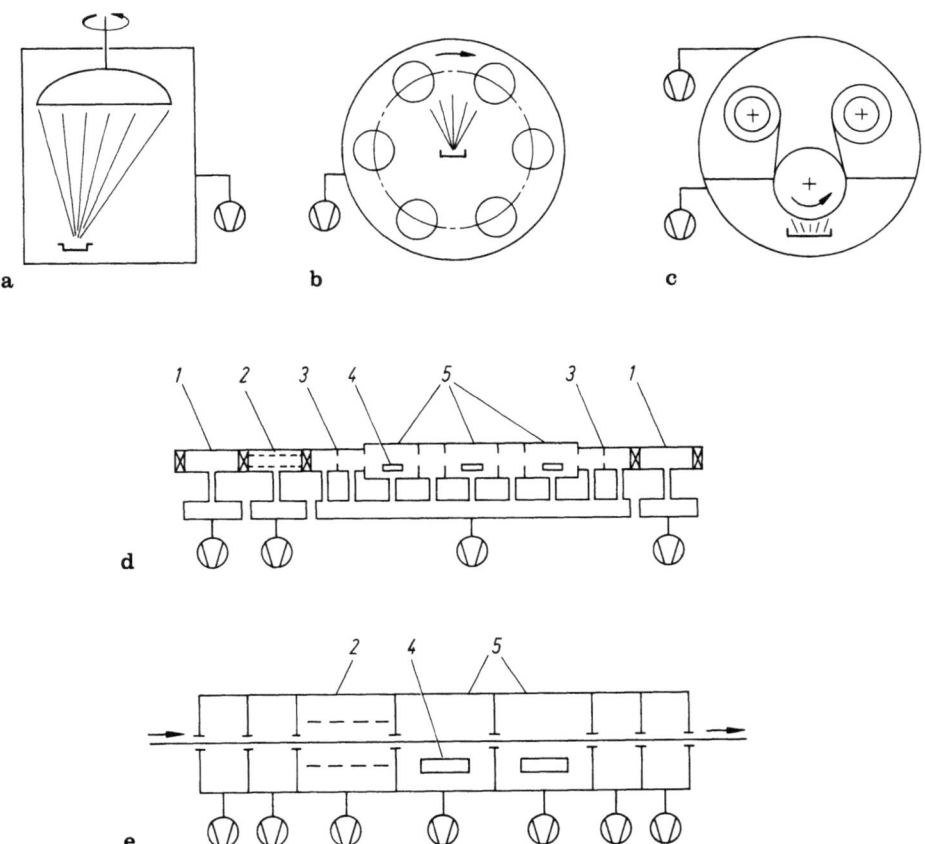

Abb. 5.9 a-e. Verschiedene Ausführungsformen von Bedampfungsanlagen. **a** Anlagen mit vertikalem Rezipienten, **b** Anlagen mit horizontalem Rezipienten, **c** Bandbedampfungsanlage, Zweikammeranlage, **d** Durchlaufanlage für quasikontinuierlichen Betrieb, **e** Durchlaufanlage mit Druckstufen für kontinuierlichen Betrieb. *1* Schleusenkammer, *2* Glimmentladungskammer, *3* Transferkammer, *4* Dampfquelle oder planares Magnetron, *5* Beschichtungskammer

Abb. 5.9b. Gegenüber dem vorangehenden Typ haben diese Anlagen bei gegebenem Kammervolumen eine größere nutzbare Fläche für Substrate. Die Anlagen enthalten einen um eine horizontale Achse rotierenden Drehkorb. Die Substrate werden entweder auf der Zylinderfläche des Drehkorbes befestigt, oder auf hier angebrachten, planetenartig angetriebenen Paletten oder Stäben. Auf einer Geraden parallel zur Drehachse ist eine Anzahl von Verdampfern angeordnet, deren Lage und Verdampfungsraten so gewählt werden, daß eine ausreichende Gleichmäßigkeit der Schichtdicke erzielt wird. Als Beispiel zeigt Abb. 5.11 die Bedampfungsanlage BAH 2000 von Balzers mit herausgefahrenem Drehkorb. Der Rezipient hat einen Durchmesser von 2 m und eine Länge von 2,5 m. Bei sauberer und leerer Anlage wird mit zwei Diffusionspumpen mit LN_2-gekühlten Fallen (effektives Saugvermögen 21 m³/s) nach 7 Minuten Pumpzeit ein Druck von 10^{-3} Pa = 10^{-5} mbar erreicht.

Abb. 5.10. Hochvakuum-Beschichtungsanlage mit kubischer Prozeßkammer, Typ Balzers BAK 760

Abb. 5.11. Hochvakuum-Beschichtungsanlage mit horizontaler, zylindrischer Prozeßkammer, Typ Balzers BAH 2 000

Anwendungsgebiete sind die Produktion von Dekorations-, Funktions- und Schutzschichten. So können mit der Anlage BAH 2000 bei vollautomatischem Prozeßablauf in einer Chargenzeit von 15...40 Minuten (je nach Art der Beschichtung) 960 parabolische Reflektoren von ⌀ 130 mm (oder 630 Stück von ⌀ 180 mm) beschichtet werden [5.82]. Weitere Anwendungen sind das Bedampfen von Mode- und Schmuckartikeln, von Nichtleitern zwecks galvanischer Weiterverarbeitung sowie die Herstellung von Metallschichtwiderständen aus NiCr oder Cermets auf keramischen Zylindern als Schüttgut in einem Drehkorb.

3. *Bandbeschichtungsanlagen:* In diesen Anlagen wird bandförmiges Material aus Plastik (PTFE, PTE, Polyester etc.), Papier oder Gewebe ein- oder beseitig chargenweise durch Bedampfen (oder Sputtern) beschichtet, Abb. 5.9c. Wegen der großen Gasab-

5.5 Ausführungsformen von Beschichtungsanlagen

Abb. 5.12. Band-Beschichtungsanlage, Typ Leybold-Heraeus

Abb. 5.13. Durchlaufanlage für die Flachglas-Beschichtung, Typ Leybold-Heraeus

gabe dieser Substrate werden meistens Zweikammeranlagen verwendet. Typische Bandgeschwindigkeiten betragen $1...10\,\mathrm{m\,s^{-1}}$. Anwendungen: Metallisierungen von Folien für Kondensatoren, Wärmeisolation (Superisolation [5.83]), Dekoration und funktionelles Verpackungsmaterial, magnetische Schichten für die Magnetbandtechnik, hochabsorbierende oder auch selektiv hochtransparente bzw. reflektierende Schichten (heat mirrors) zur Energieeinsparung. Ein Beispiel einer Band-Beschichtungsanlage von Leybold-Heraeus zeigt Abb. 5.12. Diese Anlagen werden für Beschichtungsbreiten von $0,5...2$ m und Rollendurchmesser von $0,4...1$ m gebaut.

4. *Durchlaufanlagen:* Die Substrate werden quasikontinuierlich oder kontinuierlich durch die Anlage geführt [5.84–5.87]. Beim quasikontinuierlichen Betrieb werden die Substrate chargenweise in eine Einschleuskammer gegeben, passieren dann die Prozeßkammer und werden der Ausschleuskammer entnommen, Abb. 5.9d. Als Beispiel

zeigt Abb. 5.13 eine Anlage von Leybold-Heraeus zum Beschichten von Architekturglas durch Sputtern, wobei die Glasscheiben Abmessungen bis zu 3,18 × 6,0 m² haben können.

Beim kontinuierlichen Durchlaufbetrieb wird das Substrat, z. B. ein Stahlband, über Druckstufen (statt Schleusenkammern) von Luft zu Luft transportiert. Eine solche Anlage läßt sich als „In-Line-System" in eine technologische Fertigungslinie integrieren (Abb. 5.9e).

5.6 Anwendungen

Als *optische Anwendungen* sind zu nennen: Spiegel für die Optik aus Al und Cr, Al-Spiegel für Projektorlampen und Automobil-Scheinwerfer, Cr-Spiegel als blendfreie Automobil-Rückspiegel, Entspiegelungs-(Antireflex)-Schichten auf Linsensystemen und Brillengläsern, Interferenzfilter, Kantenfilter, Kaltlichtspiegel, Wärmeschutzfilter, Infrarot-Beläge, Laser-Beläge für Transmission und Reflexion.

In der *Elektronik-Industrie*, der Fertigung von Halbleiter-Bauelementen und integrierten Schaltkreisen werden durch Aufdampfen (und Sputtern) Schichten erzeugt, die den Kontakt zum Bauelement, zwischen den einzelnen Bauelementen sowie deren Verbindung mit dem Gehäuse herstellen. Und ferner Schichten, die feine Strukturen bis 1 µm und darunter herzustellen gestatten. In den verschiedenen MOS- und TTL (Transistor-Transistor-Logik)-Schaltungen sind dies Schichten aus Al, Al-Legierungen, Pt, Ti-W, Pd und Au. In der Optoelektronik werden dünne Schichten als transparente Elektroden aus InSn-oxid (ITO) für Flüssigkristall-Anzeigen benötigt. Weitere Anwendungen sind: Dünnschicht-Widerstände, Dünnschicht-Kapazitäten, Magnetbänder, Speicherzellen, supraleitende Schichten, Solarzellen und elektrostatische Abschirmungen.

Schutzschichten werden überall dort benötigt, wo Teile vor mechanischen, chemischen, thermischen oder klimatischen Einflüssen zu schützen sind. Beispiele sind Al-beschichtete Kunststoff-Folien zur Wärmeisolation im Bauwesen und in Form von Vielschichtsystemen (Superisolation) in der Kryotechnik und der Raumfahrt [5.83]. Ferner: Al-Schichten auf Stahlband als Korrosionsschutz [5.88].

Dekorative Schichten: für die Automobilindustrie werden Kunststoffteile, auf die zuvor ein Grundlack aufgetragen wird (Abschn. 2.8.3), mit Al, Cr oder Inox beschichtet und zusätzlich mit einer weiteren Schicht als Schutz vor Umwelteinflüssen und mechanischer Beschädigung. Weitere Anwendungen sind das Beschichten von Schmuck, Brillengestellen, Spielzeug, Verpackungsmaterial etc.

Ausgewählte Fragestellungen zu diesen Anwendungen werden in Teil II behandelt.

6 Sputtertechniken

6.1 Einleitung

Treffen Ionen hinreichender Energie auf eine Festkörperoberfläche, so kommt es neben anderen Wechselwirkungen zur Emission von Atomen oder Molekülen des beschossenen Materials. Dieses Zerstäuben oder Sputtern ist die Grundlage eines Vakuum-Beschichtungsprozesses. Dazu wird eine Quelle des Beschichtungsmaterials, das Target, zusammen mit den Substraten in eine Kammer gebracht, die zunächst auf Hochvakuum evakuiert wird. Eine gebräuchliche Methode, das Ionenbombardement zu erzeugen, besteht darin, in einer planaren Diode in einem strömenden inerten Gas, meistens Argon von 0,1...10 Pa, eine anomale Glimmentladung zwischen dem Target als Kathode und dem Substrathalter als Anode mit Gleichspannungen von 500...5000 V (Abb. 6.1) oder mit HF-Spannungen (Abschn. 6.3.1) aufrechterhalten. Weitere Methoden werden in Abschn. 6.3 besprochen.

Eine bemerkenswerte Eigenschaft des Sputterprozesses ist seine universelle Anwendbarkeit. Da das Material nämlich durch Impulsübertragung und nicht thermisch verdampft wird, kann nahezu jede Substanz zerstäubt werden: Metalle mit Gleich-

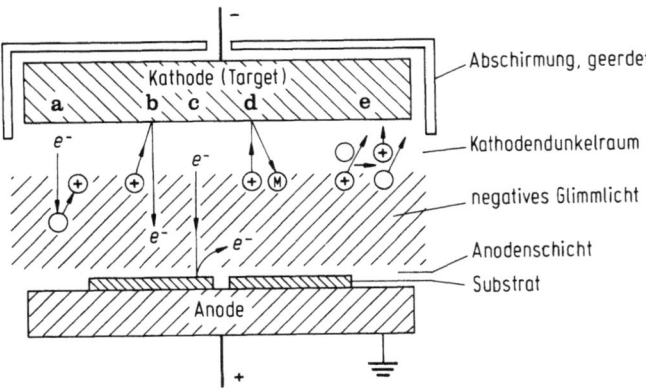

Abb. 6.1 Schematische Darstellung von Prozessen in einer planaren Sputter-Diode: **a** Ionisation durch Elektronenstoß, **b** ioneninduzierte Elektronenemission an der Kathode, **c** elektroneninduzierte Sekundäremission an der Anode, **d** Sputtern durch Ionenstoß, **e** Umladungsprozeß: schnelles Argonion + langsames Argonatom → schnelles Argonatom + langsames Argonion

strom-Entladungen und nichtleitende (aber auch leitende) Substanzen mit HF-Entladungen. Zusammenfassende Darstellungen des Sputterprozesses liegen in [6.1-6.7] vor.

6.2 Gesetzmäßigkeiten des Sputterprozesses

6.2.1 Sputtern von elementaren, polykristallinen Materialien

6.2.1.1 Sputterausbeute

Unter der Sputterausbeute Y versteht man die mittlere Zahl der Targetatome, die pro auftreffendes Ion emittiert werden. Diese Zahl Y ist abhängig vom Material des Targets, der Art der bombardierenden Ionen sowie deren Energie und Einfallswinkel.

Abhängigkeit von der Ionenenergie. Der Sputterprozeß setzt bei einer Schwellenenergie E_{thres} von 10...30 eV ein, die für die jeweilige Target-Ion-Kombination charakteristisch ist. Die Ausbeute Y steigt bei senkrechtem Ioneneinfall mit der Ionenenergie E_i zunächst annähernd linear an, und von einigen 100 eV an schwächer als linear. Bei einigen 10^4 eV erreicht Y ein flaches Maximum und fällt dann wieder mit steigendem E_i aufgrund zunehmender Eindringtiefe und Implantation der Ionen (Abb. 6.2a und Tabelle 6.1).

Abhängigkeit vom Targetmaterial. Trägt man die Ausbeute Y bei gegebener Art und Energie der Ionen als Funktion der Ordnungszahl der Targetelemente auf, so erhält man einen den verschiedenen Gruppen der Übergangsmetalle entsprechenden periodischen Verlauf, Abb. 6.2b [6.5]. Eine analoge Periodizität findet man, wenn statt Y das Reziproke der Sublimationsenthalpie E_0 der Targetelemente aufgetragen wird. Dies weist bereits auf einen Zusammenhang $Y \sim E_0^{-1}$ im Sinne der später diskutierten Theorie (6.2) hin.

Abhängigkeit von der Masse der Ionen. Wird die Art der Ionen bei gegebener Energie E_i von einigen 100 eV variiert, so wird Y dann maximal, wenn die Masse M_i der Ionen annähernd mit der Masse M_t der Targetatome übereinstimmt. Dieses optimale Massenverhältnis verschiebt sich jedoch beim Übergang zu höheren Beschußenergien von $M_i/M_t = 1$ zu Werten größer als 1 (Abb. 6.2c) [6.5; 6.9; 6.10].

Abhängigkeit vom Einfallswinkel der Ionen. Mit von Null aus wachsendem Einfallswinkel θ steigt die Ausbeute Y zunächst an, weil dann die für die Ejektion eines Atoms erforderliche Richtungsänderung des Impulses geringer ist als bei senkrechtem Einfall, Abb. 6.2d. Die Ausbeute nimmt bei kleinem θ mit $\cos^{-1}\theta$ zu. Bei großem θ wird die Ionenreflexion dominierend, und Y nimmt wieder ab [6.5; 6.6].

6.2 Gesetzmäßigkeiten des Sputterprozesses

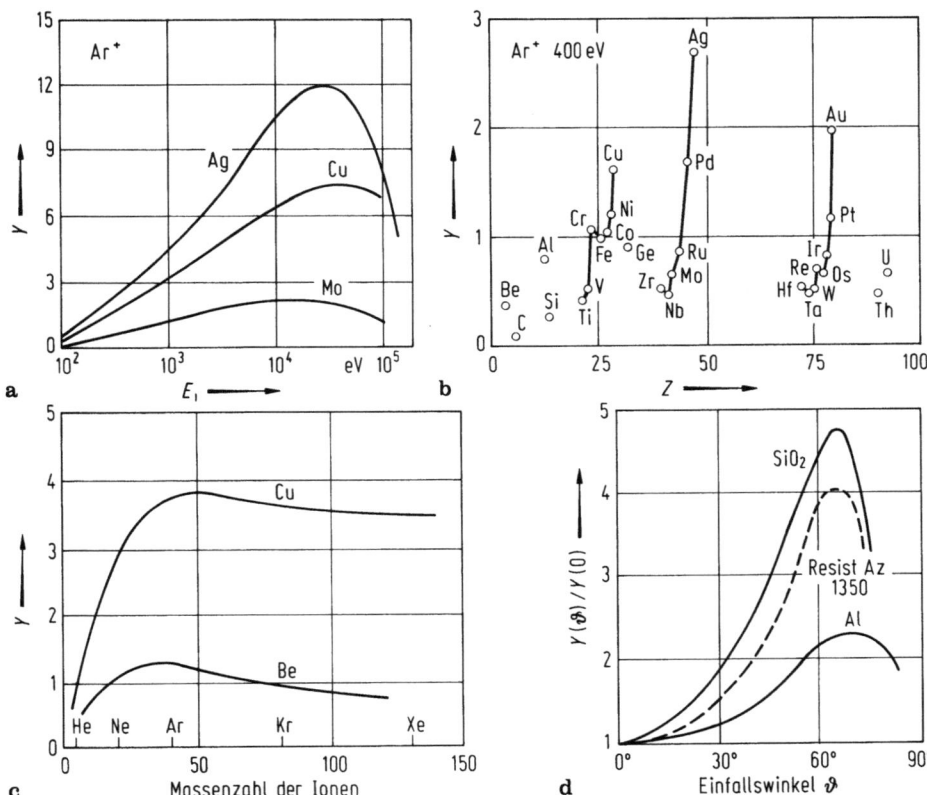

Abb. 6.2. Sputterausbeuten Y verschiedener Materialien in Abhängigkeit von **a** der Energie E_i von Ar$^+$-Ionen bei senkrechter Inzidenz [6.8.], (die Kurven mitteln über verschiedene Meßergebnisse); **b** der Ordnungszahl Z der Targetelemente bei senkrechtem Beschuß mit 400 eV-Ar$^+$-Ionen [6.5]; **c** der molaren Masse M_i der Ionen bei senkrechtem Beschuß mit $E_i \approx 1$ keV [6.10]; **d** dem Einfallswinkel ϑ der Ar$^+$-Ionen von $E_i \approx 1$ keV [6.6; 6.8]

Art der zerstäubten Teilchen. Die zerstäubten Teilchen bestehen hauptsächlich aus neutralen Atomen [6.5; 6.11], zu einem geringen Teil ($\approx 10^{-2}$) aber auch aus positiven und negativen Ionen sowie Atomclustern, z.B. Ta$_2$, Ta$_3$ oder Ag$_2$, Ag$_3$ neben Ta bzw. Ag [6.12; 6.13].

Sputterrate. Bei senkrechtem Ioneneinfall wird ein Target mit der Rate

$$\dot{x} = (M/eN_A\varrho) Y(E_i) j_i, \quad \text{m s}^{-1} \tag{6.1}$$

abgetragen. Dabei sind M die molare Masse des Targets, ϱ seine Dichte, j_i die Ionenstromdichte und $eN_A = 9{,}649 \cdot 10^7$ As kmol^{-1}.

Für die meisten Metalle liegen die Sputterausbeuten im Bereich einer Größenordnung um den Wert 1 herum, ganz im Gegensatz zur Verdampfungsrate, die bei gegebener Temperatur für verschiedene Metalle um viele Größenordnungen verschieden sein kann. Dies begründet einen besonderen Vorteil der Sputtermethode.

Tabelle 6.1. Sputterausbeute Y verschiedener Materialien als Funktion der Energie E_i der auftreffenden Ar-Ionen [6.4], Schwellenenergie E_{thres} [6.5] und Sublimationsenthalpie E_0 [6.8]

Target	Sputterausbeute Y für E_i in eV						E_{thres}	E_0
	200	600	1000	2000	5000	10000		
	Atome/Ion						eV	eV/Atom
Ag	1,6	3,4				8,8	15	2,94
Al	0,35	1,2			2,0		13	3,33
Au	1,1	2,8	3,6	5,6	7,9		20	3,92
C	0,05	0,2					-	7,39
Co	0,6	1,4					25	4,40
Cr	0,7	1,3					22	4,11
Cu	1,1	2,3	3,2	4,3	5,5	6,6	17	3,50
Fe	0,5	1,3	1,4	2,0	2,5		20	4,13
Ge	0,5	1,2	1,5	2,0	3,0	3,98	25	-
Mo	0,4	0,9	1,1		1,5	2,2	24	6,88
Nb	0,25	0,65					25	-
Ni	0,7	1,5	2,1				21	4,45
Os	0,4	0,95					-	8,19
Pd	1,0	2,4					20	3,90
Pt	0,6	1,6					25	5,95
Re	0,4	0,9					35	8,06
Rh	0,55	1,5					24	5,76
Si	0,2	0,5	0,6	0,9	1,4		-	4,68
Ta	0,3	0,6			1,05		26	8,10
Th	0,3	0,7					24	5,97
Ti	0,2	0,6		1,1	1,7	2,1	20	4,86
U	0,35	1,0					23	5,00
W	0,3	0,6			1,1		33	8,80
Zr	0,3	0,75					22	6,34
	Moleküle/Ion							
CdS (1010)	0,5	1,2						
GaAs (110)	0,4	0,9						
GaP (111)	0,4	1,0						
GaSb (111)	0,4	0,9	1,2					
InSb (110)	0,25	0,55						
PbTe (110)	0,6	1,40						
SiC (0001)		0,45						
SiO$_2$				0,13	0,4			
Al$_2$O$_3$				0,04	0,11			

6.2.1.2 Energie- und Winkelverteilung der abgestäubten Atome

Die abgestäubten Atome werden mit einer beträchtlichen Energie ausgestoßen, die — je nach Targetmaterial — im Mittel 10...40 eV beträgt, während verdampfte Atome Energien von nur 0,2...0,3 eV haben [6.5; 6.11; 6.14]. Die Energie der abgestäubten Atome besitzt annähernd eine Maxwell-Verteilung mit einer wahrscheinlichsten Energie E_W von einigen eV. Aus der Energieverteilung der emittierten Atome erhält man ihre Bindungsenergie $E_0 = 2 E_W$ [6.15].

Die Winkelverteilung der durch Ionen von etwa 1 keV von polykristallinen Targets abgestäubten Teilchen kann näherungsweise durch eine Kosinus-Verteilung beschrieben werden [6.5; 6.11].

6.2.1.3 Mechanismus des Sputterprozesses

Die experimentellen Ergebnisse weisen bereits darauf hin, daß dem Sputterprozeß stoßmechanische Wechselwirkungen zwischen den aufprallenden Ionen und den Gitteratomen des Targets zugrunde liegen. Computer-Modellrechnungen unter der Annahme binärer Stöße harter Kugeln zeigen, daß das einfallende Ion seine Energie in einer Kaskade von Kollisionen abgibt, die sich z. B. bei $E_i = 1$ keV auf einen Bereich von 5...10 nm unterhalb der Oberfläche erstreckt [6.16; 6.17]. Die aus ihren Gitterplätzen geworfenen primären Rückstoßatome setzen durch anschließende Stöße weitere Atome frei, von denen ein bestimmter Anteil, der aus etwa 1 nm Tiefe stammt, den Festkörper verlassen kann [6.17a; 6.17b] (s. Abb. 3.8a).

Um zu quantitativen Aussagen zu kommen, hat Sigmund [6.18; 6.19; 6.6] die Gleichungen der Transporttheorie auf den Kaskadenmechanismus angewendet. Zur Berechnung der Stoßquerschnitte müssen Annahmen über das Wechselwirkungspotential bei den binären Stößen gemacht werden: Bei niedrigen Einfallsenergien $E_i \lesssim 1$ keV ist das Born-Mayer-Potential und bei $E_i >$ einige keV das Thomas-Fermi-Potential maßgebend. Für den Bereich $E_i \lesssim 1$ keV, wie er in Sputterprozessen im allgemeinen vorliegt, wird für die Sputterausbeute unter der Annahme senkrechter Inzidenz auf eine ebene Oberfläche eines polykristallinen Targets (mit einer Zufallsanordnung von Atomen)

$$Y = \frac{3\alpha}{4\pi^2} \frac{4 m_i m_t}{(m_i + m_t)^2} \frac{E_i}{E_0}, \quad E_i \lesssim 1 \text{ keV} \tag{6.2}$$

erhalten. Der mittlere, von der Ionen- (m_i) und der Targetatommasse (m_t) abhängige Faktor in dieser Gleichung bezeichnet den Bruchteil der kinetischen Energie E_i des Ions, der auf ein Targetatom beim zentralen Stoß übertragen wird. Die Größe α ist eine Funktion von m_t/m_i, die für $0,1 \leq m_t/m_i \leq 10$ von $0,17...1,4$ monoton wächst und im Bereich der technologisch interessanten Materialien nicht stark variiert. Die Materialabhängigkeit kommt im wesentlichen durch die Sublimationsenthalpie E_0 des Targetmaterials zustande. Diese Größe tritt in Y in der ersten Potenz auf — ganz im Gegensatz zur Ausbeute thermischer oder chemischer Prozesse, die exponentiell von der Aktivierungsenergie abhängt. Dies ist auch der Grund für die relative Unempfindlichkeit der Betriebsbedingungen gegenüber den Eigenschaften des Targetmaterials.

Für höhere Ionenenergien ($E_i >$ einige keV) wird ein Wert Y erhalten, der den Übergang zu einer schwächeren E_i-Abhängigkeit beschreibt [6.19]. Bei $E_i >$ einige 10 keV fällt Y wieder, weil dann die Ionenimplantation dominierend wird [6.20-6.23].

6.2.2 Sputtern von Legierungen

Beim Zerstäuben einer homogenen Legierung aus z. B. zwei Komponenten unterschiedlicher Ausbeute Y tritt in der Targetoberfläche eine Anreicherung der schwächer zerstäubenden Komponente auf [6.24]. Wenn Diffusionsprozesse im Target unterbunden werden (z. B. durch Kühlung), stellt sich aus Gründen der Masseerhaltung nach einer gewissen Anlaufzeit ein stationärer Zustand ein, in dem das Produkt aus Oberflächenkonzentration und Sputterausbeute für jede Komponente ihrer Konzentration im Target proportional ist. Dann hat der Strom der zerstäubten Teilchen die den Volumenkonzentrationen im Target entsprechende Zusammensetzung. Die Änderung von der Oberflächen- zur Volumenkonzentration vollzieht sich in einer Dicke von 3...10 nm [6.25; 6.27].

Legierungen zerstäuben vorwiegend atomar, und nur zu einem geringen Teil in Form von Dimeren, Ternären etc. So treten beim Sputtern von Ni 88 W 12 außer Ni und W auch Ni_2, W_2, NiW etc. auf [6.12; 6.13]. Die Bildung der Moleküle erfolgt, ebenso wie die der Atomcluster, durch Zusammenlagerung von Atomen, die bei ein und derselben atomaren Stoßkaskade emittiert werden [6.28-6.30].

Für die Praxis ist die Tatsache von Bedeutung, daß die totale Sputterausbeute Y_{tot} einer Legierung (gemessen in Atomen pro Ion) im allgemeinen kleiner als die Summe $\sum \alpha_i Y_i$ ist, die sich aus den Ausbeuten Y_i der reinen Komponenten und ihrem Molenbruch α_i ergibt [6.19; 6.26]. Dies hat seinen Grund zum Teil darin, daß die schwächer zerstäubende Komponente, die die höhere Bindungsenergie besitzt, in der Oberfläche angereichert wird, wodurch der Mittelwert von E_0 erhöht und die Ausbeute nach (6.2) herabgesetzt wird.

Die totale Ausbeute Y_{tot} kann sogar beträchtlich kleiner sein als der nach der Zusammensetzung zu erwartende Wert, wenn nämlich Legierungen mit stark unterschiedlichen Y_i-Werten vorliegen, z. B. Cu mit Mo als Verunreinigung. Wenn die Atome mit kleinem Y_i auf der Oberfläche des stark zerstäubenden Materials zu Inseln agglomerieren und jenes abschirmen, bilden sich Kegel, deren Öffnungswinkel dem Einfallswinkel θ_{max} für maximale Ausbeute (Abb. 6.2d) entsprechen. Die effektive Ausbeute einer solchen mit Kegeln besetzten Fläche liegt dann nahe bei dem Wert Y_i der schwach zerstäubenden Komponente [6.31-6.37]. Diese Konusbildung bei herabgesetztem Y_{tot} kann auch auftreten, wenn mit Targets gearbeitet wird, die aus Segmenten verschiedener Materialien zusammengesetzt sind, so daß sich zerstäubtes Material von niedrigem Y_i durch Rückstreuung auf einem Material von hohem Y_i niederschlägt [6.38-6.42].

6.2.3 Sputtern von Verbindungen

Verbindungen werden sowohl als Molekül als auch in Form einzelner Bruchstücke zerstäubt. Ein Beispiel für letzteres sind die Oxide, die vorwiegend in Form des Metalls (M), seines Oxids (MO) und des Sauerstoffes (O), in viel geringerem Maße aber auch als komplexere Bruchstücke zerstäubt werden [6.14]. So wird Ta_2O_5 durch Ar^+-Ionen von 100...600 eV als Ta, TaO und O zerstäubt [6.43]. Diese Zerstäubung als MO-Molekül erfolgt nach stoßmechanischen Überlegungen mit hoher Wahrscheinlichkeit, wenn die Relativenergie zwischen einem angestoßenen M-Atom und einem benachbarten O-Atom kleiner als die MO-Bindungsenergie ist [6.44; 6.45].

Das Oxid wird im allgemeinen stärker zerstäubt als das entsprechende reine Metall. So ist für 600 eV Ar^+-Ionen die Summe der partiellen Ausbeuten $Y_{total}(Ta_2O_5) = 1{,}38$, während die Ausbeute des reinen Tantals nur $Y(Ta) = 0{,}62$ beträgt [6.43]. Eine Ausnahme bilden die Ionenkristalle Al_2O_3, MgO und TiO_2, die schwächer als das entsprechende Metall zerstäuben [6.46]. Bei der Zerstäubung von Oxiden ist angesichts der hohen partiellen Sauerstoffausbeute eine Anreicherung der Metallkomponente in der Oberfläche zu erwarten, was für viele Oxidtargets bestätigt werden konnte [6.26; 6.44].

Es folgen einige Beispiele für das Aufstäuben von Filmen aus Verbindungen bzw. Legierungen, wobei jedoch nicht in allen Fällen stöchiometrische Schichten erhalten wurden: $BaTiO_3$ [6.47], CaO [6.48], CdS [6.49], CrNi [6.50], EuO [6.51], GaP [6.52], InAs [6.53], InSn-Oxid [6.54], $LiNbO_3$ [6.55], Mn_5Ge_3 [6.56], MoS_2 [6.57], Nb_2O_5 [6.58], PbTe [6.59], $SrTiO_3$ [6.60], ZnO [6.61], ZnS [6.62]. Weitere Beispiele findet man in [6.6; 6.7].

6.2.4 Reaktives Sputtern

Bei dieser Methode wird dem Sputtergas (z. B. Argon) ein gewisser Anteil von reaktivem Gas zugesetzt. Zum Abscheiden von Karbiden wird meist CH_4, von Oxiden O_2, von Nitriden N_2, von Sulfiden H_2S, von Seleniden Se-Dampf und von Hg-Verbindungen Hg-Dampf zugesetzt.

Liegt das Target als chemisches Element vor, so sind die folgenden drei Reaktionen möglich [6.63-6.65]:

1. Bildung von Molekülen der Verbindung an der Oberfläche des Targets und Abstäuben dieser Moleküle.
2. Bildung der Verbindung in der Gasphase — ein Prozeß, dessen Wahrscheinlichkeit wegen des zur Abfuhr der Reaktionsenergie notwendigen Dreierstoßes gering ist.
3. Adsorption von reaktivem Gas auf dem Substrat und anschließende Reaktion mit auftreffenden Targetatomen.

Bei gewissen Oxidationsreaktionen wurde der erste dieser Mechanismen nachgewiesen [6.66]. Ein besonderer Vorteil des reaktiven Sputterns ist es, daß man durch Erhöhen des Partialdruckes des reaktiven Gases die Stöchiometrie der abgeschiedenen Schicht vom reinen Metall bis zur höchsten Reaktionsstufe verändern kann [6.67]. Ferner gelingt es, Abweichungen von der Stöchiometrie beim Sputtern von Verbindungen dadurch zu beheben, daß man dem Sputtergas ein entsprechendes Reaktionsgas zusetzt, z. B. H_2S oder O_2 beim Sputtern von CdS [6.68] bzw. ZnO [6.69].

Es folgen einige Beispiele für Filme aus Verbindungen, die durch reaktives Sputtern hergestellt wurden:

Al_2O_3 [6.70; 6.71],	HgTe [6.77],	Si_3N_4 [6.87-6.89],
AlN [6.72],	In_2O_3-Sn dotiert [6.81],	TaC, TaN, Ta_2N [6.90-6.92],
Bi_2O_3 [6.73],	InN [6.79],	Ta_2O_5 [6.93],
CdS [6.74-6.76],	InP [6.82],	TiN [6.94],
CdSe [6.75],	MoO_2 [6.83],	TiO_2 [6.95],
CdHgTe [6.77],	NbN, NbC [6.67; 6.84],	VO_2 [6.96; 6.97],
α-Fe_2O_3 [6.78],	NiO [6.78],	ZnO [6.69; 6.98],
GaN [6.79],	PbO [6.85],	ZnS [6.99],
HfO_2 [6.80],	PbS [6.86],	$Zn_xCd_{1-x}S$ [6.100]

Weitere Beispiele in [6.7].

6.3 Praktische Ausführung verschiedener Sputtertechniken

6.3.1 Planare Dioden mit Gleich- und HF-Spannung

Die planare Diode, die sowohl mit Gleich- als auch mit HF-Spannung betrieben werden kann, ist die einfachste Sputteranordnung, Abb. 6.1. Der Durchmesser des im allgemeinen wassergekühlten Targets beträgt 100...400 mm, und der Elektrodenabstand 50...100 mm. Die geerdete Abschirmung an der Rückseite des Targets beschränkt die Entladung auf dessen Frontseite (Paschen-Gesetz). Die Gegenelektrode dient als Substrathalter, und eine Absperrblende zwischen den Elektroden erlaubt, bei abgedeckten Substraten einige Zeit vorzusputtern, um das Target zu reinigen und Restgase durch Adsorption oder Gettern zu binden.

Betrieb mit Gleichspannung. In diesem Fall wird zwischen den Elektroden eine anomale Glimmentladung aufrechterhalten, und die von U_s, j_i und p abhängige Dunkelraumbreite d_s (4.26) auf 10...30 mm eingestellt. Dem Versuch, die Sputterrate bei p = const durch Vergrößern von Strom I und Spannung U zu erhöhen, sind Grenzen durch die Wärmebelastung des Substrats und die Abnahme des Ionisationsquerschnitts σ_i bei Elektronenenergien $E_e \gtrsim 100$ eV gesetzt. Wird der Strom bei U = const durch Drucksteigerung erhöht, so nehmen die Sputter- und die Depositionsrate oberhalb eines optimalen Druckes wieder ab, weil die Energieaufnahme der Ionen und die Ausbreitung der gesputterten Atome behindert werden. Typische Betriebsdaten sind: Argon-Druck $p = 10$ Pa, $U = 3\,000$ V, $j = 10$ A m^{-2} = 1 mA cm^{-2}, Depositionsrate von Metallen ≈ 40 nm min^{-1}.

6.3 Praktische Ausführung verschiedener Sputtertechniken

Bei diesem Druck ist die Depositionsrate kleiner, als sie sich aufgrund der Sputterausbeute (6.1) ergeben würde, und zwar aus folgenden Gründen:

1. Ladungsaustausch der Argon-Ionen im Kathodendunkelraum: Nach [6.101] ist z.B. bei $p = 8$ Pa die mittlere freie Weglänge für Ladungsaustausch von 600 eV-Ar^+-Ionen in Ar $\bar{l} \approx 0{,}9$ mm, so daß die mittlere Energie, mit der diese Ionen auf das Target treffen, nur noch 10% von eU_s beträgt.
2. Streuung der gesputterten Atome am Argon: Die mittlere freie Weglänge der zerstäubten Atome beträgt bei $p = 10$ Pa z.B. für Ta etwa 1 mm, so daß ihre Ausbreitung durch Diffusion erfolgt [6.102] und sie auf einer relativ kurzen Strecke (8 mm bei 10 eV Anfangsenergie) thermalisiert ($\sim 0{,}025$ eV) werden [6.103; 6.104].
3. Radiale Plasmaverluste: Ebenso wie zerstäubte Atome gehen auch Ladungsträger durch Diffusion über den Rand der Entladung hinaus zur Wand und damit für den Sputterprozeß verloren.

Die Tatsache, daß die Substrate von Elektronen und Ionen (letzteres insbesondere beim Bias-Sputtern) getroffen werden, verursacht

1. eine Wärmebelastung des Substrats, vor allem durch energiereiche Elektronen mit $E_e \lesssim eU_s$ [6.105], so daß empfindliche Materialien, wie etwa Kunststoffe, nicht beschichtet werden können; und
2. den Einbau von Sputtergas in die Schicht, was allerdings durch Heizen des Substrats zum Teil verhindert werden kann [6.106; 6.107].

Trotz dieser Nachteile werden planare Dioden mit Gleichspannung vielfach angewendet. Die Gründe dafür sind: Einfachheit der Anordnung, Verfügbarkeit von planaren Targets aus vielen Materialien und eine gute Haftfestigkeit der Schicht infolge des Teilchenbombardements. Ferner können sowohl Sputterreinigung des Substrats (durch Umpolen der Spannung) als auch Bias-Sputtern leicht ausgeführt werden.

Bias-Sputtern bei DC-Betrieb. In diesem Fall wird der Substrathalter nicht auf Massepotential gehalten, sondern gegen Masse isoliert und an eine negative Spannung von $-50\ldots-100$ V gegenüber dem geerdeten positiven Pol der DC-Quelle gelegt. Dann sind die Substrate dem Plasma gegenüber auf negativem Potential [6.4]. Dadurch wird erreicht, daß die wachsende Schicht einem Ionenbombardement ausgesetzt wird, das lose gebundene Verunreinigungen entfernt und auch die Schichtstruktur, wie in Abschn. 2.3.3 begründet, günstig beeinflußt [6.108-6.111].

Betrieb mit HF-Spannung. Mit einer HF-Spannung von z.B. 13,56 MHz kann die Entladung bei erheblich geringerem Druck (0,5...2 Pa) als mit DC-Spannung aufrechterhalten werden. Ursache hierfür ist, wie in Abschn. 4.5 begründet, die vermehrte Volumenionisation durch die zwischen den Elektroden hin- und herpendelnden Elektronen, wodurch ein Art von Hohlkathodenwirkung entsteht [6.31]. Damit entfallen weitgehend die oben genannten Nachteile einer Verminderung der Depositionsrate. Das Bias-Sputtern kann nach Abb. 6.3 durch eine HF-induzierte, gegenüber dem Plasma negative und variierbare Biasspannung am Substrat realisiert werden

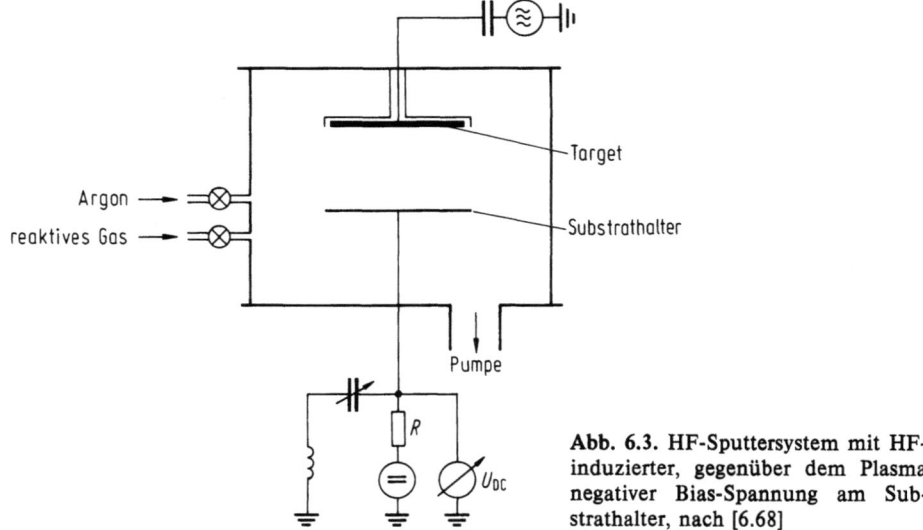

Abb. 6.3. HF-Sputtersystem mit HF-induzierter, gegenüber dem Plasma negativer Bias-Spannung am Substrathalter, nach [6.68]

[6.112-6.117]. Anlagen mit hierfür geeigneten Anpassungsnetzwerken sind serienmäßig erhältlich.

Der besondere Vorteil der HF- gegenüber der DC-Entladung ist aber die Tatsache, daß — sowohl mit den planaren Dioden als auch den weiter unten behandelten Elektrodenkonfigurationen — außer leitenden auch halbleitende und nichtleitende Materialien der Sputtermethode zugänglich sind. Davon macht insbesondere die Elektronik-Industrie Gebrauch, wie die folgenden Beispiele zeigen:

- Halbleitende Elemente: Ge [6.118], Si [6.119]
- III-V-Verbindungen: AlN [6.120], GaAs [6.121], GaN [6.79], GaSb [6.79], InN [6.79], InSb [6.122]
- II-VI-Verbindungen: CdS [6.68], CdSe [6.123]
- IV-VI-Verbindungen: PbTe [6.124]
- Refraktäre Halbleiter: SiC [6.125]
- Oxide: Al_2O_3 [6.126; 6.127], Bi_2O_3 [6.128], CdO [6.129], HfO_2 [6.130], In_2O_3 [6.131], La_2O_3 [6.130], SiO_2 [6.132; 6.133], SnO_2 [6.89], Ta_2O_5 [6.134], TiO_2 [6.135], Y_2O_3 [6.133], ZnO [6.98], ZrO_2 [6.130]
- Isolatoren: Pyrex-Glas [6.136], Teflon PTFE [6.137; 6.138] und andere Plastikmaterialien [6.139]
- Ferroelektrika: $Bi_4Ti_3O_{12}$ [6.140]

Das Ziel der weiteren Entwicklung war es, gegenüber dem Sputtern mit der planaren Diode

- die Ionenstromdichte und damit die spezifische Sputterrate zu vergrößern,
- die Fläche des Targets und damit die zu beschichtende Fläche zu vergrößern,

- den Druck des Sputtergases zu verringern,
- das Aufheizen der Substrate durch das Plasma zu vermindern, und
- die gleichmäßige Beschichtung auch komplex geformter Substrate zu ermöglichen.

6.3.2 Triodensystem mit fremderregtem Plasma

Bei diesem System wird das Target als dritte Elektrode in ein fremderregtes Plasma eingeführt, so daß die Sputterbedingungen unabhängig von den Bedingungen einer unselbständigen Entladung kontrolliert werden können. Eine solche Entladung wird nach Abb. 6.4 [6.141] mit Hilfe einer Glühkathode bei einem niedrigen Argon-Druck von 0,05...0,1 Pa aufrechterhalten. Im Plasma gehen Ströme von mehreren A bei Spannungen von 50...100 V über. Radiale Plasmaverluste werden durch ein axiales Magnetfeld reduziert. Die zum Sputtern erforderliche Spannung von bis zu etwa 3 000 V liegt zwischen Target und Substrathalter.

Triodensysteme erlauben hohe Depositionsraten von mehreren 100 nm min^{-1} bei Drücken im 0,1 Pa-Bereich [6.142; 6.143]. Diesen günstigen Ergebnissen steht der Nachteil gegenüber, daß die Glühkathode gegen reaktive Gase empfindlich ist.

6.3.3 Magnetron-Sputtersysteme

Magnetron-Sputterquellen sind Dioden mit kalter Kathode, bei denen mit einem zum elektrischen Feld E transversalen Magnetfeld B über der Kathode eine Elektronenfalle erzeugt wird, d.h. ein Gebiet, in dem die Elektronen infolge der $E \times B$-Drift einen in sich geschlossenen Ringstrom bilden [6.144–6.146]. Da Magnetron-Sputtersysteme relativ hohe Depositionsraten und große Depositionsflächen bei geringer Substraterwärmung ermöglichen, haben sie den Bereich der Anwendungen der Sputtermethode beträchtlich erweitert. Man unterscheidet drei Typen dieser sog. Hochleistungs-Sputtersysteme: zylindrische, planare und Sputter-Gun-Magnetrons.

Penning [6.147] hat 1936/37 die beiden Grundtypen des zylindrischen Magnetrons mit kalter Kathode (Abb. 6.5a und b) angegeben. Obgleich die Möglichkeit des Sputterns mit diesen Anordnungen seit langem bekannt ist [6.147; 6.148], wurden zunächst

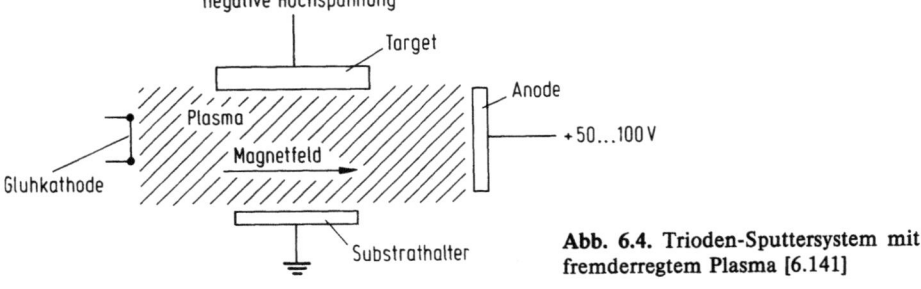

Abb. 6.4. Trioden-Sputtersystem mit fremderregtem Plasma [6.141]

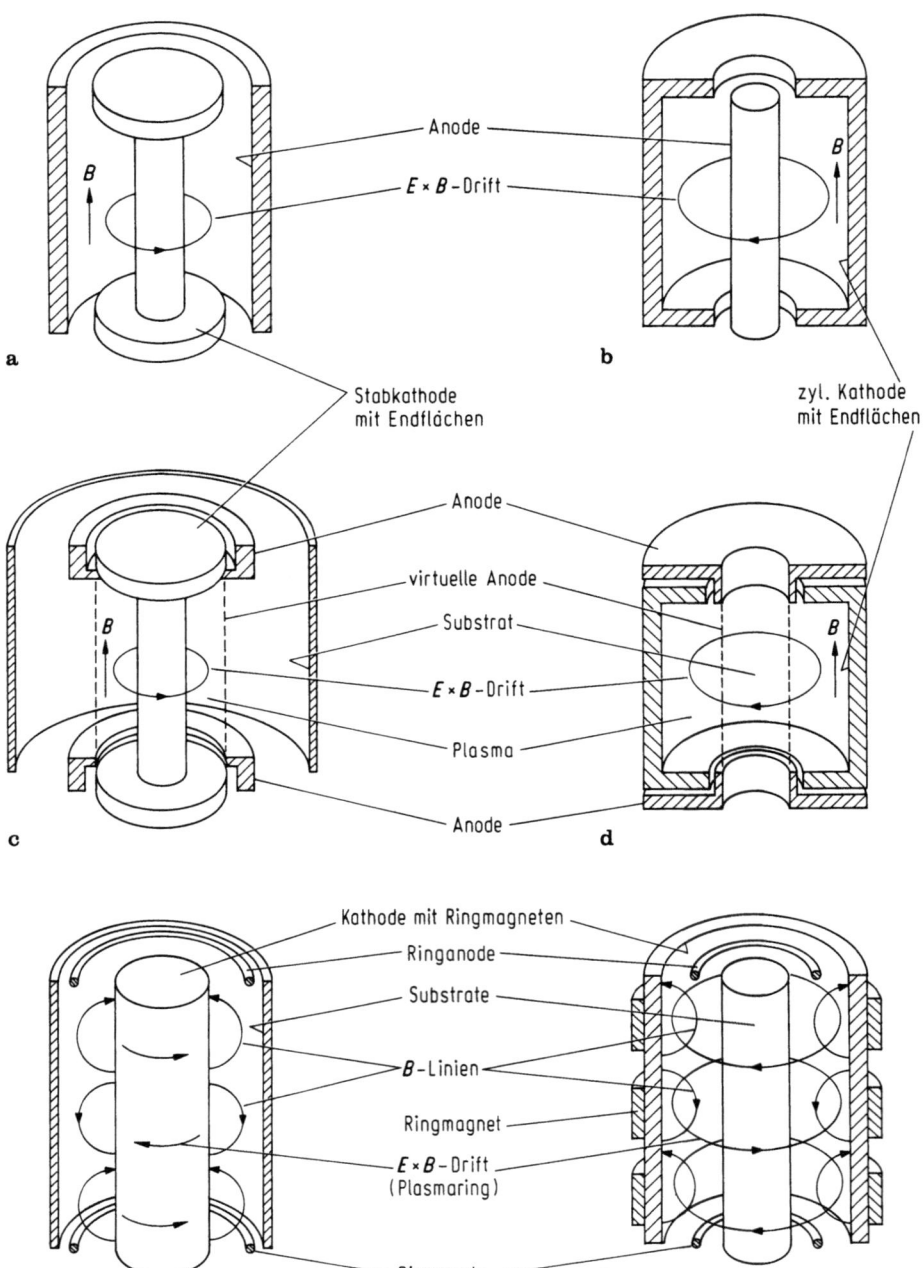

Abb. 6.5 a-f. Zylindrische Magnetron-Anordnungen mit kalter Kathode, *Links:* Das ursprüngliche Magnetron **a** und darunter die Varianten **c** und **e**; *Rechts:* Das zu **a** inverse Magnetron **b** und darunter die Varianten **d** und **f**

andere Anwendungen, wie Ionisationsvakuummeter mit kalter Kathode [6.149-6.152], Ionen-Sputterpumpen [6.153-6.155] und die Herstellung dünner Schichten durch Plasmapolymerisation [6.156-6.160] verfolgt. Arbeiten zur Anwendung in der Sputtertechnik begannen erst etwa 1975 [6.146; 6.161].

6.3.3.1 Zylindrische Magnetrons mit elektrostatischem Plasmaeinschluß

Die beiden Grundtypen haben ebenso wie aus ihnen hergeleitete Varianten koaxiale Elektroden: Beim Stabkathoden-Magnetron nach Abb. 6.5a (cylindrical post magnetron) besteht die Kathode aus dem inneren Zylinder nebst zwei Endplatten, und die Anode aus dem äußeren Zylinder. Bei dem dazu inversen Hohlkathoden-Magnetron (cylindrical hollow magnetron) nach Abb. 6.5b bildet der innere Zylinder die Anode, und der äußere Zylinder nebst zwei Endplatten die Kathode. Beiden Anordnungen gemeinsam sind die Endplatten der Kathode, die das Plasma durch elektrostatischen Einschluß vor Trägerverlusten schützen. Dies hat zur Folge, daß sich eine selbständige Gasentladung auch im UHV-Bereich aufrechterhalten läßt [6.162]. Das axial gerichtete, homogene Magnetfeld B von einigen 10^{-2} T (=100 G) beeinflußt die Ionen der Entladung praktisch nicht, sondern nur die Elektronen. Die Entladung, deren Aufbau nach dem Townsend-Mechanismus erfolgt, ähnelt in ihrer äußeren Erscheinung der Glimmentladung, d. h. sie ist durch die Zonen: Kathodendunkelraum, Plasma und Anodenfallraum gekennzeichnet [6.162; 6.163]. Ein an der Kathode (Abb. 6.6a und b) durch Ionenstoß befreites Elektron von einigen eV Anfangsenergie beschreibt einen Zykloidenbogen und bleibt nur frei, wenn es auf dem ersten Zykloidenbogen durch Wechselwirkung mit anderen Teilchen einen die Anfangsenergie überschreitenden Energieverlust erleidet. Jedesmal, wenn das Elektron durch Stoß Energie verliert, beginnt es eine neue Zykloidenbahn und schreitet in radialer Richtung, d. h. zur Anode hin voran. Es entsteht also in der $E \times B$-Richtung ein Elektronenringstrom der Dichte $j_{e\theta} = (\omega_c/\nu)j_{er}$, die um den Faktor ω_c/ν (=Zyklotronfrequenz zu Stoßfrequenz, (4.17) und (4.11)) größer als die radiale Komponente j_{er} ist [6.144; 6.145]. Gleichzeitig kön-

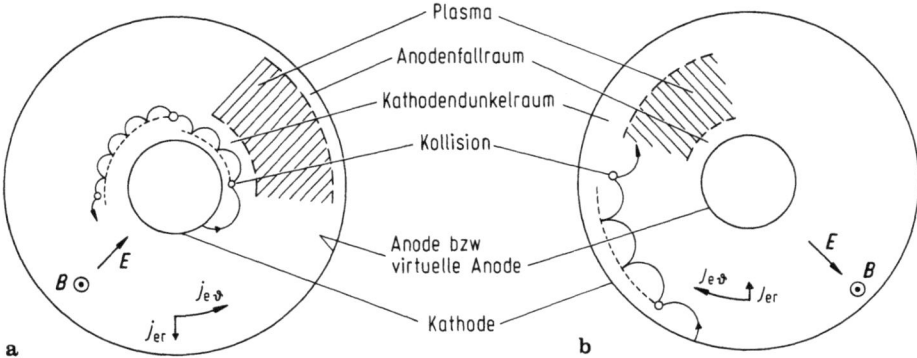

Abb. 6.6 a, b. Schematische Darstellung der Elektronenbewegung im zylindrischen Magnetron mit kalter Kathode im homogenen Magnetfeld. a Konfiguration Abb. 6.5a, b Konfiguration Abb. 6.5b

nen die Elektronen in axialer Richtung zwischen den Endplatten hin- und herpendeln. Im Plasma sind die elektrische Feldstärke E, die Driftgeschwindigkeit v_d und der Rollkreisdurchmesser D kleiner als im Kathodenfallgebiet. Die im Plasma entstehenden Ionen treffen auf die Kathode, die sie weitgehend gleichmäßig zerstäuben. Strom-Spannungs-Kennlinien zeigt Abb. 6.7. Sputtertechnische Anwendungen können darin bestehen, daß mit der Anordnung Abb. 6.5a die Innenwand bzw. mit der nach Abb. 6.5b die Außenwand eines als Anode geschalteten Rohres mit einer Schicht bestäubt werden.

Eine lichtere, aber auch durch höhere Trägerverluste charakterisierte Bauweise stellen die Varianten c und d in Abb. 6.5 dar, mit denen Penning und Moubis [6.147; 6.148] bereits Experimente zum Sputtern bei etwa 0,1 Pa ausführten. Hier sind die zylindrischen Anoden der Typen a und b durch entsprechende Ringanoden auf dem Niveau der Endflächen ersetzt. Wegen der hohen Beweglichkeit der Elektronen in Richtung von B spannen diese Ringanoden gewissermaßen eine virtuelle zylindrische Anodenfläche auf, die das Plasma begrenzt, aber für den Sputterteilchenfluß transparent ist. Die Substrate, die, vom Plasma aus gesehen, jenseits dieser Anodenfläche liegen, werden praktisch nicht von Ladungsträgern, sondern nur von Sputterteilchen getroffen.

Stabkathoden-Magnetrons nach Abb. 6.5c werden in Längen zwischen 0,1 und über 2 m in Anlagen für kontinuierlichen, quasikontinuierlichen und Chargenbetrieb für reaktives und nichtreaktives Sputtern verwendet [6.164–6.166]. Typische Betriebsbedingungen sind: Druck 0,1 Pa, B = einige 10^{-2} T, j = 200 A m^{-2}, U = 800 V, Sputterrate an der Kathode ≈ 1 µm min^{-1}, Substrat in 6fachem Kathodenradius, Depositionsrate ≈ 200 nm min^{-1} [6.146].

Hohlkathoden-Magnetrons nach Abb. 6.5d haben die interessante Eigenschaft, daß der Sputterteilchenfluß im Entladungsraum weitgehend isotrop verteilt und etwa gleich dem an der Kathodenoberfläche ist. Dies macht die Anordnung für die Beschichtung komplexer Strukturen geeignet [6.167].

Das homogene Magnetfeld dieser Magnetrons wird im allgemeinen durch stromdurchflossene Spulen oder bei kleineren Abmessungen auch durch permanente Ma-

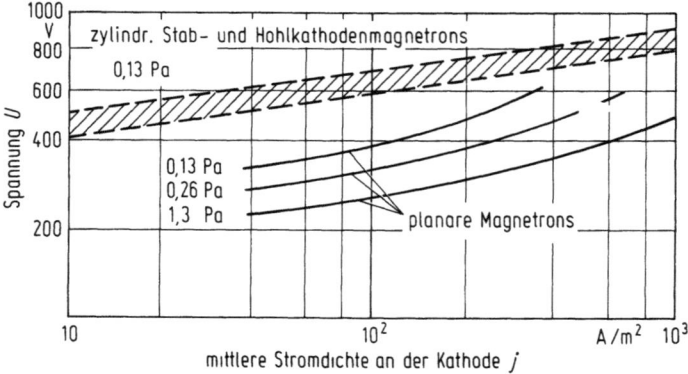

Abb. 6.7. Stromdichte-Spannungscharakteristiken von zylindrischen Stab- und Hohlkathoden-Magnetrons sowie planaren Magnetrons [6.75; 6.103]

gnete erzeugt. Die Magnetrons mit homogenem Magnetfeld haben die Vorteile, daß sie mit dickwandigen Targets, d. h. großem Materialvorrat ausgerüstet werden können und daß das Material relativ gleichmäßig von der Targetoberfläche abgestäubt wird.

6.3.3.2 Zylindrische Magnetrons mit magnetischem Plasmaeinschluß

Zylindrische Magnetrons können auch so gebaut werden, daß das Magnetfeld nicht homogen ist, sondern durch alternierend orientierte permanente Dipole erzeugt wird, Abb. 6.5e und f [6.161; 6.168-6.170]. Das Plasma und mit ihm die Elektronenfalle hat dann die Form von Ringen über der Kathode. Mit diesem magnetischen Plasmaeinschluß durch inhomogene Felder der Größenordnung 10^{-2} T werden die Kathodenendplatten entbehrlich, wenn der Arbeitsdruck nicht zu niedrig ist.

Diese Magnetrons haben allerdings gegenüber denen mit homogenem Magnetfeld die Nachteile, daß

1. das Material ungleichmäßig, d. h. praktisch nur im Bereich der Plasmaringe zerstäubt wird — was aber durch ein relativ zum Target verschiebbares Magnetsystem zu vermeiden ist, und daß
2. an der Grenze zwischen zwei Plasmaringen startende Elektronen (wegen $B \perp$ zur Kathodenoberfläche) nicht eingefangen werden, sondern das Substrat bombardieren.

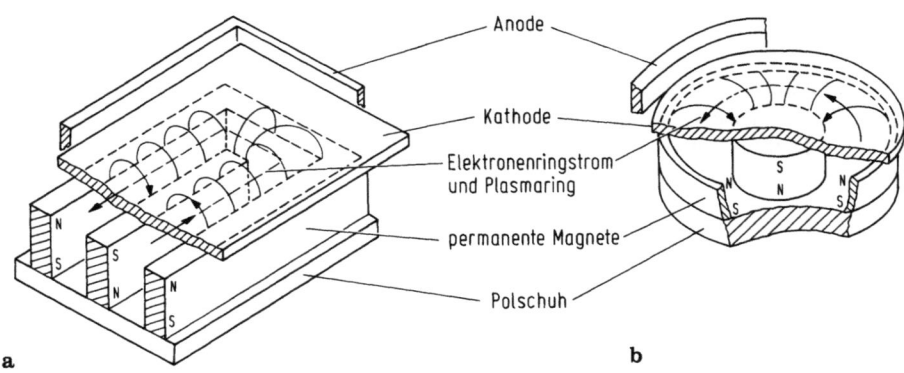

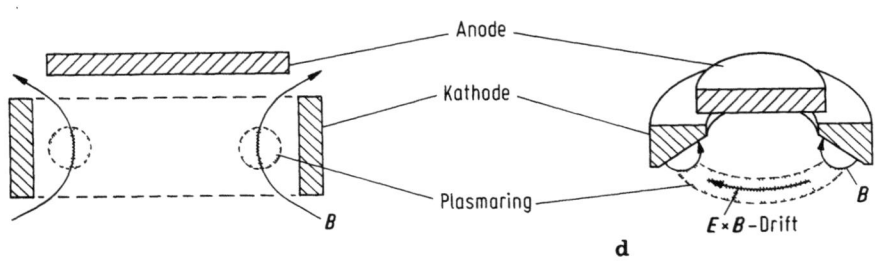

Abb. 6.8 a-d. Magnetrons mit magnetischem Plasmaeinschluß. **a, b**: planare Magnetrons, **c** Sputter Gun, Sloan Technology, **d** S-Gun, Varian Associates

Diesen Nachteilen, die auch bei den planaren Magnetrons bestehen, steht der Vorteil des einfachen Aufbaues auch großer Sputtersysteme von mehreren m Länge gegenüber.

6.3.3.3 Planare Magnetrons und Sputter-Gun-Magnetrons

Der magnetische Einschluß des Plasmas in Ringen über der Kathode ist auch die Grundlage der planaren und der Sputter-Gun-Magnetrons, Abb. 6.8. Die planaren Magnetrons nach Abb. 6.8a [6.171; 6.172; 6.175] und Abb. 6.8b [6.173-6.175] leiten sich im Prinzip aus dem Stabkathodenmagnetron (Abb. 6.5, linke Seite) her. Die Sputter-Gun-Magnetrons [6.176; 6.177] nach Abb. 6.8c (Typ Sloan) und Abb. 6.8d (Typ Varian) leiten sich aus dem Hohlkathodenmagnetron (Abb. 6.5 rechte Seite) her.

Planare und Sputter-Gun-Magnetrons sind die zur Zeit am meisten verwendeten Sputterquellen. Planare Magnetrons in Rechteckform werden in Abmessungen bis zu 3 m Länge hergestellt. Sie dienen dann zur Beschichtung großer ebener Flächen (z. B. Architekturglas), die senkrecht zur langen Targetachse z. B. im In-Line-Betrieb transportiert werden. So können Depositionsraten von $\geq 1\,\mu m\,min^{-1}$ mit einer Gleichmäßigkeit von besser als $\pm 5\%$ erreicht werden [6.178-6.180].

Um mit Sputter-Gun-Magnetrons, die nicht einem einfachen Ähnlichkeitsgesetz gehorchen, große Flächen zu beschichten, vereinigt man viele einzelne von ihnen auf einem Areal der gewünschten Größe.

6.3.3.4 Hochfrequenzbetriebene Magnetrons

Auch Magnetron-Sputtersysteme können mit HF-Quellen betrieben werden. Dies wurde für Stabkathodenmagnetrons in [6.146; 6.181], für Hohlkathodenmagnetrons in [6.181; 6.182], für planare Magnetrons in [6.183; 6.184] und für Sputter-Guns in [6.177] nachgewiesen.

6.3.4 Ionenstrahl-Sputtern

Das Ionenstrahl-Sputtern (Abb. 6.9) hat gegenüber den bisher genannten Techniken folgende Vorteile:

1. niedriger Druck ($<10^{-3}$ Pa) im Bereich des Targets und der Substrate
2. keine Wechselwirkung zwischen Substrat und Plasma,
3. die Energie E_i und die Stromdichte j_i der bombardierenden Ionen können unabhängig voneinander in weiten Grenzen variiert werden.

Ältere Ionenquellen, z. B. vom Typ der Penning-Ionenquelle [6.185] und das Duoplasmatron [6.186] sind in ihrer Anwendung auf Strahldurchmesser bis etwa 10 mm beschränkt [6.187]. Hingegen liefert die ursprünglich für die Weltraumtechnologie von Kaufman [6.188] entwickelte Quelle Ionenstrahlen von 300 mm ⌀ bei $E_i = 500\,eV$ und

6.3 Praktische Ausführung verschiedener Sputtertechniken 111

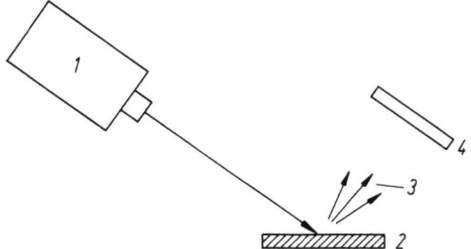

Abb. 6.9. Ionenstrahl-Sputtern, schematisch. *1* Ionenstrahlquelle, *2* Target *3* zerstäubte Teilchen, *4* Substrate

$j_i = 10 \text{ A m}^{-2}$ mit einer Gleichmäßigkeit von $\pm 5\%$ auf 200 mm [6.188; 6.189]. Obgleich solche Anordnungen in der Sputterrate nicht mit den Magnetrons konkurrieren können, sind sie für die Forschung und Entwicklung von Bedeutung [6.190].

6.3.5 Sputtertargets

6.3.5.1 Herstellung der Targetmaterialien

Die Targets werden meistens aus polykristallinem Material und in Form von runden Scheiben, rechteckigen Platten, runden Stäben oder Rohren gefertigt [6.11]. Die Materialauswahl ist ähnlich wie bei der Bedampfung. Targets aus Metallen, Halbleitern, Legierungen, Oxiden, Boriden, Carbiden, Fluoriden, Nitriden, Siliciden, Sulfiden, Seleniden und Telluriden stehen serienmäßig zur Verfügung (s. Tabellen A 1-A 10 im Anhang). Drei Verfahren werden zur Materialherstellung angewandt:

1. *Vakuum-Schmelzverfahren*, und zwar:

- das Induktionsschmelzen [6.191], das insbesondere auf Ag, Co, Ni, Pd und Sn angewandt wird. Eine Sonderform des Induktionsschmelzens ist
- der Strangguß [6.192], bei dem die Schmelze aus dem Tiegel durch eine kühlbare Düse mit einem dem Target entsprechenden Profil kontinuierlich abgezogen wird. Dieses Verfahren ist für den Bau großflächiger Targets von besonderer Bedeutung.
- Das Elektronenstrahlschmelzen [6.193] wird auf hochschmelzende Materialien wie Nb, Ta und deren Legierungen angewandt, und bei besonderen Ansprüchen an Reinheit auch auf Co, Hf, Ni, Mo, Ti, V, W und Zr.
- Im Lichtbogen werden insbesondere Cr, Ti, V und Zr geschmolzen [6.194]. Der Grad der Entgasung ist wegen des höheren Gasdruckes geringer als beim Elektronenstrahlschmelzen. Zur Erzielung höchster Reinheit wird an diese Verfahren vielfach
- das Zonenschmelzen [6.195] angeschlossen, insbesondere bei Ag, Al, Bi, Cu, Ge, Pb, Pd, Si und Sn.

2. *Pulvermetallurgische Verfahren*, die auf keramische Werkstoffe wie Al_2O_3, CdS, CdSe, CdTe, Cr_2O_3, $HfSi_2$, In_2O_3-SnO_2, MoS_2, NbN, SiC, Si_3N_4, TaB_2, Ta_2O_5, TiO_2, ZnO, ZnS und andere angewendet werden, ferner auch auf hochschmelzende Metalle wie Re, Ta, W und deren Legierungen, z. B. W-10% Ti, sowie auf Verbundwerkstoffe wie Cermets, z. B. Cr-SiO. Hierfür stehen

- das Heißpressen [6.196] und das unter Vakuum ausgeführte
- heiß-isostatische Pressen (HIP) [6.196; 6.197] zur Verfügung.

Beim Heißpressen verbleibt eine hohe Porosität von 5...35%, und Gaseinschlüsse können später beim Sputterprozeß Gaseruptionen und Spritzer von Partikeln verursachen, die „pin-holes" auf dem Substrat erzeugen. Diese Nachteile vermeidet das HIP-Verfahren, mit dem ein feinkörniges, porenfreies Material von nahezu theoretischer Dichte erzielt wird.

3. *Targetherstellung durch Beschichtung.* Die Beschichtung geeignet geformter Platten mit dem Targetmaterial stellt weitere Möglichkeiten der Targetherstellung dar. Unter den verschiedenen hierfür geeigneten Verfahren (Aufdampfen, galvanische Abscheidung etc.) kommt wegen ihrer hohen Depositionsraten allein den thermischen Spritzverfahren und unter diesen (wegen der geringen Restporosität und der chemischen Reinheit der Schichten) besonders dem Vakuum-Plasma-Spritzverfahren technische Bedeutung zu. Außerdem bieten thermische Spritzverfahren die Möglichkeit, gebrauchte Targets durch Auffüllen des Erosionsgrabens wieder instandzusetzen [6.198].

6.3.5.2 Kühlung der Targets

Die hohe Leistungsdichte an der Targetoberfläche (1...5 W cm^{-2} bei planaren DC- und HF-Dioden, 10 bis mehr als 30 W cm^{-2} bei planaren Magnetrons) erfordert eine wirk-

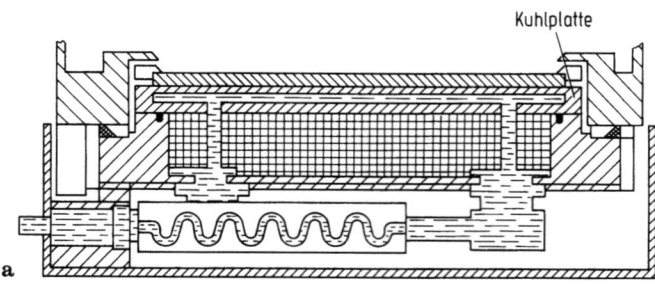

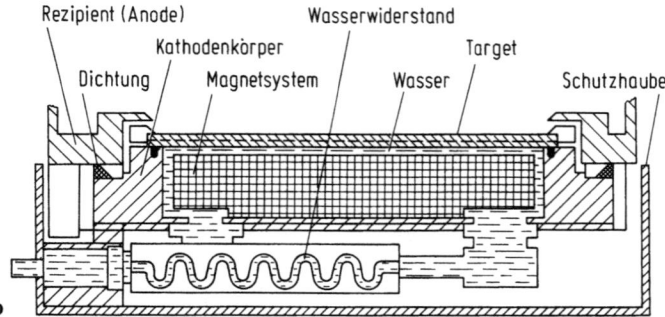

Abb. 6.10. Schema der (a) indirekten und (b) direkten Targetkühlung, System Balzers

6.3 Praktische Ausführung verschiedener Sputtertechniken

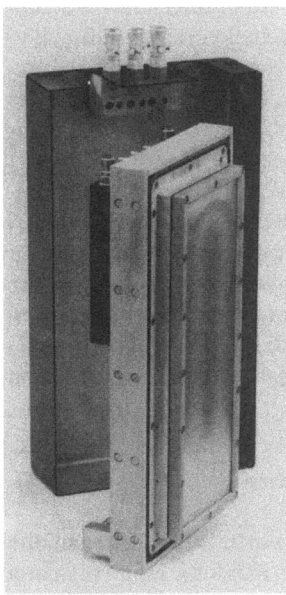

Abb. 6.11. Planare Magnetron-Sputterquelle, Typ Balzers

same Kühlung, um unzulässige Temperaturerhöhungen und damit Diffusion, Entmischung oder sogar Verdampfung des Targetmaterials zu vermeiden. Zu diesem Zweck werden die Targets indirekt oder direkt mit Wasser gekühlt, wofür Abb. 6.10 je ein Ausführungsbeispiel zeigt.

Bei der *indirekten Kühlung* werden die Targetformstücke auf einer wassergekühlten Rückplatte befestigt, Abb. 6.10a. Ein in die Kühlleitung integrierter „Wasserwiderstand" ermöglicht es, am Target die erforderliche elektrische Spannung der geerdeten Vakuumkammer gegenüber aufrechtzuerhalten. Der Verbund zwischen Target und Rückplatte muß einen guten Wärmeübergang und ausreichende mechanische Festigkeit gewährleisten und ferner beim DC- und Magnetrontarget elektrisch gut leitend sein, während er bei HF-Targets elektrisch isolierend sein kann. Bei HF-Targets und geringer Leistungsdichte (<2 W cm^{-2}) kann das Target mit Epoxidharz aufgeklebt werden, dem zur Erhöhung der Wärmeleitfähigkeit Ag- oder Cu-Pulver beigemengt ist. Bei höheren Leistungsdichten (>2 W cm^{-2}) wird das Target metallisch mit der Rückplatte verbunden: im einfachsten Fall durch Weichlöten mit SnPb- oder InSn-Lot (ohne Flußmittel) im Vakuum oder unter Schutzgas. Nicht lötbare Materialien (refraktäre Metalle, Keramiken) müssen zuvor mit einem geeigneten Metall beschichtet werden. Auch Hartlöten wird angewandt.

In neuerer Zeit gewinnt das Verschrauben des Targets mit der Kühlplatte immer mehr Bedeutung. Um den Wärmeübergang zu verbessern, werden duktile Metallfolien (In, Sn) zwischen Target und Rückplatte gelegt. Abbildung 6.11 zeigt ein planares Magnetron vom Typ Balzers.

Die *direkte Kühlung* des Targets ist eine Weiterentwicklung, bei der die Targetrückseite in direktem Kontakt mit dem durch Leitschienen geführten Wasserstrom ist,

Abb. 6.10b [6.199]. An das 6...9 mm dicke Targetmaterial werden folgende Forderungen gestellt: Die Rückseite des Targets, die die Dichtungsflächen enthält, muß polierbar sein. Das Material muß der Druckdifferenz zwischen Kühlsystem und Vakuumraum standhalten und darf nicht spröde und nicht porös sein. Reicht die Festigkeit des Targets nicht aus, so wird es mit einer Rückplatte aus 3 mm dickem Cu oder Anticorodal versehen. Das Targetmaterial kann bis zu 50% für den Sputterprozeß ausgenutzt werden. Da die Sputterabtragung durch einen Sputterrate-Zeit-Integrator beim Beschichtungsprozeß überwacht wird, besteht hinsichtlich der Betriebssicherheit kein Risiko. Der besondere Vorteil der direkten gegenüber der indirekten Kühlung besteht darin, daß die Leistungsdichte am Target auf 50 W cm^{-2} und mehr gesteigert und die Sputterrate annähernd verdoppelt werden kann. Targets ohne Rückplatte stehen z. B. aus Ag, Al, Al + 1% Si, Al + 4% Cu + 1% Si, Au, Cu, Mo, Pd, Pt, Ta und Ti serienmäßig zur Verfügung, und Targets mit Rückplatte z. B. aus Cr, Cr/Ni, In/Sn 90:10 und W + 10% Ti.

6.3.5.3 Mit planaren Magnetrons erzielbare Depositionsraten

In der Tabelle 6.2 sind die maximalen Depositionsraten (in µm/min) aufgetragen, die für eine Reihe von Materialien bei direkter und indirekter Kühlung eines planaren Magnetrons vom Typ Balzers AK 127 × 445 mm^2 auf einem Substrat in $D = 60$ mm über der Targetmitte und bei $p = 0,2$ Pa Argon erhalten werden [6.199]. Die Abb. 6.12

Tabelle 6.2. Maximale Depositionsrate bei direkter und indirekter Kühlung des planaren Magnetrons, Typ Balzers AK 127 × 445 mm^2, bei $d = 60$ mm Target-Substrat-Distanz und $p = 0,2$ Pa Argon [6.199]

Target		Maximale Depositionsrate µm min^{-1}		Depositionsrate relativ zu Al
Material	Dicke mm	Kühlung direkt	Kühlung indirekt	
Ag	2-6	6,2	3,4	2,8
Al	9	2,2	1,2	1,0
Au	2-6	5,0	2,7	2,3
Cr	6	0,60	0,33	1,1
Cu	9	4,2	2,3	1,9
Ge	6	0,45	0,24	0,9
Mo	6	1,5	0,70	0,8
Nb	6	0,90	0,50	0,5
Pd	2-6	1,5	0,80	1,9
Pt	2-6	1,6	0,90	1,4
Ta	6	0,80	0,42	0,5
Ti	6	0,60	0,33	0,5
W	6	0,90	0,50	0,5
Zr	6	0,70	0,38	0,55
InSn	6	0,40	0,22	0,5
NiCr	6	1,1	0,60	0,7
TiW	6	0,35	0,19	0,55

6.3 Praktische Ausführung verschiedener Sputtertechniken

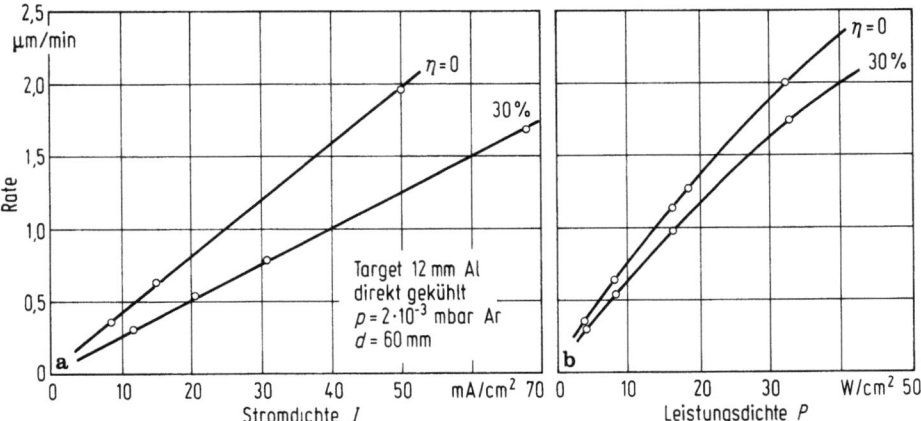

Abb. 6.12. Depositionsraten, erzeugt mit einem planaren Al-Magnetron, Typ Balzers AK 127 × 445 mm², bei $d = 60$ mm Target-Substrat-Distanz und $p = 0{,}2$ Pa Argon in Abhängigkeit von (a) der mittleren Stromdichte und (b) der mittleren Leistungsdichte [6.199]. η = zerstäubte Targetmasse/ursprüngliche Targetmasse.

zeigt für ein Al-Target unter diesen Bedingungen und bei direkter Kühlung die Depositionsrate in Abhängigkeit von der mittleren Stromdichte und der mittleren Leistungsdichte. Aus diesen Diagrammen ergibt sich die Depositionsrate für andere Targetmaterialien bei gegebener Leistungs- bzw. Stromdichte durch Multiplikation mit dem in Tabelle 6.2, letzte Spalte genannten Faktor. Die so erhaltenen Werte der Depositionsrate gelten, solange die Maximalwerte nicht überschritten werden [6.199].

Mit zunehmender Abtragung des Targets nimmt die Beschichtungsrate unter sonst gegebenen Bedingungen ab, wie die für $\eta = 30\%$ mittlere Abtragung gezeichneten Kurven in Abb. 6.12 erkennen lassen. Dies ist auf das Entstehen des Erosionsgrabens und damit ein Anwachsen der magnetischen Induktion an der Kathodenoberfläche zurückzuführen, wodurch die I, U-Charakteristik entsprechend verändert wird.

6.3.6 Sputteranlagen

Sputteranlagen unterscheiden sich in ihrem Aufbau von den Bedampfungsanlagen nach Abb. 5.9 im wesentlichen nur dadurch, daß anstelle der thermischen Quellen Sputterquellen installiert werden. Demnach unterscheidet man auch hier:

1. Anlagen mit vertikalem Rezipienten und einer oder mehreren Sputterquellen für Einfach- bzw. Vielfachschichten und chargenweisen Betrieb.
2. Anlagen mit horizontalem Rezipienten und stabförmigem Magnetron in der Achse oder planaren Magnetrons an der Peripherie, ebenfalls für chargenweisen Betrieb.
3. Zweikammeranlagen für die Bandbeschichtung, wobei z. B. In-Sn-oxid-(ITO-) Schichten [6.200] oder andere Wärmedämmschichten durch reaktives HF-Sputtern auf Kunststoff-Folien aufgebracht werden (Abb. 5.12).

4. Modulare Durchlaufanlagen für den quasikontinuierlichen oder kontinuierlichen Betrieb, z. B. zum Beschichten von Wafern, oder Architekturglas oder zum Metallisieren von Plastikteilen (Abb. 5.13).

Als Ausführungsbeispiel zeigt Abb. 6.13 das Load Lock Sputtering System LLS 801 der Firma Balzers, das im quasikontinuierlichen Betrieb in der Elektronikindustrie zur Fertigung von integrierten Schaltkreisen, optoelektronischen und passiven Bauelementen, Hybridschaltungen und Chrom-Masken eingesetzt wird. Die Anlage besitzt zwei

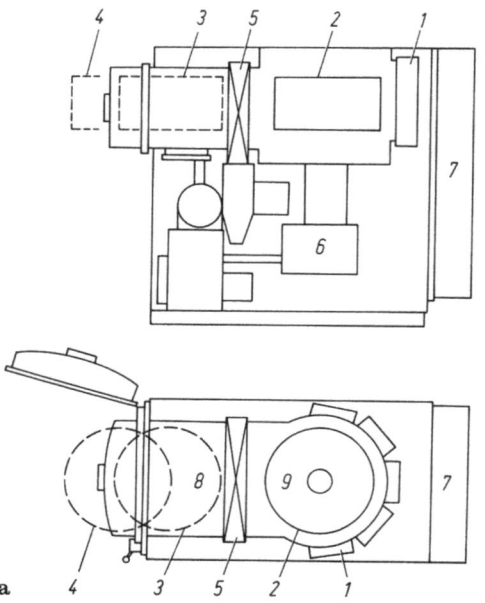

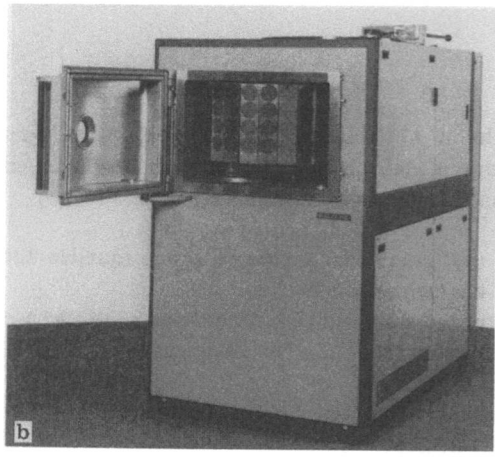

Abb. 6.13 a, b. Schleusen-Sputter-Anlage: Load Lock Sputtering System, Balzers LLS 801. a Schema; *1* Fünf Anschlußflansche für planare Magnetronsputterquellen und Substratheizungen, *2* Substratträger in Position „aufstäuben", *3* Substratträger in Position „entgasen", und „Schleuse evakuieren", *4* Substratträger in Position „chargieren" und „dechargieren", *5* Schleusenventil, *6* Pumpsystem mit Refrigeratorkryopumpe, *7* Schaltschrank, *8* Schleusenkammer, *9* Hochvakuumkammer; b Anlage in der Position „chargieren" und „dechargieren"

6.3 Praktische Ausführung verschiedener Sputtertechniken

Kammern, die Schleusenkammer 8 und die Prozeßkammer 9, und zwischen ihnen das Schleusenventil 5. Die Schleusenkammer wird durch eine Turbomolekularpumpe evakuiert, und die ständig unter Vakuum gehaltene Prozeßkammer durch eine Refrigerator-Kryopumpe, so daß die Sputtertargets der Atmosphäre nicht ausgesetzt werden und daher nicht kontaminieren. Die Prozeßkammer enthält eine LN_2-gekühlte Meissner-Falle, Anschlüsse für fünf planare Magnetron-Sputterquellen, Substratheizungen (Quarzstrahler) und einen Drehantrieb für den Substrathalter. Der Substrathalter wird in Position 4 chargiert bzw. dechargiert, in der Position 3 zusammen mit den Substraten entgast und dann in die Position 2 transferiert, in der die Beschichtung erfolgt. Der ganze Prozeß verläuft computergesteuert, und ein CRT-Display zeigt Ist- und Sollwerte wichtiger Prozeßparameter sowie auftretende Störungen an. Mehrere Gaseinlaßsysteme ermöglichen in der Prozeßkammer reaktives Sputtern und in der Schleusenkammer HF-Ionenätzen.

Auf drei wichtige Merkmale der Sputtertechnologie muß noch hingewiesen werden:

1. Da die Sputterquellen im allgemeinen großflächig sind, müssen die Substrate nicht (wie beim Aufdampfen) um eine Achse parallel zur Quellennormale gedreht werden, um eine gleichmäßige Beschichtung zu erhalten. Es genügt vielmehr, die Substrate kontinuierlich und linear, d. h. parallel zur Targetfläche zu bewegen. Daraus ergibt sich die Möglichkeit, In-Line-Systeme in einfacher Weise zu realisieren.
2. Der Beschichtungsprozeß ist durch eine große Tiefenstreuung (throwing power) ausgezeichnet, so daß (infolge Streuung des Beschichtungsmaterials an den Gasatomen) auch kompliziert geformte Substrate weitgehend gleichmäßig bedeckt werden.
3. Die Stufenbedeckung strukturierter Substrate wird hinsichtlich ihrer Gleichmäßigkeit außer durch diese Tiefenstreuung noch durch Anwendung des Bias-Sputterns verbessert, weil nämlich an den Flächen des Substrats parallel zur Targetebene Material abgetragen und an den dazu senkrechten Flächen direkt oder nach Streuung im Gasraum wiederangelagert wird [6.201]. Dies ist für den Einsatz der Sputteranlagen in der Mikroelektronik-Industrie von besonderer Bedeutung.

6.3.7 Anwendungen der Sputtertechniken

Die universelle Anwendbarkeit der Sputtertechnik beruht auf ihren besonderen Merkmalen:

- Vielfalt bei der Auswahl des zu zerstäubenden Materials und Erzeugung von Schichten aus sonst schwer darstellbaren Substanzen durch reaktives Sputtern,
- geringe thermische Belastung der Substrate, daher Beschichten auch temperaturempfindlicher Substrate,
- große Reinheit der Schichten durch Bias-Sputtern,
- gute Haftfestigkeit der Schichten und eine dichte Struktur aufgrund der hohen Energie der auftreffenden Atome,
- gute Tiefenstreuung, so daß auch Formteile beschichtet werden können,
- gute Stufenbedeckung bei strukturierten Halbleiterelementen,

- keine Strahlenschädigung von z. B. MOS-Halbleiterelementen, und
- hohe Depositionsraten von bis zu einigen µm/min, die denen beim Elektronenstrahl-Bedampfen nur um den Faktor 10 unterlegen sind.

Diese Eigenschaften haben der Sputtertechnik zahlreiche Anwendungsgebiete erschlossen.

6.3.7.1 Anwendungen in der Elektronikindustrie

Bei der Fertigung von integrierten Schaltkreisen der Mikroelektronik, von MOS-Schaltungen, Si-Transistoren und Display-Elementen werden dünne Schichten eingesetzt als: Kontakte und Leiterbahnen [6.201], Isolationsschichten [6.202], Diffusionssperren [6.203], transparente leitende Schichten [6.204; 6.205] und Masken für die Lithographie [6.207]. Hybride Schaltkreise, elektronische und optoelektronische Bauelemente enthalten dünne Schichten als: Dünnfilm-Widerstände [6.207], Dünnfilm-Kondensatoren [6.208], piezoelektrische Transduktoren [6.209], feste Elektrolyte [6.210], Photoleiter (Solarzellen) [6.211], Elektrolumineszenz- und Fluoreszenz-Zellen [6.212], optische Speicher [6.213; 6.214], amorphe Bubblespeicher [6.215], amorphe Filme für die integrierte Optik [6.216], Dünnfilm-Laser [6.217] und Videoplatten [6.217a].

Da bei der Fertigung dieser Bauelemente neben dem Sputtern auch andere Beschichtungsverfahren sowie Methoden der Oberflächenbehandlung (Ionenimplantation, Laserbehandlung) eine wichtige Rolle spielen, werden ausgewählte Fragestellungen der genannten Anwendungen erst in Teil II erörtert.

6.3.7.2 Optische Anwendungen

Reflexionsmindernde Schichten zur Vergütung von Glaslinsen, ferner Metallspiegel, Kaltlichtspiegel, Lichtteiler, Wärmeschutzfilter und Interferenzfilter, die seit langem Anwendungen der Bedampfungstechnik darstellen, können auch durch Sputtern hergestellt werden [6.218; 6.219]. Eine in ihrer Bedeutung ständig zunehmende Anwendung der Sputtertechnik ist das Beschichten von Architekturglas bzw. von in Fenster einsetzbaren Kunststoff-Folien zwecks Wärmedämmung und/oder Sonnenschutz mit Schichtsystemen vom Typ Metalloxid/Metall/Metalloxid [6.220; 6.221]. Da es sich hier ebenfalls um Anwendungen handelt, an denen verschiedene Beschichtungstechniken beteiligt sind, werden auch sie erst in Teil II näher behandelt.

6.3.7.3 Reibungsarme Schichten

Unter gewissen Betriebsbedingungen (Vakuum, hohe Temperatur, hoher Druck, elektrische Gleitkontakte) müssen anstelle der sonst üblichen hydrodynamischen Schmierung reibungsarme Trockenschmiermittel angewandt werden. Zu ihnen gehören [6.222]:

- weichmetallische Werkstoffe: Ag, Au, Cd, In, Pb, Sn und Legierungen, wie Ag-In, Ag-Sn,

6.3 Praktische Ausführung verschiedener Sputtertechniken

- gewisse Oxide, Fluoride, Nitride und andere Werkstoffe: In_2O_3, PbO, CaF_2, Graphit, BN, TiN,
- Kunststoffe: PTFE (Teflon), Polyimide,
- Dichalkogenide: MoS_2, WS_2, TaS_2 und die entsprechenden Diselenide und Ditelluride.

Alle diese Materialien lassen sich durch Sputtern als Schichten niederschlagen. Untersuchungen über Edelmetalle und weiche Metalle als Trockenschmiermittel ergaben jedoch, daß ionenplattierte Schichten gegenüber aufgestäubten aufgrund ihrer besseren Haftfestigkeit erheblich längere Lebensdauer haben [6.223; 6.224] (s. Abschn. 7.7.4.2). Anders verhält es sich mit den Dichalkogeniden, unter denen MoS_2 als das bisher wirksamste und bestuntersuchte Material eine besondere Bedeutung hat.

Die Eignung aufgestäubter MoS_x-Schichten als Schmiermittel und Verschleißschutz ist in [6.225–6.230] nachgewiesen. Zu ihrer Herstellung verwendet man zweckmäßig ein MoS_2-Target in einer HF-Sputteranlage nach Abb. 6.3. Wird der Prozeß in Argon betrieben, so entstehen MoS_x-Schichten mit $1 \leq x \leq 1,9$, also einem Defizit an Schwefel, das um so größer ist, je größer der Betrag der Bias-Spannung am Substrat, je kleiner der Ar-Druck und je niedriger die Substrattemperatur ist. Hingegen können durch reaktives Zerstäuben des MoS_2-Targets in einer H_2S/Ar-Atmosphäre stöchiometrische MoS_2-Schichten mit folgenden Eigenschaften erhalten werden:

- Nur annähernd stöchiometrische MoS_2-Schichten haben im Vakuum gegen Stahl einem vom Druck unabhängigen Reibungskoeffizienten μ, der Werte von 0,01...0,02 erreicht. Bei nichtstöchiometrischen Schichten wächst μ beim Übergang von 10^{-4} auf 10^{-7} Pa infolge Desorption um den Faktor 5 [6.230].
- In feuchter Atmosphäre steigen μ und die Verschleißrate gegenüber den Werten in trockener Atmosphäre an [6.231].
- Verschleißrate- und Lebensdauer-Messungen ergaben, daß durch Sputtern aufgebrachte MoS_2-Schichten z. B. der Dicke 0,2 µm allen anderen MoS_2-Beschichtungen (Einbettung in Kunstharz, Reibbeschichtung) weit überlegen sind [6.225].

Als Substrate sind die meisten gebräuchlichen Konstruktionswerkstoffe, wie Stähle, Al- und Ti-Legierungen, geeignet. Bewährt haben sich gemäß Lebensdauertest folgende Maßnahmen:

1. eine haftvermittelnde Zwischenschicht zwischen Substrat und MoS_2-Schicht, z. B. eine 0,1 µm dicke Cr_3Si_2-Schicht [6.227], oder
2. eine Hartstoffschicht, z. B. aus TiC, zwischen dem hochpolierten Substrat (Rauhtiefe <0,03 µm) und der MoS_2-Sputterschicht (s. Abschn. 8.5.1.3), und
3. eine Substrattemperatur beim Sputtern, die gleich der späteren Betriebstemperatur ist [6.230].

Abbildung 6.14 zeigt mit MoS_2 durch Sputtern beschichtete Maschinenelemente, die aus Ti- und Al-Legierungen bestehen und unter der Bezeichnung „LSRH Microslide" vom CSEM für die Luft- und Raumfahrtindustrie, die Nuklearindustrie und andere Anwendungen gefertigt werden [6.231a; 6.231b].

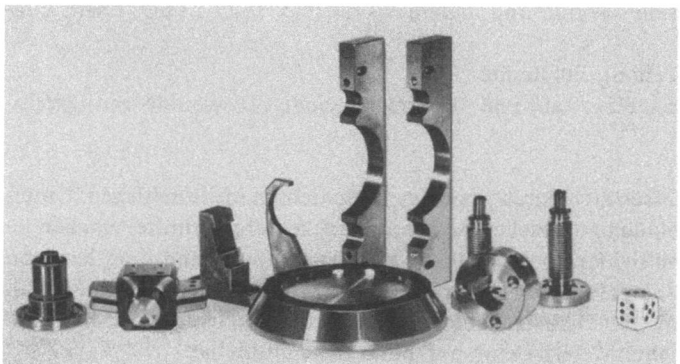

Abb. 6.14. MoS$_2$-sputterbeschichtete Maschinenelemente aus Ti- und Al-Legierungen, Typ LSRH-Microslide (Centre Suisse d'Electronique et de Microtechnique, S.A., CH-2000, Neuchâtel 7) [6.231a]

6.3.7.4 Verschleißfeste harte Schichten

In die Gruppe der verschleißfesten harten Materialien gehören Karbide (TiC, TaC, WC), Nitride (BN, TiN, Si$_3$N$_4$) und gewisse Legierungen (Fe-Si, W-Ru, Mo-Ru) [6.232-6.234]. Besonderes Interesse dürften BN-TiN-Schichten beanspruchen, die nach [6.230] durch Sputtern eines BN-Ti-Targets in N$_2$ oder N$_2$/Ar erzeugt werden. Bei einem Anteil von 30...40% Ti im Target werden außerordentlich hohe Mikrohärten (nach Knoope) von mehr als $7 \cdot 10^4$ N mm^{-2} erhalten. Zur Erklärung dieses Befundes bedarf es noch weiterer Untersuchungen.

In vielen Fällen werden verschleißfeste Schichten benötigt, die bei hoher Härte einen niedrigen Reibungskoeffizienten besitzen. Solche Schichten wurden im System Metall-Kohlenstoff gefunden. Sie werden nach Dimigen et al. [6.230] hergestellt, indem das jeweilige Metall- oder Metall-Kohlenstoff-Target in einer kohlenwasserstoffhaltigen Atmosphäre (z.B. C$_2$H$_2$/Ar) zerstäubt wird. Das am Substrat liegende Potential hat einen erheblichen Einfluß auf die Mikrohärte und das Reibungsverhalten der Schichten. Untersucht wurden Fe-C-, W-C-, Ta-C- und Ru-C-Schichten. Niedrige Reibungskoeffizienten ($\mu \leq 0{,}1$) und niedrige Verschleißraten (s. Abschn. 9.4.2 und Abb. 9.8) werden erreicht, wenn die Schichten einen Teilchenzahlanteil von mehr als 50% C enthalten.

6.3.7.5 Dekorative Schichten

Hierher gehören Schichten aus Cr, die auf Fahrzeugteile z.B. aus Plastik aufgebracht werden, wobei die geringe thermische Belastung des Substrats beim Magnetron-Sputtern von Vorteil ist [6.235; 6.236]. Ein weiteres Beispiel sind TiN-Schichten als schlagfester Goldersatz auf Uhrengehäusen, Brillengestellen, Schmuck etc. [6.234].

7 Ionenplattieren

7.1 Einleitung

Die Idee des Ionenplattierens wurde bereits 1939 von Berghaus [7.1] ausgesprochen, realisiert wurde sie aber erst 1964 durch Mattox [7.2; 7.3], der auch den Begriff „Ion Plating" prägte. Nach Mattox ist das Ionenplattieren (IP) ein Vakuumbeschichtungsverfahren, bei dem die Substratoberfläche und/oder die sich abscheidende Schicht einem Teilchenstrom hinreichend hoher Energie ausgesetzt wird, um in der Übergangszone Substrat/Schicht (interface) sowie in der Schicht selbst Veränderungen gegenüber Beschichtungen ohne Teilchenbeschuß zu verursachen. Mit dieser Definition wird nur das beschrieben, was am zu beschichtenden Werkstück geschieht, während die Frage nach der Quelle des Schichtmaterials sowie die nach der Quelle des energiereichen Teilchenstroms offen bleibt. Demnach fallen auch das Bias-Sputtern und gewisse Formen des plasmaaktivierten CVD unter den Oberbegriff des Ionenplattierens.

7.2 Mechanismus des Ionenplattierens

7.2.1 Beispiel eines Ionenplattierprozesses

Der IP-Prozeß, der beispielsweise in der Apparatur nach Abb. 7.1 ausgeführt wird, besteht aus zwei Phasen:

1. Sputterreinigen der Substratoberfläche und
2. Beschichten unter der Einwirkung von Ionenbeschuß.

Der Prozeß läuft dann wie folgt ab: Die vorgereinigten Substrate werden auf dem Substrathalter befestigt, und der Rezipient auf einen Druck kleiner als 10^{-3} Pa evakuiert. Über ein Dosierventil wird ein Inertgas, meist Argon, eingelassen, und bei laufender, ggf. gedrosselter Hochvakuumpumpe ein Druck von etwa 5 Pa aufrechterhalten. An das Substrat wird ein negatives Potential ($-0,3...-5$ kV) gelegt, so daß eine Glimmentladung zündet und das Substrat durch Ionenbeschuß gereinigt wird. Dann erfolgt bei brennender Entladung das Aufdampfen der Schicht. Der Prozeß wird so geführt,

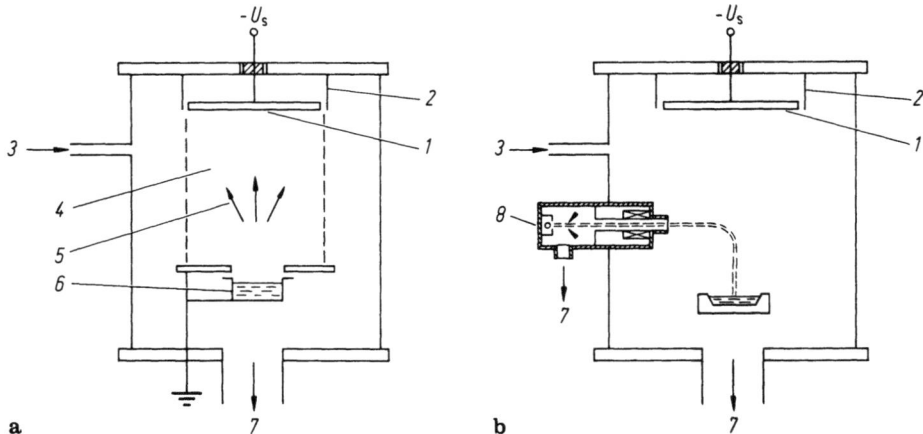

Abb. 7.1 a, b. Anordnungen zum Ionenplattieren. a Mit widerstandsbeheiztem Verdampfer, b mit Elektronenstrahl-Verdampfer mit magnetischer 90°-Strahlumlenkung [7.2]. *1* Substrathalter, *2* Abschirmung (geerdet), *3* Gaseinlaß, *4* Plasma, *5* Dampfstrom, *6* Verdampfer, *7* Vakuumpumpe, *8* Axial-Elektronenkanone

daß die Rate der kondensierten Dampfteilchen größer als die der wiederabgestäubten ist.

Auf ihrem Wege von der Dampfquelle zum Substrat unterliegen die Dampfteilchen verschiedenen Einflüssen [7.4-7.6]:

1. Rückstreuung zur Dampfquelle oder Streuung zur Rezipientenwand wegen der geringen freien Weglänge ($\approx$ 7 mm bei 1 Pa),
2. Energieaufnahme durch Kollisionen in der Gasentladung,
3. Ionisation eines Teils des Dampfstroms durch Elektronenstoß,
4. Beschleunigung der Dampfionen in Richtung auf die Substratoberfläche,
5. Eindringen von Dampfionen in das Substrat,
6. Vermischen der kondensierten Dampfteilchen mit abgestäubten, rückgestreuten und wiederangelagerten Substratatomen, wobei letztere in der Gasentladung ebenfalls ionisiert und auf das Substrat beschleunigt werden können, und
7. teilweise Wiederzerstäuben kondensierter Teilchen.

Messungen von Teer et al. [7.5; 7.7] bei einem Argondruck von 1,3 Pa und einer Substratspannung von -5 kV zeigen, daß die auf das Substrat treffenden Dampfteilchen zu nur 0,1...1% ionisiert sind und eine mittlere Energie von etwa 300 eV besitzen. Die der Substratoberfläche durch Teilchenbeschuß zugeführte Energie rührt zum überwiegenden Teil ($\approx$ 90%) von energiereichen neutralen Dampf- und Argonatomen von etwa 100 eV mittlerer Energie her, und die restlichen 10% von Dampf- und Argonionen. Die energiereichen Neutralteilchen verdanken ihre Energie zum großen Teil Umladungsprozessen (resonance charge exchange) [7.8; 7.9].

Die Energie, mit der die Teilchen auf das Substrat treffen, ist also erheblich größer als beim Aufdampfprozeß und auch größer als beim Sputterprozeß, Abb. 7.2. Daher

7.2 Mechanismus des Ionenplattierens

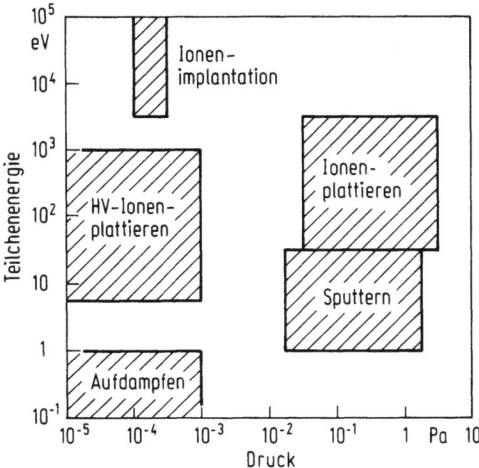

Abb. 7.2. Energie, mit der die die Schicht aufbauenden Teilchen auf das Substrat treffen, und Druckbereiche der PVD-Verfahren

werden am Substrat durch Energie- und Impulsübertragung Stoßkaskaden ausgelöst, so daß Schichten mit gegenüber dem Aufdampfen verbesserten Eigenschaften, vor allem hinsichtlich Haftfestigkeit und Struktur, entstehen [7.3; 7.10]. Dieser Sachverhalt in Kombination mit Depositionsraten (bis zu 25 µm min^{-1}), welche die der Sputtertechnik weit übertreffen, zeigt, daß das Ionenplattieren Vorteile der beiden anderen PVD-Verfahren in sich vereinigt.

7.2.2 Wirkungen des Teilchenbombardements auf die Substratoberfläche

In der ersten Phase des IP-Prozesses kommt es zu folgenden Elementarprozessen an der Substratoberfläche [7.6]:

Zerstäubung: Der Teilchenbeschuß bewirkt zunächst die Desorption der mit geringer Energie (≤ 1 eV) gebundenen Adsorptionsschicht, dann die Zerstäubung der Fremd- und Reaktionsschichten (z. B. Oxide von 1...10 nm Dicke) und schließlich die des Substratmaterials selbst [7.11; 7.12].

Störungen der Kristallstruktur: Die im Substrat ausgelösten Stoßkaskaden erzeugen hier eine hohe Defektkonzentration, die im Extremfall bis zum amorphen Zustand der Oberfläche führen kann [7.13; 7.14]. So entsteht ein Punktdefekt, wenn auf ein Gitteratom mehr als etwa 25 eV Energie übertragen und es auf einen Zwischengitterplatz verlagert wird.

Temperaturerhöhung: Wird weniger als etwa 25 eV auf ein Gitteratom übertragen, so geht diese Energie in Phononenenergie über und bewirkt eine Temperaturerhöhung in Oberflächennähe. Dies gilt für den größten Teil der Energie der aufprallenden Teilchen [7.15; 7.16].

Änderungen der Oberflächentopographie treten aufgrund unterschiedlicher Sputterraten und deren Abhängigkeit von Stromdichte, Energie, Einfallswinkel der Teilchen sowie Konzentration von Verunreinigungen auf; so z. B. die Konusbildung [7.12].

Änderungen der stöchiometrischen Zusammensetzung an der Oberfläche durch unterschiedliche Sputterraten der Komponenten und deren Diffusion infolge erhöhter Temperatur [7.17].

Implantation von Gasionen: Nach Abgabe seiner Energie und Ladung kann das neutralisierte Ion unter Bildung einer Störstelle in das Substrat implantiert werden [7.18].

7.2.3 Bildung der Interfaceschicht unter dem Einfluß des Teilchenbombardements

Wenn die Dampfquelle in Betrieb genommen wird, treffen außer den Teilchen des Trägergases neutrale, angeregte und ionisierte Dampfteilchen auf das Substrat. Dann treten zusätzlich die folgenden Prozesse auf, die für die Ausbildung der Interfaceschicht und damit für die Haftfestigkeit der Schicht verantwortlich sind:

Vermischung der Materialien von Substrat und Schicht durch Implantation energiereicher Dampfteilchen [7.19], Rückstoßimplantation von Oberflächenatomen [7.20] sowie Rückstreuung abgestäubter Substrat- und Dampfteilchen [7.21]. Ferner trägt die durch erhöhte Temperatur und hohe Defektkonzentration begünstigte Diffusion zur Materialvermischung im oberflächennahen Bereich bei [7.22]. So kommt es zu einem kontinuierlichen Übergang von den Eigenschaften des Substrats zu denen der Schicht. Die so entstandene Mischschicht wird, falls keine wesentliche Temperaturerhöhung im Spiel war, als Pseudodiffusionsschicht bezeichnet, weil sie sich bei der späteren Analyse des Schichtprofils wie eine dünne Diffusionsschicht darstellt (vgl. Abschn. 2.2.6).

Keimbildung: Eine mit energiereichen Teilchen bombardierte Oberfläche besitzt aufgrund ihrer gestörten Kristallstruktur mehr Stellen erhöhter Bindungsenergie (Keimstellen) als eine nicht bombardierte Oberfläche. Gegenüber dem Aufdampfprozeß beobachtet man daher eine größere Keimdichte und ferner den Beginn der Koaleszenz zu einem zusammenhängenden Film bei geringerer Massenbelegung [7.4; 7.6]. Auch die hohe Keimdichte ist ein Grund für die besonders hohe Haftfestigkeit ionenplattierter Schichten.

7.2.4 Einflüsse des Teilchenbombardements auf die Struktur und andere Eigenschaften der Schichten

Auch bei den ionenplattierten Schichten lassen sich in Abhängigkeit von der Substrattemperatur T_s charakteristische Wachstumszonen unterscheiden, und zwar ähnlich wie bei den Aufdampfschichten, für die das Movchan-Demchishin-Modell gilt. Beim Ionenplattieren entsteht jedoch wegen der höheren Keimdichte bei gegebenem T_s eine feinerkörnige, dichtere Struktur als beim Aufdampfen. Daher verschieben sich mit wachsender Intensität des Ionenbombardements, wie in Kap. 2 gezeigt wurde, die Grenzen zwischen den drei Wachstumszonen zu tieferen relativen Temperaturen T_s/T_m, während sich der Existenzbereich der Zone 3 ausweitet [7.23].

7.2 Mechanismus des Ionenplattierens

Für die Intensität des Ionenbombardements sind drei Parameter maßgebend; die Ionenstromdichte j_1, der Druck p und die Spannung U_s am Substrat bzw. die Potentialdifferenz zwischen Plasma und Substrat. Wird der Druck, von Werten des Feinvakuumbereiches ausgehend, erniedrigt, so steigt das Verhältnis $\bar{l}/L$ von mittlerer freier Weglänge $\bar{l}$ zu Länge L des Kathodenfallraumes und damit die Energie E_1, mit der die Ionen auf das Substrat treffen. Durch Wahl dieser drei Parameter ist es nach Teer [7.4] unter sonst gegebenen Bedingungen möglich, den Schichtaufbau von der grobkörnigen, porösen Struktur (Zone 1) über die feinerkörnige, kolumnare Struktur (Zone 2) bis zur dichten, äquiaxialen Struktur (Zone 3) zu variieren. Die grobkörnige, lichte und die kolumnare Struktur werden bei relativ hohen Drücken (≈ 1 Pa) und niedriger Ionenstromdichte ($\leqslant 1$ mA cm^{-2}) erzielt, und die dichte, äquiaxiale Struktur bei niedrigen Drücken ($< 0,1$ Pa) und hohen Ionenstromdichten (> 1 mA cm^{-2}). Dies wurde an Schichten aus Cr und der Legierung CoCrAlY nachgewiesen. Allerdings sind die dichten äquiaxialen Schichten unterschiedlich, je nachdem, ob sie durch Ionenplattieren oder Aufdampfen hergestellt werden. Durch das Ionenbombardement werden kontinuierlich neue Keime erzeugt, so daß die Struktur feinerkörnig und weniger porös als die der Aufdampfschicht ist.

Die mechanischen, elektrischen und optischen Eigenschaften ionenplattierter Schichten stehen in engem Zusammenhang zu ihrer Struktur und ihrer Verankerung im Substrat durch die Interfaceschicht. So ist eine wichtige Eigenschaft ihre gegenüber dem Aufdampfen erhöhte Haftfestigkeit [7.10; 7.24]. Ein charakteristisches Beispiel sind ionenplattierte Ag-Schichten von 12...50 µm Dicke auf rostfreiem Stahl mit einer Haftfestigkeit von 300 N mm^{-2} [7.10]. Noch größer ist die Haftfestigkeit einer 1,7 µm dicken TiN-Schicht auf rostfreiem Stahl: Bei einem Bruchtest reißt der Stahl, der also weniger fest als die Interfacezone ist [7.24a].

Wie Strukturuntersuchungen erkennen lassen, wirkt das Teilchenbombardement erhöhend auf die Dichte der Schicht [7.25], im Fall von Tantal als Schichtmaterial z.B. um 10% [7.26]. Damit verbessern sich gegenüber dem Aufdampfen auch die Abriebfestigkeit [7.27-7.29], die Härte [7.30] und die Zugfestigkeit [7.10] der Schichten.

Ein weiterer Vorteil des Ionenplattierens gegenüber anderen Beschichtungsverfahren ist die gleichmäßigere Bedeckung nichtebener Substrate [7.26; 7.31]. Ursachen hierfür sind die Streuung der Teilchen am Gas, die teilweise Wiederzerstäubung und die Rückstreuung zum Substrat. So können Teile der Substratfläche beschichtet werden, die gegen den direkten Dampfstrom abgeschirmt sind, wie Vertiefungen oder sogar die Rückseite durchbrochener Substrate [7.32; 7.33].

Aufgrund der gleichmäßigeren Bedeckung und der höheren Dichte haben ionenplattierte Schichten unter sonst gegebenen Bedingungen auch eine geringere Porosität als aufgedampfte Schichten [7.34]. Dies ist für die Herstellung von Korrosionsschutzschichten [7.35-7.37, elektrischen Kontakten [7.29; 7.31; 7.38] und optischen Vergütungen [7.31; 7.35; 7.39] von Bedeutung.

Schließlich ist für die Anwendung auch die Tatsache von Interesse, daß das Ionenbombardement den Einbau an sich nicht löslicher Komponenten in die Schicht ermöglicht, so z.B. von Helium in Gold [7.34] oder von Phosphor oder Lithium in Zinkselenid [7.40].

7.2.5 Reaktives Ionenplattieren (RIP)

Beim RIP-Prozeß wird zusätzlich zum Argon ein reaktives Gas (N_2, O_2, C_2H_2 etc.) in den Rezipienten (Abb. 7.1) eingelassen, so daß Reaktionsprodukte aus dem Verdampfungsgut und diesem Gas in Form von Nitriden, Oxiden bzw. Karbiden abgeschieden werden. Die Oberflächenreaktion wird dadurch aktiviert, daß Gase und Dämpfe im Plasma angeregt, ionisiert und dissoziiert werden, die Reaktionsgase also in atomarer Form vorliegen und durch Umladung energiereiche Neutralteilchen entstehen [7.41; 7.42]. Der besondere Vorteil des RIP-Prozesses gegenüber dem aktivierten Aufdampfen (ARE, Abschn. 5.2.7.5) besteht in folgendem: Da der ARE-Prozeß ohne Ionenbeschuß des Substrats arbeitet, erfordern der Ablauf der vollständigen Reaktion und die Bildung einer dichten Schicht erhöhte Substrattemperaturen. Diese betragen z. B. bei der Herstellung von Hartstoffschichten aus TiN oder TiC etwa 800 °C, beim RIP-Prozeß hingegen nur etwa 300 °C. Das bedeutet, daß beim Aufbringen einer harten Oberfläche auf Werkzeugstähle durch RIP die Temperatur des Werkzeuges unterhalb seiner Anlaßtemperatur gehalten und jede Gefahr für Form und Festigkeit vermieden wird.

Das Reaktionsgas muß in ausreichender Menge angeboten werden. Seine Stoßrate an der Substratoberfläche muß mindestens so groß sein wie die des Dampfes. Andererseits zeigt die Erfahrung, daß z. B. der N_2-Druck bei der Herstellung von TiN-Schichten nicht zu hoch sein darf, weil sonst die Reaktion zum Teil in der Gasphase erfolgt und eine lockere, poröse Schicht entsteht. Günstige Bedingungen für eine Anordnung nach Abb. 7.1 sind: N_2-Druck 0,2 Pa, Ar-Druck 0,8 Pa, Substrattemperatur 200...300 °C, Aufwachsrate 0,2...0,5 µm min^{-1} [7.43]. Ähnlich liegen die Verhältnisse beim Herstellen von Schichten aus Tantalnitrid [7.29], Indiumoxid [7.29], Siliziumnitrid [7.44] und Titankarbid [7.28].

7.3 Ausführungsformen von Ionenplattier-Anlagen

Im Hinblick auf die technische Anwendung war es das Ziel der technischen Entwicklung, eine hohe Depositionsrate, einen geringen Gehalt an Fremdatomen und eine möglichst dichte Struktur der Schicht zu erreichen. Um diese Forderungen zu erfüllen, müssen eine große Verdampfungsrate und ein hoher Ionisationsgrad des Dampfes bei möglichst geringem Druck des Zusatzgases erzielt werden.

Die im folgenden diskutierten Ausführungsformen von IP-Anlagen unterscheiden sich im wesentlichen durch die Methode, mit der die Ionen bzw. das Plasma zur Aktivierung des Beschichtungsvorganges erzeugt werden. Die Methoden, die den genannten Forderungen am besten entsprechen, und daher für die Anwendung große Bedeutung erlangt haben, sind:

- der Hohlkathoden-Bogen (Abschn. 7.3.8),
- der Niedervolt-Bogen (Abschn. 7.3.9),
- der nichtstationäre thermische Bogen (Abschn. 7.3.10),

7.3 Ausführungsformen von Ionenplattier-Anlagen

- der Elektronenstrahl-Verdampfer mit DC-Hilfsentladung (Abschn. 7.3.5),
- das elektronenstrahl-induzierte Plasma (Abschn. 7.3.6),
- Magnetron-Entladungen (Abschn. 7.3.7), und für spezielle Anwendungen
- die Ionen-Cluster-Strahl (ICB)-Methode (Abschn. 7.3.11).

Eine aussichtsreiche, wenn auch aufwendige Methode dürfte die des Plasmastroms (Abschn. 7.3.4) sein. Weniger für die Praxis als viel mehr für Forschung und Entwicklung sind die Methoden der Glimmentladung, der separaten Ionenquelle und der HF-Entladung (Abschn. 7.3.1 bis 7.3.3) von Bedeutung.

7.3.1 Ionenplattieren mit DC-Glimmentladung

Die einfachste Einrichtung zum Ionenplattieren ist die von Mattox [7.2] angegebene Anordnung mit einem widerstandsbeheizten Verdampfer und einer DC-Glimmentladung, Abb. 7.1a. Das Substrat ist als Kathode der Entladung geschaltet, und als Anode dient vielfach die geerdete metallische Vakuumkammer. Der Druck des Füllgases (Argon) wird so eingestellt, daß sich vor dem Substrat nur der Kathodenfallraum, das negative Glimmlicht und der Faradaysche Dunkelraum ausbilden, eine positive Säule aber nicht auftritt. Man kann zwei Fälle unterscheiden:

1. Niedrige negative Substratspannung $|U_s| \leqq 1$ kV: Vor dem Substrat bildet sich ein normaler bzw. schwach anomaler Kathodenfall aus. Das Substrat wird von Neutralteilchen mit thermischer Energie und Ionen mit einer der Kathodenfallspannung und

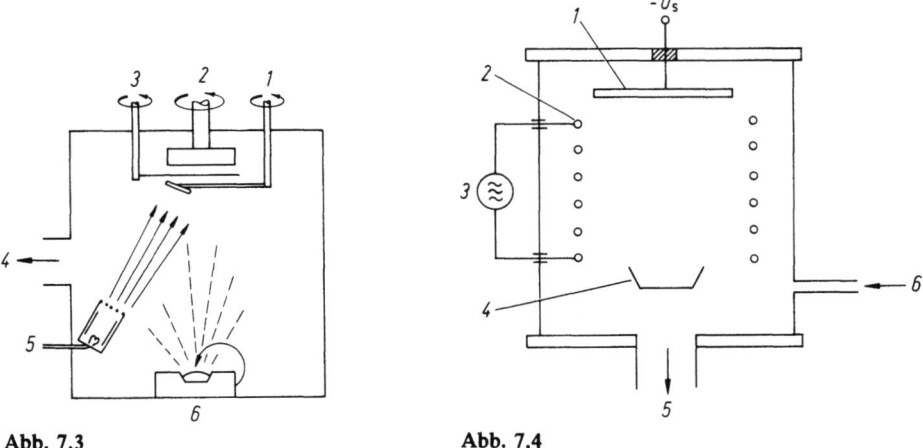

Abb. 7.3.

Abb. 7.4.

Abb. 7.3. Ionenplattieren im Hochvakuum mit separater Ionenquelle [7.52].
1 Ionensonde, *2* Substrathalter, *3* Blende, *4* Vakuumpumpe, *5* Ionenquelle, *6* Verdampfer

Abb. 7.4. Ionenplattieren mit Hochfrequenz-Entladung [7.58].
1 Substrathalter, *2* HF-Spule, *3* HF-Generator, *4* Verdampfer, *5* Vakuumpumpe, *6* Gaseinlaß

dem Druck entsprechenden Energie getroffen. Die Energieverteilung der Ionen kann nach [7.9], und ihre Stromdichte nach [7.45; 7.46] berechnet werden.

2. Hohe negative Substratspannung $|U_s| \geq 1$ kV: Vor dem Substrat entsteht ein anomaler Kathodenfall, in dem die Umladung zwischen Ionen und Neutralen von besonderer Bedeutung ist. Auf das Substrat treffen außer beschleunigten Ionen energiereiche Neutrale, deren Wirkung auf die Substratoberfläche in [7.7] diskutiert ist.

Mit der Anordnung Abb. 7.1a kann nur ein relativ kleiner Ionisationsgrad des Dampfes von 0,1...1 % erzielt werden, und der relativ hohe Druck (≈ 5 Pa) wirkt sich ungünstig auf die Schichteigenschaften aus [7.47].

Elektronenstrahl-Verdampfer geben die Möglichkeit, auch refraktäre Materialien mit großer Rate zu verdampfen. Da die Glühkathode der Elektronenkanone einen Druck $p < 0,1$ Pa, die Glimmentladung aber einen Druck $p > 1$ Pa erfordert, arbeitet man mit differentiell gepumpten Vakuumräumen. So wird die Axialkanone mit 90° Strahlumlenkung nach Abb. 7.1b durch eine eigene Pumpe evakuiert [7.48-7.51], während die 270°-Transversalkanone, wie im Beispiel Abb. 7.7 gezeigt, durch eine Druckstufe vom Arbeitsraum getrennt ist [7.42].

7.3.2 Ionenplattieren im Hochvakuum mit separater Ionenquelle

Bei dieser Methode werden die auf das Substrat wirkenden Dampf- und Ionenstrahlen in getrennten Räumen erzeugt, Abb. 7.3 [7.52]. Das Substrat und die Dampfquelle befinden sich im Hochvakuum. Aufgrund des geringen Druckes gibt es praktisch keine Wechselwirkung zwischen Ionen und Dampf in der Gasphase, und auch keine Rückwirkung zwischen Ionenquelle und Verdampfer. Es kann beispielsweise eine Ionenquelle nach Kaufman [7.53; 7.54], nach Penning [7.55] oder nach von Ardenne [7.56] eingesetzt werden. Das Verfahren, mit dem sich der Einfluß eines Ionenbombardements definierter Energie und Stromdichte auf Wachstum und Eigenschaften der entstehenden Schichten untersuchen läßt, ist vor allem für die Forschung von Interesse [7.57]. Dies gilt insbesondere dann, wenn Ionenquellen verwendet werden, mit denen auch das Schichtmaterial in Form eines Ionenstrahls aufgetragen werden kann [7.53; 7.54; 7.56a].

7.3.3 Ionenplattieren mit HF-Entladung

Der Beschichtungsprozeß kann auch durch ein HF-Plasma aktiviert werden, das durch ein hochfrequentes (z. B. 13,56 MHz) elektrisches Wirbelfeld im Inneren einer Spule erzeugt wird, die sich zwischen Verdampfer und Substrat befindet, Abb. 7.4 [7.58]. Der Verdampfer wird durch direkten Stromdurchgang oder HF-Induktion geheizt.

Wird das Substrat gegenüber der geerdeten metallischen Kammer negativ vorgespannt, so wirkt das System Substrat/Kammer wie eine Doppelsonde: Zum Substrat fließt ein Ionenstrom, der durch einen gleich großen Elektronenstrom zur Kammerwand kompensiert wird. Das Substrat ist vom Plasma durch eine positive Raumladungsschicht getrennt, die bei niedriger Substratspannung $|U_s| < 1$ kV annähernd eine Debye-Länge (4.22) weit in das Plasma eindringt, und bei höheren $|U_s|$ entsprechend weiter. Die Ionenstromdichte ergibt sich nach der Theorie von Bohm (4.25). Auf diesem Mechanismus beruht auch der Stromtransport zum Substrat bei allen folgenden plasmaaktivierten Beschichtungsprozessen.

Mit der Anordnung nach Abb. 7.4 hat Murayama [7.58] durch reaktives Ionenplattieren In_2O_3-, TiN- und TaN-Schichten auf Glas bei Drücken kleiner als 0,1 Pa hergestellt. Die Methode blieb bisher auf Anwendungen im Laboratorium beschränkt.

Zwei weitere HF-Anwendungen sind von Interesse:

1. Um das IP eines isolierenden Substrats bzw. das Auftragen einer isolierenden Schicht zu ermöglichen, kann bei allen plasmaaktivierten IP-Prozessen das gegenüber der Dampfquelle negative Potential am Substrat durch einen kapazitiv angekoppelten HF-Generator von z. B. 13,56 MHz erzeugt werden. So haben Machet et al. [7.59] mit widerstandsbeheizten Verdampfern transparente, elektrisch leitende In-Sn-Oxid (ITO)-Schichten auf Glas durch separates Verdampfen von In und Sn in O_2 erzeugt. Ebenfalls ITO-Schichten haben Ridge et al. [7.60; 7.61] durch RIP auf Plastikfolien hergestellt, die dabei im quasi-kontinuierlichen Verfahren von einer Vorratsspule zur anderen umgespult wurden. Als Dampfquelle diente ein planares Magnetron mit einem In/Sn-Target.

2. Auch HF-geheizte Dampfquellen, mit denen hohe Depositionsraten (10...20 µm min^{-1} Al und Al_2O_3) beim IP- bzw. RIP-Prozeß erzielt wurden, haben sich bewährt [7.62]. Schwierigkeiten, die sich bei der sonst üblichen Frequenz von 450 kHz ergaben, konnten durch Senkung auf 75 kHz überwunden werden [7.63; 7.64].

7.3.4 Ionenplattieren mit Plasmastrom

Dieses besonders aufwendige Verfahren ist schematisch in Abb. 7.5 dargestellt [7.64a]. Eine Mikrowellenentladung erzeugt ein Plasma, das in einer Mischkammer mit einem

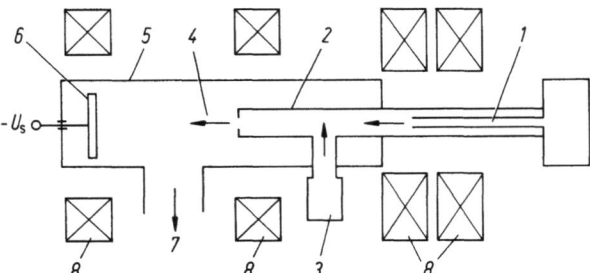

Abb. 7.5. Ionenplattieren mit Plasmastrom [7.64a]. *1* Mikrowellen-Entladung, *2* Mischkammer, *3* Verdampfer, *4* Mischplasmastrom, *5* Vakuumkammer, *6* Substrathalter, *7* Vakuumpumpe, *8* Magnetspule

Gas und/oder Dampf aus einem Verdampfer versetzt wird. Das so gebildete Mischplasma strömt durch eine Öffnung in eine Vakuumkammer und beschichtet das negativ vorgespannte Substrat. Ein longitudinales Magnetfeld dient zur Führung des Plasmas. Das Verfahren ist auch für die reaktive Beschichtung geeignet.

7.3.5 Ionenplattieren mit Triodenanordnung

Im Raum zwischen Dampfquelle und Substrat wird eine unselbständige Entladung mit einer Glühkathode aufrechterhalten, Abb. 7.6 [7.65; 7.65a]. Die Vorteile dieser Entladung gegenüber der Glimmentladung bestehen in einem geringeren Arbeitsdruck (<0,1 Pa), einer geringeren Kathodenfallspannung, einer höheren Ladungsträgerdichte im Plasma der positiven Säule und damit einem höheren Ionisationsgrad im Dampfstrom. Das Substrat erhält gegenüber der geerdeten Kammer ein negatives Potential U_s. Da bei dem relativ niedrigen Druck die Ionen in der Raumladungsschicht zwischen Plasma und Substrat praktisch keine Zusammenstöße erleiden, ist ihre Energie beim Auftreffen auf das Substrat (von der überlagerten Maxwell-Verteilung abgesehen) durch die Potentialdifferenz zwischen Plasma und Substrat gegeben.

Mit der Anordnung nach Abb. 7.6 erhielten Teer et al. [7.4; 7.65] am Substrat Ionenstromdichten von mehr als 3 mA cm^{-2}, einen Ionisationsgrad des Dampfes von mehr als 3% und eine auf das Substrat übertragene spezifische Leistung von bis zu 25 W cm^{-2}. Der Druck konnte auf einige 10^{-2} Pa gesenkt werden. Unter Anwendung einer 270°-Elektronenkanone wurden Schichten hoher Dichte aus Metallen und Legie-

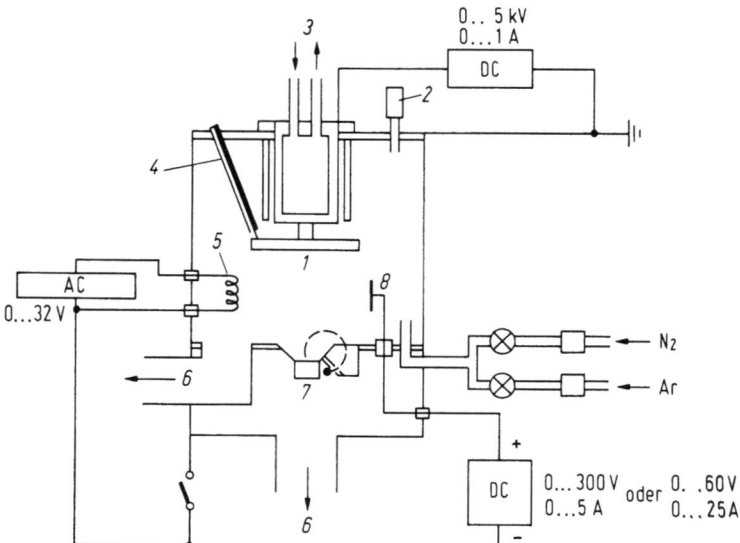

Abb. 7.6. Ionenplattieren mit Triodenanordnung [7.65]. *1* Substrat, *2* Druck-Meßzelle, *3* Wasserkühlung, *4* Thermoelement, *5* Glühkathode der Hilfsentladung, *6* Vakuumpumpe, *7* Transversal-Elektronenkanone, *8* Anode der Hilfsentladung ● Spannung am Substrat 0...5 kV

7.3 Ausführungsformen von Ionenplattier-Anlagen

rungen (CoCrAlY) sowie reaktiv bei einer Substrattemperatur $T_s = 300\,°C$ hergestellte TiN-Schichten erhalten.

Ähnliche Ergebnisse wurden mit einer Variante zu dieser DC-Hilfsentladung erzielt [7.66]: Das in einer Nebenkammer durch eine Entladung mit Glühkathode erzeugte Plasma diffundiert durch eine gitterförmige Anode in den Raum zwischen Substrat und Dampfquelle.

7.3.6 Ionenplattieren mit elektronenstrahl-induziertem Plasma

Bei Anwendung eines Elektronenstrahlverdampfers kann durch Wechselwirkung der Elektronen mit dem Dampf des Schichtmaterials sowie dem Zusatzgas ein Plasma erzeugt werden, und zwar durch:

1. Stoßionisation durch die Strahlelektronen,
2. Stoßionisation durch die am Verdampfungsgut und im Gasraum ausgelösten Sekundärelektronen, und
3. Anregung von Langmuir-Schwingungen.

Zu 1: Ein Elektronenstrahl der Stromstärke I_e und der Geschwindigkeit v_e erzeugt in einem Gas der Teilchenanzahldichte n_0 auf der Strecke L den Ionenstrom $I_i = I_e L \langle \sigma(v_e) n_0 \rangle = I_e L / \bar{l}_e$, wobei σ und $\bar{l}_e$ den Wirkungsquerschnitt für Ionisation bzw. die mittlere freie Weglänge der Elektronen bedeuten.

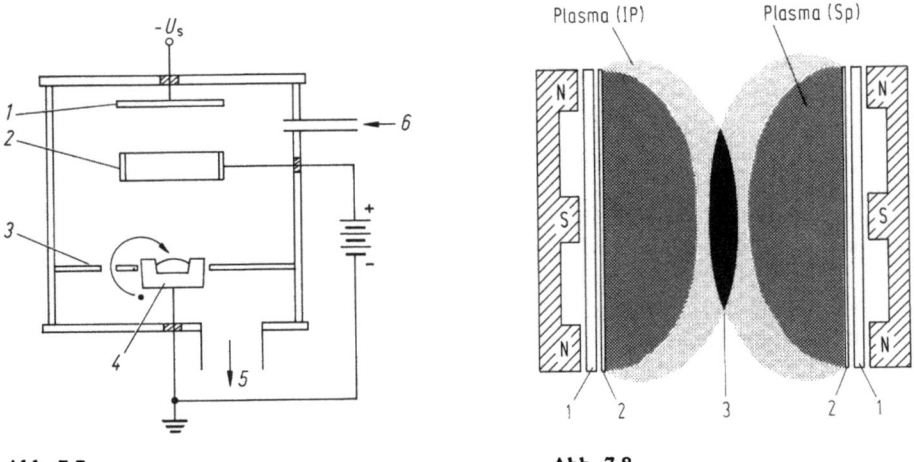

Abb. 7.7.   Abb. 7.8.

Abb. 7.7. Ionenplattieren mit elektronenstrahl-induziertem Plasma. *1* Substrat, *2* Ringelelektrode, *3* Druckstufe, *4* Elektronenstrahlverdampfer, *5* Vakuumpumpe, *6* Gaseinlaß

Abb. 7.8. Ionenplattieren mit planaren Magnetrons in Doppelkathoden-Anordnung [7.70]. *1* Anode: geerdet, *2* Sputtertarget: $U_T = -460\,V$, *3* Substrat: $U_s = -250\,V$. Schematisch dargestellt ist die Plasmakonfiguration für die beiden Fälle: Ionenplattieren (IP) und Sputtern (Sp)

Zu 2: Die Zahl der durch Sekundärelektronen erzeugten Ladungsträgerpaare ist eine Funktion des Sekundäremissionskoeffizienten des Verdampfungsgutes, der Ionisierungsfunktion der beteiligten Dämpfe und Gase sowie der Dichte und Geschwindigkeitsverteilung der Elektronen.

Zu 3: Erreicht die Ladungsträgerkonzentration einen bestimmten kritischen Wert, so kann durch Anfachung von Langmuir-Oszillationen zwischen Plasma und Elektronenstrahl eine starke Wechselwirkung auftreten, die sich in einer drastischen Zunahme des Ionisationsgrades und der Elektronentemperatur äußert [7.67].

Die Zahl der ionisierenden Stöße und damit die Ladungsträgerdichte im Plasma kann beträchtlich erhöht werden, indem zwischen Dampfquelle und Substrat eine positiv vorgespannte Ringelektrode angebracht wird, Abb. 7.7 [7.68]. Bei den relativ niedrigen Arbeitsdrücken von einigen 10^{-2} Pa pendeln die Elektronen viele Male durch den Ring hin und her, ehe sie von ihm aufgenommen werden, so daß die Ionisierungsausbeute entsprechend steigt. Kobayashi et al. [7.68] berichten über reaktiv bei $T_s = 500\,°C$ hergestellte TiN- und TiC-Schichten, die hinsichtlich abrasivem Verschleiß den auf andere Weise erzeugten Schichten nicht nachstehen.

7.3.7 Ionenplattieren mit Magnetron-Sputtertarget

Wird beim Ionenplattieren ein Magnetron-Sputtertarget als Materialquelle verwendet, so besteht die Schwierigkeit, auch das Substrat mit dem Plasma in eine für die Aktivierung des Beschichtungsvorganges ausreichende Wechselwirkung zu bringen, d. h. die hierzu erforderliche Leistung von $1\ldots25\,\text{W cm}^{-2}$ auf das Substrat zu übertragen [7.69]. Bei einem planaren Magnetron-Sputtertarget üblicher Bauart ist das Plasma nämlich auf einen relativ engen Bereich von z. B. 25 mm Höhe über der Targetoberfläche beschränkt. Auf eine etwa in 50 mm Höhe angeordnete Substratfläche geht dann bei $-U_s = 1\ldots2$ kV wegen der großen Distanz zum Plasma nach dem Raumladungsgesetz (4.26) kein ausreichender Strom über. Um die erforderliche Wechselwirkung sicherzustellen, muß das Plasma bis an das Substrat heranreichen. Dies läßt sich durch geeignete Wahl der Betriebsparameter des Magnetrons erreichen: Nach den Gesetzen der Teilchenbewegung im Magnetfeld (Kap. 4) dehnt sich der Plasmabereich über dem Sputtertarget um so weiter aus, je geringer bei gegebenem U_s die magnetische Induktion B und je größer die elektrische Feldstärke E über dem Target, d. h. je größer die diesem zugeführte Leistung P ist. Zu den beiden Möglichkeiten: Erniedrigung von B und Erhöhung von P folgt je ein Ausführungsbeispiel.

Münz et al. [7.70; 7.70a] erniedrigten die magnetische Induktion B über dem Titan-Target eines serienmäßigen planaren Magnetrons von 0,07 auf 0,02 T. Um auch nichtebene Bauteile gleichmäßig beschichten zu können, wurden zwei dieser Magnetrons (Fläche: 430 cm^2) im Abstand von 120 mm parallel zueinander angeordnet, und in der Mitte davon das Substrat (Fläche: 140 cm^2). Abbildung 7.8 zeigt schematisch die ursprüngliche Plasmakonfiguration (zum Sputtern) und die modifizierte zum Ionenplattieren. Es wurden durch den reaktiven Prozeß TiN-Schichten unter den folgenden Bedingungen hergestellt: N$_2$-Druck 0,06 Pa; Leistung pro Target $P = 4,6$ kW, d. h.

$I = 10$ A bei $U_T = -460$ V (gegen Erde); Leistung am Substrat $P = 0,5$ kW, d. h. $I_s = 2$ A bei $U_s = -250$ V bzw. 3,6 W cm^{-2}. Die Mikrohärte der TiN-Schichten beträgt $3 \cdot 10^4$ N mm^{-2}. Durch Variation von U_s und I_s können Substrattemperaturen zwischen 50 und 600 °C hergestellt werden.

Schiller et al. [7.71] benutzten ein planares Magnetron mit einem Cu-Target und steigerten die diesem zugeführte Leistung so weit, daß das (in einem gekühlten Tiegel untergebrachte) Kupfer schmolz und die Entladung im Cu-Dampf brannte. Unter diesen Bedingungen betrug die Sputterrate 0,7 g min^{-1}, die Verdampfungsrate 8 g min^{-1} und der auf ein ebenes Substrat bei $U_s = -100$ V fließende Strom $I_s = 2$ A. Daraus ergibt sich ein Ionisationsgrad des Dampfes von etwa 1 %.

7.3.8 Ionenplattieren mit Hohlkathoden-Bogenentladung

Es gibt zwei Arten von Plasma-Elektronenkanonen, die anstelle der Elektronenkanonen mit Glühkathode zum Verdampfen des Beschichtungsmaterials verwendet werden können:

1. Die Elektronenkanone mit Hohlkathoden-Glimmentladung [7.72], aus der die Elektronen mit einer relativ hohen Spannung von 5...20 kV extrahiert werden. Eine Anwendung auf das Ionenplattieren ist in [7.32] beschrieben. Eine weit größere Bedeutung aber hat
2. die Elektronenkanone mit Hohlkathodenbogen (hollow cathode discharge (HCD)-electron gun) nach Morley [7.73; 7.74], die bei dem IP-Verfahren der Firma Ulvac eingesetzt wird, Abb. 7.9 [7.75].

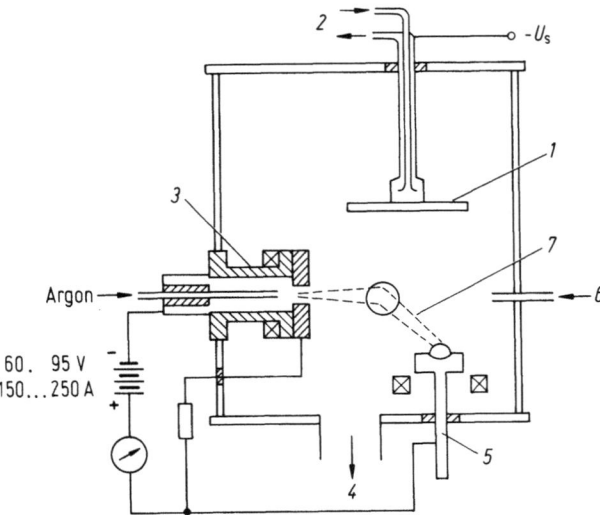

Abb. 7.9. Ionenplattieren mit Hohlkathoden-Entladung (HCD-Technik) [7.74; 7.75]. *1* Substrathalter, *2* Kühlwasser, *3* Hohlkathodenentladung im longitudinalen Magnetfeld, *4* Vakuumpumpe, *5* wassergekühlter Cu-Tiegel, *6* Reaktionsgas, *7* Elektronenstrahl

Bei dieser Elektronenkanone wird eine rohrförmige, von einem inerten Gas (Argon) durchströmte Hohlkathode, die sich in einem longitudinalen Magnetfeld befindet, an eine Niederspannungs-Hochstrom-DC-Quelle angeschlossen. Nach Zündung der Entladung, ggf. mit einem HF-Impuls, wird aus dem Plasma über eine Blende ein Elektronenstrom extrahiert und auf das Verdampfungsgut gelenkt. Durch Elektronenstoß erzeugte Ionen treffen auf die Austrittsblende der Hohlkathode und heizen sie auf, so daß der Elektronenstrom durch thermionische Emission verstärkt wird. Einige Daten hierzu [7.74]: Kathode aus einem Tantalrohr von 12,5 × 7,8 mm, Elektronenstrom 150...250 A, Beschleunigungsspannung 60...95 V, Leistung 12...14 kW, Druck in der Vakuumkammer $6 \cdot 10^{-2}$ Pa, Brennfleckdurchmesser auf dem Tiegel 10 mm.

Bei ihrem Einsatz in IP-Anlagen haben HCD-Elektronenkanonen gegenüber thermionischen folgende Vorteile:

1. Da sie mit einer Beschleunigungsspannung arbeiten, die dem Maximum der Ionisierungskurve entspricht, wird der Anteil an Dampfionen im Dampfstrom bis auf mehr als 40 % erhöht [7.75].
2. HCD-Elektronenkanonen können, da sie keine Glühkathode haben, bei höheren Drücken als thermionische arbeiten, und
3. sie verursachen geringere Investitionskosten wegen der geringeren Beschleunigungsspannung.

Dem stehen als Nachteile gegenüber: Geringere Leistungsdichte und damit kleinere Verdampfungsrate bei gegebener Leistung, sowie das Zerstäuben der Hohlkathode.

Interessant ist eine Analyse der Wärmebelastung des Substrats unter folgenden Versuchsbedingungen [7.75]: Verdampfungsmaterial Cr, Depositionsrate 0,13 µm min^{-1}, Substratspannung $U_s = -100$ V, Cr-Ionenstromdichte 0,29 mA cm^{-2}, Ar-Ionenstromdichte 0,34 mA cm^{-2}, Distanz Verdampfer-Substrat 150 mm, Druck im Arbeitsraum <0,1 Pa, Elektronenstrahl: 45 V, 70 A, 10 mm Durchmesser. Unter diesen Bedingungen wird dem Substrat der größte Teil an Energie durch Kondensationswärme und Strahlung der Dampfquelle (beides zusammen 63,8 %) zugeführt. Es folgen dann die Anteile durch Ar-Ionen (13,4 %), Dampfionen (11,4 %) und energiereiche Neutrale (Dampf 9,8 %, Argon 1,6 %).

Ähnlich liegen die Wärmebelastungen beim Beschichten mit Ag, Cu und Quarz. Auch das reaktive Beschichten mit Karbiden und Nitriden von Cr, Ti etc. wird mit gutem Erfolg durchgeführt [7.76-7.78].

7.3.9 Ionenplattieren mit Niedervolt-Bogenentladung

Bei diesem Verfahren der Firma Balzers wird aus einer Niedervolt-Bogenentladung mit Glühkathode und longitudinalem Magnetfeld über eine Blende ein Elektronenstrahl von z. B. 140 A mit geringer Beschleunigungsspannung (≈ 70 V) extrahiert, Abb. 7.10 [7.79; 7.24a]. Der Elektronenstrahl mit einer Leistungsdichte von etwa 10 kW cm^{-2} trifft auf das in einem wassergekühlten Tiegel untergebrachte Verdampfungsgut. Der entstehende Dampf wird zu etwa 50 % ionisiert, und es fließen zum auf

7.3 Ausführungsformen von Ionenplattier-Anlagen 135

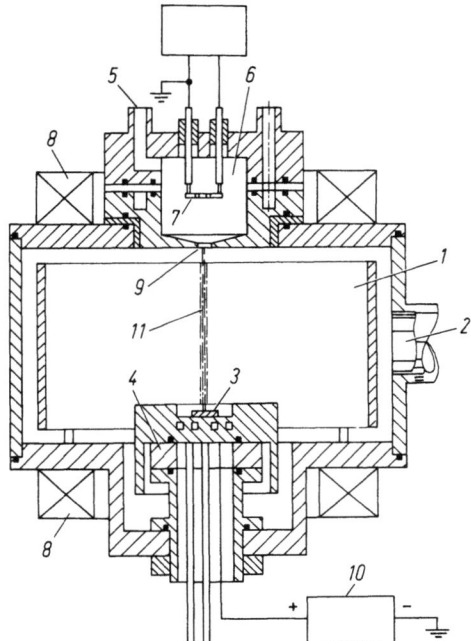

Abb. 7.10. Ionenplattieren mit Niedervolt-Bogenentladung [7.79].
1 Substrathalter,
2 Pumpenöffnung,
3 Anode mit Verdampfungsgut,
4 wassergekühlter Tiegel,
5 Gaseinlaß,
6 Niedervoltentladung,
7 Glühkathode,
8 Magnetspule,
9 Elektronenaustrittsblende,
10 Stromversorgung,
11 Elektronenstrahl

−200 V vorgespannten, zylindrischen Substrathalter Ionenströme von 15...30 A. Auch dieses Verfahren, das bei etwa 0,5 Pa Druck im Beschichtungsraum arbeitet, eignet sich ausgezeichnet zur reaktiven Abscheidung harter, gut haftender TiN- und anderer Schichten auf Stählen und Werkzeugen [7.80–7.83a].

7.3.10 Ionenplattieren mit thermischem Bogen (Arc-Verdampfung)

Seit kurzem wird eine seit langem bekannte Form des thermischen (oder Licht-) Bogens, der kathodisch nichtstationäre Bogen [7.84] benutzt, um Metalle zu verdampfen, ihren Dampf zu ionisieren und damit den IP-Prozeß auszuführen [7.85–7.88]. Diese Dampfquelle wird von den Firmen Multi-Arc und Vac-Tec in den USA für Beschichtungen mit Hartstoffen, wie TiN etc., eingesetzt, Abb. 7.11.

Nach seiner Zündung brennt der nichtstationäre Bogen zwischen dem zu verdampfenden Material (Kathode) und der beispielsweise trichterförmigen Anode in Form von ständig über die Kathodenoberfläche sich bewegenden Brennflecken, von denen auch mehrere gleichzeitig auftreten können. Aufgrund der hohen Energiedichte in der Größenordnung $10^7\,\text{W}\,\text{cm}^{-2}$ wird im Bereich der Brennflecken Material verdampft oder auch in Form von Tröpfchen emittiert. Im Augenblick der Zündung herrschen an der Kathode Feldstärken von $10^7...10^8\,\text{V}\,\text{cm}^{-1}$, so daß Feldelektronen emittiert werden, die den Metalldampf ionisieren. Andererseits ermöglichen die zur Kathode strömenden Ionen durch ihre Raumladung, daß dieses hohe Feld und damit die Feldelek-

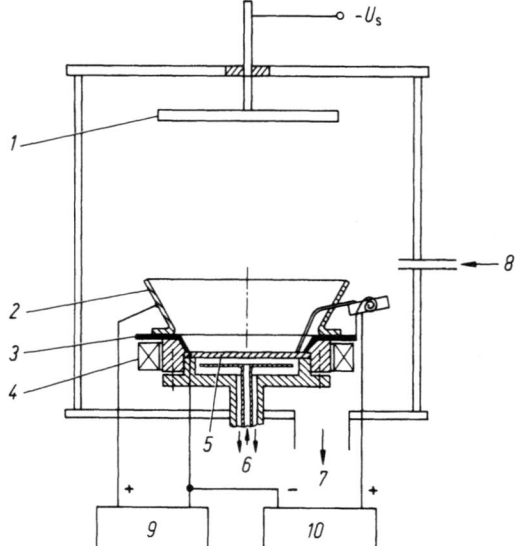

7.11. Ionenplattieren mit thermischer Bogenentladung (Arc-Technik).
1 Substrathalter,
2 Anode,
3 Isolator,
4 Magnetspule,
5 Kathode,
6 Kühlwasser,
7 Vakuumpumpe,
8 Reaktionsgas,
9 Stromversorgung,
10 Funkengenerator

tronenemission aufrechterhalten bleibt. Der Bogen kann daher auch im Hochvakuum betrieben werden.

Ein Hauptziel der Entwicklung war es, den Anteil und die Größe der Metalltröpfchen zu reduzieren. Heute ist es möglich, praktisch „tropfenfreie" Schichten abzuscheiden [7.89; 7.89a]. Typische Betriebsbedingungen lauten: 50...150 A Entladungsstrom bei 15...30 V Gleichspannung. Der Ionisierungsgrad des Dampfes wird für niedrigschmelzende Metalle mit etwa 25% und für refraktäre Metalle mit mehr als 50% angegeben. Bei kompliziert geformten Werkstücken wird eine Vielzahl von einzelnen Bogenverdampfern gleichzeitig verwendet (Multi-Arc-Anordnung), um eine allseitig gleichmäßige Beschichtung zu erzielen.

7.3.11 Ionenplattieren mit Ionen-Cluster-Strahl

Die Ionized Cluster Beam (ICB)-Technik wurde von Takagi et al. [7.90] entwickelt. Das Verfahren beruht darauf, daß aus 500...2 000 Atomen bestehende Cluster ionisiert werden und in den einfach geladenen Clustern ein kleines Verhältnis Ladung/Masse vorliegt. Die Cluster entstehen durch homogene Kondensation bei der adiabatischen Expansion des aus der Düse eines Tiegels austretenden Dampfes, Abb. 7.12. In dem direkt oder auch durch Elektronenbombardement geheizten Tiegel herrscht ein Druck $p = 1$ bis einige 100 Pa, und in der Kammer ein Hochvakuum. In der Düse von etwa 1 mm Durchmesser und 1 mm Länge besteht eine Kontinuumströmung, wie sie für die Teilchen-Wechselwirkung erforderlich ist. Von den zunächst neutralen Clustern, die mit etwa 100 eV Energie austreten, wird ein Teil (je nach den Bedingungen: 5...35%) durch Elektronenstoß in einer Hilfsentladung quer zur Dampfströmung ionisiert und

7.4 Anwendungen des Ionenplattierens

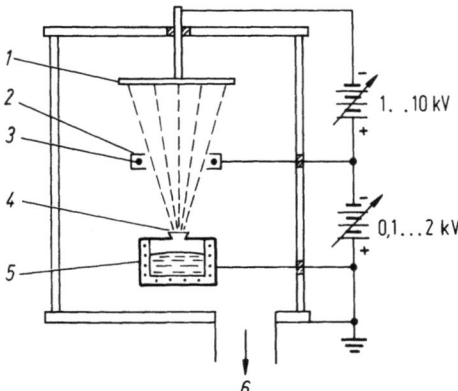

Abb. 7.12. Ionenplattieren mit Ionen-Cluster-Strahl (ICB-Technik) [7.90],
1 Substrathalter,
2 Beschleunigungselektrode,
3 Glühkathode,
4 Austrittsdüse,
5 Verdampfer,
6 Vakuumpumpe

dann durch die Spannung am Substrat $(0...-10\,\text{kV})$ beschleunigt. Die Substratspannung wird so gewählt, daß die nach dem Aufprall des Clusters auf das Substrat und seinem Zerfall pro Atom verfügbare Energie ausreicht, um entweder die Oberflächendiffusion der Atome ($E \approx 1$ eV) oder die Oberflächenreinigung ($E = 0{,}1...10$ eV) oder das Zerstäuben des Substrats bzw. die Bildung von Defekten und Versetzungen in der wachsenden Schicht ($E \geq 30$ eV) zu ermöglichen. Die Substrattemperatur kann zwischen Zimmertemperatur und 800 °C eingestellt werden, und die Aufwachsrate zwischen 10 nm min^{-1} und mehreren µm min^{-1}. Unter diesen Bedingungen werden Schichten definierten morphologischen Aufbaues zwischen den Extremen amorph und monokristallin erhalten [7.91; 7.92]. Da der Prozeß im Hochvakuum ausgeführt wird, werden reinere Schichten als mit dem üblichen Ionenplattieren gewonnen.

Eine Variante ist das reaktive Cluster-Ionenplattieren (reactive ionized cluster beam (RICB)-Technik) zur Herstellung von Verbindungen zwischen Dampf und Reaktionsgas, dessen Druck auf Werten kleiner als 10^{-2} Pa gehalten wird [7.92]. Mit den beiden Techniken ICB und RICB ist insbesondere die Herstellung epitaxialer Halbleiterschichten, die Beschichtung von Isolatoren und die mit Isolatoren möglich. Da die Schichten eine hohe Haftfestigkeit besitzen, sind sie für zahlreiche elektronische, optoelektronische und magnetische Anwendungen geeignet. Allerdings ist die Anwendung auf solche Materialien beschränkt, die sich aus einem Tiegel verdampfen lassen.

7.4 Anwendungen des Ionenplattierens

7.4.1 Verschleißschutzschichten auf Werkzeugen und Bauteilen

Seit 1980 werden Präzisionswerkzeuge aus Schnellarbeitsstählen (HSS) und Hartmetall zum Zerspanen, Umformen und Schneiden serienmäßig durch RIP zwecks Minderung des Verschleißes mit Hartstoffschichten belegt. Die dazu verwendeten Anordnungen sind vor allem

- die Doppel-Magnetron-Sputterquelle (Abb. 7.8),
- der Hohlkathoden-Elektronenstrahl-Verdampfer (Abb. 7.9),
- der Niedervoltbogen-Verdampfer (Abb. 7.10) und
- der Arc-Verdampfer (Abb. 7.11).

Als Hartstoffschicht wird meistens Titannitrid in einer Dicke von 1...6 µm aufgebracht, daneben aber auch TiC, TiC_xN_y, CrN, TaN und W_xN_y.

Das Ionenplattieren hat gegenüber dem CVD-Verfahren zwei wesentliche Vorteile: Letzteres erfordert eine Substrattemperatur von 700...1000 °C, während das RIP unterhalb der Anlaßtemperatur (<550 °C) des Stahles und somit als letzter Arbeitsgang nach dem Schleifen und Polieren durchgeführt wird. Zum anderen ist die Depositionsrate von TiN beim RIP mit 10...150 µm h^{-1} viel höher als beim CVD mit einigen µm h^{-1}. Vergleichende Untersuchungen zeigen ferner, daß durch RIP aufgebrachte Ti-nitrid- und Ti-karbonitrid-Schichten den durch CVD erzeugten hinsichtlich Kolktiefe, Freiflächenverschleiß und Härte ebenbürtig sind [7.78; 7.93].

Als weitere Vorzüge der durch RIP aufgebrachten TiN-Schichten sind zu nennen: Hohe Schichthärte (>2·10^4 N mm^{-2}, Abb. 7.13 [7.78]), gleichmäßige und dichte Schichtstruktur, hoher Reinheitsgrad, Konturentreue und hohe Maßhaltigkeit, geringe Wärmeleitfähigkeit, gute Korrosionsbeständigkeit, gute Gleiteigenschaften und daher relativ geringe Schnittkräfte, große Haftfestigkeit.

Am ausführlichsten wurde der Einfluß der TiN-Beschichtung auf das Verschleißverhalten von Spiralbohrern untersucht. Beschichtete Spiralbohrer aus HSS-Stahl haben einen bedeutend höheren Standweg bzw. eine höhere Standzeit als unbeschichtete. Wie die Messungen in Abb. 7.14 zeigen, wird bei der normalen Schnittgeschwindigkeit von 25 m min^{-1} der Faktor 4 als Verhältnis der Standzeiten erhalten, und bei der doppelten Schnittgeschwindigkeit sogar der Faktor 8 [7.24a]. Die Messungen besagen

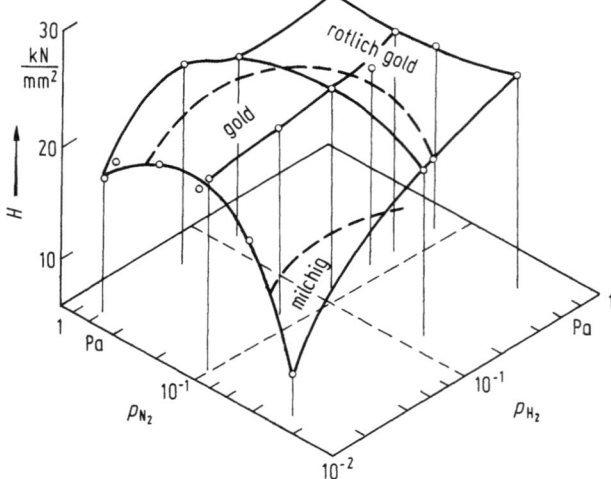

Abb. 7.13. Zusammenhang zwischen Mikrohärte H, Farbe, N_2- und H_2-Partialdruck bei der Herstellung von TiN-Schichten durch Ionenplattieren mit dem HCD-Prozeß (Abb. 7.9). Nach [7.78]

7.4 Anwendungen des Ionenplattierens

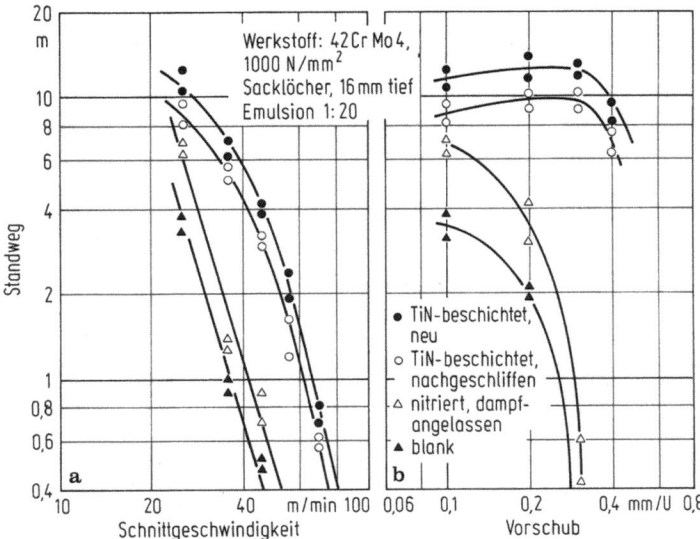

Abb. 7.14. Standweg eines Spiralbohrers in Abhängigkeit von (a) der Schnittgeschwindigkeit und (b) dem Vorschub nach TiN-Beschichtung durch Ionenplattieren mit dem Niedervoltbogen-Prozeß (Abb. 7.10), verglichen mit unbeschichteten und nitrierten Bohrern [7.24a]

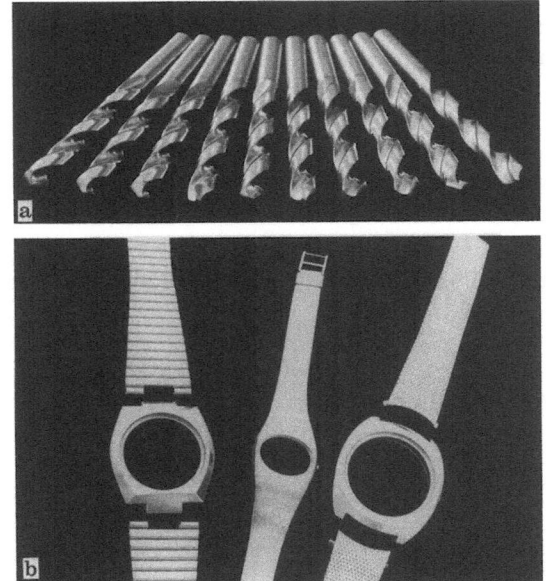

Abb. 7.15 a, b. Anwendungsbeispiele für ionenplattierte TiN-Schichten. **a** Spiralbohrer, **b** Uhrengehäuse. Werkphoto: Balzers AG

auch, daß eine gegebene Zahl von Löchern, d. h. ein gegebener Standweg, mit einem beschichteten Bohrer in der Hälfte der Zeit gebohrt werden kann, die ein unbeschichteter Bohrer benötigt. Es ist also entweder eine Steigerung des Standweges (Reduktion des Werkzeugverbrauches) oder eine Steigerung der Produktivität möglich. Letzteres setzt allerdings eine Maschine voraus, die eine Erhöhung der Schnittgeschwindigkeit oder des Vorschubes (=Bohrtiefe pro Umdrehung, Abb. 7.14b) ohne Vibrationen und erhöhtes Spindelspiel erlaubt. Die Erhöhungen des Standweges bzw. der Produktivität bleiben auch nach dem Nachschleifen (mit Korund- oder Bornitrid-Scheiben) weitgehend erhalten (offene Kreise in Abb. 7.14), da der Verschleiß hauptsächlich in der Spannut und auf der Führungsfase, aber nicht auf der Freifläche stattfindet. Einige Anwendungsbeispiele zeigt Abb. 7.15a.

Ähnliche Ergebnisse brachte auch die TiN-Beschichtung anderer Werkzeuge. Als Beispiele sind zu nennen: Gewindebohrer und Fräser [7.94-7.96], Verzahnwerkzeuge wie Schneidräder und Wälzfräser [7.97], Plan- und Kegelsenker [7.98], Reibahlen, Sägen, Stanzwerkzeuge und Kaltfließ-Preßwerkzeuge [7.99].

Auch über Werkzeuge zur Verarbeitung von Kunststoffen liegen günstige Ergebnisse vor [7.94]:

- Durch TiN-Beschichtung der Matrizen zur Herstellung von Scheinwerfer-Formkörpern erhält man ein verbessertes Fließverhalten, leichteres Ablösen der Matrize und Vermeidung von Korrosion.
- Durch TiN-Beschichtung der Preßformen für glasfaserverstärkten (GFK-)Duroplast wird der erforderliche Preßdruck um ein Drittel gesenkt und die Standzeit auf das 7fache erhöht.
- Durch TiN-Beschichtung von Hartmetallbohrern für Leiterplatten aus GFK wird die Standzeit auf das Doppelte erhöht [7.100]. Ähnliches gilt für Leiterplatten-Stanzen mit HSS-Lochstempeln.
- Die TiN-Beschichtung der Messer zum Schneiden von Polyäthylenfolien (Magnetbändern) führt auf die 3fache Standmenge. Das Gleiche gilt für das Schneiden von Gummi mit Gewebeeinlage.

Günstige Erfahrungen wurden auch mit TiN-beschichteten Messern und Sägen zur Bearbeitung von Papier bzw. Holz gemacht; und ebenso mit TiN-beschichteten Formen und Stempeln zum Pressen von Al_2O_3-Keramik [7.94].

Ein Beispiel zur Verschleißminderung an Maschinenbauteilen sind Flügelzellenpumpen, die nach TiN-Beschichtung der Flügeleinsätze einen um mehr als zwei Größenordnungen geringeren Verschleiß zeigen [7.95].

7.4.2 Minderung der Reibung von Metalloberflächen

Zur Herabsetzung der Reibung von Metalloberflächen werden außer TiC-Schichten auch ionenplattierte Schichten aus Edelmetallen (Au, Ag etwa 0,2 µm dick) [7.63; 7.101] und weichen Metallen (Pb, Sn, In, Cd) [7.102; 7.103] verwendet.

7.4.3 Fügetechnik (Bonding)

Hier wird von der großen Haftfestigkeit Gebrauch gemacht, die ionenplattierte Metallschichten selbst auf Unterlagen haben, mit denen sich das Schichtmaterial an sich nicht mischt. So konnten schwierig zu verbindende Partner, etwa Be oder Al mit rostfreiem Stahl verbunden werden, indem beide Partner zunächst durch IP eine Ag-Schicht (12...50 µm dick, HCD-ES-Quelle nach Abb. 7.9, -40 V am Substrat) erhielten und dann durch einen Festkörper-Diffusionsprozeß verschweißt wurden. Die Zerreißfestigkeit der Bindung war größer als 300 N mm^{-2} [7.104].

Durch IP gelingt es auch, hartlötfeste Schichten aus Cu auf schwierig zu verbindenden Partnern (Ta, W, Nb, Oxide) aufzubringen, und ebenso Schichten aus Cr oder Au auf Mo [7.10]. Schließlich können auch Metalle wie W, Mo, Ta und Nb, die galvanisch nicht oder nur schwierig abscheidbar sind, auf anderen Metallen durch IP mit Elektronenstrahl-Verdampfern als Schichten hoher Haftfestigkeit niedergeschlagen werden.

7.4.4 Korrosionsschutz

Vor Korrosion durch gasförmige oder flüssige Agenzien können geschützt werden:

- Stahl durch IP mit Al [7.10; 7.36; 7.105], Al_2O_3 [7.106], Cd [7.107], Cr [7.108], Ta [7.109] und Ti [7.110],
- Titan durch IP mit Al [7.111; 7.112], z. B. im Flugzeugbau anstelle von Cd wegen Versprödungsgefahr,
- Molybdän durch IP mit Si_3N_4 [7.113],
- Uran durch IP mit Al [7.114; 7.115] z. B. im Reaktorbau,
- Turbinenkomponenten durch IP mit warmfesten, etwa 100 µm dicken Legierungsschichten aus CoCrAlY oder NiCoCrAlY [7.116; 7.117],
- chirurgische Implantate aus Metall durch IP mit C [7.118] oder Ti [7.110].

7.4.5 Anwendungen in der Elektronik

Diese Anwendungen liegen auf den Gebieten:

- Kontakte aus Ag, Al, Au, Pt auf Si, Cu auf Al_2O_3, Al auf GaAs, oder In und Ga auf CdS [7.119; 7.120],
- Passivierung von Si durch Si_3N_4 [7.121],
- epitaxiales Wachstum [7.90-7.92; 7.122],
- Solarzellen durch Cluster-Ionen (ICB)-Technik und Epitaxie [7.122],
- Elektrolumineszenz-Zellen durch ICB-Technik [7.123].

7.4.6 Optische Schichten

In dieses Gebiet gehören:

- IR-reflektierende und im Sichtbaren transparente Schichten, z. B. Indium-Zinn-Oxid-Schichten, die durch reaktives HF-Ionenplattieren auf Glas oder Kunststoff-Folien niedergeschlagen werden und zur Energieeinsparung dienen [7.60; 7.61; 7.124].
- Schichten aus Cr auf Plastik [7.125-7.127],
- Schichten aus gewissen Metallen (Au, Ag, Pt, Rh und Ti [7.128]) und Verbindungen (TiN, ZrC) [7.129; 7.130] auf verschiedenen Unterlagen.

7.4.7 Dekorative goldfarbene TiN-Schichten

Goldfarbene, harte und korrosionsbeständige TiN-Schichten sind ein attraktiver Überzug für Gebrauchsgegenstände, wie z.B. Uhrengehäuse, Brillengestelle, Schmuck etc. Bei ihrer Produktion [7.80-7.83; 7.131; 7.132] kommt es weniger auf die Härte der Schicht als auf die Reproduzierbarkeit des Farbtones an, der durch die verschiedenen Prozeßparameter wie Druck, Zusammensetzung des Gasgemisches und des Beschichtungsmaterials, Substrattemperatur, Substratvorspannung und Depositionsrate gegeben ist, Abb. 7.13 [7.78] und Abb. 7.15b.

8 Chemische Abscheidung aus der Gasphase: CVD-Verfahren

8.1 Das CVD-Verfahren

Der CVD (chemical vapor deposition)-Prozeß ist ein Verfahren, bei dem chemische Reaktionen in der Gasphase bei Drücken von 0,01 bis etwa 1 bar und Temperaturen von etwa 200...2000 °C unter Zufuhr von Wärme- oder Strahlungsenergie ablaufen und dabei Festkörperprodukte und flüchtige Nebenprodukte bilden. Die einzelnen Gaskomponenten werden zusammen mit einem inerten Trägergas, meist Argon, durch die Reaktorkammer geleitet, in der die Festkörper durch eine heterogene Reaktion als Schicht oder eine homogene Reaktion als Pulver abgeschieden werden [8.1-8.1b]. Vier Reaktionstypen werden unterschieden:

1. *Chemosynthese:* Hier werden vorwiegend Halogenide durch Zufuhr reduzierender oder oxidierender Gase zur Reaktion gebracht. Ein Beispiel für eine *Reduktion* durch H_2 ist die Abscheidung von festem (s) Tantal aus dem bei 90...130 °C in den gasförmigen (g) Zustand übergehenden $TaCl_5$ [8.2]:

$$TaCl_5(g) + 5/2\, H_2(g) \xrightarrow{700-1100\,°C} Ta(s) + 5\, HCl(g).$$

Analoge Reaktionen führen zur Abscheidung von Al, B, Cr, Nb, Si, W etc. Die drei folgenden Beispiele betreffen die Erzeugung von Hartstoffschichten aus Titankarbid, Titannitrid bzw. Titankarbonitrid gemäß den Bruttoreaktionsgleichungen [8.3]

$$TiCl_4(g) + CH_4(g) + H_2(g) \xrightarrow[10-150\,\text{mbar}]{800-1000\,°C} TiC(s) + 4\, HCl(g) + H_2(g)$$

$$TiCl_4(g) + 1/2\, N_2(g) + 2\, H_2(g) \xrightarrow[10-900\,\text{mbar}]{600-1000\,°C} TiN(s) + 4\, HCl(g)$$

$$TiCl_4(g) + x\, CH_4(g) + y/2\, N_2(g) \xrightarrow[10-150\,\text{mbar}]{600-900\,°C} TiC_xN_y(s) + 4\, HCl(g).$$

Die Zugabe von H_2 bei der ersten dieser Reaktionen dient dazu, die thermische Dissoziation von CH_4 und damit die Bildung von freiem C zu verhindern. In analoger Weise werden, von Silanen statt $TiCl_4$ ausgehend, SiC- bzw. Si_3N_4-Schichten erhalten.

Durch *Oxidation* (Hydrolyse) geht die Abscheidung der ebenfalls wichtigen Hartstoffschichten aus Al_2O_3 vor sich [8.4]:

$$AlCl_3(g) + 3/2\ H_2O(g) \xrightarrow{850\,°C} Al_2O_3(s) + 3\ HCl(g).$$

Analoge Reaktionen dienen zur Abscheidung von SiO_2, SnO_2, TiO_2 etc. Bei diesen und den drei folgenden Reaktionen bewirkt Wärmezufuhr, daß sich das chemische Gleichgewicht in Richtung des festen Stoffes verschiebt.

2. *Pyrolyse* (thermische Zersetzung): Hier werden Hydride, Iodide und Karbonyle am beheizten Substrat zersetzt [8.5]. Beispiele:

$$Ni(CO)_4(g) \xrightarrow{150\,..200\,°C} Ni(s) + 4\ CO(g)$$

$$SiH_4(g) \xrightarrow{\leq 650\,°C} Si(s) + 2\ H_2(g)$$

$$CH_4(g) \xrightarrow{1200\,°C} C(s) + 2\ H_2(g).$$

Analoge Reaktionen werden zur Abscheidung von Al, Cr, Fe (aus dem Karbonyl) benutzt.

3. *Disproportionierung:* Hier zerfällt ein bei hoher Temperatur im Gleichgewicht befindliches Gas durch Temperatursenkung in verschiedene Phasen, etwa eine feste und eine gasförmige, wie dies bei der Abscheidung von Germanium aus Ge-Iodid der Fall ist [8.5]:

$$2\ GeI_2(g) \underset{T}{\rightleftharpoons} Ge(s) + GeI_4(g).$$

4. Bei der *Photopolymerisation* schließlich wird das zu beschichtende Subtrat in einer Atmosphäre von Monomeren mit UV-Licht bestrahlt [8.5].

Der CVD-Prozeß wird benutzt, um refraktäre und andere Metalle, Halbleiter, intermetallische Verbindungen, Boride, Karbide, Nitride, Oxide, Silizide und Sulfide abzuscheiden, Tabelle 8.1 und Tabellen A 7 bis A 10.

Das Verfahren hat die Vorteile, daß viele Materialien mit nahezu theoretischer Dichte, guter Haftfestigkeit, gleichförmig und mit großer Reinheit niedergeschlagen werden können. Grenzen sind dem Verfahren dadurch gezogen, daß nicht für jedes gewünschte Schichtmaterial eine passende Reaktion existiert, das Substrat der Reaktionstemperatur standhalten und den Reaktanden gegenüber chemisch stabil sein muß.

Tabelle 8.1. Einige durch CVD abscheidbare Werkstoffe

Metalle und Halbleiter: Al, As, Au, B, Bi, C, Co, Cr, Cu, Ge, Hf, Mo, Nb, Ni, Os, Pb, Pd, Pt, Re, Rh, Sb, Si, Sn, Ta, Ti, U, V, W
Boride: AlB_x, HfB_x, SiB_x, TiB_2, VB_2, ZrB_2
Karbide: B_4C, Cr_3C_2, Cr_7C_3, HfC, Mo_2C, SiC, TiC, VC, W_2C
Nitride: BN, HfN, Si_3N_4, TaN, TiN, VN, ZrN
Oxide: Al_2O_3, SiO_2, SiO_xN_y, SnO_2, TiO_2
Silizide: MoSi, V_3Si
Intermetallische Verbindung: Nb_3Sn

Auf zwei Spezialfälle des CVD-Prozesses, zwei chemische Transportreaktionen, soll noch hingewiesen werden:

1. Der van Arkel- de Boer-Iodid-Prozeß, z. B. nach der Gleichung

$$CrI_2(g) \xrightarrow{T} Cr(s) + I_2(g)$$

dient als endothermer Prozeß zur Reindarstellung von Metallen, z. B. von Cr und zur Herstellung dünner Schichten für Masken für die Mikroelektronik [8.1; 8.5a].
2. Der Granulat-Einpack-Prozeß (pack cementation) ist ein isothermer Prozeß, bei dem Objekte z. B. aus Eisen durch Einbringen in ein Gemisch aus Cr- (bzw. Al oder Si)-Pulver, NH_4I (als Aktivator) und Al_2O_3-Granulat (als inertem, porösen Material) mit einer Cr- (bzw. Al oder Si)-Legierung zum Zwecke des Verschleiß- und Korrosionsschutzes beschichtet werden [8.1].

Schließlich ist noch auf eine neue Entwicklung, den durch Laserstrahlen induzierten CVD-Prozeß hinzuweisen, der im Zusammenhang mit der Laserstrahlbehandlung von Oberflächen in Teil II diskutiert wird.

8.2 Theoretische Grundlagen

Der CVD-Prozeß wird von den Gesetzen der Thermodynamik und der Reaktionskinetik beherrscht. Die thermodynamischen Daten, die für die Reaktanden vieler CVD-Prozesse tabellarisch vorliegen [8.6], erlauben es, den für die Reaktion günstigen Bereich der Betriebsparameter zu berechnen. Zu diesem Zweck werden für ein gegebenes Anfangsgemisch und alle Reaktionsprodukte die stöchiometrischen Beziehungen aufgestellt und das Minimum der totalen freien Enthalpie bestimmt. Hierfür stehen Computerprogramme zur Verfügung [8.7], die die Prozeßausbeute als Funktion von p und T zu berechnen gestatten. Solche Rechnungen liegen z. B. für das Si-H-Cl-System in [8.8], für das Nb-Cl-C-System in [8.9; 8.10] und für das Nb-Ge-H-Cl-System in [8.11] vor.

Reaktionskinetische Betrachtungen informieren darüber, welcher Prozeß für den Massentransport und damit für die Depositionsrate bestimmend ist [8.1]. Ein typisches Verhalten beobachtet man bei der Abscheidung von Fe durch Pyrolyse von Fe-karbonyl, Abb. 8.1 [8.12]. Unterhalb von 200 °C hängt die Depositionsrate exponentiell von der Substrattemperatur und in geringem Maße von der Strömungsgeschwindigkeit des Reaktionsgases ab. Es handelt sich um einen thermisch aktivierten Prozeß, und die Abscheidungsrate ist durch die Kinetik der Vorgänge an der Substratoberfläche begrenzt. Oberhalb von 200 °C besteht bei gegebener Strömungsgeschwindigkeit eine Sättigung der Depositionsrate. Diese wird durch die Diffusion der Reaktanden und der Reaktionsprodukte durch die an der Substratoberfläche stagnierende Grenzschicht begrenzt. Eine theoretische Analyse liegt z. B. für die Si-Abscheidung bei der $SiCl_4/H_2$-Reaktion in [8.13] vor.

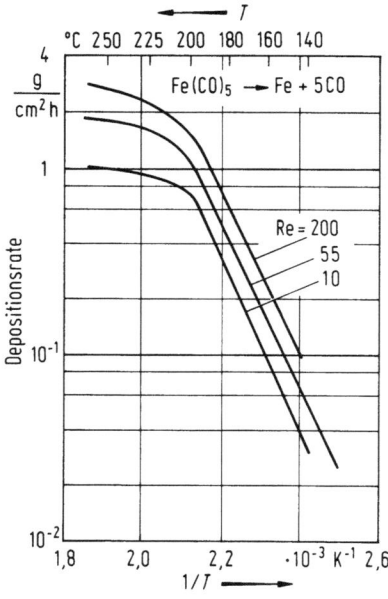

Abb. 8.1. CVD-Prozeß: Abscheidung von Fe durch thermische Zersetzung von Fe-karbonyl bei 27 mbar und verschiedenen Strömungsgeschwindigkeiten, charakterisiert durch die Reynolds-Zahl Re. Nach [8.12]

8.3 CVD-Reaktoren

CVD-Anlagen bestehen aus einem Gasversorgungssystem, der Reaktorkammer und einem Abgassystem, Abb. 8.2. Im Gasversorgungssystem werden die flüssigen (oder auch festen) Reaktionspartner in den gasförmigen Zustand überführt, und alle Reaktionsgase nebst dem Trägergas (meist Argon) getrocknet und gereinigt. Dann werden die Gase über Durchflußmesser und Regelventile in die Reaktorkammer geleitet, in der sich die Substrate bei erhöhter Temperatur befinden [8.14-8.16]. Das Abgas wird durch eine Pumpe aus der Reaktorkammer entfernt und, je nach den Bedingungen, chemisch gebunden oder wiederaufbereitet. Da die Gase teilweise korrosiv, brennbar oder an Luft selbstentzündlich sind, verwendet man sog. Chemiepumpen in korrosionsgeschützter Ausführung und mit einem N_2-Gasballaststrom.

Vor dem Beschichten wird die Reaktorkammer durch Evakuieren und Spülen mit einem Inertgas gereinigt. Um die Substratoberfläche im Interesse einer guten Haftfestigkeit der Schicht von Oxiden und anderen Verunreinigungen zu befreien, wird vielfach vor dem Beschichten Wasserstoff bei der Reaktionstemperatur über die Substrate geleitet [8.17].

Das Reaktionsgas läßt man laminar durch die Kammer strömen, und nicht turbulent. Letzteres brächte zwar höhere Depositionsraten, hätte aber die Nachteile einer schlechten Ausnutzung und großer Durchflußraten der Reaktanden. Auf seinem Wege durch die Reaktorkammer verarmt das Gasgemisch an Reaktionsprodukt. Um diese Verarmung und damit die Abnahme der Abscheiderate zu kompensieren, baut man in

8.3 CVD-Reaktoren

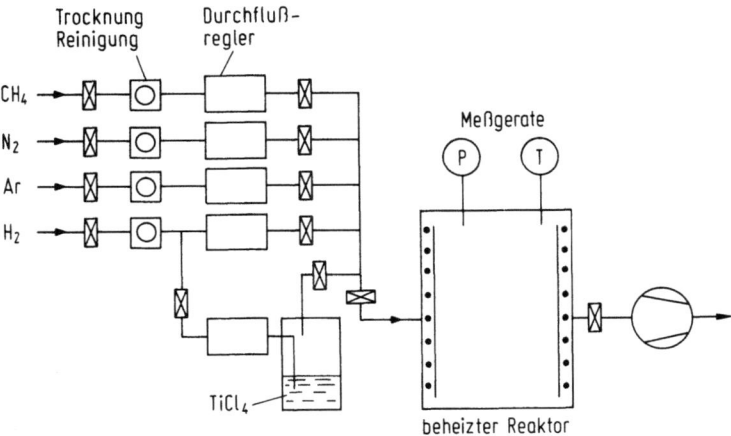

Abb. 8.2. CVD-Anlage für die TiC- bzw. TiN-Beschichtung, schematisch

großen Reaktoren Strömungsprofilgeber ein, so daß in Strömungsrichtung die Geschwindigkeit wächst und die Dicke der Grenzschicht am Substrat abnimmt. Andere Möglichkeiten sind: Umkehr des Gasstromes, Rotieren und/oder Translationsbewegung der Substrate, Verschiebung der Ein- und Austrittsstelle der Gase oder deren Umwälzung durch ein Gebläse in der Kammer.

Die Beheizung der Substrate kann erfolgen durch:

- Strahlungsheizung der Kammerwand von außen (Heißwandreaktor [8.18]),
- Strahlungsheizung von außen durch die transparente und gekühlte Kammerwand hindurch,
- direktes resistives oder induktives Heizen der Substrate [8.4; 8.19],
- eine resistiv oder induktiv geheizte Platte, auf der die Substrate liegen.

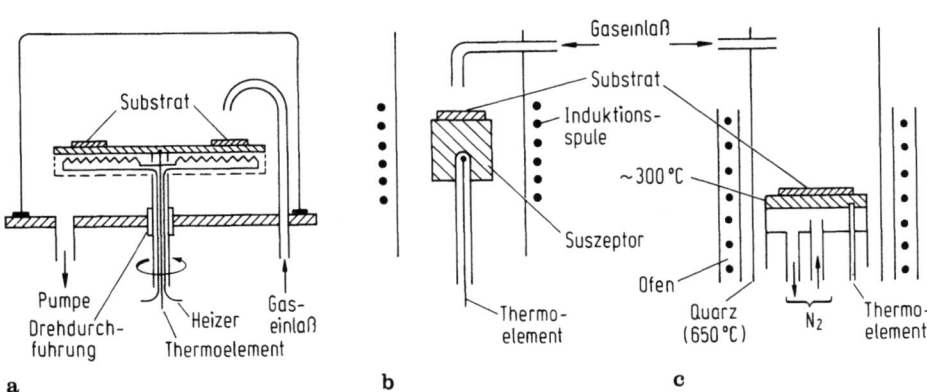

Abb. 8.3a-c. CVD-Reaktoren. a Widerstandsheizung, b induktive Heizung der Substrate [8.1], c Trennung von thermischer Zersetzung und Schichtabscheidung [8.20]

Als Beispiel für den letzten Fall zeigen die Abb. 8.3a und b Reaktoren zum Beschichten von Wafern z.B. mit Si durch die SiH$_4$/H$_2$-Reaktion bei 50 Pa und Substrattemperaturen von etwa 500 °C. Gelegentlich muß die Substrattemperatur mit Rücksicht auf die Schichteigenschaften niedriger als die die Abscheiderate bestimmende Reaktionstemperatur sein. Daher erfolgt in der Anordnung nach Abb. 8.3c die Zersetzung des SiH$_4$ an der Reaktorwand bei 650 °C, während das Substrat durch eine N$_2$-Kühlung auf 300 °C gehalten wird und die Si-Schicht durch Sublimation von der Wand erhält [8.20].

Als weitere Varianten von CVD-Anlagen sind zu nennen:

1. Der Fließbettreaktor, in dem Granulate durch das aus einer Düse ausströmende Reaktionsgas aufgewirbelt und dabei allseitig und gleichmäßig mit Schichten belegt werden [8.21; 8.22].
2. Die Herstellung von Rohren aus refraktären Metallen, z.B. W, indem man die CVD-Reaktion an einem rotierenden, induktiv geheizten und später lösbaren Dorn vor sich gehen läßt [8.1].
3. Die Innenbeschichtung von Rohren oder Hohlkörpern z.B. mit Ta zum Zwecke des Korrosionsschutzes [8.2].

Trotz der Vielfalt der Ausführungsformen sind gewisse Typen von CVD-Anlagen serienmäßig erhältlich.[1]

8.4 Eigenschaften der CVD-Schichten

8.4.1 Interface-Zone und Struktur der Schichten

Viele Eigenschaften beschichteter Werkstoffe, insbesondere das mechanische Verhalten, hängen ab von 1. der Art der Übergangs(Interface)-Zone zwischen Substrat und Schicht und 2. der Struktur der Schicht.

Zu 1. Im Interesse einer guten Haftfestigkeit ist ein kontinuierlicher (gradierter) Übergang der Zusammensetzung vom Substrat- zum Schichtmaterial erwünscht. Ein solcher Übergang kann zustande kommen, wenn
a) Substrat- und Schichtmaterial ineinander löslich sind und daher bei der Reaktionstemperatur wechselseitig ineinander diffundieren und eine Legierung, eine feste Lösung oder eine intermetallische Verbindung bilden; oder wenn
b) das Substrat exotherm mit dem Niederschlag reagiert und sich eine stabile chemische Verbindung bildet. So kann vor dem Beschichten von Stahl mit TiC zur Verbesserung der Haftfestigkeit eine Chrom/Chromkarbid-Zwischenschicht nach den Bruttogleichungen

$$CrCl_2(g) + H_2(g) \xrightarrow{T} Cr(s) + 2\,HCl(g)$$

$$Cr(s) + (Fe\text{-}C)_{Stahl} \xrightarrow{T} (Cr_{1-x}Fe_x)_7C_3(s) \quad \text{mit } x \leq 0{,}6$$

---

[1] Applied Materials Inc., Santa Clara, California/USA; Bernex AG, Olten/Schweiz

8.4 Eigenschaften der CVD-Schichten

bei $T = 840\ldots1\,000\,°C$ und $p = 70\ldots900$ mbar auf dem Stahl abgeschieden werden. Die Mikrosondenanalyse zeigt dann den sich über einen 6 µm breiten Bereich erstreckenden kontinuierlichen Übergang vom Stahl zum TiC [8.16]. Bei Hartmetallen als Substrat können dekarburierte spröde Übergangszonen entstehen (η-Phasen), die möglichst zu vermeiden sind. Über weitere Zwischenschichten, siehe [8.15; 8.23].

Ein anderes Beispiel einer Reaktion zwischen Substrat und Niederschlag ist die Bildung von Borid-Diffusionsschichten in Eisen oder Stahl gemäß den Bruttogleichungen

$$BCl_3(g) + 3/2\,H_2(g) \xrightarrow{T} B(s) + 3\,HCl(g)$$

$$2\,B(s) + 3\,Fe_{Substrat} \xrightarrow{T} FeB(s) + Fe_2B(s)$$

bei $T = 500\ldots900\,°C$. Analoge Reaktionen existieren für Silizide, Manganide etc.

Zu 2. Die Struktur der Schichten hängt ähnlich wie bei den PVD-Prozessen von der Substrattemperatur ab. Kolumnare Kristallite sind für viele Materialien unter bestimmten Abscheidungsbedingungen charakteristisch. Wenn die Wachstumsgeschwindigkeit in einer Kristallrichtung dominiert, erhält man Kristallite mit einer Vorzugsrichtung. Auf diese Weise können interessante Strukturen erzeugt werden, z. B. pyrolithischer Graphit und spezielle Wolframstrukturen, die jedoch senkrecht zur Wachstumsrichtung eine nur geringe mechanische Festigkeit haben [8.24; 8.25].

Um eine große mechanische Festigkeit und eine gute Korrosionsbeständigkeit zu erreichen, ist eine feinkörnige Struktur mit hoher Dichte und glatter Oberfläche erforderlich, d. h. eine CVD-Reaktion mit hoher effektiver Übersättigung bei entsprechend niedriger Temperatur [8.26]. Da die Auswahl möglicher Reaktionen beschränkt ist, können unter Umständen zwei zusätzliche Mittel von Nutzen sein:

1. Kodeposition von einem Kornwachstumsinhibitor, z. B. von C, der aus einem den Reaktanden zugemischten Kohlenwasserstoff stammt. So konnte extrem feinkörniges Be-oxid durch die Be-chlorid/H_2-Reaktion abgeschieden werden [8.26].
2. Mechanische Deformation der Oberfläche der wachsenden Schicht, z. B. mit einer Art „Scheibenwischer" aus Wolfram. So konnte eine W-Rhe-Legierung hergestellt werden, deren Zerreißfestigkeit gleich der von geschmiedetem Material war [8.24].

8.4.2 Duktilität, Sprödigkeit

Die meisten Metalle können in duktiler Form niedergeschlagen werden. Hingegen sind die als Karbide, Nitride, Boride, Oxide und Silizide abgeschiedenen Schichten meistens außerordentlich hart und spröde. In geringer Schichtdicke (≤ 10 µm) können diese Materialien allerdings, ohne die Elastizitätsgrenze zu überschreiten, starken Deformationen bzw. Spannungen standhalten. Daher lassen sich durch Anwendung dünner Überzüge auf Werkstücken die guten Verschleiß- und Festigkeitseigenschaften dieser harten Materialien ausnutzen.

8.4.3 Haftfestigkeit

Tribologisch gute Überzüge müssen haftfest sein und unter mechanischer Belastung weder sich von der Unterlage lösen noch in sich ausbrechen. CVD-Schichten mit einem durch chemische Reaktion und/oder Diffusion erzeugten Übergang zwischen Schicht und Substrat besitzen letzterem gegenüber außerordentlich hohe Haftfestigkeiten, wie die Werte in der Tabelle 2.1 zeigen [8.27–8.29].

8.4.4 Schichtdicke, Abscheidungsrate und Gleichmäßigkeit

Die z. B. auf Stahl und Hartmetall erzeugten CVD-Schichten haben Dicken zwischen 3 und 10 µm, und die Abscheidungsraten liegen zwischen einigen µm min^{-1} und einigen µm h^{-1}. Da bei Drucken des Kontinuumbereiches gearbeitet wird, werden infolge Streuung im Gasraum auch Bohrungen und Hohlräume weitgehend gleichmäßig belegt. Das CVD-Verfahren besitzt also eine gute „Streufähigkeit" (throwing power).

8.4.5 Reibungs- und Verschleißverhalten

Mit Hilfe des Kugel-Scheibe-Tribometers nach Abb. 8.4 wurden die tribologischen Daten von Paarungen aus einer Reihe von CVD-Überzügen (TiC, TiN, SiC, Cr_3C_2, Al_2O_3, Fe_xB_y etc.) bzw. aus diesen und gehärtetem Stahl (Fe) ohne und mit MoS_2 als Trockenschmiermittel untersucht [8.30; 8.31]. Dabei ergaben sich die folgenden vier Gruppen von Materialpaarungen [8.32]:

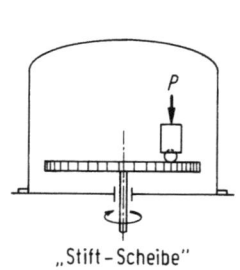
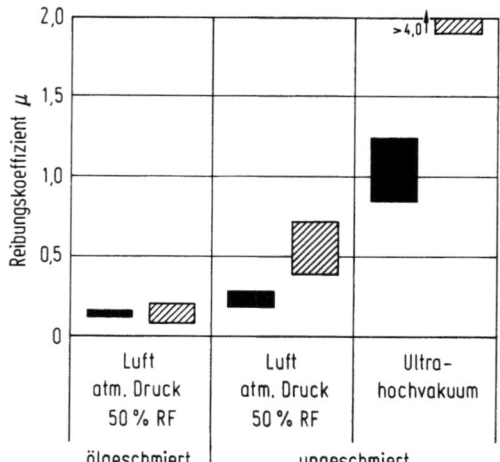

Abb. 8.4. Reibungskoeffizient µ mit bzw. ohne TiC-Beschichtung des einen Reibungspartners, gemessen mit dem Kugel-Scheibe-Tribometer [8.31; 8.32]

1. große Reibung — großer Verschleiß: Cr_3C_2/Cr_3C_2, TiN/Fe, Fe/Fe, Cr_3C_2/Fe, Fe_xB_y/Fe, Cr_3C_2/Fe_xB_y, TiN/Cr_3C_2, Al_2O_3/Fe;
2. geringe Reibung — großer Verschleiß: Darunter fallen Paarungen aus Metall und Kunststoffen;
3. große Reibung — geringer Verschleiß: TiN/TiN, SiC/TiC-Ni, TiN/Fe_xB_y, TiC/Fe_xB_y, Fe_xB_y/Fe_xB_y, SiC/Al_2O_3. Dies sind geeignete Paarungen für Bremsen und Dämpfungen;
4. geringe Reibung — geringer Verschleiß: Fe/MoS_2/Fe, TiC/SiC, TiC/TiC, Fe/SiC, Al_2O_3/MoS_2/Fe, TiC/WC, TiC/Cr_3C_2, TiC/Fe. Die CVD-Überzüge dieser Gruppe, die noch durch Ti(C, N), TiN, HfC und W_2C zu ergänzen ist, wirken durch ihre große Härte (Tabelle A 10) nicht nur verschleiß- und reibungsmindernd, sondern verhindern durch ihre weitgehende Unlöslichkeit im Partnerwerkstoff auch die gefährliche Bildung von Mikroverschweißungen während des Reibungsvorganges. Sie stellen also Diffusionsbarrieren zwischen den Grundwerkstoffen der beteiligten Maschinenteile dar.

Wie die in Abb. 8.4 dargestellten Meßergebnisse zeigen, nimmt der Reibungskoeffizient einer Stahl-Stahl-Paarung (Kugellagerstahl 100Cr6) unter verschiedenen Umgebungsbedingungen (Ölschmierung, Luft mit 50% Feuchtigkeit, UHV im 10^{-8} Pa-Bereich) durch TiC-Beschichtung des einen Partners (Scheibe) um jeweils einen Faktor von etwa 5 ab. Auch der Verschleiß der beschichteten Stahlscheibe ist geringer (etwa 20 mal) als der der unbeschichteten. Eine weitere Senkung sowohl des Reibungskoeffizienten als auch des Verschleißes ergibt sich, wenn beide Partner mit TiC beschichtet werden.

Um die Lebensdauer hartstoffbeschichteter und extremen Bedingungen ausgesetzter Maschinenelemente, z. B. Lager im Hochvakuum oder für die Raumfahrttechnik, zu erhöhen, werden zusätzlich Trockenschmierstoffe (MoS_2, WSe_2, BN (hexagonal), Teflon) auf die funktionellen Oberflächen aufgebracht. Dies erfolgt meistens durch Sputtern.

8.5 Anwendungen von CVD-Schichten

8.5.1 Verschleiß-Schutzschichten

8.5.1.1 Beschichtete Werkzeuge aus Hartmetall

Bei Wendeschneidplatten zur spanabnehmenden Bearbeitung steigt die Temperatur an der Schneidkante mit wachsender Schnittgeschwindigkeit und steigendem Vorschub und erreicht Werte von 1 200 °C und mehr. Wird Stahl mit geringer Schnittgeschwindigkeit bearbeitet, so überwiegt der Verschleiß durch Kaltverschweißen von Werkzeugpartikeln mit sowohl dem Werkstück als auch dem Span, während bei hoher Schnittgeschwindigkeit der Verschleiß durch Diffusion zwischen dem Span und der Spanablauffläche auf dem Werkzeug dominiert [8.33; 8.34]. Durch eine Hartstoffbe-

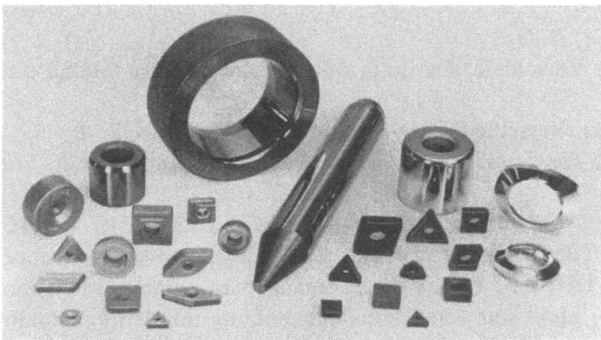

8.5. Hartmetallwerkzeuge, die für die spanende Bearbeitung in Form von Wendeschneidplatten und für die spanlose Formgebung eingesetzt und mehrlagig auf der Basis von TiC/TiN CVD-beschichtet werden [8.42]. Werkphoto: Metallwerk Plansee, A-6600 Reutte

schichtung der Wendeschneidplatten werden die Reibung und die Temperatur an der Schnittkante sowie die Schnittkräfte vermindert, und damit Kaltverschweißungen und Diffusionsvorgänge weitgehend unterdrückt [8.35].

In den 60er Jahren kamen Wendeschneidplatten mit einer Einfachbeschichtung aus TiC oder TiN in Schichtdicken von 3...6 µm auf den Markt. Gegenüber unbeschichteten Platten aus gesintertem Hartmetall (z. B. M 10, bestehend aus 6% Cr, 5% TiC, 5,5% Ta(Nb)C, Rest WC) ergaben sich Standzeiterhöhungen um den Faktor 3...5 [8.36-8.38]. In der Folge wurden Wendeschneidplatten mit mehrlagigen Schichten, z. B. TiC/Ti(C, N)/TiN oder TiC/Al_2O_3/TiN (mit TiN als Deckschicht) entwickelt, durch die die Standzeiten auf das 8-10fache erhöht und die Produktionszeiten entsprechend verkürzt wurden [8.16; 8.39]. Schließlich brachte eine 10-Lagenschicht, bei der die bis zu 10 µm dicke Al_2O_3-Schicht des letzten Beispiels durch eine alternierende Folge von Al_2O_3-Schichten und geeigneten Zwischenschichten ersetzt ist, Standzeiterhöhungen um etwa den Faktor 20 gegenüber unbeschichteten Werkzeugen [8.40; 8.41]. Solche Platten sind auch für die Bearbeitung von Baustahl und Grauguß geeignet.

Heute werden weltweit jährlich Hunderte von Millionen CVD-beschichtete Wendeschneidplatten hergestellt. In ähnlicher Weise werden auch Hartmetallwerkzeuge zum Fräsen, Stanzen und Ziehen beschichtet, wobei neben der beim Zerspanen nötigen Abrieb- und Kolkfestigkeit noch eine ausreichende Schlag- und Temperaturwechselfestigkeit gefordert werden [8.42; 8.43]. Abbildung 8.5 zeigt einige Anwendungsbeispiele.

8.5.1.2 Beschichtete Werkzeuge aus Stahl

Da für die CVD-Abscheidung der genannten Schichten Temperaturen von 700...1000 °C erforderlich sind, kommt es bei der Anwendung auf Stahl zu einem Verlust an Härte, so daß anschließend an das Beschichten ein Härten nebst Anlassen nötig ist. Der CVD-Überzug wird zwar durch das Abschrecken nicht beeinträchtigt, wohl aber die Maßhaltigkeit des Bauteiles. Stahlteile mit einer engen Toleranz (<10 µm bei

8.5 Anwendungen von CVD-Schichten

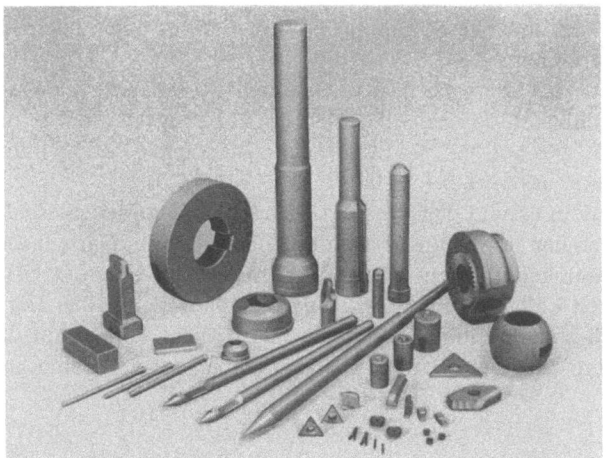

Abb. 8.6. Werkzeuge und Verschleißteile aus Stählen, geeignet für die mehrlagige CVD-Beschichtung auf der Basis von TiC/TiN [8.42]. Werkphoto: Metallwerk Plansee, A-6600 Reutte

einem Verhältnis von Länge zu Durchmesser >10:1) sind daher für den CVD-Prozeß nicht geeignet. Dies gilt für Spiralbohrer, Gewindebohrer und Stoßräder, die durch PVD-Verfahren (Abschn. 7.4.1) bei tieferen als den genannten Temperaturen beschichtet werden.

Der CVD-Prozeß wird daher vor allem auf Stahlwerkzeuge für die spanlose Formgebung angewendet, z. B. auf Tiefziehstempel und -Matrizen, Kaltfließpressen von z. B. Schraubenköpfen, Aufweitdornen, Glättdornen, Abkantleisten, Prägewerkzeuge, Gewinde- und Profilierwalzen, Kalibrierwerkzeuge, daneben aber auch auf spezielle Drehwerkzeuge für das Plandrehen, Ab- und Einstechen und das Formdrehen [8.44; 8.45]. Dabei werden mit Erfolg TiC-, TiN-, Ti(C, N)-, Cr_7C_3- und TiB_2-beschichtete ledeburitische Chromstähle (z. B. DIN 1.2379 oder 1.2601) verwendet. Der Austenitisierungsprozeß wird mit dem CVD-Prozeß kombiniert: Die Werkzeuge werden in einer Inertgasatmosphäre unmittelbar nach der Beschichtung im Reaktor abgeschreckt und bei 200...500 °C angelassen [8.18]. Abbildung 8.6 zeigt einige Anwendungsbeispiele [8.42].

So besitzen beispielsweise mit TiC 6...8 µm dick beschichtete Stempel aus Stahl (DIN 1.2601) zum Ziehen von Messinghülsen (12 mm ∅) gegenüber unbeschichteten eine 10mal und gegenüber hartchrombeschichteten Stempeln eine 6mal höhere Standzeit [8.46]. Bei der Herstellung von Stoßdämpfern aus Stahlblech für Fahrzeuge mit Stempeln aus Stahl (DIN 1.2379) ergab eine 8...10 µm dicke TiC-Beschichtung sogar eine Standzeiterhöhung um den Faktor 200 [8.47].

8.5.1.3 Instrumentenlager und Wälzlager

Die Entwicklungen auf diesem Gebiet ermöglichen den Bau mechanischer Geräte, die wartungsfrei, ohne flüssige Schmierstoffe und unter extremen Bedingungen arbeiten, so z. B. im Hoch- und Ultrahochvakuum, in der Luft- und Raumfahrt, der Reaktortechnik (hohe Temperatur, radioaktive Strahlung) oder in der korrodierenden Atmosphäre bei chemischen Verfahren.

Werden Instrumentenachsen aus Stahl, die für den Gebrauch zwischen Rubinlagern bestimmt sind, mit TiC beschichtet, so erniedrigt sich der Reibungskoeffizient der Stahl/Rubin-Paarung von 0,5...0,6 auf 0,2...0,3, und nach zusätzlicher Beschichtung mit MoS_2 durch Sputtern weiter auf etwa 0,1 [8.48] (s. Abschn. 6.3.7.3).

Bei den Wälzlagern verhindern die auf den Ringen und/oder Kugeln niedergeschlagenen TiC- und TiN-Schichten den direkten Kontakt der beiden Reibungspartner und damit lokale Mikroverschmelzungen, die sonst die gleitenden oder rollenden Oberflächen verletzen und dann durch Kaltverformung Abriebpartikel besonders hoher Härte bilden. Um die Haftfestigkeit der funktionellen Schicht zu erhöhen, werden auf das Substrat (aus Stahl, Hartmetall oder Ferrotitanat) geeignete Übergangsschichten aufgebracht, so z. B. [8.15]:

- $Cr/(Cr, Fe)_7C_3$-TiC
- $Cr/(Cr, Fe)_7C_3$-TiC-Ti(C, N)-TiN
- Ti(C, N)-TiN
- TiC-TiO_2-Al_2O_3.

Als Anwendungsbeispiele so hergestellter (ungeschmierter) Kugellager sind zu nennen:

1. Der Radiometer-Fokalisations-Mechanismus des Teleskops Meteostat, das sich seit 1977 im Weltraum befindet und Photographien der Erde und ihrer Bewölkung aufnimmt [8.49-8.51].
2. Rotoren für das Umwälzen von heißem (300 °C) Helium in Wärmeübertragern für die Reaktortechnologie. Durch Beschichten der Kugeln und Ringe in den Lagern mit TiC in einer Dicke von 2,5 bzw. 4 µm konnte die Zahl der Umdrehungen auf 10^7 gegenüber $1,5 \cdot 10^6$ bei konventionellen, trockengeschmierten Lagern erhöht werden [8.52].
3. Rotoren in Gyroskopen für die Navigation [8.53]: Bei 24 000 Umdrehungen pro min wurden in drei Jahren mehr als $4 \cdot 10^{10}$ Umdrehungen erreicht, ohne daß das Lager ausfiel [8.53a].

8.5.1.4 Weitere Beispiele für Verschleißschutzschichten

Wolframkarbid-Schichten. Wolframkarbid (W_2C) kann im CVD-Prozeß aus einer leichtflüchtigen W-Verbindung (z. B. WCl_6), einem Kohlenwasserstoff, Wasserstoff und Argon (als Trägergas) bei einer relativ niedrigen Temperatur von 300...550 °C als dünne, glatte und kompakte Schicht abgeschieden werden [8.54]. Damit ist die CVD-Beschichtung komplizierter Präzisionsteile aus Stahl, Buntmetallen, Al- und Mg-Legierungen ohne Gefügeänderungen und Verzug möglich, so daß sich eine Nachbearbeitung erübrigt. Die Schicht hat eine Härte von etwa 22 000 N mm^{-2}, ist also 10mal härter als Maschinenbaustahl und doppelt so hart wie Hartchrom. Die Schichten wer-

8.5 Anwendungen von CVD-Schichten

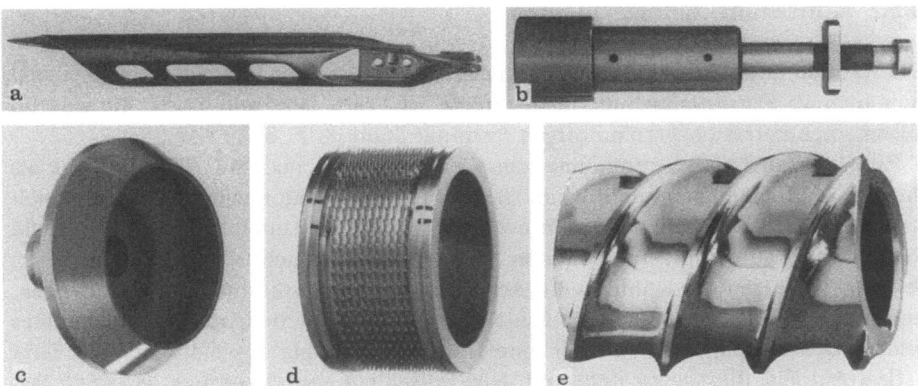

Abb. 8.7 a-e. Mit Wolframkarbid durch das CVD-Verfahren beschichtete Präzisions-Maschinenteile. **a** Greiferkopf für Webmaschine, **b** Pumpenelement, **c** Rotor für OE-Spinnmaschine, **d** Auflösewalze für OE-Spinnmaschine, **e** Extruderschnecke. Werkphoto: Sulzer AG

den in Dicken von 1...15 µm aufgebracht, wobei eine dünne Zwischenschicht von Ni oder W eine gute Haftfestigkeit gewährleistet. Der mit der Stift/Scheibe-Maschine gemessene Verschleiß der Schichten, d.h. der pro Wegeinheit auftretende Materialverlust, ist 23mal kleiner als der von gehärtetem, angelassenen Stahl und 5mal kleiner als der von Hartchrom.

Die Anwendungen der W_2C-Schichten betreffen hochwertige Kleinteile oder hohe Folgekosten verursachende Ersatzteile, bei denen nur ein geringes abrasives Abtragen zulässig ist, z. B.: Textilmaschinenteile (Fadenführer, Fadenbremsen); hochbeschleunigte leichte Teile aus Mg-, Al- oder Ti-Legierungen; metallische Gleitpartner zu Kunststoffen. Abbildung 8.7 zeigt verschiedene Anwendungsbeispiele.

Titankarbid-Schichten. Spritzdüsen von Kunststoff-Spritzgießmaschinen sind starkem abrasiven Verschleiß ausgesetzt, wenn der Kunststoff abrasive Zusätze enthält. In einem solchen Fall wurde der Verschleiß an einer Spritzdüse aus gehärtetem, angelassenen Stahl durch eine 9 µm dicke TiC-Beschichtung um den Faktor 13 reduziert, während durch Nitrieren oder Hartverchromen nur der Faktor 2 erzielt wurde [8.55].

Borid-Diffusionsschichten. Zentrifugen zum Abscheiden von Schlamm sind vielfach abrasivem und korrosivem Verschleiß unterworfen. Hier haben sich durch CVD erzeugte, einige 10 µm dicke Boriddiffusionsschichten in Hartmetall gut bewährt [8.55].

Chromkarbid-Schichten. Kupplungen mit Freilauf nehmen bekanntlich in der Drehrichtung das Gegenstück mit, während sie in der Gegenrichtung frei drehen. Dies wird durch spezielle Klemmkörper erreicht, die bei hoher Verschleißfestigkeit eine ausreichende, aber nicht zu hohe Härte (etwa 22 000 N mm^{-2}) und zum anderen einen relativ hohen Reibungskoeffizienten (etwa 0,70) gegenüber Stahl besitzen müssen. Durch Beschichten der Klemmkörper mit Cr-karbid, das diese Forderungen erfüllt, konnte die Standzeit solcher Kupplungen um den Faktor 20 erhöht werden [8.48; 8.55].

8.5.2 Korrosions-Schutzschichten

Die Karbide und Nitride der Nebengruppen IV a bis VI a des Periodensystems eignen sich auch als Korrosionsschutz, insbesondere TiC, TiN, NbC und Cr_7C_3. Sie sind im allgemeinen korrosionsbeständiger als rostfreier Stahl [8.15; 8.57; 8.58].

Ein Beispiel für die Anwendung von CVD-Schichten aus NbC, TiN und TiC als Schutz vor Hochtemperaturkorrosion stammt aus der Reaktortechnologie: Im schnellen Brüter liegt der Brennstoff in Form von in Stahl eingekapselten Tabletten vor, die in einem von außen mit Na gekühlten Nb-Rohr untergebracht sind. Bei einem kurzzeitigen Aussetzen des Kühlmittelflusses würde die Brennstoffumhüllung schmelzen, und der Stahl mit dem 1600 °C heißen Nb ein Eutektikum niedrigen Schmelzpunktes bilden. Daher erhält das Nb-Rohr eine Innenbeschichtung aus NbC/TiN/TiC/TiN/TiC, wobei TiC die Deckschicht und jede Teilschicht etwa 1 µm dick ist [8.59]. Dadurch wird das Nb-Rohr auf alle Fälle so lange geschützt, bis das Sicherheitssystem anspricht.

Als weitere Materialien von CVD-Schichten zum Korrosionsschutz sind Tantal, Bornitrid, Titandiborid, Al_2O_3, Silizium und Silizide zu nennen:

In der chemischen Verfahrenstechnik werden vielfach auf Stahl etwa 100 µm dicke Ta-Schichten unter Verwendung einer TiC-Zwischenschicht als Innenbeschichtung auf Rohren, Hohlkörpern und Ventilen oder auch außen auf Rohren etc. angewendet [8.2; 8.23; 8.60].

Bornitrid- und Titandiborid-Schichten auf Graphit werden in der Vakuumtechnik als Verdampfer für Al verwendet. Titandiborid in kompakter Form, ein elektrisch leitender Hartstoff hoher Temperaturbeständigkeit (3300 °C), wird als direkt heizbarer Verdampfertiegel benutzt (Abb. 5.5 h). Mit SiC bedeckter Graphit dient als Heizplatte für Si-Wafer in der Halbleitertechnologie.

Gasturbinenschaufeln aus Nickellegierungen (z. B. IN 738) werden zum Schutz gegen Hochtemperaturkorrosion einer CVD-Reaktion von $SiCl_4/H_2$ bei 1000 °C ausgesetzt. Dabei bildet sich mit den Legierungskomponenten eine Silizid-Deckschicht, die eine bedeutend höhere Beständigkeit gegenüber den 900 °C heißen, Schwefel und O_2 enthaltenden Brenngasen besitzt als das Grundmaterial [8.61].

8.5.3 Spezielle Werkstoffe und Bauelemente

8.5.3.1 Materialien für die Halbleitertechnologie

Die CVD-Anwendungen auf diesem Gebiet betreffen [8.62]:

1. die Herstellung praktisch des gesamten hochreinen Silizium, das in der Halbleitertechnik benötigt wird. Aus Quarz und Kohlenstoff wird im Lichtbogenofen zunächst „Metallurgical-Grade"-Si erzeugt, das in $SiHCl_3$ oder SiH_4 überführt wird. Nach Reinigungsprozeduren wird daraus durch CVD das „Semiconductor-Grade"-Si gewonnen;
2. Schichten aus Halbleiterverbindungen, wie GaAs mit Al-, P- oder anderer Dotierung für Lumineszenzdioden, Strahlungsdetektoren, einkristalline Solarzellen und piezoelektrische Transduktoren;

8.5 Anwendungen von CVD-Schichten

3. dotierte epitaxiale Si-Schichten auf einkristallinen Substraten; und die Herstellung von
4. Silizium für kristalline Solarzellen („Solar-Grade"-Si), an das hinsichtlich Reinheit geringere Anforderungen als an das Semiconductor-Grade Si gestellt werden und das ebenfalls nach dem unter 1. genannten Verfahren gewonnen werden kann.

Weitere Verfahren zur Herstellung von Solar-Grade-Si sind:

- Reduktion von $SiCl_4$ mittels Zn im Fließbettreaktor,
- Reinigung (chemisch und durch Zonenschmelzen) von Metallurgical-Grade-Si,
- Reduktion von gereinigtem („synthetischem") SiO_2, und zwar
  - carbothermisch (Verfahren der Firma Siemens [8.94]) oder
  - aluminothermisch (Verfahren der Firma Wacker [8.95]).

8.5.3.2 Pyrolithischer Graphit

Pyrolithischer Graphit, der sich bei etwa 2 300 °C und 10 mbar aus CH_4 abscheidet, wächst vorzugsweise in der c-Richtung und hat daher stark anisotrope Eigenschaften [8.63]. Die Wärmeleitfähigkeit ist in der c-Richtung 100mal kleiner als in der a- und b-Richtung. Daher wird pyrolithischer Graphit in Raketendüsen und als Re-Entry-Schutz von Raumfahrzeugen verwendet.

8.5.3.3 Pyrolithischer Kohlenstoff

Pyrolithischer Kohlenstoff (pC), der aus Acetylen bei 1 100 °C abgeschieden wird, bildet isotrope, dichte Schichten. Sie werden verwendet

1. zur Herstellung elektrischer Widerstände auf Keramiksubstraten,
2. in der biomedizinischen Technik auf Prothesen [8.64; 8.65], und
3. zur Umhüllung von Kernbrennstoffpartikeln aus UO_2, um das Entweichen von Fissionsgasen zu reduzieren. Die Umhüllung erfolgt im Fließbettreaktor, in dem außer pC auch SiC oder Al_2O_3 aufgebracht werden kann [8.21; 8.22; 8.66].

8.5.3.4 Kompositwerkstoffe

Zur Herstellung von Kompositwerkstoffen werden Fasern aus Kohlenstoff oder Metallen mit B, B_4C, pC, SiC, TiC, TiN und Ta beschichtet, indem sie kontinuierlich durch die Reaktionszone geführt werden [8.19; 8.67; 8.68]. Auch geflochtene Faserstrukturen [8.69] können durch CVD mit relativ guter Gleichmäßigkeit beschichtet werden, und ebenso auch die Poren von porösen Quarzglaskörpern zur Herstellung von elektrischen Widerständen aus pC [8.70].

8.5.3.5 Mikrokugeln und durch CVD erzeugte Bauteile

Mikro-Hohlkugeln aus Glas, die zwecks Erhöhung der Absorption von Laserstrahlung gleichmäßig mit Kohlenstoff bei $T < 500\,°C$ beschichtet werden, sind als Behälter für die Brennstoffe bei der laserinduzierten Kernfusion vorgesehen [8.71].

Durch CVD auf entsprechenden Formen erzeugte Bauteile, wie z. B. Rohre, Tiegel und andere Hohlformen aus W, Ni und Si [8.72] sind serienmäßig erhältlich (Pyrolithic Company, New Kensington, Pennsylvania/USA).

8.5.3.6 Oberflächen mit dendritischer Struktur für die Energietechnik

Bei hinreichend niedriger Substrattemperatur können Schichten mit dendritischer, poröser Struktur entstehen, die durch eine Vorzugsrichtung im Kristallwachstum gekennzeichnet ist. Solche z. B. durch die WCl_6/H_2-Reaktion erzeugten Wolfram-Dendriten ermöglichen

1. den Bau eines thermionischen Emitters mit (100)-Orientierung für eine maximale Elektronenemission bei der direkten Energiekonversion [8.24], und
2. die Herstellung eines selektiven Absorbers für die Solartechnik [8.25]. Metalloberflächen mit einer dendritischen, porösen Struktur, deren Zwischenräume die Größenordnung des einfallenden Lichtes haben, absorbieren nämlich stärker als glatte Oberflächen. So haben die W-Dendriten im Bereich der Solarstrahlung einen hohen Absorptionsgrad von $\alpha = 0,95$, während der für die Abstrahlung maßgebende Emissionsgrad im nahen IR mit $\varepsilon = 0,02...0,03$ sehr gering ist. Ähnliche Ergebnisse einer derart selektiven Absorption lieferten CVD-Schichten aus Ni [8.73] und Rhe [8.74].

Auch andere Möglichkeiten zur Herstellung selektiv absorbierender Oberflächen für die solarthermische Energiekonversion wurden untersucht, und zwar:

1. Galvanische Abscheidung von „Schwarzchrom"-Schichten, wobei $\alpha = 0,96$ und $\varepsilon = 0,15...0,21$ erzielt wird [8.75];
2. gerichtete Erstarrung eutektischer Legierungen [8.76];
3. Aufdampfen [8.77];
4. Ionenaustausch in Salzschmelzen [8.78];
5. Plasma- oder Ionenätzen von Metalloberflächen [8.79; 8.80].

Neben der CVD-Methode wird heute die galvanische Abscheidung von Schwarzchrom bevorzugt.

8.5.4 Lichtwellenleiter

Lichtwellenleiter in Form von Fasern aus dotiertem Quarzglas (SiO_2) werden für die Nachrichtenübertragung, die Lasertechnik und andere optische Anwendungen benötigt. Ihre Fabrikation erfolgt in zwei Schritten: Herstellen einer „Vorform" durch

8.5 Anwendungen von CVD-Schichten

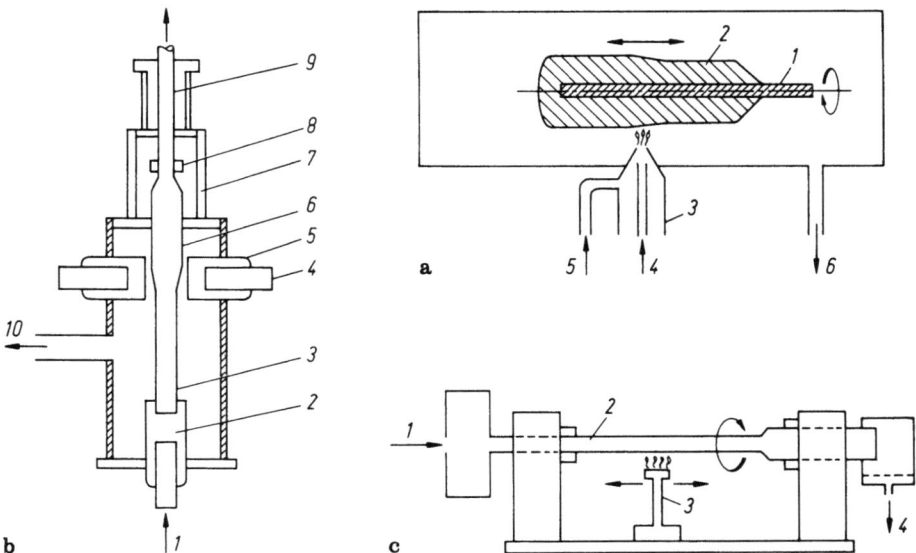

Abb. 8.8a-c. CVD-Verfahren zur Gewinnung von dotiertem SiO$_2$ für die Herstellung von Lichtwellenleitern. **a** OVPO (Outside-Vapor-Phase-Oxidation)-Prozeß [8.82]; *1* Substratstab (SiO$_2$), *2* Faser-Vorform, *3* Knallgasbrenner, *4* Brenngase (H$_2$, O$_2$), *5* SiCl$_4$/O$_2$ + Dotiergase, *6* Pumpe. **b** VAD (Vapor-Phase-Axial-Deposition)-Prozeß [8.83]; *1* Reaktionsgase für den Faserkern, *2* Knallgasbrenner, *3* Faserkern-Material, *4* Reaktionsgase für den Fasermantel, *5* Knallgasbrenner, *6* Faser-Vorform, porös, *7* Ofen, *8* Heizung, *9* Faser-Vorform, glasig, *10* Pumpe. **c** MCVD (Modified CVD)-Prozeß [8.84]; *1* Reaktionsgase SiCl$_4$/O$_2$ + Dotiergase, *2* Quarzrohr, *3* Knallgasbrenner, *4* Pumpe

CVD-Abscheidung von dotiertem Quarzglas, und anschließendes Dünnziehen der Vorform zu einer Faser. Die Herstellung der Vorform kann erfolgen durch CVD-Abscheiden

1. auf der Außenfläche eines rotierenden Substratstabes (outside-vapor-phase-oxidation, OVPO-Prozeß, Abb. 8.8a), oder
2. auf der Stirnfläche eines Quarzstabes (vapor-phase-axial-depositon, VAD-Prozeß, Abb. 8.8b), oder
3. auf der Innenfläche eines rotierenden Quarzglasrohres (modified CVD- oder MCVD-Prozeß, Abb. 8.8c).

Das SiO$_2$ wird durch die SiCl$_4$/O$_2$-Reaktion bei 1700 °C abgeschieden. Die Dotierung z. B. mit GeO$_2$ für den Faserkern oder B$_2$O$_3$ für den Fasermantel erfolgt durch Zugabe von GeCl$_4$ bzw. BCl$_3$ zum Reaktionsgas. Für die Brechzahl des erhaltenen Glases gilt dann: $n(SiO_2 \cdot GeO_2) > n(SiO_2) > n(SiO_2 \cdot B_2O_3)$. Im Anschluß an den CVD-Prozeß wird die noch poröse Vorform bei 1400 °C gesintert und dann bei 1900...2000 °C geschmolzen und zur Faser von z. B. 125 µm Durchmesser ausgezogen. Der Vorteil der CVD-Verfahren besteht zum einen in der Verfügbarkeit hochreiner Reaktionsverbindungen und zum anderen in der Tatsache, daß störende Verunreinigungen von z. B.

Cu, Ni und Fe schwerflüchtige Chloride bilden, die nicht in die Reaktionszone gelangen. Dies ist eine wichtige Voraussetzung für die Herstellung dämpfungsarmer Lichtwellenleiter. Ihre Dämpfung beträgt etwa 0,5 dB km^{-1} bei $\lambda = 1{,}3$ µm, und das Produkt aus Bandbreite und Länge einige GHz · km [8.81].

8.5.4.1 CVD-Abscheidung auf rotierendem Substratstab, OVPO-Prozeß

Bei dem OVPO-Verfahren (Abb. 8.8a) der Firma Corning [8.82] besteht die Heizquelle aus einem Knallgasbrenner, über den die Reaktionsgase zugeführt werden und der am rotierenden Substratstab entlang geführt wird. Die Konzentration des Dotiergases wird dem gewünschten Brechzahlprofil (Stufen- oder Gradientenprofil) entsprechend variiert. Nach dem Abscheideprozeß wird die Vorform vom Substratstab entfernt und dann gesintert, geschmolzen und zu einer Faser von z. B. 20 km Länge ausgezogen.

8.5.4.2 CVD-Abscheidung auf der Stirnfläche eines Quarzstabes, VAD-Prozeß

Das VAD-Verfahren der Firma NTT [8.83] erlaubt eine kontinuierliche Produktion der Vorform, Abb. 8.8b. Das Material für den Faserkern wird an der unteren Stirnfläche eines rotierenden Quarzglasstabes *(3)* abgeschieden. Dieser Stab wird kontinuierlich nach oben abgezogen, so daß die Distanz zum Knallgasbrenner konstant bleibt. Das Brechzahlprofil hängt von der Konstruktion dieses Brenners *(2)* und der räumlichen Verteilung der zugeführten Reaktionsgase ab. Unter geeigneten Bedingungen wird ein parabolisches Brechzahlprofil erhalten. Das Material des Fasermantels wird mit einem zweiten, senkrecht zum Stab angeordneten Brenner *(5)* abgeschieden. Dann folgen die Prozesse: Sintern, Schmelzen und Ausziehen zur Faser.

8.5.4.3 CVD-Abscheidung auf der Innenfläche eines rotierenden Quarzrohres, MCVD-Prozeß

Bei dieser in den Bell-Laboratorien entwickelten Methode (Abb. 8.8c) erfolgt die CVD-Abscheidung auf der Innenfläche eines rotierenden Quarzrohres, dem das Reaktionsgas zugeführt und das von außen durch einen Knallgasbrenner geheizt wird [8.84-8.86]. Auf der Innenwand entsteht dann eine Vielzahl dünner Quarzglasschichten, die je nach Dicke (5...10 µm), Anzahl und Dotierung das Brechzahlprofil der Vorform bestimmen. Nach Beendigung der CVD-Abscheidung wird die Temperatur des Rohres auf 2 000 °C erhöht, so daß dieses zu einem Stab kollabiert, der anschließend zur Faser ausgezogen wird. Das ursprüngliche Rohr bildet dann den äußeren Teil des Fasermantels.

8.5.4.4 Varianten des MCVD-Prozesses

In einer Variante dieses Verfahrens wird der (in Kap. 9 behandelte) plasma-aktivierte CVD-Prozeß angewendet. Anstelle des Knallgasbrenners wird die Spule eines HF-Generators längs des durch einen Ofen auf 800...1 000 °C geheizten Quarzrohres hin-

8.5 Anwendungen von CVD-Schichten

und herbewegt. Vorteile gegenüber dem CVD-Verfahren sind die geringere Temperatur und die nahezu 100%ige Materialausbeute des Abscheidungsprozesses. Es existieren zwei Versionen: Das bei der Firma Philips entwickelte Verfahren arbeitet mit einem Niederdruckplasma bei 15...40 mbar [8.87], und das Verfahren der Bell-Laboratorien [8.88] mit einem Argonplasma bei 1 bar.

8.5.4.5 Faserziehtechnologie

Die Technologie des Faserziehens ist in [8.89] beschrieben. Unmittelbar nach Verlassen der Heizzone wird die fertige Faser mit einem flüssigen Kunststoff-Film überzogen, der dann härtet bzw. polymerisiert. In der Produktion wird mit Ziehgeschwindigkeiten von etwa 100 m min^{-1} gearbeitet. Auch Faserbündel von z.B. 100 Einzelfasern, die eine gute Ankopplung an Lumineszenzdioden ermöglichen, lassen sich herstellen [8.90].

8.5.4.6 Weitere Herstellungsverfahren von Lichtwellenleitern

Als weitere Verfahren sind zu nennen:

1. das Ziehen von Fasern aus geschmolzenem, besonders rein dargestellten Alkali-Bleisilikatglas oder anderen Gläsern [8.91] nach dem Eintiegel- oder Doppeltiegelverfahren [8.92], und
2. das Ziehen von Fasern aus geschmolzenem, kommerziellen Quarzglas [8.93].

Die Fasern nach beiden Verfahren haben eine Dämpfung von 5 dB km^{-1} und mehr bei 0,9 µm, die erheblich höher als die der durch CVD hergestellten Lichtwellenleiter ist.

9 Plasma-aktivierte chemische Dampfabscheidung (PACVD)

9.1 Einleitung

„Plasma activated (assisted) chemical vapour deposition" (PACVD) ist ein Verfahren zur Bildung fester Niederschläge durch chemische Reaktionen in einem Gas, dem durch ein Plasma, z. B. eine Niederdruck-Glimmentladung Energie zugeführt wird [9.1-9.4]. Die zur Reaktion bestimmten Gasmoleküle werden im Plasma dissoziiert, in Radikale gespalten und/oder in angeregte Zustände überführt und reagieren daher bereits bei tieferen als den thermodynamisch erlaubten Temperaturen. Abbildung 9.1 zeigt deutlich den reaktionsfördernden Einfluß der Entladung auf die Abscheidung von Si bei der $SiCl_4/H_2$-Reaktion [9.5]. Daher können durch PACVD Substrate beschichtet werden, die beim CVD-Verfahren verdampfen, schmelzen oder chemisch reagieren würden, und es bilden sich nach dem Abkühlen auf Raumtemperatur in der Schicht entsprechend geringere mechanische Spannungen aus. Vor und während der Beschichtung werden Substrat und Schicht durch Ionenbombardement gereinigt. Diesen Vorteilen des PACVD kann der Nachteil gegenüberstehen, daß wegen der gegenüber dem CVD geringeren Substrattemperatur die Desorption gasförmiger Reaktionsprodukte unzureichend ist. Im Fall der a-Si-Solarzellen ist dies aber gerade ein Vorteil, weil hier — wie später erläutert wird — ein H-haltiges Material gefordert wird.

9.2 Physikalische und chemische Grundlagen des PACVD-Prozesses

9.2.1 Das Plasma beim PACVD-Prozeß

Gegenüber den beim Sputtern und Ionenplattieren üblichen Plasmen bestehen folgende Unterschiede:

1. Die beim PACVD verwendeten mehratomigen Moleküle haben im Vergleich zum Argon niedrige Ionisierungspotentiale.
2. Viele reaktive Gase, vor allem Halogene, lagern Elektronen an.

9.2 Physikalische und chemische Grundlagen des PACVD-Prozesses

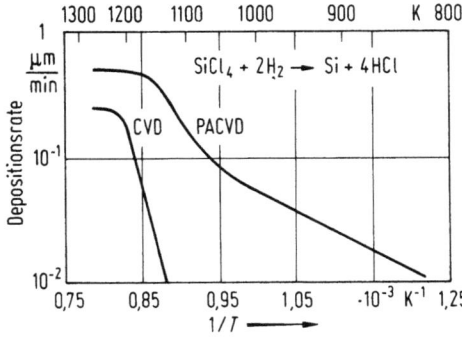

Abb. 9.1. Depositionsrate von Si auf (111)Si als Funktion von T ohne (CVD) und mit (PACVD) Plasmaaktivierung der Reaktion $SiCl_4 + 2H_2 \rightarrow Si + 4HCl$. Molzahlverhältnis $[SiCl_4]/[H_2] = 8{,}8 \cdot 10^{-2}$, Totaldruck 533 Pa. Nach [9.5]

3. Der Resonanz-Ladungsaustausch (Umladung) spielt beim PACVD keine Rolle, weil keine Ionenart dominiert.
4. Die Drücke sind im allgemeinen höher (10...100 Pa gegenüber 1 Pa beim Sputtern), so daß die freie Weglänge der Elektronen und ihre Energie entsprechend kleiner sind. Nur in speziellen Fällen, etwa bei Verwendung einer Magnetron-Anordnung [9.6; 9.7] kann der PACVD-Prozeß bei $p < 1$ Pa betrieben werden.

Das Plasma für PACVD-Prozesse kann mit Gleichspannung (DC) oder mit HF-Spannung erzeugt werden:

DC-Plasmen in einem zylindrischen Hohlkathoden-Magnetron (Abb. 6.5) bei Drücken < 1 Pa werden seit langem zur Herstellung dünner Kohlenstoffschichten durch Zersetzung von Kohlenwasserstoffen in der elektronenmikroskopischen Präparation angewendet [9.6-9.9]. Sowohl auf der Kathode als auch auf der Anode entstehen Schichten, jedoch mit unterschiedlicher Abscheidungsrate und unterschiedlichen Eigenschaften.

HF-Plasmen werden in der industriellen Fertigung bevorzugt, weil sie sich für die Abscheidung auch von isolierenden Schichten bzw. auf isolierenden Substraten eignen. Die HF-Energie kann nach Abb. 9.2 induktiv von außen (a und e), kapazitiv von außen (b), kapazitiv von innen, und zwar entweder direkt (c) oder über einen Blockkondensator (d) eingekoppelt werden. In den meisten Fällen wird die Anordnung c) mit parallelen, gleich großen Elektrodenflächen verwendet, und seltener (z. B. zur Herstellung von harten, amorphen Kohlenstoffschichten) die vom Sputtern übernommene Anordnung d) mit unterschiedlich großen Elektrodenflächen. Im zeitlichen Mittel ist das Potential der unteren Elektrode gegenüber der oberen bei der Anordnung c) gleich Null, bei der Anordnung d) hingegen negativ. Bei der Anordnung c) werden beide Elektroden von positiven Ionen getroffen, deren Energie vom Wert der HF-Spannung abhängt und im allgemeinen etwa 100 eV beträgt [9.10], so daß auf beiden Elektroden Schichten abgeschieden werden. Bei der Anordnung d) liegen die Substrate auf der negativ gegenüber dem Plasma vorgespannten Elektrode, und die Energie der auftreffenden Ionen kann durch ein Anpassungsnetzwerk variiert werden. Auch bei der Anordnung e) liegen die Substrate auf einer negativ (mit einigen 100 V DC) vorgespannten Elektrode.

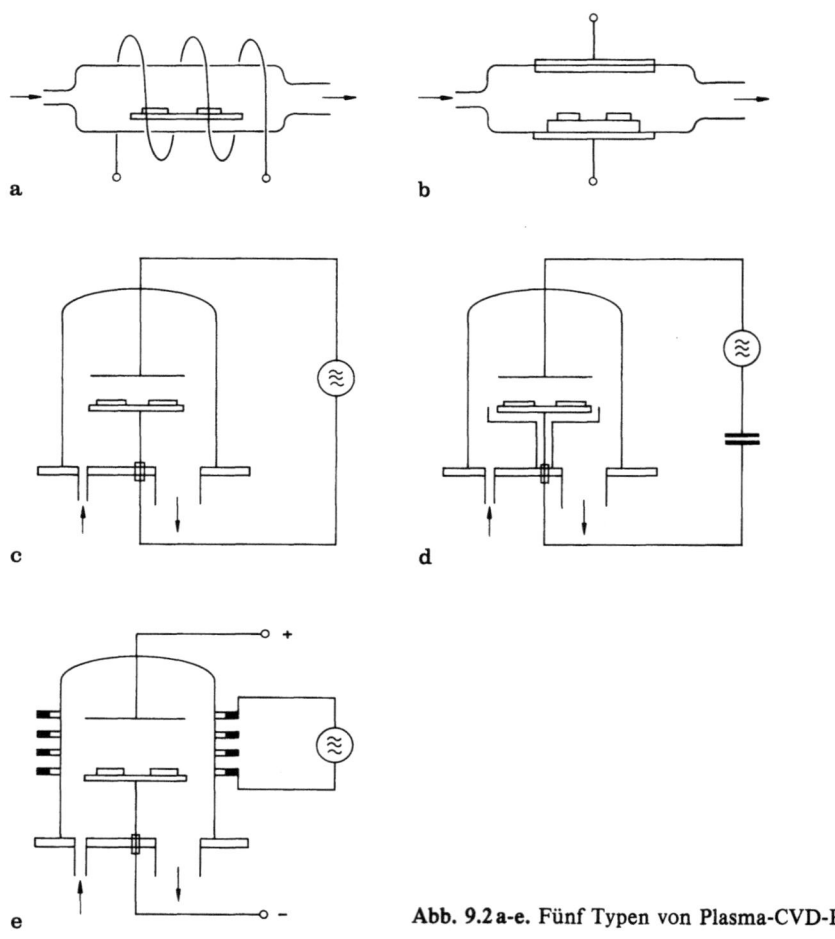

Abb. 9.2 a–e. Fünf Typen von Plasma-CVD-Reaktoren

9.2.2 Plasmachemische Reaktionen

Einige Beispiele plasmachemischer Reaktionen gibt die folgende Zusammenstellung:

$CH_4 \rightarrow C + H_2$
$C_2H_2 \rightarrow 2\,C + H_2$
$C_4H_{10} \rightarrow 4\,C + 5\,H_2$
___
$B_2H_6 \rightarrow 2\,B + 3\,H_2$
$B_2H_6 + 2\,NH_3 \rightarrow 2\,BN + 6\,H_2$
___
$TiCl_4 + O_2 \rightarrow TiO_2 + 2\,Cl_2$
$TiCl_4 + CO_2 \rightarrow TiO_2 + CCl_4$
$TiCL_4 + CH_4 \rightarrow TiC + 4\,HCl$

$SiH_4 \rightarrow Si + 2\,H_2$
$SiCl_4 + 2\,H_2 \rightarrow Si + 4\,HCl$
___
$3\,SiH_4 + 2\,N_2 \rightarrow Si_3N_4 + 6\,H_2$
$3\,SiH_4 + 4\,NH_3 \rightarrow Si_3N_4 + 12\,H_2$
___
$SiH_4 + 2\,N_2O \rightarrow SiO_2 + 2\,H_2 + 2\,N_2$
$SiH_4 + O_2 \rightarrow SiO_2 + 2\,H_2$
$SiH_4 + CO_2 \rightarrow SiO_2 + CH_4$
___
$SiH_4 + CH_4 \rightarrow SiC + 4\,H_2$

9.2 Physikalische und chemische Grundlagen des PACVD-Prozesses

Auf der linken Seite dieser Gleichungen stehen die gasförmigen Ausgangsprodukte. Die rechten Seiten beginnen mit dem festen Stoff, der als Schicht abgeschieden werden soll, und es folgen dann die gasförmigen Nebenprodukte, die durch Abpumpen aus dem Rezipienten entfernt werden müssen.

In Wirklichkeit laufen die Reaktionen nicht nach diesen einfachen Gleichungen ab, sondern viel komplizierter über eine Reihe von Zwischenreaktionen. Zu diesen gehören:

1. die Dissoziation durch Elektronenstoß nach dem Schema $RX + e^- \rightarrow R + X + e^-$ als wichtigster Zersetzungsprozeß,
2. die Bildung freier Radikale und Moleküle aus den Bruchstücken R und X als Aufbauprozeß, und
3. die Ionisierung der im Plasma vorhandenen Teilchen durch Elektronenstoß.

So wurden z. B. in einer HF-Glimmentladung in CH_4 bei Drücken zwischen 13 und 130 Pa die folgenden Ionen, freien Radikale und Moleküle nachgewiesen [9.11]:

Ionen: H_2^+, H_3^+, CH_3^+, CH_4^+, CH_5^+, $C_2H_2^+$, $C_3H_3^+$, $C_2H_4^+$, $C_2H_5^+$, $C_2H_6^+$, $C_3H_3^+$, $C_3H_5^+$, $C_3H_7^+$, C_4^+, C_5^+, C_6^+, C_7^+;
Radikale: CH_2, CH_3, C_2H_3, C_2H_5, C_3H_7;
Moleküle: H_2, C_2H_2, C_2H_4, C_2H_6, C_3H_4, C_3H_8.

Bei dieser Vielzahl an Spezies ist es verständlich, daß sich als Schicht bei der Entladung in CH_4 nicht reiner Kohlenstoff, sondern ein mehr oder weniger H-haltiges Polymerisat abscheidet. Da die Rate der Aufbauprozesse im Plasma bei Druckerniedrigung abnimmt, ist die Verwendung einer Magnetron- statt einer Diodenanordnung eine Möglichkeit, den H-Anteil in der Schicht zu senken [9.6]. Andere Möglichkeiten sind die Wärmebehandlung des Polymerisats oder das Bombardement mit Elektronen oder Ionen im Hochvakuum [9.12].

Oft sind Überlegungen zur Dissoziationsausbeute aufgrund der Bindungsenergie nützlich; hierzu zwei Beispiele:

1. Um Siliziumoxid aus SiH_4 niederzuschlagen, kann man N_2O oder CO_2 als Oxidationsmittel verwenden. Die Energie zur Abtrennung eines O-Atoms beträgt bei N_2O 1,70 eV und bei CO_2 5,51 eV. Daher erfordert unter sonst gegebenen Bedingungen N_2O einen geringeren Partialdruck als CO_2.
2. Die Bindungsenergie von N-NO beträgt 4,99 eV, die von $O-N_2$ 1,73 eV. Da O leichter als N von N_2O zu trennen ist, liefern SiH_4/N_2O-Plasmen ein Si-oxid mit einem nur geringen N-Gehalt [9.1; 9.4].

9.2.3 Schichtwachstum

Das Aufwachsen der im allgemeinen amorphen und weitgehend pin-hole-freien Schicht auf dem Substrat geht durch Adsorption freier Radikale und Moleküle, Neutralisation auftreffender Ionen und chemische Reaktion aller dieser Teilchen bei gleichzeitiger Desorption der Abfallprodukte vor sich. Dabei wird die chemische Reaktion durch den Teilchenbeschuß und ggf. auch durch Erwärmen des Substrats aktiviert.

Die spezifische Depositionsrate $\dot{m}$ (in $kg\,m^{-2}\,s^{-1}$) hängt im wesentlichen ab von

1. der Art der reagierenden Gase,
2. der elektrischen Stromdichte j (in $A\,m^{-2}$) bzw. Ladungsträgerstromdichte $j/e \equiv j_e$ (in $m^{-2}\,s^{-1}$),
3. der Konzentration des Monomers, d.h. seinem Partialdruck p bzw. seiner Teilchenstromdichte j_m (in $m^{-2}\,s^{-1}$),
4. der Energie eU und der Art der auftreffenden Ladungsträger, und
5. der Substrattemperatur.

Zu 1: Unter sonst gegebenen Bedingungen ist $\dot{m}$ im allgemeinen um so größer, je größer der Anteil an Schichtmaterial im Monomer ist. So wächst der C-Anteil und damit die C-Depositionsrate in der Reihe Methan CH_4, Äthan C_2H_6, Propan C_3H_8, Butan C_4H_{10} und Äthin C_2H_2 [9.7; 9.13].

Zu 2: Die Depositionsrate $\dot{m}$ steigt unter sonst gegebenen Bedingungen linear mit der Stromdichte j, solange $j_m > j_e$ ist, und erreicht bei $j_m \ll j_e$ aus Mangel an Monomer eine Sättigung [9.7]. In ähnlicher Weise hängt $\dot{m}$ auch von der in der Entladung umgesetzten Leistung ab, wenn diese bei konstanter Spannung variiert wird, Abb. 9.3 [9.14]. Allerdings beobachtet man hier nach Erreichen eines Maximums von $\dot{m}$ wieder eine Abnahme, die auf Sputtern und Dehydrieren der Schicht zurückzuführen ist.

Zu 3: Die Depositionsrate $\dot{m}$ wächst unter sonst gegebenen Bedingungen linear mit

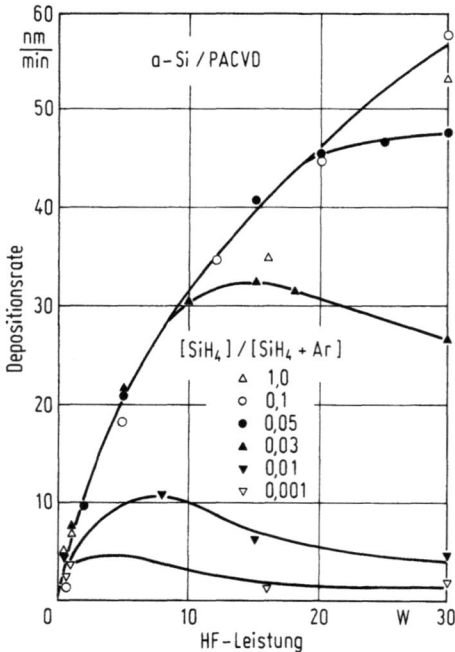

Abb. 9.3. Depositionsrate von a-Si beim PACVD-Prozeß $SiH_4 \rightarrow Si + 2H_2$ in Abhängigkeit von der HF-Leistung bei verschiedenen Konzentrationen von SiH_4 in Argon. Nach [9.14]

9.2 Physikalische und chemische Grundlagen des PACVD-Prozesses   167

dem Partialdruck p des Monomers, solange $j_m < j_e$ ist, und erreicht bei Mangel an Ladungsträgern ($j_e \ll j_m$) eine Sättigung. In analoger Weise hängt $\dot{m}$ auch von der Durchflußrate $p\dot{V}$ des Reaktionsgases ab, wenn diese bei konstantem Saugvermögen $\dot{V}$ der Pumpe variiert wird, Abb. 9.4 [9.15]. Bei weiterer Druckerhöhung kann $\dot{m}$ aus verschiedenen Gründen wieder abnehmen, und zwar wegen: Abnahme der Energie der Ladungsträger, Abnahme der Verweilzeit des Monomers im Entladungsraum und Zunahme der Volumen- gegenüber den Oberflächenreaktionen.

Zu 4: Eine Elektrode auf einem gegenüber dem Plasma negativen Potential, wie etwa die Kathode in einer DC-Entladung oder die kapazitiv gekoppelte Elektrode einer HF-

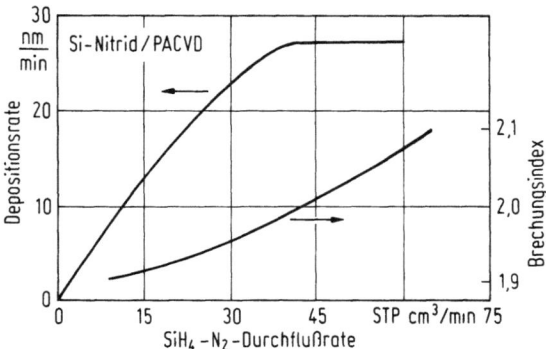

Abb. 9.4. Depositionsrate und Brechungsindex von Si-Nitrid-Schichten beim PACVD-Prozeß als Funktion der SiH_4/N_2-Durchflußrate $p\dot{V}$ für $\dot{V} = $ const und $[SiH_4]/[N_2]$ = const, nach [9.15]

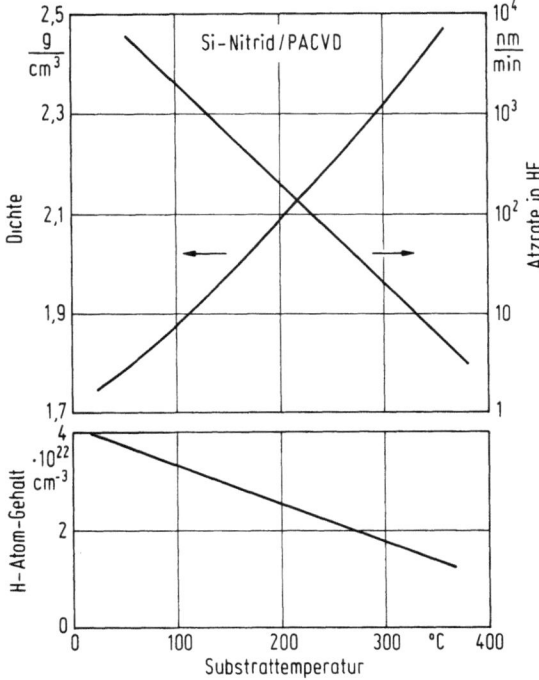

Abb. 9.5. Eigenschaften von Si-Nitrid-Schichten, hergestellt durch PACVD in einem $SiH_4/NH_3/N_2$-Gemisch, als Funktion der Substrattemperatur: Dichte, H-Gehalt und Ätzrate in HF. Nach [9.16]

Entladung, wird von Ionen bombardiert, die Zerstäubung und Dehydrierung bewirken. Daher nimmt unter sonst gegebenen Bedingungen die Depositionsrate mit steigender Biasspannung $|U_B| \gtrsim 300$ V ab [9.7].

Wird das Substrat nur von Elektronen getroffen, wie etwa die Anode beim inversen Magnetron, dann erfolgt hier keine Materialzufuhr durch positive Ionen. Die auf die Stromdichte j bezogene Depositionsrate $\dot{m}/j$ ist daher (um eine Größenordnung) kleiner als an der Kathode. Die Schicht entsteht dann durch Adsorption von Radikalen und Molekülen und deren Reaktion, die ebenso wie die Desorption der Nebenprodukte durch Elektronenbeschuß aktiviert wird. Auf diese Weise hergestellte Schichten aus C, Si und B zeichnen sich durch große mechanische Festigkeit, Härte und chemische Resistenz aus [9.7].

Zu 5: Der Einfluß der Substrattemperatur T_S auf die Depositionsrate wird durch Abb. 9.1 demonstriert. Auch andere Schichteigenschaften hängen von T_S ab. Abbildung 9.5 zeigt für aus einem $SiH_4/NH_3/N_2$-Gemisch gewonnene Si-nitrid-Schichten, daß mit Erhöhung von T_S der H-Gehalt sinkt und die Dichte und die chemische Beständigkeit steigen [9.16]. Da in diesem Fall Subhydride von Silan und Ammoniak auf das Substrat treffen, ist es zur Bildung eines stark vernetzten Si-N-H-Polymerisats notwendig, Wasserstoff zu desorbieren. Dies wird durch Temperaturerhöhung oder durch Teilchenbeschuß begünstigt.

9.3 Praktische Ausführung von PACVD-Reaktoren

Abbildung 9.6a zeigt einen Reaktor in Form einer planaren Diode für die Produktion in der Halbleitertechnik [9.17; 9.18]. Der Gasstrom wird von der Peripherie der Elektroden aus über die Substrate hinweggeleitet und über das Zentrum herausgeführt. Die Verarmung an Reaktanden auf dem Wege des Gases wird durch die gleichzeitige Zunahme sowohl der Strömungsgeschwindigkeit als auch der Stromdichte weitgehend kompensiert, so daß eine gute Gleichförmigkeit der Depositionsrate erreicht wird [9.19].

Beim Reaktor nach Abb. 9.6b besteht eine longitudinale Gasströmung zwischen relativ langen, parallelen Elektroden, die in alternierender Folge an die beiden Pole des HF-Generators angeschlossen sind [9.20]. Die HF-Leistung wird so gering gehalten, daß durch sie (und nicht durch die Konzentration im Gas, Abb. 9.3) die Depositionsrate bestimmt und dementsprechend gleichförmig ist.

Vakuumbedingungen. Die Drücke liegen im Bereich 10 bis einige 100 Pa, und die Saugvermögen der Pumpen im Bereich $100...500$ m^3/h. Magnetronanordnungen gestatten das Arbeiten bei $p < 1$ Pa. Wie beim CVD-Verfahren werden Gasversorgungs-, Pumpen- und Abgassysteme benötigt, die dem Umstand Rechnung tragen, daß die verwendeten Gase vielfach giftig, brennbar und an Luft selbstentzündlich sind.

Die Verweilzeit der Reaktanden im Reaktor (=Druck $p \times$ Volumen V/Gasstrom $p_1\dot{V}_1$) hat überlicherweise die Größenordnung 1 s. Der Massentransport zum Substrat beruht bei hohen Drücken (≈ 100 Pa) auf Diffusion und bei niedrigen Drücken (< 1 Pa) auf Molekularströmung.

9.4 Ergebnisse und Anwendungen

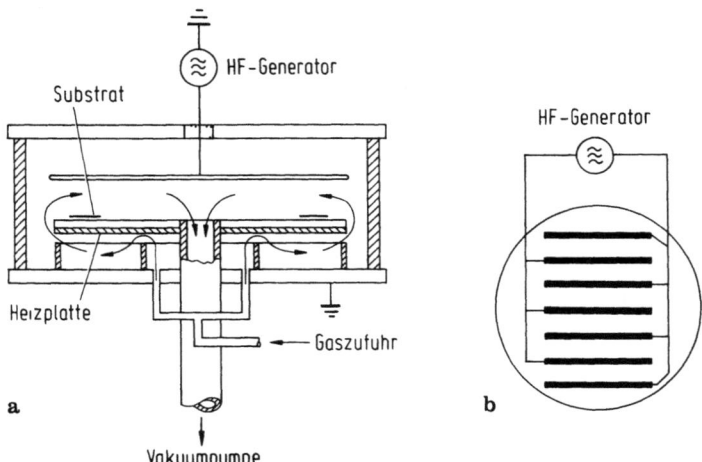

Abb. 9.6 a, b. Reaktoren für den PACVD-Prozeß. a HF-Reaktor mit parallelen Platten und radialer Gasströmung, nach [9.17; 9.18]; b HF-Reaktor mit parallelen Platten und longitudinaler Gasströmung, nach [9.20]

HF-Generatoren. Die verwendeten Frequenzen liegen zwischen 50 kHz und 13,56 MHz. Um die HF-Leistung in die Entladungsstrecke hoher Impedanz einzukoppeln, benötigt man ein Anpassungsnetzwerk, das bei hohen Frequenzen LC-Glieder und bei tiefen Frequenzen Transformatoren enthält [9.3; 9.21].

9.4 Ergebnisse und Anwendungen

9.4.1 Harter amorpher Kohlenstoff (a-C:H)

Wird der PACVD-Prozeß mit Kohlenwasserstoffen ausgeführt, so scheiden sich auf den Elektroden Schichten mit einer Struktur ab, die — je nach den Versuchsbedingungen — von einem weichen, wasserstoffreichen Polymer bis zu einem harten, amorphen Kohlenstoff mit einem vergleichsweise geringen H-Gehalt von 38 bis weniger als 10% Teilchenzahlanteilen reicht. Für dieses letztere Schichtmaterial hat sich die Bezeichnung a-C:H eingebürgert.

Die a-C:H-Schichten werden z. B. auf der mit $U_B = -100...-1000$ V vorgespannten Elektrode eines Reaktors nach Abb. 9.2d in einer HF-Entladung in einem Kohlenwasserstoff, z. B. C_2H_4, bei Partialdrücken von 0,1...1 Pa erhalten, wobei sich das Substrat im allgemeinen auf Raumtemperatur befindet. Dann entstehen harte, gegen Kratzen mit einem Stahlwerkzeug unempfindliche Schichten mit Mikrohärten von einigen 10^4 N mm^{-2}, Abb. 9.7 [9.22]. Diese Schichten haben eine geringe optische Absorption im sichtbaren (und auch im IR-) Bereich, was sich in deutlichen Interferenzfarben zu

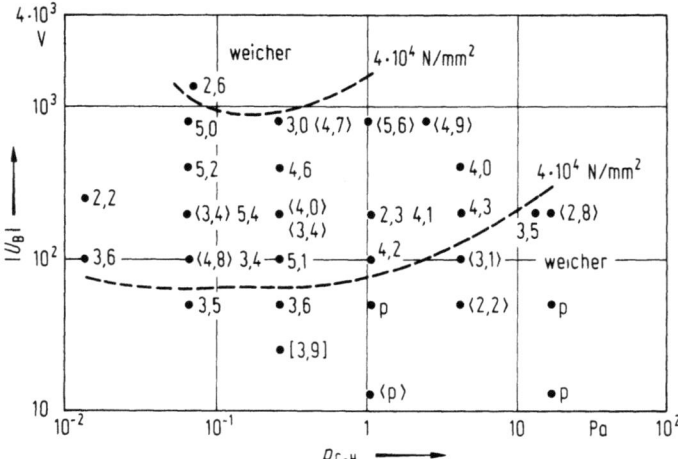

Abb. 9.7. Mikrohärte von Kohlenstoffschichten in Einheiten $10^4\,\mathrm{N\,mm^{-2}}$, hergestellt durch PACVD aus Äthylen C_2H_4, als Funktion des C_2H_4-Partialdruckes und der negativen Bias-Spannung U_B, nach [9.22a; 9.22]

erkennen gibt; ferner einen hohen Brechungsindex $n \geq 2$, eine hohe Dielektrizitätskonstante $\varepsilon \approx 14$, einen hohen spezifischen elektrischen Widerstand $\varrho \approx 10^{11}\,\Omega\mathrm{m}$ und eine weitgehende Resistenz gegen Säuren (H_2SO_4, HNO_3, HCl, HF), Laugen (NaOH, KOH) und Lösungsmittel [9.23].

Bei höheren Drücken ($p >$ einige Pa) und geringerer Bias-Spannung ($|U_B| < 100$ V) sinkt die Härte der Schichten deutlich ab, Abb. 9.7. Mit „p" ist in diesem Diagramm ein leicht abkratzbares und der Härtemessung nicht mehr zugängliches wasserstoffreiches Polymer gekennzeichnet. Wird andererseits bei $p < 1$ Pa die Bias-Spannung auf $|U_B| > 1\,000$ V gesteigert, so nimmt die Härte der Schichten ebenfalls ab. Dann vollzieht sich der thermodynamisch begünstigte Übergang zu einem graphitartigen Kohlenstoff. Mit diesem Übergang ändern sich auch die elektrischen und optischen Eigenschaften: Der spezifische elektrische Widerstand sinkt um 10 Größenordnungen, und die Schicht wird stark lichtabsorbierend [9.24; 9.25; 9.26].

Die Strukturanalyse der a-C:H-Schichten mittels Elektronen- und Röntgendiffraktion [9.27; 9.28] ergab, daß in die amorphe Kohlenstoffmatrix etwa 10 nm große Kristallite kubischer Struktur eingebettet sind, deren Gitterkonstante d_{100} annähernd mit der des Diamanten (0,357 nm) übereinstimmt. Die Bildung solcher Diamantkristallite im a-C:H haben Weissmantel et al. [9.29] durch das Thermospike-Modell erklärt und ihre Vorstellungen durch ein Zweistrahl-Sputter-Experiment [9.30] bestätigt.

Wegen ihrer Härte, der elektrischen Isolationseigenschaften, der Lichtdurchlässigkeit und der Existenz von Diamantkristalliten wurden a-C:H-Filme anfänglich als „diamantartig" bezeichnet — und wegen der Mitwirkung von Ionen bei der Schichtbildung auch als Ion-Carbon (i-C). Tatsächlich haben diese Schichten aber in ihrer Struktur mit Diamant wenig gemeinsam. Die Dichte liegt zwischen 1,5 und 1,8 g cm^{-3} [9.6; 9.7], ist also wesentlich geringer als die von Diamant (3,52 g cm^{-3}) und Graphit (2,27 g cm^{-3}), aber deutlich höher als die der meisten Kunststoffe, die etwa 1 g cm^{-3}

9.4 Ergebnisse und Anwendungen

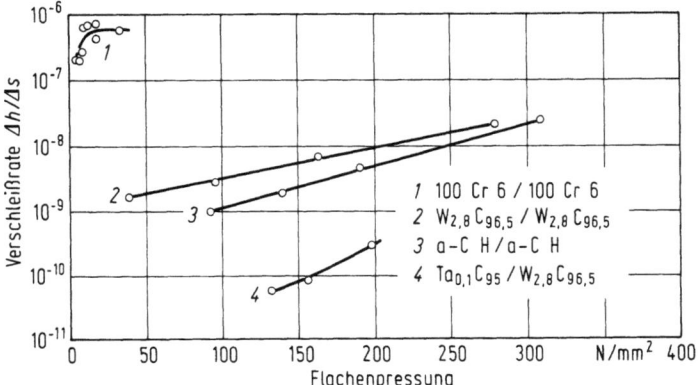

Abb. 9.8. Verschleißraten (= Schichtdickenabnahme Δh / Reibungsweg Δs) als Funktion der Flächenpressung für verschiedene Reibungspartner, gemessen mit der Stift-Scheibe-Apparatur: Stahl 100Cr6 ohne Beschichtung (Kurve 1) und nach PACVD-Beschichtung mit Wolfram-Kohlenstoff (Kurve 2), hartem amorphen Kohlenstoff a–C:H (Kurve 3) und Tantal-Kohlenstoff/Wolfram-Kohlenstoff (Kurve 4) [9.29]

beträgt. Auch die Mikrohärte ist bedeutend niedriger als die von Diamant ($>10^5$ N mm^{-2}). Andererseits ist der Wasserstoffgehalt von a-C:H für dessen Eigenschaften von großer Bedeutung: Wird der Wasserstoff durch Erhitzen auf 600 °C abgespalten, so sinkt der spezifische Widerstand von 10^{11} Ωm auf 1 Ωm, und die Filme verlieren ihre Härte und werden schwarz. Wasserstoff dient zur Absättigung der im Material vorhandenen freien Bindungen (dangling bonds) der C-Atome, die oft nur mit drei artgleichen Nachbarn verbunden sind. Außerdem spielt der Wasserstoff eine wichtige Rolle bei der Stabilisierung der elektronischen Struktur von a-C:H durch sp^3-Hybridisierung [9.35].

Von besonderem technischen Interesse sind das Reibungs- und Verschleißverhalten der a-C:H-Schichten. Ihr Reibungskoeffizient, der Stahl gegenüber nur einige 0,01 beträgt, und ebenso die Verschleißraten (Abb. 9.8, Kurve 3) stehen denen anderer reibungsarmer Schichten (z. B. MoS$_2$ in trockener Atmosphäre) nicht nach. Leider besitzen a-C:H-Schichten große innere Druckspannungen, die bei einigen 0,1 µm Dicke die Größenordnung 10^9 Pa erreichen, mit der Schichtdicke anwachsen und bei etwa 1 µm Dicke zum Abplatzen von der Unterlage führen [9.22]. Diese Schwierigkeit wird durch die im nächsten Abschnitt beschriebene Kombination von Metall-Kohlenstoff-Schichten überwunden.

Weitere Anwendungen von a-C:H-Schichten liegen auf den folgenden Gebieten:

- Infrarotspektroskopie: Aufgrund des reproduzierbar einstellbaren, hohen Brechungsindex $n \geq 2$ im IR eignet sich a-C:H zur Beschichtung von Germanium-Fenstern und -Linsen, wobei praktisch reflexionsfreie und außerdem korrosionsfeste Oberflächen erhalten werden [9.31a];
- Röntgen-Mikroskopie und -Teleskopie: Herstellung von Röntgen-Schichtspiegeln und Fresnelschen Zonenplatten aus Kohlenstoff/Metall-Vielfachschichten für den Wellenlängenbereich 0,1...50 nm [9.31b];

- Abdruck- und Trägerfilme für die elektronenmikroskopische Präparationstechnik [9.6; 9.8; 9.9];
- Antireflexionsschichten auf Si-Solarzellen [9.23];
- Isolations- und Schutzschichten in der Mikroelektronik [9.31 c], und
- Beschichtung von medizinischen Implantaten [9.31 d].

9.4.2 Metall-Kohlenstoff-Schichten

Die Haftfestigkeit der a-C:H-Schichten auf der Unterlage läßt sich nach Dimigen et al. [9.22] erheblich verbessern, indem zunächst eine reine Metallschicht durch Sputtern in Argon auf dem Substrat niedergeschlagen und dann durch allmählich erhöhte Zugabe eines Kohlenwasserstoffes zum Sputtergas eine Metall/Kohlenstoff-Schicht mit kontinuierlichem Übergang zum reinen a-C:H erzeugt wird. Es ist aber auch möglich, den a-C:H-Gehalt während des Prozesses nur auf z.B. 96,5 statt 100% zu erhöhen. Die Verschleißrate (=Schichtdickenabnahme pro Reibungsweg) solcher Schichten ist in Abb. 9.8 als Funktion der Flächenpressung dargestellt. Gegenüber dem unbeschichteten Material (Stahl 100Cr6, Kurve *1*) wird durch Schichten aus Wolfram-Kohlenstoff, amorphem harten Kohlenstoff oder Tantal-Kohlenstoff (Kurven *2* bis *4*) eine Senkung der Verschleißrate um bis zu vier Größenordnungen erreicht.

9.4.3 Amorphes Silizium (a-Si)

Um Si-Schichten durch PACVD zu erzeugen, verwendet man als Reaktanden meist reines oder mit Ar und H_2 gemischtes SiH_4. Je nach Führung des Prozesses wird amorphes (a-Si) oder mikrokristallines (µx-Si) Silizium abgeschieden, wobei die feste Phase einen gewissen Anteil H enthalten kann. Das besondere Interesse an a-Si-Filmen beruht auf der Möglichkeit photoelektrischer Anwendungen, insbesondere dem Bau großflächiger Solarzellen.

9.4.3.1 Passivierung der Strukturdefekte von a-Si

Die Struktur des a-Si ist durch eine regellose Anordnung von Si-Tetraedern entsprechend dem continuous random network (CRN)-Modell gekennzeichnet [9.32–9.35]. Es ist ein Halbleitermaterial, das eine Energielücke von etwa der gleichen Größe wie das kristalline Si besitzt. Die Bedeutung des kristallinen Si für die Festkörperelektronik beruht bekanntlich auf der Möglichkeit der elektronisch wirksamen Dotierung. Eine solche ist jedoch bei a-Si nicht ohne weiteres möglich, weil es nicht ohne Strukturdefekte präpariert werden kann, in die erfahrungsgemäß zwar nur einige ‰ der Si-Atome einbezogen sind, die aber dennoch eine hohe Defektzustandsdichte von etwa 10^{26} Zuständen pro eV und m^3 in der Energielücke und damit entsprechende Rekombinationsmöglichkeiten für Ladungsträger verursachen. Zur „Passivierung" dieser Strukturdefekte, die überwiegend in Form freier Bindungsarme (dangling bonds) auftreten, genügt der Einbau von etwa 10 % Teilchenzahlanteil Wasserstoff, der die elektrische Wirkung der Defekte durch chemische Bindung neutralisiert. Das so erhaltene Produkt a-Si:H hat dann gegenüber a-Si eine um mehrere Größenordnungen reduzierte Defektzustandsdichte in der Energielücke und läßt sich elektronisch wirksam dotieren. Dies haben Spear und Le Comber [9.36] 1975 experimentell nachgewiesen und damit den Anstoß zu vielen Untersuchungen und Anwendungen gegeben [9.37; 9.38].

9.4.3.2 Präparation von a-Si:H

Um reproduzierbare und gute photoelektrische Eigenschaften zu erhalten, sind saubere Versuchsbedingungen nötig: Reaktoren nach Abb. 9.2c oder d in UHV-Ausführung, extrem reine Gase und sorgfältige Kontrolle der Versuchsparameter [9.32; 9.33]. Die Substrattemperatur T_s bestimmt vor allem den Gehalt an Wasserstoff und die Art seiner Bindung. Die Bedingungen für photoelektrisch optimale Schichten lauten: $T_s = 250...300\,°C$, $p < 100\,Pa$, HF-Leistungsdichte $< 0,1\,Wcm^{-2}$, Frequenz $1...100\,MHz$, Abscheiderate $0,5...2\,\mu m\,h^{-1}$. Die Schichten enthalten dann etwa 10 % Teilchenzahlanteil Wasserstoff, überwiegend in Form von Si-H-Einzelbindungen. Die Defektzustandsdichte in der Gapmitte ist auf weniger als 10^{23} pro eV und m^3 reduziert, und die Schicht ist wirksam dotierbar.

9.4.3.3 Dotierung des a-Si:H

Zur Dotierung werden dem SiH_4/H_2-Gemisch bzw. dem SiH_4 vor dem Eintritt in den Reaktor Diboran (B_2H_6, für den p-Typ) bzw. Phosphin (PH_3, für den n-Typ) zugemischt, und zwar 1 ppm bis 1 %, bezogen auf den SiH_4-Anteil. Abbildung 9.9 zeigt den Einfluß der Dotierung auf die Dunkelleitfähigkeit $\sigma_{D,RT}$ bei Raumtemperatur [9.37]. Ein Leitfähigkeitsbereich von 10 Größenordnungen wird überdeckt, wobei das hochohmige Material eine geringe Bordotierung besitzt. Aus der Aktivierungsenergie E_σ von $\sigma_{D,RT}$ lassen sich die Abstände der Beweglichkeitskante des Leitungs- bzw. Valenzbandes vom Fermi-Niveau ermitteln [9.32; 9.33].

9.4.3.4 Mikrokristallines Silizium (µx-Si:H)

Bei geringer Konzentration des SiH_4 (< 3 %) in H_2 und hoher HF-Leistungsdichte ($> 0,1\,W\,cm^{-2}$) entsteht mikrokristallines Si. Es hat eine Kristallitgröße von etwa 5 nm und bei hoher Dotierung eine hohe Leitfähigkeit ($\approx 10^4\,(\Omega m)^{-1}$ bei 300 K). Wegen der geringen Diffusionslängen der Minoritätsträger, die an den Korngrenzen rekombinieren, sind photoelektrische Anwendungen nur bei entsprechend geringer Schichtdicke (< 10 nm) möglich [9.33; 9.38].

9.4.3.5 Weitere Präparationsmethoden für Si-Schichten

Plasma-Transport-Methode. Bei diesem Verfahren wird ein H_2-Plasma bei $p \cong 10\,Pa$ dazu benutzt, um aus festem Si ein Hydrid SiH_x zu bilden und dieses zu einem

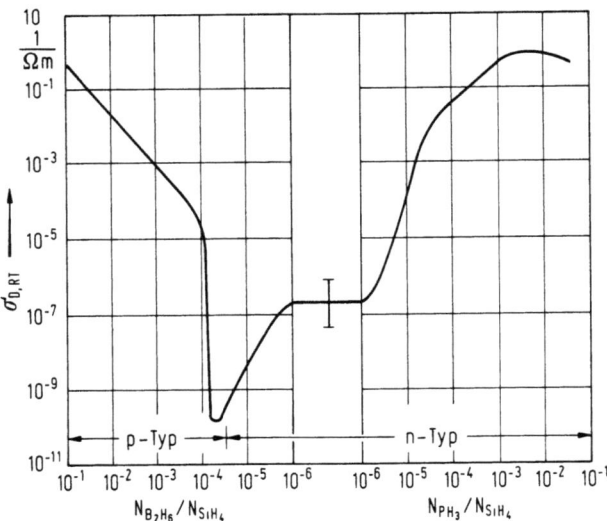

Abb. 9.9. Dunkelleitfähigkeit $\sigma_{D,RT}$ bei Raumtemperatur von a-Si:H, hergestellt durch PACVD, als Funktion der Beimengung an Dotiergasen. Nach [9.37]

200...300 °C heißen Substrat zu transportieren [9.39; 9.40]. Es scheidet sich ein kristallines Material µx-Si:H mit 2...20 nm Korngröße ab [9.41].

CVD-Verfahren. Bei $T_s = 500...700$ °C scheidet sich durch SiH$_4$-Zersetzung ein defektreiches a-Si ohne Wasserstoff ab [9.42]. Mit der Anordnung Abb. 8.3c werden bei 650 °C Wandtemperatur und 300 °C Substrattemperatur a-Si:H-Schichten, ähnlich wie durch PACVD, doch mit 10mal kleinerer Depositionsrate erhalten [9.43].

Aufdampfen. Es wird ein defektreiches a-Si erhalten, das durch Einbau von Wasserstoff passiviert werden kann [9.44; 9.45]. Die Dotierbarkeit des so erhaltenen a-Si:H wurde nachgewiesen [9.46].

Reaktives Sputtern. Durch Zugabe von H$_2$ zum Sputtergas (Ar) lassen sich in einer HF-Magnetron-Entladung mit Si-Target a-Si:H-Schichten herstellen, und durch Zumischen von B$_2$H$_6$ oder PH$_3$ zum Sputtergas p- bzw. n-dotierte a-Si:H-Schichten [9.47-9.49]. Einige Daten: Substrattemperatur 300...350 °C, Gesamtdruck 0,4 Pa, Partialdruck des H$_2$ einige 10^{-2} Pa und der der Dotiergase $10^{-4}...10^{-2}$ Pa, Depositionsrate bis zu 2 µm h^{-1}.

Zusammenfassend ist zu sagen: Das PACVD-Verfahren in SiH$_4$/H$_2$ und das reaktive Sputtern von Si in Ar/H$_2$ sind die Haupttechniken zur Darstellung von dotierbarem a-Si:H. Im Bereich der Anwendungen hat die PACVD- gegenüber der später begonnenen Sputtertechnologie allerdings einen bedeutenden Vorsprung.

9.4.3.6 Anwendungen der a-Si:H-Technologie

Amorphe Dünnschicht-Solarzellen auf der Basis von a-Si:H sind die zur Zeit wichtigste Anwendung dieses neuen Halbleiters. Diese Solarzellen werden zusammen mit anderen Typen photovoltaischer Zellen, bei deren Herstellung ebenfalls Dünnschichttechnologien angewandt werden, in Teil II behandelt.

Weitere Anwendungen liegen auf dem Gebiet elektronischer Bauelemente aus a-Si:H. Wenn solche Bauelemente auch hinsichtlich Schaltzeit und -leistung nicht mit denen aus kristallinem Si konkurrieren können, so sind doch die günstigen Herstellungskosten für die folgenden Anwendungen bestimmend:

1. Dioden, Transistoren und Feldeffekttransistoren in Verbindung mit Flüssig-Kristall-Displays [9.52],
2. Großflächendioden mit Durchlaßstromdichten >20 A cm^{-2} und einem Sperrverhältnis $>5 \cdot 10^4$ [9.53],
3. Elektrophotographie mit Photorezeptoren auf der Basis von a-Si:H anstelle des giftigen Selen [9.54; 9.55],
4. ähnlich wie jene aufgebaute Photorezeptoren für Vidicon-Geräte [9.56], und schließlich
5. Halbleiterspeicher nach dem Prinzip eines CCD (charge coupled device) [9.57; 9.58].

9.4.4 Siliziumnitrid

Siliziumnitrid war das erste, in Großproduktion durch PACVD hergestellte Material. Es ist eine amorphe, harte und chemisch resistente Substanz, die eine Diffusionsbarriere gegen Feuchtigkeit und Alkaliionen darstellt. Von Vorteil ist die niedrige Depositionstemperatur von etwa 300 °C [9.4]. Die üblichen Reaktanden sind SiH$_4$ und NH$_3$, die meist Trägergasen wie Argon [9.18; 9.19] oder N$_2$ [9.20] zugemischt werden. Da NH$_3$ sich im Plasma mit kleinerer Rate als SiH$_4$ zersetzt, wird der Partialdruck des NH$_3$ 2–6mal höher als der von SiH$_4$ gewählt. Si-nitrid kann auch ohne NH$_3$, d. h. nur aus SiH$_4$ und N$_2$ dargestellt werden. Dies hat den Vorteil, daß die Schichten einen geringeren H-Gehalt als im vorangehenden Fall haben [9.59].

Die stöchiometrische Formel des Si-nitrids lautet Si$_3$N$_4$. Die durch PACVD erzeugten Schichten haben Si/N-Verhältnisse zwischen 0,75 und 1,5 und einen H-Gehalt von 15...30 % Teilchenzahlanteilen [9.16; 9.60]. Das Si/N-Verhältnis hängt ebenso wie andere Eigenschaften (Brechungsindex, spezifischer elektrischer Widerstand, Dichte, mechanische (Druck- oder Zug-) Spannungen, Ätzverhalten) von den Herstellungsbedingungen ab, insbesondere vom SiH$_4$/NH$_3$- bzw. SiH$_4$/N$_2$-Verhältnis im Reaktionsgas, Druck, HF-Leistung und Substrattemperatur (Abb. 9.5) [9.4; 9.16; 9.59-6.63]. Insbesondere nimmt mit wachsender HF-Leistung die Dichte zu und geht die Zusammensetzung in die des Si$_3$N$_4$ über [9.63].

Si-nitrid wird als Schutzschicht zur Passivierung integrierter Schaltkreise und als Ladungsspeicherschicht in Inversionsschicht-Solarzellen verwendet [9.63a].

9.4.5 Siliziumoxid und Siliziumoxinitrid

Als Oxidationsmittel für SiH_4 beim PACVD werden N_2O [9.4; 9.18], O_2 [9.64] oder CO_2 [9.18] verwendet. Die Substrattemperaturen liegen bei 300 °C oder darunter. Um ein Oxid der Zusammensetzung SiO_2 zu produzieren, ist z. B. das Partialdruckverhältnis von N_2O zu SiH_4 wie 7:1 zu wählen. Der Film enthält einen Teilchenzahlanteil von 5% Stickstoff. Mit abnehmendem Oxidationsmittelgehalt im Reaktionsgas verringert sich das O:Si-Verhältnis im Film. Mit der Gasmischung $N_2O:SiH_4 = 3,5:1$ erhält man eine Schicht der Zusammensetzung SiO [9.18].

Siliziumoxinitrid $SiN_xO_y(H_z)$ wird durch Kombination der beiden Techniken dargestellt, die für Si-nitrid- und Si-oxid-Schichten angewandt werden [9.65].

Die Anwendungen der Si-oxid- und der Si-oxinitrid-Schichten liegen auf den Gebieten der Mikroelektronik und der optischen Schichten.

9.4.6 Siliziumcarbid

Die aus SiH_4 und CH_4 durch PACVD erzeugten Filme haben ein höheres Si/C-Verhältnis als die Gasmischung und außerdem einen gewissen H-Gehalt [9.66]. Wird im Reaktor nach Abb. 9.2d die Bias-Spannung zwischen 0 und -1500 V variiert, so nehmen der H-Gehalt und die mechanische Spannung im Film ab, und es wachsen seine Härte und die chemische Resistenz gegen KOH [9.67]. Die Anwendungen liegen in der Mikroelektronik.

9.4.7 Weitere durch PACVD darstellbare Materialien

zeigt die Zusammenstellung in Tabelle 9.1.

Tabelle 9.1. Durch PACVD darstellbare Materialien

Material	Reaktanden	Literatur
Al-nitrid	$AlCl_3/N_2$	[9.68]
Al-oxid	$AlCl_3/O_2$	[9.69]
Arsen	AsH_3	[9.70]
Bor	BCl_3/H_2	[9.71]
Bornitrid	B_2H_6/NH_3	[9.72]
Boroxid	$B(OC_2H_5)_3/O_2$	[9.73]
Germanium	GeH_4	[9.74]
Ge-oxid	$Ge(OC_2H_5)_4/O_2$	[9.73]
Ge-karbid	GeH_4/CH_4	[9.75]
Phosphornitrid	PH_3/N_2	[9.76]
Ti-oxid	$TiCl_4/O_2$	[9.77]

9.4.8 Plasmadotieren

Das PACVD-Verfahren eignet sich auch zum Dotieren von Halbleitern. So wird beispielsweise kristallines Silizium für photovoltaische Generatoren p- oder n-dotiert, indem die Si-Scheiben auf der gegenüber dem Plasma negativ vorgespannten Elektrode einer Anordnung nach Abb. 9.2d oder e einer Entladung in einer B_2H_6- bzw. PH_3-haltigen Atmosphäre ausgesetzt werden. Dabei wird Bor bzw. Phosphor in Form von Ionen in das Si implantiert [9.78].

10 Plasmapolymerisation

10.1 Merkmale der Plasmapolymerisation

Plasmapolymerisation ist ein Prozeß, bei dem organische oder anorganische Polymerisate aus einem Monomerdampf unter der Einwirkung von Ionen, Elektronen und Photonen einer Gasentladung niedergeschlagen werden. Plasmapolymerisation ist keine Polymerisation im konventionellen Sinne, bei der durch Vernetzung von Monomermolekülen ein Polymer entsteht, z. B. Polyäthylen aus Äthylen. Es entsteht vielmehr eine Polymerstruktur, bei der das Ausgangsmaterial (von Ausnahmen [10.1] abgesehen) nicht erhalten bleibt, sondern als Quelle für die Fragmente dient, aus denen größere Moleküle aufgebaut werden. Reviewartikel liegen in [10.2-10.4] vor.

Der Polymerisationsvorgang verläuft in folgenden Schritten:

1. Reaktionen in der Gasphase: Es bilden sich reaktive Spezies in Form von angeregten und ionisierten Molekülen und Molekülfragmenten, die sich zu Ketten, Clustern und freien Radikalen zusammenlagern (Gasphasenpolymerisation oder Oligomerisation).
2. Adsorption: Diese Spezies sowie die Monomermoleküle werden an der Substratoberfläche adsorbiert; und schließlich erfolgt
3. die Polymerisation aller dieser Teilchen und Fragmente auf der Substratoberfläche.

Die quantitative Beschreibung dieses Mechanismus ergab in gewissen Fällen eine befriedigende Übereinstimmung der theoretischen und experimentellen Werte der Aufwachsrate der Schichten in Abhängigkeit von den Betriebsparametern Druck, Durchflußrate, Leistung in der Entladung und Art des Monomers [10.2; 10.5].

Plasmapolymerisatschichten sind ebenso wie die PACVD-Schichten (Kap. 9) amorph, doch unterscheiden sie sich von letzteren dadurch, daß sie weniger stark vernetzt (cross bonded) sind und damit einen größeren Anteil an z. B. Wasserstoff oder Halogenen besitzen, die die freien Valenzen (dangling bonds) absättigen. So entsteht aus Äthylen C_2H_4 ein Produkt mit einem C/H-Verhältnis, das beim konventionellen Polymerisat 0,5, beim Plasmapolymerisat etwa 0,66 [10.6; 10.7] und beim PACVD im Fall des a-C:H bis mehr als 0,90 (Abschn. 9.4.1) beträgt. Diese Unterschiede zwischen Plasmapolymerisation und PACVD-Verfahren, die gradueller und nicht prinzipieller Art sind, resultieren daraus, daß erstere im allgemeinen bei höheren Drücken (Grobvakuumbereich), kleinerer Teilchenenergie (≈ 10 eV) und mit komplizierter gebauten Monomeren als das PACVD ausgeführt wird.

10.2 Reaktoren

Die für die Anwendung wichtigen Eigenschaften plasmapolymerisierter Schichten beruhen auf folgenden Merkmalen des Prozesses:

1. Das Substrat bzw. die wachsende Schicht wird von Ionen bombardiert, so daß eine gute Haftung resultiert.
2. Der Mechanismus der Plasmapolymerisation führt zu einer vernetzten Struktur, so daß die Schicht abriebfest und in den meisten Agenzien unlöslich ist.
3. Die Adsorption und damit die Polymerisation erfolgt gleichmäßig an allen Stellen der Substratoberfläche, so daß die Schicht pinhole-frei aufwächst.

10.2 Reaktoren

Da es sich meistens um isolierende Schichten handelt, verwendet man im allgemeinen wie beim PACVD HF-Reaktoren, die bei Drücken zwischen 10 und 10^3 Pa betrieben und vom Monomergas, das ggf. mit einem Trägergas (z. B. Ar) vermischt ist, laminar durchströmt werden, Abb. 10.1. Die Frequenzen liegen zwischen 0,1 und 13,56 MHz, und die Depositionsraten zwischen 0,3 und 100 µm h^{-1}.

10.3 Monomere

Als Monomere kommen alle organischen Gase sowie Flüssigkeiten mit Dampfdrücken größer als 100 Pa bei 20 °C in Betracht. Man wählt im allgemeinen ein Monomer, dessen Bruttoformel annähernd der gewünschten stöchiometrischen Zusammensetzung

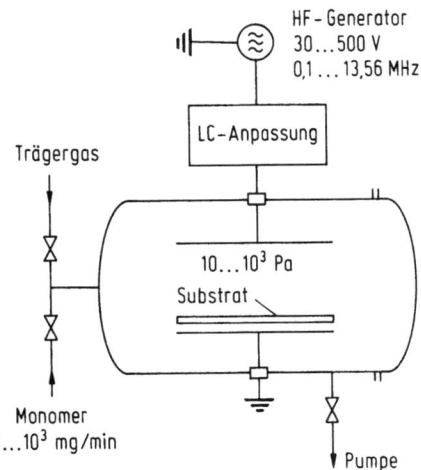

Abb. 10.1. Schema einer Anlage für die Plasmapolymerisation

der Schicht entspricht und das sich hinreichend schnell abschneiden läßt. Schnell wachsende Schichten ($\approx 1\ \mu m\ min^{-1}$) erhält man mit Monomeren der Gruppe I der Tabelle 10.1, während die fluorierten Kohlenwasserstoffe der Gruppe III langsam wachsende Schichten ergeben, die aber wegen ihrer geringen Reibung und der chemischen Beständigkeit von Interesse sind. Eine Mittelstellung nehmen die Monomere der Gruppe II ein.

10.4 Depositionsraten plasmapolymerisierter Schichten als Funktion der Prozeßparameter

Um eine plasmapolymerisierte Schicht für eine bestimmte Anwendung zu entwickeln, müssen mehrere Monomere für Vorversuche ausgewählt und die optimalen Bereiche der Verfahrensparameter ermittelt werden. Typische Verläufe für den Einfluß der Parameter: Art des Monomers, Durchflußrate, Druck und HF-Leistung auf die Depositionsrate zeigen die Diagramme in Abb. 10.2.
Bei kleiner Durchflußrate des Monomers herrscht im Reaktor unter sonst gegebenen Bedingungen ein Überschuß an reaktionsfördernden Teilchen des Gases, so daß die Depositionsrate durch die Verfügbarkeit des Monomers gegeben und damit seiner Durchflußrate proportional ist, Abb. 10.2a [10.8]. Bei hoher Durchflußrate besteht ein Überschuß des Monomers. Die Depositionsrate hängt dann von der Verweilzeit des

Tabelle 10.1. Monomere

Gruppe I	Gruppe II	Gruppe III
Acrylsäure	Acetylen	Chlorodifluoromethan
Acrylnitril	Annilin	Chlorotrifluoroäthylen
Ferrocen	Äthylen	Hexafluoropropan
Methylmethacrylat	Benzol	Hexafluoropropylen
Styrol	Butadien	Hydroperfluoropropan
Vinylferrocen	Cyclohexen	Perfluorobuten-2
	Diäthylvinylsilan	Tetrafluoroäthylen
	Divinylbenzol	Trifluoroäthylen
	Hexamethyldisiloxan	
	Hexamethyldisilazan	
	Methyläthylen	
	N-Vinylpyrrolidon	
	Propylen	
	Propylenoxid	
	Pyridin	
	1,3,5-Trichlorbenzol	
	Tetramethylsilan	
	Toluol	
	Triäthylsilan	
	Vinylacetat	
	Xylol	

10.4 Depositionsraten plasmapolymerisierter Schichten

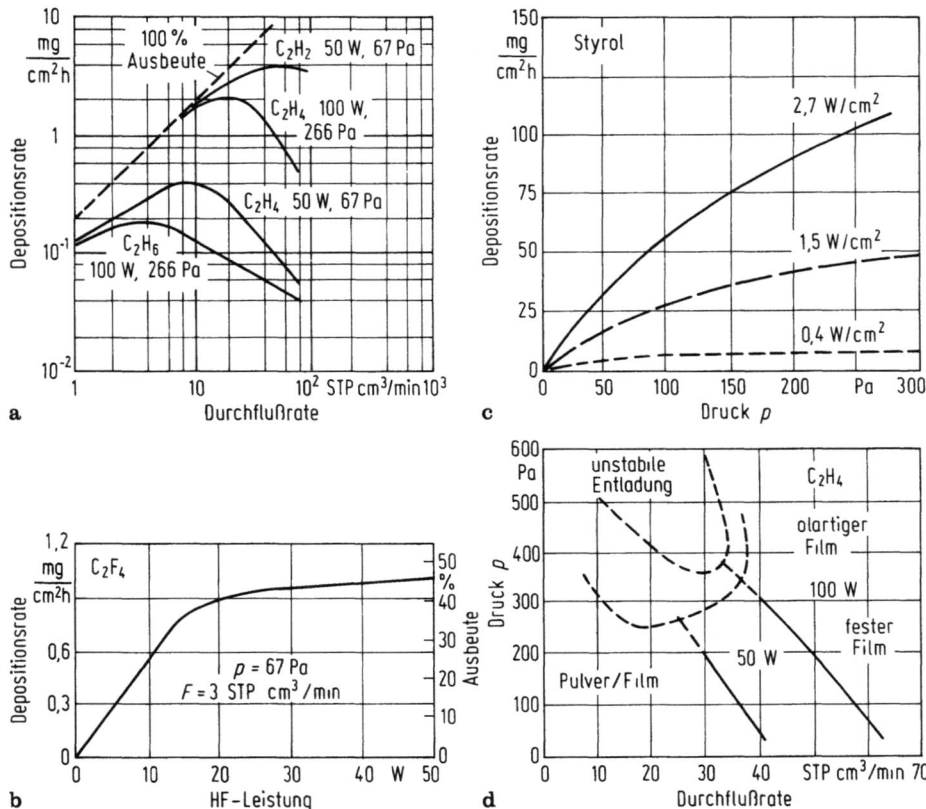

Abb. 10.2. a Depositionsrate $\dot{m}$ bei der Plasmapolymerisation von Acetylen C_2H_2, Äthylen C_2H_4 und Äthan C_2H_6 als Funktion der Monomer-Durchflußrate, nach [10.8]; **b** Depositionsrate $\dot{m}$ bei der Plasmapolymerisation von Tetrafluoräthylen C_2F_4 als Funktion der HF-Leistung, nach [10.9]; **c** Depositionsrate $\dot{m}$ bei der Plasmapolymerisation von Styrol $C_6H_5 \cdot CH{:}CH_2$ als Funktion des Druckes bei verschiedenen HF-Leistungen, nach [10.10]; **d** Kennlinienfeld für die Plasmapolymerisation von Äthylen C_2H_4, nach [10.6]

Monomers im Reaktor ab, nimmt also mit steigender Durchflußrate wieder ab. Diese beiden konkurrierenden Einflüsse führen zu einem Maximum der Depositionsrate bei einer bestimmten Durchflußrate. Die Kurven in Abb. 10.2a demonstrieren, daß ungesättigte aliphatische Kohlenwasserstoffe (C_2H_2, C_2H_4) mit größerer Ausbeute polymerisieren als gesättigte (C_2H_6, CH_4).

Mit steigender HF-Leistung wächst die Depositionsrate unter sonst gegebenen Bedingungen zunächst linear an und erreicht dann eine durch die Durchflußrate des Monomers gegebene Sättigung, Abb. 10.2b [10.9].

Mit steigendem Partialdruck p des Monomers wächst die Depositionsrate unter sonst gegebenen Bedingungen zunächst linear an und erreicht dann eine durch die Leistungsdichte (bzw. die Stromdichte der Ladungsträger) gegebene Sättigung, Abb. 10.2c [10.10].

Der Einfluß der Versuchsparameter auf die Schichtqualität läßt sich in Kennlinienfeldern nach Art der Abb. 10.2d [10.6] zusammenfassen. So entsteht z. B. mit Äthylen als Monomer nur bei relativ niedrigem Druck und relativ hoher Durchflußrate ein fester, pinhole-freier und transparenter Film. Durch Erniedrigung der Leistung ist es möglich, solche Filme auch bei kleinerer Durchflußrate zu produzieren. Nahe der Grenze Pulver/fester Film ist die Schicht wegen Inkorporation von Pulverpartikeln, die durch Gasphasenreaktion entstehen, nicht mehr transparent.

10.5 Anlagen für die Plasmapolymerisation

Das Verfahren der Plasmapolymerisation ist auf starre und flexible, anorganische und organische, elektrisch leitende und nicht leitende Substrate anwendbar. Die Substrate können als Stückgut, Bahnenware oder Schüttgut vorliegen: Stückgut wird in einer Anlage nach Abb. 10.1, Bahnenware in einer Anlage nach Abb. 5.9c und Stückgut in einem zylindrischen, rotierenden Substratbehälter aus Drahtnetz nach Abb. 5.4f beschichtet. Die hierfür benötigten Vakuumanlagen haben jedoch gegenüber denen für Bedampfung und Sputtern den Vorteil, daß das Vakuumsystem ein viel kleineres Saugvermögen hat und entsprechend kostengünstiger ist.

10.6 Anwendungen der Plasmapolymerisation

Die Eigenschaften plasmapolymerisierter Schichten, insbesondere die chemische Beständigkeit, Pin-Hole-Freiheit, Benetzbarkeit, Haftfestigkeit, elektrische Isolation und optische Transmission in einem weiten Spektralbereich ermöglichen Anwendungen auf den folgenden Gebieten:

10.6.1 Membrantechnik

10.6.1.1 Inverse Osmose

Bei dieser Methode zur Wasseraufbereitung und zur Meerwasserentsalzung verwendet man semipermeable Membranen, die für Wasser durchlässig sind, für Salzionen praktisch aber nicht. Durch die Membran tritt gereinigtes Wasser hindurch, wenn auf der Seite der Salzlösung ein Druck angewendet wird, der größer als der durch den Salzgehalt erzeugte osmotische Druck ist.

Durch Plasmapolymerisation hergestellte Membranen haben gegenüber gegossenen organischen Membranen Vorteile hinsichtlich der Wasserdurchflußrate, Salzzurückhaltung, Pin-Hole-Freiheit und Degradation [10.2; 10.3]. Als Substrate dienen poröse

10.6 Anwendungen der Plasmapolymerisation

Folien, z. B. aus Celluloseester mit Poren von 25...100 nm Durchmesser, die durch den in der HF-Entladung erzeugten, etwa 1 µm dicken Polymerfilm zugedeckt werden. Yasuda et al. [10.11-10.13] zeigten, daß mit N-haltigen Monomeren vom Vinyltyp sowie mit einem Gemisch aus C_2H_2, CO und H_2O-Dampf hydrophile und daher wasserdurchlässige Membranen entstehen, die bei 98 % Salz-Zurückhaltung eine Durchflußrate von 0,3 m³ Wasser pro m² und Tag besitzen.

10.6.1.2 Gastrennung

Stancell et al. [10.14] berichten über Versuche zur Gastrennung durch Permeation plasmapolymerisierter Membranen geringer Dicke (<1 µm), die ebenfalls auf eine poröse Trägerfolie aufgebracht sind. So wurden Verhältnisse der Permeationsraten von H_2/CH_4 gleich 300:1 erreicht. Weitere Ergebnisse liegen in [10.15] vor.

10.6.1.3 Diffusionsbarrieren gegen Gasabgabe und Permeation

Auf zweierlei Weise kann durch eine Plasmabehandlung die Gasabgabe von Kunststoffoberflächen vermindert werden: durch Aufbringen einer plasmapolymerisierten Schicht oder durch den CASING-Prozeß, d. h. durch Einwirkung einer HF-Entladung in einem inerten Gas (ohne Zusatz eines Monomers, s. Teil II). Chang et al. haben beide Verfahren an fünf verschiedenen Polymeren untersucht [10.16]. Der CASING-Prozeß fand in Ar bei 200 Pa und 13,56 MHz statt, und die Beschichtung in Äthylen C_2H_4 bei 270 Pa und 13,56 MHz, wobei nach 1 h eine Schichtdicke von einigen µm erreicht wurde. Gemessen wurde in Abhängigkeit von der Behandlungsdauer t das Ver-

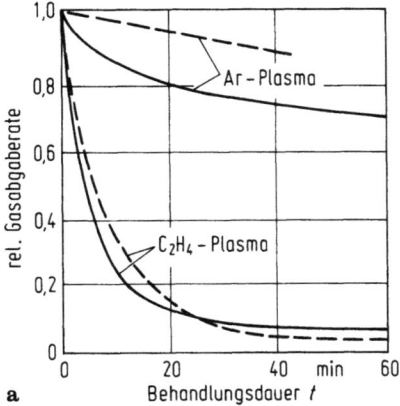
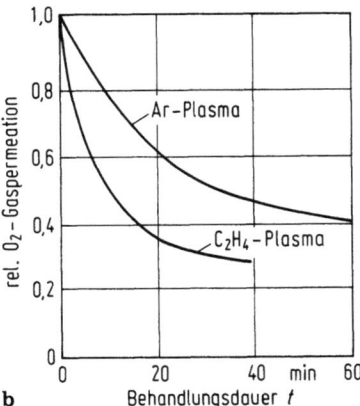

Abb. 10.3. a Gasabgaberate, relativ zu der der unbehandelten Probe, als Funktion der Behandlungsdauer t im Ar-Plasma (CASING, 200 Pa, 80 W) und im C_2H_4-Plasma (270 Pa, 100 W). Proben: Polyäthylenterephtalat (- - - -) und Polymethylacrylat (———) nach [10.16]; b O_2-Gaspermeationsrate, relativ zu der der unbehandelten Probe, als Funktion der Behandlungsdauer t im Ar- und im C_2H_4-Plasma, Bedingungen wie oben; Probe: Polydimethylsiloxan. Nach [10.16]

hältnis Φ der Mengen an Weichmacher, die während eines 62stündigen Ausheizens bei 115 °C von der plasmabehandelten bzw. der unbehandelten Probe abgegeben wurden, Abb. 10.3 a. In allen Fällen wird die Abgabe von Weichmacher durch die Plasmabehandlung reduziert, doch in der C_2H_4-Entladung bedeutend stärker als in der Ar-Entladung.

In analoger Weise wird die Gaspermeation, z. B. von O_2 durch Polydimethylsiloxan durch eine Plasmabehandlung reduziert, aber auch hier durch die C_2H_4-Entladung unter sonst gegebenen Bedingungen stärker als durch die Ar-Entladung, Abb. 10.3 b [10.16]. Auf diese Weise können Silikon-Vakuumdichtungen verbessert werden.

10.6.2 Optische Schichten

10.6.2.1 Schutzschichten auf Metallspiegeln für die Solartechnik

Bieg et al. [10.17] untersuchten Schutzschichten, die auf aufgedampfte Al- und Ag-Oberflächenspiegel durch eine HF-Entladung (13,56 MHz) in Organosilikonen aufgebracht waren. Die aus Vinyltrimethylsilan (VTMS) und Methyltrimethoxisilan (MTMOS) hergestellten, 0,5...1,3 µm dicken Schichten verändern das Reflexionsvermögen der Spiegel praktisch nicht. Die Bewitterungstests (Zyklen von −29...+55 °C, dreimal täglich, Luftfeuchtigkeit 50% bei 20 °C) zeigen, daß insbesondere die aus MTMOS erzeugten Schichten für die Al-Spiegel auch nach 6 Monaten noch einen ausgezeichneten Schutz darstellen, während die Ag-Spiegel schon nach zwei Monaten, im ungeschützten Zustand sogar nach zwei Stunden degradieren.

Das Verfahren empfiehlt sich auch als Schutzschichtbehandlung von Al-Spiegeln und Al-Scheinwerfern für andere Anwendungen (Projektoren, Kraftfahrzeuge etc.), bei denen bisher Lack- oder SiO-Schichten als Korrosionsschutz dienen.

10.6.2.2 Antireflexschichten auf Plexiglas (PMMA)

Schichten, die in einer HF-Entladung in Perfluorobuten-2 (CF_3-CF = CF-CF_3) hergestellt werden, sind bei guter Resistenz gegen Luftfeuchtigkeit zur Entspiegelung von Plexiglas geeignet [10.18]. Sie besitzen einen kleineren Brechungsindex ($n = 1,39$ bei 589 nm) als PMMA ($n = 1,49$ bei 589 nm). Daher wird die Transmission von PMMA bei 500 nm durch eine plasmapolymerisierte $\lambda/4$-Schicht (auf einer Seite) von 91,5 auf 94,2 % erhöht, durch eine $\lambda/4$-Schicht aus MgF_2 aber nur auf 92,2 %. Die Vorteile des Verfahrens sind: Auf ebenen und gekrümmten (Linsen-) Flächen lassen sich gleichförmige Schichtdicken herstellen, und es können beide Seiten des Substrats gleichzeitig belegt werden.

10.6.2.3 Antireflexschichten auf Fenstern von IR-Lasern

Die Forderungen an die optischen Eigenschaften der KCl-Fenster von IR-Lasern: niedrige Absorption im Infraroten (10,6 µm), niedrige Reflexion und hohe Resistenz gegen Luftfeuchtigkeit — lassen sich nach Reis et al. [10.19] durch ein Zweischichtensystem erfüllen: Auf das Substrat (KCl mit $n_s = 1{,}49$ bei 10,9 µm) wird durch Plasmapolymerisation eine $\lambda/4$-Schicht aus Äthan ($n_2 = 1{,}51$ bei 10,6 µm) und darüber eine $\lambda/4$-Schicht aus Tetrafluoräthylen ($n_1 = 1{,}38$ bei 10,6 µm) aufgebracht. Dadurch wird das Reflexionsvermögen bei dieser Wellenlänge von 3,8 auf 1,2 % gesenkt. Der Absorptionskoeffizient im IR ist mit 4...7 cm^{-1} hinreichend gering.

10.6.2.4 Lichtleiter für die integrierte Optik

In der integrierten Optik werden Mikrolichtleiter benötigt, die

1. extrem geringe Absorptions- und Streuverluste besitzen,
2. einen Brechungsindex haben, der mit Rücksicht auf die Totalreflexion an den Grenzflächen größer als der der angrenzenden Medien ist, und
3. für die Elektronenstrahl-Lithographie im Sinne eines negativen Resistlackes geeignet sind.

Aus Organosilikonen (Vinyltrimethylsilan und Hexamethyldisiloxan) im HF-Plasma erzeugte Schichten erfüllen diese Bedingungen. Die Verluste im Wellenlängenbereich 400...750 nm sind kleiner als 0,04 dB cm^{-1}, während auf andere Weise (thermisch, katalytisch oder photochemisch) hergestellte Polymerisate um 1...2 Größenordnungen höhere Verluste haben [10.20-10.23].

10.6.3 Elektronik

10.6.3.1 Plasmapolymerisierte MMA-Filme für die Elektronenstrahllithographie

In der konventionellen Elektronenstrahllithographie werden das Aufbringen und das Entwickeln des Strichmusters als „nasser" Prozeß ausgeführt. In der Technologie der „very large scale integrated circuits" (VLSI) ist es aus Gründen der Schärfe der Strukturen und der Zuverlässigkeit in der Produktion wünschenswert, auch diese Arbeitsgänge im Vakuum auszuführen. Daher haben Morita et al. [10.24] in der HF-Entladung (13,56 MHz) aus Methylmethacrylat (MMA) bei 70...140 Pa Resistfilme (0,4...0,8 µm dick) auf einer Cr-Schicht erzeugt und auf diesen mit 20 keV-Elektronen ein Strichmuster gezeichnet, das anschließend durch Ätzen in einem CCl$_4$-Plasma entwickelt wurde. Die aus MMA hergestellten Filme sind ebenso wie PMMA-Lack ein positiver Elektronenstrahl-Resist.

10.6.3.2 Schutzfilme für elektronische Bauelemente

Integrierte Schaltkreise und elektronische Bauelemente [10.17; 10.17a] sowie Videoplatten [10.25] erhalten aus z. B. Siloxanen durch Plasmapolymerisation hergestellte Schichten zum Schutz vor Feuchtigkeit und Kontamination.

10.6.3.3 Dünnschicht-Bauelemente

Mit plasmapolymerisierten (und elektronenstrahl-polymerisierten) Schichten aus Hexamethyldisiloxan (HMDS) lassen sich für den Tunneleffekt geeignete Schichten herstellen, und zwar sowohl für das Ein-Elektronen-Tunneln (Giaever-Effekt) als auch für das Paar-Elektronen-Tunneln (Josephson-Effekt) in supraleitenden Schaltkreisen [10.25a; 10.25b]. Auch die Herstellung von Dünnschicht-Kondensatoren ist mit solchen Schichten möglich.

10.6.4 Kunststofftechnik

Beim Verkleben von Kunststoffen mit sich selbst oder mit anderen Materialien wird Epoxyharz verwendet. Die Haftfestigkeit zwischen Kunststoffen und Epoxyharz kann beträchtlich erhöht werden, wenn auf den Kunststoff zuvor durch Plasmapolymerisation mit Acetylen (C_2H_2) erzeugte Schichten von etwa 1 µm Dicke aufgebracht werden. Der Scherkrafttest nach ASTM D1002-64 ergab für diese Erhöhung die folgenden, von der Art des Polymers abhängigen Faktoren: 1,6 bei PVC, 14 bei PE, 25 bei PTFE, 145 bei PVF [10.26].

10.6.5 Biomedizinische Technik

Plasmapolymerisierte Schichten sind, weil sie aus destilliertem Dampf entstehen, reiner als sonst übliche Polymerisate (keine Reste von Katalysatoren etc.). Daher haben Mayhan et al. [10.27; 10.28] aus verschiedenen Monomeren (Äthylen, Acrylonitril, Vinylchlorid, Vinylfluorid, Trifluoräthylen, Tetrafluoräthylen) durch Plasmapolymerisation hergestellte, einige µm dicke Schichten auf prothetische Teile aus Legierungen und Polymeren aufgebracht und eine bessere Biokompatibilität als bei Verwendung der sonst üblichen Polymerisatschichten beobachtet. Durch Plasmapolymerisation erzeugte, antithrombogene Schutzfilme werden auch auf Elektronik-Implantaten und auf O_2-Elektroden verwendet.

10.6.6 Pharmazeutische Technik

Auf dem Gebiet der Depotpharmaka besteht die Aufgabe, die Pharmakon-Abgaberate durch eine Diffusionsbarriere auf der polymeren Trägersubstanz bzw. der polymeren Kapsel zu senken. Mit aus C_2F_4 im Plasma erzeugten, 0,25 µm dicken Schichten auf der Trägersubstanz konnte z. B. die Abgaberate von Pilocarpin-Hydrochlorid um eine Größenordnung gesenkt und über Zeiten bis zu zwei Tagen konstant gehalten werden [10.29].

11 Elektrochemische und chemische Verfahren zur Herstellung von Schichten

11.1 Überblick

Die elektrochemischen und chemischen Verfahren zur Herstellung von Schichten lassen sich, wie folgt, einteilen:

1. Die galvanische Abscheidung von Metallen und Legierungen (auch Elektrodeposition oder Elektroplattieren genannt) in einem geeigneten Elektrolyten durch Stromdurchgang, wobei das metallische Substrat als Kathode geschaltet ist, Abb. 11.1a [11.1-11.4]. Dabei werden exponierte Stellen und Kanten wegen der hier höheren

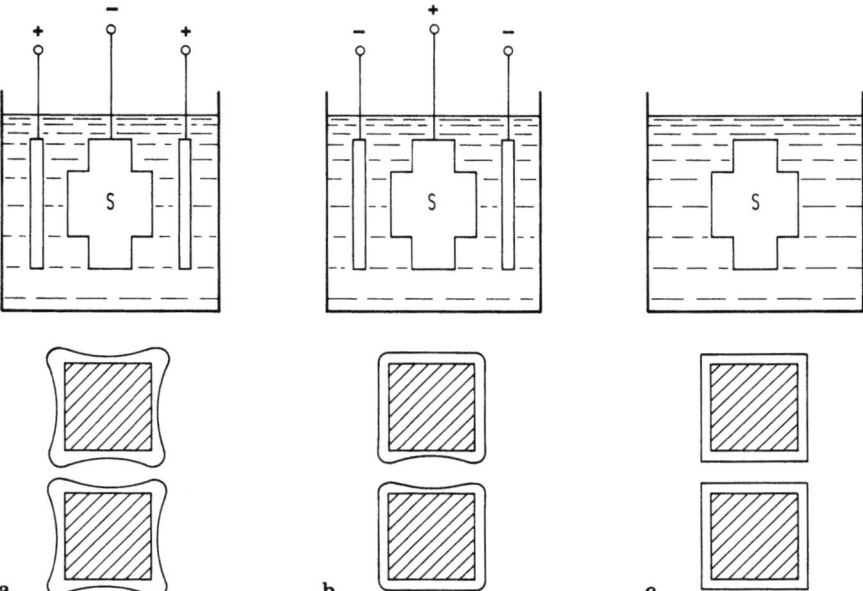

Abb. 11.1 a-c. Galvanische und chemische Beschichtung eines Substrats S. **a.** Kathodische Abscheidung von Metallen, z. B. Chrom-Plattieren; **b.** anodische Oxidation von z. B. Aluminium; **c.** chemische Abscheidung, z. B. Nickel-Plattieren. *Oben*: die experimentellen Anordnungen, und *unten*: die Schichtdickenverteilungen an Kanten und in Bohrungen, schematisch

Stromdichte stärker belegt als Bohrungen. Eine gleichmäßigere Schichtdicke erreicht man durch geeignet geformte Anoden und Blenden.

2. Die elektrochemische Bildung von Schichten durch anodische Oxidation (auch Anodisation genannt) in einem geeigneten Elektrolyten durch Stromdurchgang, wobei das Substrat als Anode geschaltet ist, Abb. 11.1b [11.5]. Die von der Stromdichte weitgehend unabhängige Schichtdicke ist gleichmäßiger als im vorangehenden Fall, doch treten sowohl in Bohrungen als auch an Kanten verminderte Dicken auf.

Während diese beiden Verfahren mit einer an die Elektrolytzelle angeschlossenen Stromquelle arbeiten, erfordert

3. das chemisch-reduktive (oder kurz: das chemische oder außenstromlose) Abscheiden von Metallen keine äußere Stromquelle [11.6], Abb. 11.1c. Die zum Abscheiden der Metalle aus dem Elektrolyten erforderlichen Elektronen werden hier durch geeignete Reduktionsmittel geliefert. Wegen des Fehlens einer äußeren Stromquelle und damit einer ungleichmäßigen Stromdichte ist die Schichtdicke auch an Kanten und in Bohrungen außerordentlich gleichmäßig. Auch Teile mit komplizierter Oberflächengeometrie und selbstverständlich auch nichtleitende Substrate werden konturengetreu beschichtet.

Das galvanische Beschichten von leitenden Substraten mit Metallen und Legierungen wird angewendet, wenn hohe Depositionsraten gefordert werden und Werkstücke mit einfacher Oberflächengeometrie vorliegen. Optimale Ergebnisse werden nur erzielt, wenn das Werkstück „galvanisierungsgerecht" konstruiert ist, wofür in [11.7; 11.8] Anweisungen gegeben werden. — Das chemische Beschichten wird ausgeübt, wenn Werkstücke mit komplizierter Oberflächengeometrie gleichmäßig beschichtet werden sollen und/oder die Substrate nichtleitend sind. — Die anodische Oxidation schließlich wird vor allem auf Al und Al-Legierungen angewendet und zu einem vergleichsweise geringen Teil auf Ta, Nb, Si, Ti, Zr und Mg.

In das Gebiet der elektrochemischen Methoden der Oberflächentechnologie gehören auch die Spezialverfahren der Herstellung von Dispersionsschichten, der Aluminiumbeschichtung aus nichtwässerigen Elektrolyten, der Galvanoformung, Elektrophorese, Elektrotauchlackierung und des Elektropolierens; und ebenso in das Gebiet der chemischen Methoden auch das Chromatieren, Phosphatieren und das pyrolytische Sprühverfahren.

11.2 Galvanische Abscheidung von Schichten

11.2.1 Abscheidung aus wässerigen Elektrolyten

11.2.1.1 Grundlagen

Elektrochemische Reaktion und Faradaysches Gesetz. Bei der Zersetzung von Elektrolyten mit Hilfe des elektrischen Stromes handelt es sich um Reduktions-Oxidations-Vorgänge, die sich an den mit einer Gleichspannungsquelle verbundenen Elektroden der Elektrolytzelle abspielen. Die Reaktion an der Kathode bezeichnet man als Reduktion, weil Elektronen verbraucht, und die Reaktion an der Anode als Oxidation, weil Elektronen abgegeben werden. Beide Vorgänge verlaufen gleichzeitig, da die bei der Oxidation an der Anode abgegebenen Elektronen über die Spannungsquelle zur Kathode gelangen und hier für die Reduktion zur Verfügung stehen. Dem im Elektrolyten gelösten positiven Metallion M^{n+} werden durch den elektrischen Strom an der Kathode n Elektronen zugeführt. Dabei entlädt sich das Metallion und schlägt sich an der Kathode nieder: $M^{n+} + ne \rightarrow M$. Wenn z. B. Nickelchlorid elektrolysiert wird, werden an der Anode Chlorionen zu Chlor oxidiert, und an der Kathode äquivalente Mengen Nickelionen zu Nickel reduziert.

Für den Zusammenhang zwischen umgesetzter Stoffmenge m in kg und übergehender Elektrizitätsmenge $q = \int_0^t I \, dt$ in As gilt das Faradaysche Gesetz

$$m = \eta q M / (nF),$$

wobei M die molare Masse z. B. der abgeschiedenen Metallionen in kg/kmol, n ihre Ladungszahl und $F = 9{,}65 \cdot 10^7$ As kmol^{-1} die Faraday-Konstante bedeuten. Der Wert $\eta \leq 1$ ist ein Ausbeutefaktor, der das Verhältnis von tatsächlichem zu theoretisch möglichem Stoffumsatz bezeichnet. Wenn z. B. an der Kathode außer dem Metall noch Wasserstoff abgeschieden wird, ist $\eta < 1$.

Um den Mechanismus der kathodischen Abscheidung zu verstehen, bedarf es einiger weiterer Erläuterungen.

Elektrochemische Doppelschicht. Wenn ein Metall M in eine M^{n+}-Ionen enthaltende Lösung eingetaucht wird, treten geringe Mengen M^{n+}-Ionen aus dem Metall in die Lösung über, und es stellt sich ein dynamisches Gleichgewicht $M \rightleftharpoons M^{n+} + ne$ ein. Das Metall lädt sich dabei negativ gegenüber der Lösung auf, während diese zusätzlich positive Überschußladungen erhält. Dadurch entsteht zwischen Metall und Lösung eine Potentialdifferenz, das sog. Elektrodenpotential, das von der Art des Metalls, der Konzentration der Metallionen in der Lösung und der Temperatur abhängt und mit der Nernstschen Gleichung zu berechnen ist [11.1-11.4]. Die auf beiden Seiten der Phasengrenze vorhandenen Überschußladungen entgegengesetzten Vorzeichens bilden aufgrund der elektrostatischen Anziehung eine elektrochemische Doppelschicht von ungefähr 1 nm Dicke. Der Zwischenraum der Doppelschicht enthält orientierte H_2O-Dipole und die lösungsseitige Fläche, die sog. äußere Helmholtz-Fläche, hydratisierte Ionen. Die Konzentration der Überschußionen nimmt mit wachsendem Abstand von der Helmholtz-Fläche exponentiell ab und nähert sich dem Wert Null im Inneren der Lösung (diffuser Bereich der Doppelschicht).

Elektrodenpolarisation. Jede Elektrode besitzt dem Elektrolyten gegenüber im Gleichgewichtszustand, wenn also kein Stoff- und Energieumsatz stattfindet, ein gewisses Elektrodenpotential. Wenn aber ein Strom fließt, ist die benötigte Spannung zwischen den Elektroden (vom Spannungsabfall im Elektrolyten abgesehen) höher als der aus den beiden Elektrodenpotentialen folgende Wert. Die Überspannung gegenüber diesem Wert, die sog. Elektrodenpolarisation, hat ihre Ursache in Hemmungen der Teilvorgänge, aus denen sich die elektrochemische Reaktion zusammensetzt. So müssen bei der kathodischen Metallabscheidung die Metallionen

1. aus dem Inneren des Elektrolyten zur Doppelschicht gelangen, d. h. den diffusen Bereich der Doppelschicht passieren und in die äußere Helmholtz-Fläche eingereiht werden, und
2. den Ladungsdurchtritt zur Kathode vollziehen, anschließend entladen und in das Kristallgitter der wachsenden Schicht eingeordnet werden.

Zu 1: Drei Transportmechanismen spielen eine Rolle [11.9]: die Migration, die Konvektion und die Diffusion, deren treibende Kraft die Gradienten des elektrischen Potentials, des Druckes bzw. der Konzentration sind.

Die Migration ist der am wenigsten effektive Mechanismus, da die Beweglichkeit der Metallionen und die elektrische Feldstärke gering sind.

Die Konvektion kann der im diffusen Bereich der Doppelschicht wirksamste Transportmechanismus sein, wenn dieser durch mechanische Agitation des Bades, also z.B. durch Rühren aufrechterhalten wird.

Die Diffusion ist der in der Nähe der Elektroden vorherrschende Transportmechanismus, weil hier ein starker Konzentrationsanstieg zur Lösung hin besteht und der Einfluß der Konvektion vernachlässigbar ist. Die Diffusionsschicht ist mit $10\ldots100$ µm Dicke $10^4\ldots10^5$ mal (je nach Agitation) breiter als die elektrochemische Doppelschicht.

Über rauhen Oberflächen, deren Rauhigkeitstiefe etwa gleich der Dicke der Diffusionsschicht ist, kann letztere in ihrem lösungsseitigen Verlauf dem Oberflächenprofil nicht folgen. Ihre Dicke ist dann über den Spitzen der Oberfläche geringer und die Abscheidungsrate entsprechend größer als über den Tälern. Die Oberfläche wird dann ungleichmäßig bedeckt, und man spricht von einem schlechten Streuvermögen (throwing power). Im umgekehrten Fall (Rauhigkeitstiefe ≪ Dicke der Diffusionsschicht) können die Rauhigkeiten durch die Beschichtung zum Teil ausgeglichen werden, so daß die erhaltene Schicht glatter als die Unterlage ist. Daher die Forderung an die Praxis, daß die zu beschichtende Fläche eine hinreichend geringe Rauhigkeit besitzen muß.

Zu 2: An der Kathodenoberfläche wird das Metallion nicht einfach entladen, es muß vielmehr gleichzeitig dehydratisiert oder dekomplexiert werden, da die Metallionen im Elektrolyten stets in hydratisierter Form oder als Komplexe vorliegen. Die kathodische Entladung von Komplexen kann entweder direkt erfolgen oder über vorgelagerte chemische Reaktionen, die in bestimmten Fällen für die Abscheidung geschwindigkeitsbestimmend sind. Der Ladungsdurchtritt an der Kathode kann bei zwei- und mehrfachgeladenen Ionen über Zwischenstufen erfolgen: So verläuft z.B. die Entladung von Cu^{++} in H_2SO_4 zum Metall über das monovalente Ion [11.10].

Die an der Kathode abgeschiedenen Metallatome, die sich nach allgemeiner Auffassung zunächst als Adatome in einem unstabilen Zustand befinden, werden nach Oberflächendiffusion an bevorzugten Wachstumsstellen, den sog. Halbkristall-Lagen eingebaut [11.9]. Hier besteht eine weitgehende Analogie zur Abscheidung aus der Gasphase.

Unabhängig vom Mechanismus des Ladungsdurchtrittes und der Kristallisation wird die Kinetik der Phasengrenzreaktion durch einen exponentiellen Zusammenhang zwischen Strom und Spannung (Volmer-Butler-Gleichung) beherrscht. Das bedeutet,

11.2 Galvanische Abscheidung von Schichten

daß die Reaktionsgeschwindigkeit an der Phasengrenze mit zunehmender Überspannung steil ansteigt. Für die maximal erreichbare Abscheidungsrate ist deshalb im allgemeinen nicht die Geschwindigkeit der Reaktion an der Phasengrenze, sondern die des Stofftransportes maßgebend. Um hohe Abscheidungsraten zu erreichen, muß deshalb unter Bedingungen hohen Stofftransportes gearbeitet werden, worauf wir in Abschn. 11.2.1.2 zurückkommen werden.

Zusammenfassend ist zu sagen, daß sich jeder der genannten Teilvorgänge in einem Beitrag zur Überspannung (Elektrodenpolarisation) gegenüber der Spannung im stromlosen Zustand äußert. Weitere Beiträge zur Überspannung rühren her von der H_2-Entwicklung, die an der Kathode als ein mit der Metallabscheidung konkurrierender Vorgang auftreten kann, und ferner von der anodischen O_2-Entwicklung, durch die der Widerstand an der Anode erhöht und Komponenten der Lösung (organische Additive, Cyanide) zersetzt werden können.

11.2.1.2 Die experimentellen Parameter

Die experimentellen Parameter, die die chemische Zusammensetzung, die Struktur und die Eigenschaften der Schichten bestimmen, sind die Art des Elektrolyten und die Abscheidungsbedingungen.

Elektrolyte. In den meisten Fällen ist der Elektrolyt eine wässerige Lösung, die alkalisch-cyanidisch, alkalisch-cyanidfrei oder sauer sein kann und das abzuscheidende Metall als Salz enthält, z.B. Ni als Ni-sulfat, -chlorid oder -sulfamat bzw. Cu als Cu-sulfat, Tabelle 11.1. In neuerer Zeit wächst das Interesse an der Abscheidung aus der Salzschmelze, die später in Abschn. 11.2.2 behandelt wird. Die Zahl der verfügbaren Anweisungen über die Zusammensetzung der wässerigen Elektrolyte beläuft sich auf mehr als 1 000, wovon sich etwa 300 auf die Herstellung von Edelmetall- und Legierungsschichten beziehen. Aus diesem Grunde wird hier keine Zusammensetzung von elektrolytischen Bädern mitgeteilt, sondern auf die diesbezügliche Literatur verwiesen

Tabelle 11.1. Elektrolyt-Typen für einige Schichtmetalle [11.1]. (● am häufigsten verwendet, ○ alternative Lösung)

Elektrolyt	Schichtmetall								
	Ag	Au	Cd	Cr	Cu	Fe	Ni	Sn	Zn
Sulfat, sauer					●	○	●	○	○
Chlorid, sauer					●		○		○
Fluorborat			○		○		○		
Fluorsilikat			○						
Sulfamat						○	○		
Pyrophosphat					○				○
Alkalisch-cyanidisch	●	●	●		●				●
Hydroxyd								●	○
Andere[a]	○	○		●					

[a] z.B. für Cr: Chromsäureanhydrid CrO_3 + H_2SO_4

[11.1-11.4]. Vielfach werden gewisse, vorwiegend organische oder kolloidale Additive in Konzentrationen von einigen mg bis g pro dm^3 hinzugefügt, um bestimmte Wirkungen, z. B. Erhöhung des Glanzes, Verminderung der Korngröße oder Abnahme der inneren Spannungen in der Schicht zu erzielen. Elektrolyte für die Abscheidung von Legierungen sind dadurch gekennzeichnet, daß die Elektrodenpotentiale der Komponenten annähernd übereinstimmen, was z. B. durch geeignete Komplexverbindungen und Reduzieren der Konzentration der edleren Metallionen gelingt [11.1-11.4; 11.10a bis 11.14].

Abscheidungsbedingungen. Zu diesen Bedingungen gehören bei gegebenem Elektrolyten die Größen: Temperatur, pH-Wert und Stromdichte, die zusammen mit der Badzusammensetzung in den jeweiligen Anweisungen [11.1-11.4] aufgeführt sind. Hinzu kommen noch Einflüsse wie: Elektrodengestalt, Art der Anode, Abschirmblenden, mechanische Bewegung im Elektrolyten sowie die Stromform.

Die Anoden bestehen vielfach aus den Metallen, die abgeschieden werden sollen, so z. B. aus Cu, Ni, Zn, Sn, Ag bzw. Cd. Im Fall der Cr-, Au-, Pt- und Rh-Abscheidung verwendet man im Elektrolyten unlösliche Anoden.

Elektrolytisch abgeschiedene Metallschichten sind kristallin, haben eine glatte Oberfläche, zeigen aber oft charakteristische Risse als Folge innerer Spannungen. Typische Depositionsraten sind z. B. für Cr 10 µm h^{-1} und für Cu 50 µm h^{-1}.

Wichtig sind die Maßnahmen zur Herabsetzung von Polarisationseffekten und damit zur Erhöhung der Abscheidungsrate, und zwar:

1. die Anwendung von gegenüber dem Gleichstrom (DC) modifizierten Stromformen, und
2. die mechanische Agitation des Elektrolyten.

Einfluß der Stromform. In der Mehrzahl der Anwendungen wird mit DC gearbeitet, doch wächst der Einsatz von modifizierten Stromformen, wie z. B.: DC mit überlagertem Wechselstrom [11.15], DC mit periodischer Umpolung bei vergleichsweise kurzer Umkehrphase (PRCE: periodic reverse current electroplating [11.16]), und schließlich DC mit gesteuerter Pulsation (pulse plating [11.17]). Unter diesen Verfahren kommt dem *pulse plating* besondere Bedeutung zu. Es wird bei Pulsfrequenzen von einigen Hz bis etwa 1 kHz ausgeführt, wobei im allgemeinen die Totzeit (z. B. 100 ms) länger als die Pulsdauer (<1...10 ms) ist. Zur Optimierung stehen dann bei gegebener mittlerer Stromdichte drei Variable: Pulsstromdichte, Pulsdauer und Totzeit zur Verfügung.

Wie die Erfahrung zeigt, beeinflußt die Stromform die Abscheidungsrate, die Mikrostruktur und andere Eigenschaften der Schicht [11.18]. Beim pulse plating ist die momentane Stromdichte erheblich größer als die DC-Stromdichte, weil während der Totzeit die Diffusionsschicht immer wieder mit Ladungsträgern aufgefüllt und die Elektrodenpolarisation abgebaut wird. Der nichtstationäre Diffusionsstrom und damit auch die Abscheidungsrate können im zeitlichen Mittel unter sonst gegebenen Bedingungen größer als im DC-Betrieb sein.

Auch die Nukleations- und Wachstumsvorgänge verlaufen beim pulse plating anders als im DC-Betrieb. Mit wachsender Abscheidungsrate steigt die Korngröße zunächst an, überschreitet ein Maximum und sinkt dann wieder, wie in [11.19] experi-

11.2 Galvanische Abscheidung von Schichten

mentell bestätigt wird. Bei hinreichend großer momentaner Stromdichte werden daher im Pulsbetrieb feinerkörnige Schichten als mit DC erzielt. Theoretische Überlegungen über die Transportvorgänge in der kathodischen Diffusionsschicht [11.20; 11.21] zeigen auch, daß der Einbau von Fremdstoffen in die Schicht im Pulsbetrieb mit geringerer Rate vor sich geht als im DC-Betrieb.

Diesen Überlegungen entsprechend ergaben die Untersuchungen an Schichten aus Au und Au-Legierungen (z.B. mit Ni und Co) dem DC-Verfahren gegenüber folgende Vorteile des pulse plating [11.20; 11.21]:

1. Größere Abscheidungsrate aufgrund höherer zulässiger, mittlerer Stromdichte,
2. feinerkörnige Struktur und glattere Oberflächen, so daß
3. Additive in geringerer Menge benötigt oder auch ganz entbehrlich werden;
4. geringere Porosität und höhere Dichte der Schichten (Beispiel: Au-Co mit 19,2 g cm^{-3} statt 17,1 g cm^{-3} in DC-Betrieb, und den entsprechenden Werten des spezifischen elektrischen Widerstandes von 6 µΩ cm gegenüber 14 µΩ cm). Daher ist es vielfach möglich,
5. die Schichtdicke ohne Beeinträchtigung der funktionellen Eigenschaften zu reduzieren. Ferner:
6. höhere Reinheit, vor allem geringerer Gehalt an H_2, N_2, O_2 und im Fall cyanidhaltiger Elektrolyte auch an C,
7. geringere H_2-Entwicklung und damit schärfere Konturen beim Abscheiden durch photolithographisch erzeugte Masken, sowie geringere Neigung zur Wasserstoffversprödung, und
8. geringere innere Spannungen und damit geringere Gefahr der Rißbildung.

Diesen Vorteilen steht als Nachteil der höhere Aufwand an Investition und Prozeßkontrolle gegenüber.

In neuerer Zeit konnten durch pulse plating sogar amorphe Schichten aus Ni-Legierungen in Dicken von 30...200 µm hergestellt werden [11.21 a-c]. Diese Schichten haben interessante magnetische, mechanische und katalytische Eigenschaften und eine gute Korrosionsbeständigkeit. Damit dürfte das pulse plating eine Alternative zum Verfahren der Rascherstarrung (Kap. 14) darstellen.

Einfluß der mechanischen Agitation des galvanischen Bades. Wie oben begründet, kann der Stofftransport durch geeignete Agitation des Bades erhöht werden. So z.B. durch Ultraschall mit Frequenzen bis 30 kHz und Leistungsdichten bis 0,5 W cm^{-2}, oder durch intensive Elektrolytströmung unter Verwendung von auf die Kathode gerichteten Düsen, oder durch rasche Bewegung des zu beschichtenden Metalls [11.22-11.24 d]. Die dadurch gekennzeichneten „high-speed"-Verfahren werden in der Stahlindustrie für die kontinuierliche Beschichtung von Blechen und Drähten bei Durchsatzgeschwindigkeiten bis zu einigen m/s angewendet, oder in der Elektronikindustrie für die Beschichtung von Drähten und Komponenten.

Als Vorteile gegenüber dem ruhenden Bad ergeben sich:

1. höhere zulässige Stromdichten und höhere Abscheidungsraten, und als Folge davon, mit ähnlicher Begründung wie beim pulse plating,

2. geringere H$_2$-Entwicklung und größerer Ausbeutefaktor η,
3. höhere Dichte und geringere Porosität der Schicht,
4. verbesserte Haftfestigkeit,
5. geringere innere Spannungen,
6. erhöhter Glanz und
7. erhöhte Härte, speziell bei Chrom-Schichten.

11.2.1.3 Struktur und Eigenschaften der Metallschichten

Das Wachstum elektrolytisch abgeschiedener Metallschichten erfolgt, wie bereits erwähnt, weitgehend analog zu den Vorgängen bei der PVD- und CVD-Beschichtung, d. h. durch ständige Wiederholung der Schritte: Keimbildung und Anlagerung von Atomen an Wachstumsstellen [11.9]. Man unterscheidet vier Wachstumsformen: die Säulen-, Faser-, Feinkorn- und Lamellen-Struktur [11.1]. Einige Metalle, insbesondere Cu, Ni, Co und Au, können — je nach Abscheidungsbedingungen und Zusammensetzung des Elektrolyten — in allen vier Wachstumsformen niedergeschlagen werden [11.1; 11.19], und Ni-Legierungen sogar als amorphe Schichten [11.21 a-c].

Die Säulen-Struktur mit Korngrößen bis zu 5 µm [11.10a] tritt auf, wenn der Elektrolyt frei von Additiven ist und die Abscheidung bei hoher Metallionenkonzentration und hoher Depositionsrate erfolgt. Die Schichten haben eine hohe Reinheit, hohe Dichte und hohe elektrische Leitfähigkeit. Sie sind duktiler und haben eine geringere Zerreißfestigkeit und geringere Streckgrenze als die anderen Strukturen.

Die Faser-Struktur mit einer gegenüber der Säulenstruktur kleineren Korngröße entsteht z. B. nach Zugabe von Additiven zum Elektrolyten oder bei hinreichend hoher Abscheidungsrate [11.19].

Die Feinkorn-Struktur mit Korngrößen von 10...100 nm bildet sich im allgemeinen in Elektrolyten mit Komplexionen, z. B. Cyaniden, oder mit gewissen Additiven, wie etwa Glanzstoffen. Die Zugabe von Additiven verursacht eine Abnahme der Korngröße, der Dichte und der elektrischen Leitfähigkeit der Schichten.

Lamellare Strukturen, die aus einer Folge übereinander geschichteter Lamellen parallel zur Substratoberfläche bestehen, sind für Niederschläge aus gewissen Legierungen (z. B. Fe-Ni) und für Schichten mit Glanzwirkung charakteristisch. Letztere wird im allgemeinen durch schwefelhaltige organische Additive erzeugt, durch die geringe Mengen von S und C in die Schicht gelangen, welche ihrerseits eine sehr feinkristalline Struktur mit 10...100 nm Korngröße und hoher Dichte der Gitterstörungen bewirken. Die Anwendung der modifizierten Stromarten (PRCE und Pulse Plating) begünstigt das Entstehen der lamellaren Struktur. Die Schichten besitzen im allgemeinen höhere Werte der Zerreißfestigkeit, Härte und Eigenspannungen und eine geringere Duktilität als die anderen Strukturen.

Die Zusammenhänge zwischen der Art des Elektrolyten, den Abscheidungsbedingungen, der Mikrostruktur sowie den mechanischen und elektrischen Eigenschaften sind am Beispiel von Cu-Schichten in [11.1], von Ni-Schichten in [11.1; 11.19] und von Cr-Schichten in [11.1; 11.25] ausführlich dargestellt.

11.2 Galvanische Abscheidung von Schichten

11.2.1.4 Zur Ausführung des galvanischen Prozesses

Der galvanische Prozeß umfaßt die Verfahrensschritte: Vorbehandeln, Beschichten und Nachbehandeln des Werkstückes:

Das *Vorbehandeln* des Substrats erfordert mechanische, chemische und/oder elektrochemische Reinigungsprozesse, die an den zu beschichtenden Werkstoff angepaßt sein müssen. Häufig vorkommende Substratwerkstoffe sind: Stähle verschiedener Art, Cu, Ni, Al, Mg, Ti, W und Legierungen dieser Metalle. Die American Society for Testing Materials hat zur Vorbehandlung dieser Werkstoffe Empfehlungen herausgegeben [11.26].

Beschichten: Nur etwa 20 aller Metalle sind für die galvanische Beschichtung von praktischem Interesse, und die wichtigsten von ihnen sind: Ag, Au, Cd, Co, Cr, Cu, Fe, Ni, Pb, Pd, Pt, Rh, Sn und Zn. In manchen Fällen sind vor dem eigentlichen Beschichten Zwischenschichten aufzutragen, um einen Angriff des Substrats durch den Elektrolyten zu vermeiden. So erhalten z. B. Messing- oder Zn-Teile vor dem Vernickeln eine Cu-Zwischenschicht. Vor dem Verzinnen von Cu bedarf es einer Ni-Zwischenschicht als Diffusionsbarriere. Auch über das Abscheiden von Legierungen, d. h. die Kodeposition von zwei oder mehr Metallen unter Bildung einer Legierung, liegt reichhaltige Literatur vor [11.27-11.31]. Für die Anwendung wichtige Legierungssysteme sind: Ni-Cr, Ni-Fe, Cu-Zn, Cu-Sn, Ni-Sn, Pb-Sn, Ag-Sb, Ag-Pd, Au-Ag, Au-Co, Au-Ni sowie W-Legierungen und Cr-Legierungen. Auch die Abscheidung von Verbindungshalbleitern, wie CdSe, CdTe, Ag_2Se und GaAs, ist durch Kodeposition von zwei Komponenten in elementarer Form möglich [11.31a].

Das *Nachbehandeln* geschieht im einfachsten Fall durch Spülen und Neutralisieren, um schädigende Einflüsse auf das Schichtmetall zu beseitigen. In anderen Fällen handelt es sich um ein Stabilisieren von Schichteigenschaften: so wird z. B. zur Erhaltung des Glanzes von Ag-Schichten oder des Korrosionswiderstandes von Zn- oder Cd-Schichten das sog. Chromatieren in einer Chromsäurelösung (Abschn. 11.5.3) ausgeführt. In wieder anderen Fällen, in denen die Gefahr einer H_2-Versprödung des Werkstückes als Folge der H_2-Entwicklung bei der Elektrolyse besteht, muß dieses bei ca. 200 °C ausgeheizt werden [11.31b].

Die *technische Ausführung* des Prozesses richtet sich in allen Fällen nach der Art der Werkstücke. Liegen die Bauteile als größeres Stückgut vor, so werden sie zum Beschichten auf Gestellen befestigt und in der Galvanisierzelle mit kathodischer Polung zwischen zwei Anoden angeordnet. Als Schüttgut vorliegende Kleinteile werden zwecks Beschichtung in rotierenden Glocken oder Trommeln einer Anode gegenüber in ständiger Umwälzung gehalten. Die verschiedenen Apparaturen werden entweder manuell bedient, oder in automatischer Ausführung in eine Fertigungslinie integriert.

11.2.1.5 Anwendungen von galvanischen Metall- und Legierungsschichten

Cr-Schichten: Das Hartverchromen ist ein wichtiger elektrolytischer Prozeß, der mit Standard-Chrombädern von Mischsäureelektrolyten ausgeführt wird [11.1; 11.32-11.37]. Auf die Werkstücke werden zuvor Zwischenschichten (Ni oder Cu/Ni) aufgebracht. Von der investierten Energie dienen nur etwa 20% zur Metallabscheidung und der Rest zur Erzeugung von H_2, der sich an der Substratoberfläche bildet. Eine Hartverchromung ist daher nur auf Flächen möglich, an denen der H_2 gut entweichen kann; anderenfalls ist eine Nachbehandlung bei 140...200 °C zur Beseitigung des aufgenommenen H_2 erforderlich [11.38]. Die Dicken der Cr-Schichten liegen im Bereich 0,2...2 µm für dekorative Zwecke bzw. 20...500 µm für technische Zwecke. Die Herstellung dicker Schichten ist problematisch, weil die inneren Spannungen von einer bestimmten Dicke an die Zerreißfestigkeit der Schicht überschreiten und sich, je nach verwendetem Elektrolyten, Mikrorisse oder bis zum Substrat durchgehende Risse bilden [11.36]. Spannungsarme, rißfreie Schichten können mit dem pulse-plating-Verfahren erzielt werden [11.32; 11.33]. Die Härte der Cr-Schichten, die im Bereich 7500...11000 N mm^{-2} liegt, beruht auf Oxideinschlüssen (>0,12 Gew. % O_2) und geringer Korngröße [11.27]. Die Dauerfestigkeit der Schichten ist in [11.35] und ihr Verschleißverhalten in [11.37] untersucht worden.

Wichtige Anwendungen der Cr-Schichten liegen vor auf den Gebieten: Verbrennungsmotore (Kolbenringe, Kolben, Zylinderlaufflächen), allgemeiner Maschinenbau, Luftfahrtindustrie, Druck- und Papierindustrie (Walzen).

Cu-Schichten finden in Dicken von 10...100 µm Anwendung als elektrische Leitschicht auf verschiedenen Substraten und als Zwischenschicht im System Cu/Ni/Cr [11.3-11.5]. Ein Sondergebiet ist das Herstellen von Cu-Formteilen in Schichtdicken von 1...10 mm durch Galvanoformen (s. Abschn. 11.2.4).

Ni-Schichten werden in Dicken von 10...50 µm für dekorative Zwecke und in Dicken von 0,5...2 mm auf Bauteilen angewendet, die Verschleiß und Korrosion ausgesetzt sind. Bei derartigen Anwendungen, wie sie in der Nahrungsmittelindustrie, der Luft- und Raumfahrt vorliegen, verwendet man allerdings sog. Hartnickelschichten, deren Härte 4000...6500 N mm^{-2} beträgt. Der hierfür erforderliche Elektrolyttyp, die Abscheidungsbedingungen und eine mögliche thermische Nachbehandlung sind in [11.39] beschrieben. Galvanoformen ist eine weitere Anwendung.

Zn- und Cd-Schichten dienen als Korrosionsschutz gegenüber atmosphärischen Einflüssen. In den letzten Jahren konnte das konventionelle Cadmieren von Bauteilen durch Beschichten mit Zn ersetzt werden. Etwa 40 % der Weltproduktion von Zn wird für den Korrosionsschutz von Stahl verwendet [11.40; 11.40a].

Sn- und Sn-Pb-Schichten werden auf Stahl, Cu und Cu-Legierungen aufgebracht. In einer Dicke von 0,5...1,5 µm mit Sn beschichtetes Stahlband dient zur Fabrikation von Konservendosen. Stahlblech, das mit einer Cu-Zwischenschicht (als Diffusionsbarriere) und darüber einer 5...20 µm dicken Sn-Schicht belegt ist, besitzt eine lötbare Oberfläche und dient zum Bau korrosionsbeständiger Nahrungsmittelbehälter. Gegenüber den Sn-Schichten haben eutektische Sn-Pb (62:38)-Legierungsschichten den Vorteil, auch langfristig lötbar zu bleiben; sie werden daher auch in der Elektroindustrie verwendet. Bleibronzeschichten Sn10-Pb90 oder das ternäre System Sn15-Pb65-Cu20 werden wegen ihrer Verschleiß- und Ermüdungsbeständigkeit auch als Gleitlager eingesetzt [11.3-11.5].

Pb-Schichten, die in Dicken von 10...500 µm abgeschieden werden, werden wegen ihrer Beständigkeit gegenüber gewissen Chemikalien (z. B. gegenüber Schwefelsäure durch Bildung dünner Pb-sulfatfilme) in der chemischen Verfahrenstechnik und beim Bau von Akkumulatoren verwendet [11.41].

Edelmetallschichten und Edelmetall-Legierungsschichten: Die Metalle Au, Pt, Pd, und

11.2 Galvanische Abscheidung von Schichten

Rh dienen als Schutz gegen Hochtemperaturoxidation in Geräten für die Raumfahrt; Pd, Rh, Au-Ag und Hartgold (Au-Co, Au-Ni) als Kontakte in der Elektronik, und Hartgold auch als Verschleißschutz. Auch die Schmuckindustrie macht von Edelmetallschichten Gebrauch [11.42-11.45a]. Als weitere Anwendungen sind zu nennen:

- Im Anlagenbau, z. B. bei Kryostaten, Autoklaven, Schutzrohren für Thermoelemente etc., werden Schichten aus Ag, Au und Platinmetallen verwendet.
- In der UHV-Technik, z. B. bei Teilchenbeschleunigern und Geräten der Oberflächenanalytik, werden Metalldichtungen in Form von versilberten Cu-Ringen benutzt.
- In der Lasertechnik dienen Schichten aus Au und Au-Legierungen als Spiegel der Laserkavität.
- In NMR-Apparaturen werden die Cu-Spulen mit Rh beschichtet, das eine positive Suszeptibilität besitzt und daher den Einfluß der negativen Suszeptibilität des Cu kompensieren kann.
- Für die H_2-Diffusion werden porenfreie, 10 µm dicke Pd-Membranen durch Elektrolyse hergestellt.
- In der Plasmaforschung am Max-Planck-Institut in Garching hat es sich als notwendig erwiesen, den Kanal für die Übertragung der HF-Leistung (2,4 MW bei 1,3 GHz) zum Aufheizen des Plasmas mit einer „Rauhgold"-Schicht auszukleiden. Dies ist eine Au-Schicht mit einem dendritischen Wachstum, das durch Ionenaustausch mit einer zuvor aufgebrachten Ni-Schicht erzwungen wird. Bei einem gewissen Verhältnis von Rauhtiefe/Rauhbreite >1 wird die lawinenartige Vervielfachung der Sekundärelektronenemission unterbunden, die sonst die Transmission der HF-Leistung verhindert [11.45b-c].

Cu-Zn-Legierungsschichten bilden bei 68...73% Cu α-Messing, das bereits bei Dicken kleiner als 2 µm auf Stahl eine hohe Haftfestigkeit gegenüber vulkanisiertem Gummi besitzt. Diese Schichten werden für Schwingmetallteile und Reifen mit Stahleinlage verwendet. Ferner werden Messingschichten in 5...30 µm Dicke für technische und dekorative Zwecke (Beschläge, Armaturen, Bänder etc.) benutzt [11.30].

Cu-Sn-Legierungsschichten bilden mit 10...12% Sn α-Bronze, die hinsichtlich Verschleiß- und Korrosionsbeständigkeit mit Gußbronze vergleichbar ist und daher als Lagermetall auf tragenden Stahlteilen verwendet wird [11.30].

Ni-Legierungen: Ni-Sn wird wegen seiner Lötbarkeit und Korrosionsbeständigkeit in der Elektronik und der Feinwerktechnik eingesetzt. Ni-Fe wird als Ersatz für Ni für dekorative Zwecke verwendet, ferner in der Zusammensetzung Ni45-Fe55 als der weichmagnetische Werkstoff Permalloy [11.39]. Ni-Co-Schichten bilden einen hartmagnetischen Werkstoff für Plattenspeicher [11.44; 11.45]. Aus den ternären Legierungen Ni-Cr-Fe können Schichten aus rostfreiem Stahl erzeugt werden, die auch zur Reparatur von dem Verschleiß unterworfenen Teilen sowie zur Herstellung von Formteilen durch Galvanoformung geeignet sind [11.1; 11.30; 11.46-11.48].

11.2.1.6 Diffusionsschichten

Läßt man elektrolytisch aufgebrachte Schichten in den Grundwerkstoff eindiffundieren, so können dessen Eigenschaften verbessert werden. So wurden zwecks Verbesserung der Korrosionsbeständigkeit in Stahlsubstrate Ni-Zn-Legierungsschichten [11.49], Ni/Cd-Schichtsysteme [11.50], Co-W-Legierungsschichten und Cr-Schichten [11.51] durch thermische Behandlung eindiffundiert. Trotz guter Erfolge hat sich das Verfahren in dieser Form nicht durchgesetzt. Erst durch Anwendung der Lasertechnik (s. Teil II) hat das Eindiffundieren bzw. Einlegieren von Schichtmaterial in den Grundwerkstoff große Bedeutung erlangt.

11.2.1.7 Galvanisch abgeschiedene Dispersionsschichten

Herstellung und Eigenschaften von Dispersionsschichten. Die Eigenschaften galvanisch abgeschiedener Metallschichten können erheblich verändert werden, indem z.B. Hartstoffe oder Gleitstoffe in Form pulverförmiger Partikel in den Elektrolyten gegeben und dann zusammen mit dem Metall auf dem Substrat niedergeschlagen werden. Die so erhaltenen Dispersionsschichten bestehen aus einer metallischen Matrix mit eingelagerten nichtmetallischen Partikeln. Im galvanischen Bad müssen die Partikel suspendiert sein und in diesem Zustand während des Abscheidens durch Rühren, Lufteinblasen oder Ultraschall verbleiben. Während der Elektrolyse wandern die sus-

Tabelle 11.2. Beispiele für Matrix-Dispersat-Kombinationen, nach [11.52]

Matrix	Oxide	Carbide	Sulfide	Sulfate	Sonstiges
Ni	Al_2O_3, SiO_2, MgO TiO_2, BeO_2, ThO_2 ZrO_2, CdO, CeO_2 Fe-Oxide	SiC, WC, VC	MoS_2	$BaSO_4$ $SrSO_4$	Bornitrid Oxalate[a] Teflon Glimmer
Cu	Al_2O_3, TiO_2, ZrO_2 CeO_2	ZrC, SiC WC	MoS_2	$SrSO_4$ $BaSO_4$	Glimmer Graphit
Ag	Al_2O_3 weitere Oxide[a]	SiC			
Au	Al_2O_3 weitere Oxide[a]	SiC			
Co	verschiedene Oxide				natürl. und künstlicher Glimmer
Fe	Al_2O_3 Fe-Oxide	SiC, WC	MoS_2		natürl. und künstlicher Glimmer Graphit
Fe	Fe-Oxide	WC, SiC			
Cd	Fe-Oxide	WC, SiC			
Ms		SiC			

[a] keine detaillierten Angaben in der Literatur

pendierten Partikel zur Kathode, wo sie in das sich abscheidende Metall mit eingebaut werden. Die Partikelkonzentration in der Schicht wächst mit der Partikelkonzentration im Elektrolyten; sie ist ferner abhängig vom pH-Wert, dem Suspendierverfahren, dem Durchmesser und der Dichte der Teilchen, der Stromdichte, der Temperatur, der Viskosität und Dichte des Elektrolyten [11.25]. Eine Übersicht über untersuchte Metall-Dispersat-Kombinationen gibt die Tabelle 11.2 [11.52]. Drei Gruppen von Dispersaten sind von besonderem Interesse: Hartstoffe, Gleitstoffe und extrem feine Dispersate, die eine „Dispersionshärtung" bewirken.

Hartstoffe: Als Hartstoffe werden Karbide, Oxide, Nitride und künstliche Diamanten eingelagert. Am meisten untersucht wurde das System SiC/Ni, wobei die SiC-Korngrößen 0,5...3 µm und die Schichtdicke etwa 50 µm betragen. Gegenüber der reinen Ni-Schicht wird durch 10 Gew. % SiC die Härte auf etwa das Doppelte erhöht, und der Verschleiß auf weniger als die Hälfte reduziert [11.53; 11.54a-e].

Gleitstoffe: Durch Einbau von Trockenschmiermitteln wie MoS_2, BN, Glimmer und Polytetrafluoräthylen in die elektrolytisch abgeschiedene Metallschicht werden selbstschmierende Oberflächen mit guten Gleit- und Notlaufeigenschaften erzeugt. Die eingelagerte Menge kann bis zu 50 Vol.-% betragen [11.52; 11.54b].

Dispersionshärtung: Extrem feine, thermostabile und auch bei hoher Temperatur in der Metallmatrix unlösliche Partikel (10...100 nm ⌀) bewirken eine Dispersionshärtung. Diese Partikel behindern Versetzungsbewegungen im Kristallgitter, die die Ursache plastischer Verformung sind, und erschweren die Rekristallisation und damit die Grobkornbildung. Die Folge ist eine Steigerung von Härte, Festigkeit und Verschleißwiderstand, insbesondere bei erhöhter Temperatur. Geeignete und kommerziell erhältliche Partikel sind: γ-Al_2O_3 (50 nm) WC (30 nm), α-Al_2O_3 (300 nm), ThO_2 (30 nm). Einbaumengen von 0,5...3 Vol.-% sind erforderlich [11.52; 11.54d-e].

Zur Illustration zeigt Tabelle 11.3 die Werte der Mikrohärte einer reinen Ni-Schicht und einer Al_2O_3 (50 nm)/Ni-Dispersionsschicht während des ersten Aufheizens auf 800 °C und nach dem Abkühlen auf Raumtemperatur [11.52].

Anwendungen von galvanischen Dispersionsschichten. Nickel als Matrixmetall bietet sich bei korrosiven Beanspruchungen an, Cobalt für Anwendungen in der Medizin (weil es nicht-toxisch und in reduzierender Körperflüssigkeit passiv ist), Cu, Ag, Au und Legierungen aus diesen Metallen für elektrische und elektronische Anwendungen. Galvanische Dispersionsschichten vom Typ SiC/Ni auf Zylinderlaufflächen von Ver-

Tabelle 11.3. Mikrohärte in $N\,mm^{-2}$ einer reinen Ni-Schicht und einer Al_2O_3 (50 nm Korngröße)/Ni-Dispersionsschicht in Abhängigkeit von der Temperatur [11.52]

Mikrohärte in $N\,mm^{-2}$	Temperatur in °C					
	während des Aufheizens					nach Abkühlung
	20	200	400	600	800	20
Ni-Schicht	4550	1780	550	270	200	1090
Al_2O_3/Ni-Schicht	4430	1920	680	530	380	2560

brennungsmotoren zeigten deutliche Vorteile gegenüber Hartchromschichten, insbesondere bei zusätzlicher thermischer Belastung, Staubeinwirkung und Mangelschmierung [11.55]. Auch bei anderen Komponenten des Maschinenbaues konnte der Verschleiß durch Dispersionsschichten drastisch gesenkt werden.

11.2.1.8 Beschichtung durch eine Verdrängungsreaktion an der Kathode

Um z. B. beim Bau von CdS/Cu_2S-Heterojunction-Solarzellen die Cu_2S-Schicht auf ein CdS-Substrat aufzubringen, schaltet man letzteres als Kathode in einem $CuSO_4$-Elektrolyten und benutzt eine Cu-Anode. Beim Stromdurchgang kommt es dann an der Kathode (aufgrund der elektrochemischen Spannungsreihe) zu der Verdrängungsreaktion $CdS + 2\,Cu^{2+} \rightarrow Cu_2S + Cd^{2+}$, wobei Cd^{2+} in Lösung geht [11.56; 11.57].

11.2.2 Galvanische Abscheidung aus nichtwässerigen Elektrolyten

Einige Metalle, die stark elektronegativ sind und/oder mit Wasser oder dem entstehenden H_2 reagieren, können aus wässerigen Elektrolyten nicht abgeschieden werden. In manchen Fällen gelingt die galvanische Abscheidung jedoch nach Auflösen eines entsprechenden Metallsalzes in einem nichtwässerigen, organischen Lösungsmittel, wie z. B. Dimethylformamid, Dimethylsulfoxid oder Ethylenglycol [11.58].

11.2.2.1 Galvanisches Aluminieren

Aluminium ist ein Metall, das sich nicht aus wässeriger Lösung abscheiden läßt. Daher eröffnete das von Dötzer angegebene Siemens-Verfahren, mit dem Al aus nichtwässerigen (aprotischen) organischen Lösungen galvanisch abgeschieden werden kann, interessante technische Möglichkeiten [11.59a-d].

Dieses sog. SIGAL-Verfahren (Fa. H. G. A. Galvano-Aluminium B. V., Berlin), bei dem ein Trialkylaluminium-haltiger Elektrolyt verwendet wird, wird unter Luftabschluß in einer gekapselten Elektrolytzelle bei $1,5...2$ A/dm^2 Stromdichte und mit löslichen Al-Anoden ausgeführt. Eisenwerkstoffe erhalten zur Erhöhung der Haftfestigkeit der Al-Schicht eine etwa 1 µm dicke Ni-Zwischenschicht. Für die Al-Beschichtung geeignet sind außer Eisenwerkstoffen noch Buntmetalle und -Legierungen, Zink-Druckguß, Al und Al-Legierungen, Ti- und Mg-Legierungen. Als Nachbehandlung können Chromatieren, anodisches Oxidieren, Harteloxieren und Einfärben der Oxidschicht (s. Abschn. 11.3) ausgeführt werden.

Die metallischen Bauteile werden mit Al in Dicken von $1...300$ µm gleichmäßig beschichtet. Die Schichten haben eine feinkristalline Struktur, geringe Eigenspannungen (15 $N\,mm^{-2}$) und eine hohe Duktilität, so daß keine Rißbildung auftritt. Letzteres ist wichtig z. B. für den Korrosionsschutz von hochfesten Eisenwerkstoffen im Bereich $250...500\,°C$. Oberhalb 8 µm Dicke sind die Schichten porenfrei.

11.2 Galvanische Abscheidung von Schichten

Für Anwendungen in der Elektronikindustrie ist es wichtig, daß sich mit Ultraschall haftfeste Verbindungen (Bonds) zwischen galvanoaluminierten Systemträgern und Al-Anschlußdrähten herstellen lassen, wodurch Edelmetall eingespart wird. Als Korrosionsschutz werden Galvano-Al-Schichten, gegebenenfalls gelb-chromatiert, anodisch oxidiert oder hart eloxiert, im Fahrzeugbau eingesetzt. Ferner werden diese Schichten in der Luft- und Raumfahrtindustrie als Ersatz für Cd verwendet, und in der chemischen Industrie, wo es von Bedeutung sein kann, daß sie sich haftfest mit Teflon belegen lassen.

11.2.2.2 Halbleitende Metallchalcogenide

Eine interessante Möglichkeit ist auch die galvanische Abscheidung halbleitender Metallchalcogenide, wie z. B. Bi_2S_3, CdS, CoS, Cu_2S, HgS, NiS, PbS, Ti_2S und CdSe auf metallischen Substraten [11.58]. Der Elektrolyt besteht aus einem entsprechenden Metallsalz und dem Chalcogen S bzw. Se in elementarer Form, die zusammen in einem der oben genannten organischen Lösungsmittel aufgelöst werden. Das sich an der Kathode abscheidende Metall reagiert mit dem gelösten Chalcogen und bildet eine Schicht aus der gewünschten Verbindung.

11.2.3 Elektrolytische Abscheidung aus der Salzschmelze

In den letzten Jahren haben die folgenden Gesichtspunkte das Interesse an der elektrolytischen Abscheidung von Metallschichten aus der Salzschmelze geweckt [11.60; 11.61]:

• Einige technisch wichtige Metalle, z. B. Nb, Ta, W, Mo, Ti, Zr und Al können wegen ihrer hohen O_2-Affinität aus wässerigen Elektrolyten nicht abgeschieden werden.
• Metallische Schichten aus der Salzschmelze haben gegenüber solchen aus wässerigen Elektrolyten folgende Vorteile: Spannungsfreiheit infolge weitgehend ungestörten Kristallwachstums, daher hohe Reinheit und Duktilität sowie die Möglichkeit zur Herstellung relativ dicker Schichten; ferner hohe Abscheidungsraten infolge hoher Leitfähigkeit der Schmelze. Und schließlich ist
• die Erzeugung von Diffusionsschichten in einem Arbeitsgang mit der galvanischen Abscheidung möglich.

11.2.3.1 Zur Ausführung des Prozesses

Die Schmelze befindet sich in einem metallischen Tiegel, dessen Material so ausgewählt ist, daß es elektrochemisch positiver ist als alle Metalle in der Schmelze oder daß es sich der Schmelze gegenüber passiviert. Die Schmelze besteht vorzugsweise aus Fluoriden [11.62]; aber auch Chloride, Cyanide und sauerstoffhaltige Verbindungen (z. B. Borate, Titanate) werden verwendet [11.61]. Das Verfahren wird unter Schutzgas betrieben, und die zu beschichtenden Teile werden über evakuierbare Schleusen in die

Schmelze gebracht und als Kathode geschaltet. Die Betriebstemperaturen liegen im Bereich 500...1000 °C. Als Anoden dienen massive Elektroden aus dem Schichtmetall.

Als Substrate kommen alle elektrisch leitenden Stoffe in Betracht, die einen Schmelzpunkt oberhalb der Temperatur des Elektrolyten besitzen und elektrochemisch edler bzw. nur geringfügig unedler als das Schichtmaterial sind. Nichtleiter können zunächst stromlos mit einer dünnen leitenden Schicht überzogen werden und anschließend in der Salzschmelze eine verstärkte Schicht erhalten. Als Vorbehandlung ist auch hier eine gründliche mechanische und chemische Reinigung unerläßlich.

Abscheidung aus fluoridischen Schmelzen: Die Metalle der 4., 5. und 6. Nebengruppe des Periodensystems lassen sich als glatte Schichten aus Alkalifluorid-Schmelzen abscheiden. Nach [11.63] wird dieser Prozeß meist mit der eutektischen LiF-NaF-KF-Schmelze unter Zugabe der entsprechenden Metallfluoride (z. B. K_2NbF_7, K_2TaF_7, K_2ZrF_6, VF_3, MoF_6 und WF_6) bei 50...100 mA cm^{-2} und 700...900 °C durchgeführt. Außer den reinen Metallen können auch Legierungen wie Zr-Ti, Zr-Al, Mo-W und intermetallische Verbindungen wie ZrB_2, V_3Si und TiB_2 [11.64] abgeschieden werden.

Abscheidung aus chloridischen, cyanidischen und oxidischen Schmelzen: Aus chloridischen Elektrolyten wie $NaCl-AlCl_3$ können Al-Schichten abgeschieden werden [11.65], und aus entsprechenden Chloriden Sn- und Zn-Schichten [11.66]. Die Abscheidung der Platinmetalle Pt, Pd, Rh, Ru, Ir und Os gelingt mit cyanidischen Schmelzen [11.67]. Aus oxidischen Elektrolyten, z. B. einem Borat-Wolframat oder Borat-Molybdänat können W- bzw. Mo-Schichten hergestellt werden [11.68].

Diffusionsschichten entstehen, wenn die Temperatur der Schmelze und die Abscheidungsrate auf die Diffusionsrate des Schichtmetalls im Substrat abgestimmt werden. Dies geschieht bei dem als „Metalliding" bekannt gewordenen Verfahren nach Cook et al. [11.69], bei dem fluoridische Salzschmelzen zur Abscheidung von B, Si, Al, Be, Cr, Ti, V, Nb und Ta auf verschiedenen Stählen und refraktären Metallen bei gleichzeitiger Eindiffusion in das Substrat angewandt werden. Die hierzu notwendigen Betriebsbedingungen sind in [11.61] mitgeteilt.

11.2.3.2 Eigenschaften der Schichten

Im allgemeinen gilt [11.60; 11.61]:

- Da bei den üblichen Abscheidungstemperaturen meistens eine Interdiffusion zwischen Substrat und Schicht stattfindet, ergibt sich eine gute Haftfestigkeit von z. B. 400...500 N mm^{-2} für Pt-Schichten auf Ti.
- Die Schichten sind weitgehend frei von mechanischen Spannungen und nichtmetallischen Verunreinigungen. Auch dicke Schichten von mehreren 100 µm sind ohne Rißbildung herstellbar.
- Oberhalb von 20...30 µm Dicke sind die Schichten völlig porenfrei.
- Die Härte der Metallschichten ist im allgemeinen nur wenig höher als die des entsprechenden reinen, kompakten Metalls.
- Die Kristallite des Schichtmetalls, die bevorzugt kolumnar wachsen, sind an der Grenze Substrat-Schicht feinkörnig und vergrößern sich mit zunehmender Schichtdicke.

11.2.3.3 Anwendungen der Abscheidung aus der Salzschmelze

Industrielle Bedeutung haben vor allem die Abscheidung von Ta und Nb aus fluoridischen und die von Platinmetallen aus cyanidischen Schmelzen gewonnen.

Tantal wird im chemischen Apparatebau bei extremen Korrosionsbelastungen zur Auskleidung oder Ummantelung von Stahlteilen verwendet, z.B. zur Beschichtung von Rührern, Wellenschutzhülsen, Ventilteilen und Pumpenlaufrädern; ferner zur Innenbeschichtung von Autoklaven, als Schutzrohr für Thermosensoren und zur Herstellung von Tiegeln durch Galvanoformung [11.61] (s. Abschn. 11.2.4).

Niob wird zur Beschichtung von supraleitenden Hohlraumresonatoren verwendet [11.70; 11.71]. Ferner werden durch Galvanoformen in der Salzschmelze Formteile aus den Materialien Nb, Mo, W, ZrB_2 und TiB_2 hergestellt, die schwer oder gar nicht verformbar und auch schwer schweißbar sind. Schließlich wird das Metalliding-Verfahren zum Borieren, Silizieren, Beryllieren etc. der hochwarmfesten Metalle Nb, Ta, Mo und W verwendet, wobei Diffusionsschichten mit ausgezeichneten Korrosionsschutzeigenschaften entstehen [11.61].

Platin und Platinmetalle dienen zur Beschichtung der Anoden für die Edelmetallgalvanik [11.43]. Platinbeschichtete Anoden aus Ti oder Nb werden beim kathodischen Korrosionsschutz verwendet. Platinschichten werden bei hoher thermischer Belastung als Oxidationsschutz eingesetzt z.B. auf Mo-Teilen für die Glasindustrie und auf Mittelelektroden für Zündkerzen; ferner als Zwischenschicht auf Metallen, die sich nicht direkt beschichten lassen, sowie auf medizinischen Geräten und Implantaten.

Das elektrolytische Abscheiden von Aluminium aus $AlBr_3$-KBr-Schmelzen bei 90...130°C eröffnet ebenso wie das aprotische Verfahren (Abschn. 11.2.2.1) interessante Anwendungsmöglichkeiten [11.61 a-b].

11.2.4 Galvanoformung

Galvanoformung (electroforming) ist das Erzeugen von Bauteilen durch galvanisches Abscheiden relativ dicker Metallschichten auf geeignet geformten Kernen. Der Kern wird nach Beendigung des Prozesses auf mechanischem oder chemischem Wege entfernt, oder er bleibt auch mit dem galvanogeformten Bauteil verbunden. Als Werkstoffe der Kerne dienen rostfreier Stahl, Al-Legierungen, niedrigschmelzende Legierungen, aber auch Kunststoffe und Wachs, wobei zunächst stromlos eine dünne Metallschicht und anschließend galvanisch die eigentliche Schicht aufgebracht wird. Die am häufigsten hergestellten Niederschläge bestehen aus Ni, Cu, Fe, Cr und Co sowie Schichtsystemen aus diesen Metallen [11.72-11.76]. Als wichtigste Anwendungen sind zu nennen:

- Hochfrequenzbauteile, insbesondere Hohlleiter für den MHz- und GHz-Bereich und Antennenstrukturen [11.44; 11.45; 11.77],
- Bild- und Schallplatten-Matrizen aus Ni [11.44; 11.45],
- Konzentratoren für die Sonnenenergie [11.78],

- verkleinerte Windkanalmodelle für die Luft- und Raumfahrt [11.79],
- Profile zum Schutz erosionsgefährdeter Oberflächen an Flugzeugen und Hubschraubern [11.78],
- Hochleistungs-Wärmeübertrager für Raketenbrennkammern [11.79],
- Gekühlte Gitter für stromstarke Ionenquellen für die Raumfahrt [11.80; 11.81].

11.3 Anodische Oxidation

Die anodische Oxidation ist ein elektrochemischer Konversionsprozeß, durch den die Oberfläche des als Anode in einem geeigneten Elektrolyten geschalteten Werkstückes in eine ihrer chemischen Verbindungen umgewandelt wird. In Säuren und Basen entstehen Oxidschichten, in NH_3 Nitride und in Thiourea Sulfidschichten. Die industriellen Anwendungen der anodischen Oxidation sind vor allem auf das Eloxieren von Aluminium und seiner Legierungen ausgerichtet, und es folgen dann mit einem viel kleineren Anteil Mg- und Ti-Legierungen. Ferner werden Tantal beim Bau von Dünnschichtkondensatoren und Niob bei Anwendungen der Supraleitung anodisch oxidiert. Der Schwerpunkt der folgenden Ausführungen liegt daher bei der anodischen Oxidation von Al, über die zusammenfassende Darstellungen in [11.82-11.85] vorliegen.

11.3.1 Die auf Aluminium entstehende Sperrschicht

Zuvor gereinigtes und geätztes Al reagiert als Anode in einem geeigneten Elektrolyten mit dem beim Stromdurchgang entstehenden O_2 und bildet Al_2O_3 [11.82; 11.86]. Die entstehende Menge Al_2O_3 folgt aus dem Faradayschen Gesetz entsprechend der Reaktionsgleichung $2\,Al^{3+} + 3\,O^{2-} \rightarrow Al_2O_3 + 1\,700$ kJ. Da Al_2O_3 mit etwa 7,2 eV Abstand zwischen Valenz- und Leitungsband bei Raumtemperatur ein Isolator ist, kann nur eine geringe Elektronenleitung zustande kommen, und es wäre zu erwarten, daß das Oxidwachstum nach Bildung einer dünnen Schicht zum Stillstand kommt. Doch findet unter dem Einfluß der hohen elektrischen Feldstärke von etwa 10^9 V m^{-1} in der Oxidschicht eine Ionenleitung statt, an der Al-, O- und H-Ionen sowie Ionen von Verunreinigungen teilnehmen. Daher erfolgt ein Ladungs- und Massetransport durch die Oxidschicht hindurch und damit ein Schichtwachstum des Oxids auf Kosten der Dicke der Al-Unterlage.

Bei Anwendung bestimmter Elektrolyte, z. B. wässeriger Lösungen von Borsäure, Ammoniumborat, Ammoniumtartrat und Ammoniumcitrat oder dem nichtwässerigen Formamid-Borsäure-Elektrolyten [11.87], entstehen porenfreie Oxidschichten, die Sperrschichten genannt werden. Die erreichte Dicke d der Sperrschicht ist dem angelegten Anodenpotential U proportional: es ist $d/U \approx 1,3$ nm/V, d. h. $d \approx 0,13$ μm bei $U = 100$ V, und zwar weitgehend unabhängig von der Konzentration und Temperatur des Elektrolyten. Nach Erreichen der Dicke d bei gegebenem U fällt der Strom rasch ab, und das Dickenwachstum hört auf. Dünne Schichten sind im allgemeinen amorph,

11.3 Anodische Oxidation

während dickere auch Anteile von γ- und γ'-Al_2O_3 enthalten. Eine wichtige Anwendung der Al_2O_3-Sperrschicht, deren Dielektrizitätskonstante $\varepsilon \approx 8$ beträgt, ist der Elektrolytkondensator.

11.3.2 Die auf Aluminium entstehende Duplexschicht

In gewissen Elektrolyten, z.B. in verdünnter Schwefel-, Oxal-, Chrom- oder Phosphorsäure, tritt ein anderes Schichtwachstum auf. Nach Anlegen der Gleichspannung entsteht auf der Al-Oberfläche zunächst eine nichtporöse Sperrschicht mit einer Dicke d, die der angelegten Spannung U proportional ist, z.B. $d = 134$ nm bei 120 V in 4 Gew.%-Phosphorsäure. Im Gegensatz zum vorangehenden Fall hört die Oxidschicht nach Erreichen dieser Dicke nicht auf zu wachsen, sondern wächst in Form einer porösen Schicht weiter. Insgesamt entsteht eine Zweifachschicht, die aus einer nichtporösen Sperrschicht und einer porösen Deckschicht besteht und Duplexschicht genannt wird.

Die Abb. 11.2 zeigt das Modell einer solchen in Phosphorsäure hergestellten Duplexschicht nach Keller et al. [11.88]. Die poröse Deckschicht hat eine hexagonale Zellenstruktur mit Poren, deren Durchmesser, je nach Elektrolyt, Temperatur und Spannung U, 10...30 nm und deren Dichte $8 \cdot 10^{10}$ cm^{-2} beträgt. Der poröse Teil besteht im wesentlichen aus γ-Al_2O_3 und enthält Wasser- und Elektrolytbestandteile. Der Mechanismus der Porenbildung ist in [11.89] behandelt.

Das Wachsen des porösen Teils der Schicht beruht auf Wechselwirkungen zwischen Oxidfilm und Elektrolyt, die nicht in allen Einzelheiten bekannt sind und von der Art des Elektrolyten abhängen. Ein Beispiel für die Kinetik der Schichtbildung ist in Abb. 11.3 dargestellt [11.84]. Die Null-Linie zeigt das ursprüngliche Niveau der Metalloberfläche, die Linie T das theoretische Niveau der Oxidoberfläche bei 100%iger

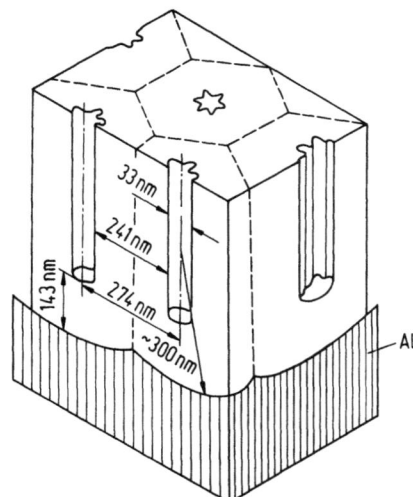

Abb. 11.2. Strukturmodell einer durch anodische Oxidation von Al in Phosphorsäure bei 120 V erzeugten Duplexschicht, nach [11.88]

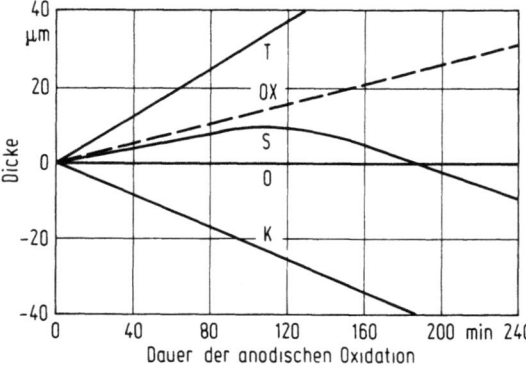

Abb. 11.3. Schichtwachstum bei der anodischen Oxidation von Aluminium in Oxalsäure und Schwefelsäure in Abhängigkeit von der Zeit bei $I = 1{,}6\,\mathrm{A\,dm^{-2}}$, nach [11.84]. O ursprüngliches Metallniveau, T theoretisches Oberflächenniveau bei $\eta = 1$, OX Oberflächenniveau in Oxalsäure, S Oberflächenniveau in Schwefelsäure, K Metallkern-Oberfläche

Stromausbeute in Abhängigkeit von der Dauer des Stromdurchganges bei $1{,}6\,\mathrm{A\,dm^{-2}}$. Die Linie OX zeigt das gemessene Niveau der Grenze Oxid/Elektrolyt in Oxalsäure, und die Linie K das Niveau der Grenze Metallkern/Oxid. Die Differenz zwischen OX und K entspricht der Oxid-Schichtdicke, die mit der Dauer des Stromdurchganges linear zunimmt. Mit Schwefelsäure als Elektrolyten (Kurve S) wächst das Niveau der Oxid/Elektrolyt-Grenze zunächst an, durchläuft ein Maximum und fällt dann wieder ab. Während die Oxidschicht jetzt an der Grenze zum Elektrolyten abgebaut wird, wächst sie weiter in die Al-Unterlage hinein und erreicht einen von der Temperatur abhängigen Grenzwert der Dicke, der bei 20 °C etwa 40 µm beträgt.

Drei Verfahren werden hauptsächlich zur Herstellung von Duplexschichten angewandt [11.82]: der Schwefelsäure-Prozeß, der Chromsäureprozeß und der Hartoxidprozeß, von dem es mehrere Varianten gibt. Der Schwefelsäureprozeß hat gegenüber den Verfahren mit anderen Elektrolyten die weitaus größte Verbreitung gefunden. Man arbeitet in etwa 15%iger Schwefelsäure von 16...20 °C bei etwa $1{,}5\,\mathrm{A\,dm^{-2}}$ Stromdichte und 15...18 V Spannung. In 60 min werden Duplexschichten von 25...30 µm erreicht.

Der Chromsäureprozeß bleibt wegen seiner gegenüber dem Schwefelsäureprozeß höheren Kosten auf Sonderanwendungen beschränkt. Der Hartoxidprozeß wird weiter unten im Zusammenhang mit den Hartoxidschichten diskutiert.

11.3.3 Duplexschichten und ihre Eigenschaften

Mit dem Schwefelsäureverfahren werden Duplexschichten auf Al in Dicken zwischen 5 und 30 µm hergestellt. Ihre vielseitige Verwendung in der Industrie, der Innen- und der Außenarchitektur verdanken sie der Möglichkeit des Färbens und Versiegelns der Oberfläche. Weltweit werden pro Jahr mehr als 100 Millionen m² Al-Oberfläche adsorptiv gefärbt [11.90]. Außer dem Adsorptionsfärben gibt es noch das elektrolytische Färben.

Das Adsorptionsfärben der Duplexschicht beruht auf dem hohen Wert der spezifischen Oberfläche ihres Porensystems von etwa $20\,\mathrm{m^2\,g^{-1}}$. Das Eindringen der Farbstoffmoleküle aus einer Lösung in die Poren ist ein von der Temperatur abhängiger

11.3 Anodische Oxidation

Diffusionsvorgang mit einem bei 60 °C liegenden Optimum. Die Aufnahme der Farbstoffmoleküle wird als Ionenaustauschreaktion aufgefaßt. Der Farbstoffverbrauch beträgt etwa 10 mg dm^{-2}. Hauptsächlich werden Mono- und Diazofarbstoffe angewandt, wobei Schwermetallchelate aufgrund ihrer Beständigkeit bevorzugt werden [11.91].

Beim *elektrolytischen Färben* werden in einem zweiten Arbeitsgang in einer Metallsalzlösung durch elektrolytische Abscheidung Metalle, wie z.B. Ni, Co, Sn, In, Cd, Ag, Au, Cu und Fe in die Poren eingelagert [11.92; 11.93]. Dadurch werden entsprechende metallische Färbungen erzielt, die von silberhell über mittelbronze, rosé und goldbraun bis schwarz reichen.

Das *Versiegeln* der Al-Oxidschicht, d.h. das Verschließen der Poren dient dazu, das Eindringen von korrosiven Medien oder Verunreinigungen zu verhindern. Dieses Verschließen erfolgt durch Eintauchen der Teile in eine 5%ige Na-dichromatlösung oder — nach vorausgegangenem Adsorptionsfärben — in Lösungen aus Ni-acetat oder Ni-sulfat. Dabei werden die Poren durch Hydratation unter Bildung von feinkristallinem Böhmit AlO(OH) verschlossen [11.90; 11.94].

Weitere Eigenschaften der Duplexschichten: Die Mikrohärte dieser Schichten beträgt 2 500...3 500 N mm^{-2}, ihre Wärmeleitfähigkeit ist etwa 10mal geringer als die des Al und ihr Emissionsgrad ε für Wärmestrahlung bedeutend größer als der von Al [11.95]. Schwarz eingefärbte Duplexschichten ($\varepsilon \geq 0{,}9$) besitzen eine gute Wärmeabstrahlung.

11.3.4 Aluminium-Hartoxid-Schichten

Mit abnehmender Temperatur des Elektrolyten steigen die Härte der Al-Oxidschicht und die erreichbare Schichtdicke, und sinken die Porosität und die adsorbierbare Farbstoffmenge [11.96]. Al-Hartoxid-Schichten werden daher in elektrolytischen Bä-

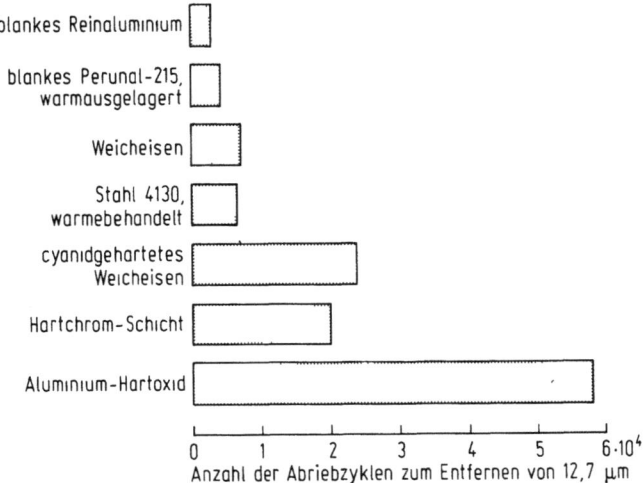

Abb. 11.4. Vergleich des Abriebverhaltens verschiedener Metalle, gemessen mit dem Traber-Abraser, CS 17-Reibrollen und 1 kg Belastung, nach [11.90]

dern (auf der Basis von Schwefelsäure nebst anderen Säuren) hergestellt, die gegenüber dem Schwefelsäure-Verfahren eine geringere Temperatur (bis $-18\,°C$), eine höhere Badspannung (bis 150 V) und eine geringere Säurekonzentration besitzen [11.82]. Die Hartoxidschichten werden üblicherweise in Dicken von 50 µm, für Sonderfälle aber auch in Dicken über 200 µm hergestellt. Ihre Mikrohärte beträgt 3 500...7 000 N mm^{-2}, und ihre Abriebfestigkeit demonstriert Abb. 11.4 [11.90].

Wegen ihres geringen Porenvolumens sind diese Schichten mit den oben genannten Verfahren nicht einfärbbar. Sie lassen sich allerdings durch Zugabe geeigneter Stoffe zum Elektrolyten integral färben. So werden nach dem Kalcolor-Verfahren [11.97] durch Zugabe von Sulfosalizylsäure lichtbeständige Hartoxidschichten von hellbronze über dunkelbronze bis schwarz erzeugt. Beispiele für andere Farbtöne findet man in [11.98].

Anwendungen von Al-Hartoxidschichten findet man in allen Bereichen der industriellen Fertigung. Die Ausführung von Produktionsanlagen ist in [11.90] dargestellt.

11.3.5 Anodische Oxidation weiterer Metalle

Beim Bau von Dünnschichtkondensatoren aus Tantal (s. Teil II) wird auf den Ta-Film durch anodische Oxidation in Salpeter-, Schwefel-, Phosphor-, Zitronen- oder Essigsäure eine defektfreie Sperrschicht aus Ta_2O_5 mit einer Dielektrizitätskonstanten von etwa $\varepsilon = 25$ hergestellt. Das Verhältnis d/U von Dicke der Oxidschicht zu angelegter Spannung beträgt etwa 1,7 nm/V, wobei von der Ta-Unterlage pro Volt die Dicke 0,63 nm/V zur Oxidbildung verbraucht wird [11.99].

Bei supraleitenden Hohlraumresonatoren und bei Josephson-Tunnelelementen besteht die Aufgabe, Niob mit einer defektfreien Sperrschicht aus Nioboxid zu überziehen. Ein Verfahren hierfür ist die anodische Oxidation in Ammoniak [11.100-11.102].

Nichtporöse Oxidschichten können auch auf Si, Ti und Zr hergestellt werden. Die anodische Oxidation von Mg-Legierungen, die ähnlich wie beim Al durchzuführen ist, liefert poröse Schichten, die entweder zu versiegeln sind oder als Vorbehandlung für einen Lackanstrich dienen. Allerdings hat dieses Verfahren keine große Verbreitung gefunden [11.73].

11.4 Elektrochemische Spezialverfahren

11.4.1 Elektrophorese

Elektrophorese ist die Erscheinung, daß sich kolloide, in einer Flüssigkeit suspendierte Teilchen aufgrund ihrer durch die Berührungsspannung entstehenden Oberflächenladung im elektrischen Feld bewegen. Die Teilchen nehmen dabei die angrenzende Flüssigkeitshaut mit, die meist negativ geladen ist. Je nach ihrer Polarität werden die Kolloidteilchen zur Anode (Anaphorese) oder zur Kathode (Kathaphorese) bewegt.

11.4 Elektrochemische Spezialverfahren 209

In der Oberflächentechnologie dient dieser Prozeß zur Beschichtung von metallischen Werkstücken mit Metall-, Oxid-, Cermet- und anderen Pulvern. Die Kolloide der Korngröße 0,01...20 μm werden durch Zerkleinern in einer Kugelmühle oder als Präzipitat durch eine chemische Reaktion hergestellt, dann in einem organischen Lösungsmittel (Aceton, Methyl-, Ethyl- oder Propylalkohol) suspendiert und bei 50...1000 V Elektrodenspannung abgeschieden. Die Depositionsrate ist abhängig von der Spannung, dem Elektrodenabstand, der Leitfähigkeit des Bades und seiner Viskosität. Der erhaltene Niederschlag wird an Luft getrocknet und ausgeheizt und, um die Haftfestigkeit zu erhöhen, vielfach noch gesintert, oder auch galvanisch verstärkt [11.103; 11.104].

Der elektrophoretische Prozeß bietet Vorzüge wie gleichmäßige Schichtdicke, gute Kantenbelegung und geringe Verluste des Beschichtungsmaterials, das im Bad z.B. durch Rühren in ständiger Suspension gehalten wird. Anwendungen sind überall dort möglich, wo tauchfähige, insbesondere dünnwandige Werkstücke aus Metall zu beschichten sind. So erzeugt man beispielsweise

- Schichten aus Gemischen von Oxiden für Emaillierungen und zur Herstellung hochtemperaturbeständiger Drähte [11.105]. Bei der Tauchemaillierung von Gehäuseteilen für Maschinen und Anlagen werden die Oberflächen zunächst galvanisch verzinkt und dann elektrophoretisch mit einer Emaillepulverschicht überzogen, die dann eingebrannt wird.
- Elektrophoretisch aufgebrachte Schichten aus Latexteilchen dienen als Vorbereitung für Gummierungen und solche aus Kunststoffpulvern zur Kunststoffbeschichtung [11.103].
- Elektrophoretisch auf Graphit niedergeschlagene Schichten aus TaC-Fe-Ni dienen nach einem Sinterprozeß bei 2300 °C als Oxidationsschutz in Raketendüsen [11.106].
- Mit Hartstoffen (SiC) oder Trockenschmiermitteln gemischte Metallschichten aus Ni-Cr oder Ni-Cr-Fe werden als verschleißmindernde Schutzschichten verwendet [11.107].
- Weitere elektrophoretische Beschichtungen: ZnS auf Leuchtschirmen, Erdalkalioxide auf Oxidkathoden, Al_2O_3 auf W-Drähten zwecks Isolation, CdS auf Solarzellen.

Die größte technische Bedeutung hat die Elektrophorese gegenwärtig jedoch bei der Elektrotauchlackierung von Autokarosserien und Gehäuseteilen aller Art.

11.4.2 Elektrotauchlackierung

Während noch vor 20 Jahren unter den lacktechnischen Verfahren das mechanische Zerstäuben mittels Druckluft- oder Airless-Pistolen dominierte, sind inzwischen die elektrostatische Lackierung [11.108] und die Elektrotauchlackierung [11.103; 11.109] hinzugekommen. Die letztere wird heute als Grundierverfahren in Europa und Japan bei allen Automobilherstellern und in den USA bei mehr als 60 % von ihnen eingesetzt.

Die Elektrotauchlackierung beruht auf dem elektrophoretischen Teilchentransport. Daneben spielen aber auch die Elektrolyse und die Elektroosmose (als Umkehreffekt

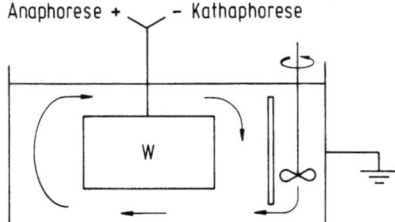

Abb. 11.5. Elektrotauchlackierung mit Badumwälzung, schematisch. W: zu beschichtendes Werkstück

zur Elektrophorese) im Elektrotauchbad (Abb. 11.5) eine Rolle. Die verwendeten Lacke bestehen aus den üblichen Pigmenten und geeigneten hochmolekularen, wasserlöslichen Bindemitteln. Je nach Art des Bindemittels bildet dieses im Tauchbad negative oder positive Makroionen, die sich an die Pigmente anlagern und mit diesen gemeinsam an der Anode (anaphoretisch) bzw. an der Kathode (kathaphoretisch) abgeschieden werden.

Bei dem älteren anodischen Elektrotauchlackieren enthält das Bindemittel Karboxylgruppen. Dieses Verfahren wird in zunehmendem Maße vom kathodischen Elektrotauchlackieren abgelöst, das Bindemittel auf der Basis von Acrylaten oder Epoxyharzen verwendet. Das kathodische Verfahren vermeidet den elektrochemischen Angriff des (als Kathode geschalteten) Werkstückes und seiner durch Phosphatieren zuvor aufgebrachten Schicht, so daß eine Beeinträchtigung der Lackschicht durch Metallionen unterbleibt. Daraus resultiert der Vorteil eines gegenüber dem anodischen Verfahren besseren Korrosionsschutzes durch die Lackschicht [11.110-11.113b].

Um ein Sedimentieren der kolloidalen Teilchen zu verhindern und die abgeschiedenen Teilchen in Elektrodennähe zu ersetzen, wird das Bad umgewälzt. Der eigentliche elektrophoretische Teilchentransport ist auf den Bereich der etwa 1 mm breiten Diffusionsschicht vor der Werkstückoberfläche beschränkt. Die verwendeten Spannungen betragen 200...500 V, die Stromdichten am Werkstück 20...40 A m^{-2}, das elektrochemische Abscheideäquivalent 20...50 g Lack/Ah und die erzeugten Schichtdicken 20...100 µm bei Beschichtungsdauern von 2...6 min. Im Anschluß an diesen Prozeß werden die Schichten bei etwa 160°C eingebrannt [11.111-11.113b].

Eine außenstromlose Version der Elektrotauchlackierung ist das auf katalytischer Wirkung beruhende autophoretische Tauchverfahren, das unter der Bezeichnung „autophoretic coating chemicals" ebenfalls zur Beschichtung von Automobil- und anderen Maschinenteilen zwecks Korrosionsschutz eingesetzt wird [11.114].

11.4.3 Elektropolieren

Das elektrolytische Polieren stellt — im Gegensatz zu den bisher beschriebenen Beschichtungsprozessen — ein Einebnungsverfahren dar, bei dem durch das anodische Abtragen der Metalloberfläche in säurehaltigen Elektrolyten ein Glättungseffekt erreicht wird. Letzterer beruht darauf, daß die elektrische Feldstärke an den Spitzen der Oberflächenrauhigkeit größer ist als über den Tälern und deshalb die Anionen bevorzugt die Spitzen abtragen. Elektronenmikroskopische und andere Untersuchungen zeigen, daß das Elektropolieren eine Oberflächenglätte liefert, wie sie mit mechanischen oder chemischen Methoden nicht erreichbar ist [11.27; 11.115].

In den Arbeiten [11.116; 11.116a] wird durch Beispiele aus den Gebieten: Maschinen für die Papierindustrie, Anlagen der pharmazeutischen Industrie und Anlagen der Kerntechnik — gezeigt, welche Verbesserungen im praktischen Betrieb durch das Elektropolieren funktioneller Oberflächen erreicht werden. Auch das Entgraten von Werkstückteilen mittels Elektropolierens, das in Automaten ausgeführt werden kann, spielt heute eine große Rolle.

Ein weiteres Beispiel ist der kürzlich in Culham/England in Betrieb gegangene Joint European Torus (JET), der als europäisches Gemeinschaftsprojekt die gegenwärtig größte Anlage zur Plasmafusionsforschung nach dem Tokamak-Prinzip darstellt. Die gesamte, aus Inconel bestehende Torus-Innenwand wurde elektropoliert, um die Wechselwirkung zwischen Plasma und Wand und damit die Verunreinigung des Plasmas zu minimieren [11.117].

11.5 Chemische Herstellung von Schichten aus der Lösung

11.5.1 Chemisch-reduktive Abscheidung

Bei diesen Verfahren handelt es sich um Immersionstechniken in dem Sinne, daß das Substrat in eine definierte Lösung eingetaucht und durch eine chemische Reaktion beschichtet wird, Abb. 11.1c. Unter den verschiedenen Möglichkeiten eines solchen Prozesses kommt der Abscheidung durch autokatalytische Reduktion die größte technische Bedeutung zu.

11.5.1.1 Beschichten durch autokatalytische Reduktion (electroless plating)

Während bei der elektrochemischen Abscheidung Metallionen durch Aufnahme von Elektronen aus der äußeren Stromquelle zum Metallatom reduziert werden, werden bei diesem „außenstromlosen" Prozeß die Elektronen dem Elektrolytsystem durch ein reduzierendes Agens zur Verfügung gestellt. Die Reduktion findet aber nicht homogen im Volumen der Lösung statt, sondern nur an katalytisch wirkenden Metalloberflächen. Damit eine einmal eingeleitete Abscheidung selbsttätig fortschreitet, muß das abgeschiedene Metall selbst katalytisch, d.h. autokatalytisch wirksam sein. Daher können mit diesem Verfahren auch relativ dicke Schichten erzeugt werden. Die Abscheidung auf katalytisch nicht wirksamen Flächen, z.B. auf Isolatoren, erfordert eine entsprechende Aktivierung. Dies geschieht z.B. durch eine Vorbehandlung mit $SnCl_2$- und $PdCl_2$-Lösungen, wodurch auf der Oberfläche katalytisch wirkende Pd-Keime abgeschieden werden [11.118; 11.119].

Für die Abscheidung von Metallen aus ihren Salzlösungen werden als reduzierende Agentien benutzt:

- Natrium-Hypophosphit für Ni, Co
- Natrium-Borohydrid für Ni, Au
- Dimethylaminboran für Ni, Co, Au, Cu, Ag
- Hydrazin für Ni, Au, Pd
- Formaldehyd für Cu.

Der außenstromlose, autokatalytische Prozeß wurde von Brenner und Riddell [11.120] für die Abscheidung von Ni und Co angegeben. Später wurden auf diese Weise als weitere Metalle Cu, Au, Ag, Pt, Pd sowie Legierungen aus diesen abgeschieden [11.121-11.126]. Nickelschichten, die aus Ni-sulfat durch Na-hypophosphit oder aus Ni-chlorid durch Dimethylaminboran erzeugt werden, enthalten als Fremdstoffe 7...10 % Phosphor bzw. etwa 5 % Bor, die sich durch Wärmebehandlung in Ni_3P bzw. Ni_3B umwandeln. Durch diese Wärmebehandlung kann die Härte [11.127; 11.128] beträchtlich erhöht und der Verschleiß entsprechend gesenkt werden [11.129-11.133].

Fast alle Materialien können durch diesen Prozeß beschichtet werden: Metalle, Nichtmetalle, Kunststoffe, Keramik und Glas. Auch Dispersionsschichten können chemisch abgeschieden werden, indem Hartstoffe zu den chemischen Bädern hinzugefügt werden [11.53; 11.134; 11.135]. Literatur über außenstromlos erzeugte Schichten auf der Basis von Ni und Co liegen in [11.26; 11.53; 11.55 a-c] und über solche auf der Basis von Au in [11.42] vor.

Die Vorteile der außenstromlosen, autokatalytischen Abscheidung von Schichten gegenüber der galvanischen sind: kontourengetreue Beschichtung, geringe Porosität und daher höherer Korrosionswiderstand; auch Nichtleiter können beschichtet werden. Dem stehen als Nachteile gegenüber: Etwa 10mal geringere Depositionsraten und höhere Betriebskosten (wegen der Reduktionsmittel) als beim galvanischen Beschichten.

11.5.1.2 Anwendungen des außenstromlosen, autokatalytischen Beschichtens

Die Anwendungen dieses Verfahrens liegen nur zu einem geringen Teil in der metallverarbeitenden Industrie: Beispielsweise werden Ni-Beschichtungen von Dichtungsflächen auf Getriebegehäusen aus Al [11.55] und SiC/Ni-Dispersionsschichten auf Mahlwerken der Lebensmittelindustrie [11.135; 11.136] angewendet. In überwiegendem Maße wird das Verfahren aber zur Metallisierung von Kunststoffen mit insbesondere Ni und Cu eingesetzt. Wichtige Anwendungsgebiete sind dekorative Schichten und Leiterplatten für gedruckte Schaltungen.

Dekorative Schichten für den Automobilbau, Haushalts- und andere Artikel werden auf folgenden Kunststoffen niedergeschlagen: Acrylonitril-Butadien-Styren (ABS), Polyphenylen-Butadien-Styren (Noryl), Polysulfon, Polypropylen und Nylon. Wichtig ist die geeignete Vorbehandlung der Werkstücke. Sie erfordert zunächst einen Ätzprozeß [11.137; 11.138] oder eine Plasmabehandlung [11.139] und anschließend die bereits erwähnte Aktivierung der Oberfläche durch eine mit einer $SnCl_2/PdCl_2$-Mischung ausgeführte Redox-Reaktion [11.118; 11.119]. Statt $PdCl_2$ werden auch billigere Cu-Sn-Komplexsalze verwendet [11.119a]. Im Anschluß an diese Vorbehandlung werden die Kunststoffe autokatalytisch mit einer haftfesten Metallschicht aus Cu, Ni, Cr, Au etc. belegt, die gegebenenfalls galvanisch verstärkt wird [11.140-11.142]. Die Tanks für die Bäder sollten aus nicht-katalytischem Material bestehen.

Leiterplatten für gedruckte Schaltungen: Die gebräuchlichsten Materialien der zu metallisierenden Platten sind Phenole, Epoxide und Polyimide. Nach der Vorbehandlung erfolgt die chemische Abscheidung von Cu auf den exponierten Streifen der Strombahnen und in den Bohrungen, und anschließend die galvanische Cu-Abscheidung zur Verstärkung der Leiterschicht. Nähere Angaben hierüber sowie über das Aufbringen weiterer Schichten (Sn-Ni, Sn-Pb, Au), über dabei auftretende Probleme der Festkörperdiffusion und Fragen der Lötbarkeit sind in [11.44; 11.45; 11.143; 11.144] diskutiert.

Weitere Anwendungen in der Elektronik betreffen das Metallisieren von Kunststoffteilen für Drucktasten, Knöpfe, Schalter und Chassis, die z.B. mit Ni-Co- oder Sn-Co-Legierungen überzogen werden [11.44; 11.45]. Mit chemisch abgeschiedenen SiC/Ni-Dispersionsschichten werden Spritzgußformen aus Kunststoff belegt [11.135; 11.136]. Ferner werden chemisch abgeschiedene Diamant/Ni-Dispersionsschichten auf Friktions-Texturierscheiben für die Textilindustrie und auf schnell laufende Rotoren für Spinnverfahren aufgebracht [11.145].

11.5.1.3 Weitere chemisch-reduktive Beschichtungsverfahren

Beschichten durch eine Verdrängungsreaktion. Eine wichtige Anwendung einer Verdrängungsreaktion, wie sie in Elektrolyten aufgrund der Spannungsreihe der Metalle auftritt, liegt beim Westinghouse-Verfahren zur Herstellung von CdS/Cu$_2$S-Heterojunction-Solarzellen vor [11.146]. Hier wird zunächst durch z.B. Sputtern eine etwa 30 µm dicke CdS-Schicht erzeugt. Durch Eintauchen in eine Cu^{2+}-Ionen enthaltende Lösung wird diese Schicht dann bis zu einer Tiefe von einigen 0,1 µm topotaktisch in Cu$_2$S umgewandelt, und damit der CdS/Cu$_2$S-Übergang erzeugt.

Beschichten durch homogene Präzipitation. Dieser Typ der chemischen Reduktion, wie sie beim Mischen von zwei geeigneten Lösungen homogen im Volumen stattfindet und durch Ausfällen zur Abscheidung von Schichten führt, wird seit langem zur Herstellung von Ag-Spiegeln z.B. in Glas-Dewar-Gefäßen angewandt [11.4]. Dabei werden die Lösung eines Ag-Salzes, üblicherweise AgNO$_3$, und eine zweite Lösung von Sucrose oder Formaldehyd unmittelbar vor der Reaktion gemischt oder auch durch Sprühen aus zwei Spritzpistolen auf das Substrat aufgebracht. Analoge Verfahren existieren zur Herstellung von Cu- und Au-Filmen [11.1b].

Im Zusammenhang mit der Entwicklung von Solarzellen ist diese Methode zur Zeit für die Abscheidung dünner Schichten aus II-VI- und IV-VI-Verbindungshalbleitern von besonderem Interesse. Durch homogene Präzipitation gelang es, Schichten aus CdS, CdSe, ZnS, PbS, PbSe, ZnSe und SnO$_2$ herzustellen [11.147; 11.148].

11.5.2 Beschichten durch Pyrolyse-Sprühverfahren

Bei diesem Verfahren werden Metallsalzlösungen mit Hilfe eines Zerstäubers unter Zufuhr eines komprimierten Trägergases (N$_2$, Luft, Ar) als feines Aerosol auf ein heißes Substrat gesprüht, auf dem sie sich zersetzen und einen Film bilden. Um z.B. Sb- oder F-dotierte SnO$_2$-Schichten herzustellen, wird SnCl$_4$ mit SbCl$_5$ bzw. HF in einem organischen Lösungsmittel (z. B. Butylacetat) auf ein etwa 500 °C heißes Substrat gesprüht [11.149]. Auf analoge Weise können durch Aufsprühen von InCl$_3$-SnCl$_4$-Lösungen Schichten aus In$_2$O$_3$-SnO$_2$ (ITO) erzeugt werden, die als transparente, elektrisch leitende Elektroden und als Infrarot-Reflektoren in Sonnenkollektoren Verwendung finden [11.150]. Auch Schichten aus Sulfiden und Seleniden für Solarzellen lassen sich nach diesem Verfahren herstellen; so z. B. CdS-Filme durch Aufsprühen einer Lösung aus CdCl$_2$ und (NH$_4$)$_2$CS auf ein 400 °C heißes Substrat [11.148]. Weitere Beispiele für dieses Verfahren betreffen Schichten aus Pd, Pt und Ru [11.150a] sowie aus Oxiden der Metalle Al, Cr, Fe, In, Sn, Ti, V, Y und Zr [11.150b].

11.5.3 Chemische Umwandlung von Metalloberflächen durch Chromatieren und Phosphatieren

Bei dieser Klasse von Verfahren wird die Oberfläche eines metallischen Substrats durch Eintauchen in ein geeignetes chemisches Bad in eine Verbindung des Substratmaterials umgewandelt. Die wichtigsten dieser Verfahren sind das Chromatieren und das Phosphatieren.

Das *Chromatieren* wird hauptsächlich auf Werkstücke aus Al, Cd, Cu, Mg, Sn, Zn, Messing und Mg-Legierungen angewendet, um ihnen einen Schutz vor Korrosion oder einen Haftgrund für einen Farbanstrich zu verleihen. Zu diesem Zweck werden die metallischen Substrate in eine wässerige, alkalische oder saure (kommerziell erhältliche) Lösung eingetaucht, die Chromat-Ionen der Oxidationsstufe 6 (CrO$_4^{2-}$) enthält. Das Metall wird oxidiert, und Cr(VI) zu Cr$_2$O$_3$ reduziert. Die sich bildenden Schichten bestehen meist aus Oxiden des Grundmetalls, aus 3-wertigem Cr in Form von Cr$_2$O$_3$ und 6-wertigem Cr in Form des Chromats des Grundmetalls. Die relativen Mengen der Cr(III)- und der Cr(VI)-Verbindungen hängen von den Bedingungen, wie Badtemperatur, pH-Wert und Art des Grundmetalls ab. Die Farbe der Schicht kann, je nach diesen Bedingungen und der Dicke der Schicht, von transparent über blau, gelb, olivfarben bis schwarz variieren [11.151].

Galvanische Zn-Überzüge (z. B. auf Schrauben, Nieten, Dachbedeckungsblechen und Jalousien) werden heute fast ausschließlich chromatiert. Für die Elektrotechnik und die Elektronik ist die Tatsache von Bedeutung, daß chromatierte Schichten für die Punktschweißung geeignet sind [11.151a].

Das *Phosphatieren* wird auf Werkstücke aus Fe, Stahl, Zn, Al und Al-Legierungen angewendet und durch Eintauchen in kommerziell erhältliche Bäder aus Phosphorsäure mit Zusätzen aus Mn- und Zn-Salzen ausgeführt [11.152]. Dabei scheiden sich auf dem Werkstück, je nach Zusammensetzung des Bades, Schichten aus Phosphaten und Oxiden des Grundmetalls sowie Zn- oder Mn-Phosphat ab. Zinkphosphatschichten stellen einen guten Haftgrund für Lackierungen dar und werden deshalb z. B. in der Automobilindustrie bei der Elektrotauchlackierung verwendet [11.153; 11.154]. Manganphosphatschichten finden zur Erleichterung des Einlaufens gleitender Maschinenteile, wie z. B. Zahnräder, Tellerräder und Ritzel, im Motor- und Kraftübertragungs-Bereich weltweit praktische Verwendung [11.154; 11.155].

12 Thermische Spritzverfahren

12.1 Einleitung

Die thermischen Spritzverfahren dienen zum Beschichten von Werkstücken mit Metallen, keramischen Stoffen, Cermets und Sonderwerkstoffen. Die als Pulver oder Draht vorliegenden Stoffe werden in einer energiereichen Wärmequelle geschmolzen und durch geeignete Mittel in Form feiner Tröpfchen auf das im allgemeinen kalte ($T < 200\,°C$) und durch Sandstrahlen aufgerauhte Werkstück aufgesprüht. Beim Aufprall auf die Oberfläche werden die Tröpfchen abgeplattet und durch Wärmeübergang an das Werkstück abgekühlt. Üblicherweise wird auch bei Schicht/Grundmetall-Kombinationen mit der Fähigkeit zur Diffusion oder Verschweißung keine metallurgische Verbindung (Vermischung durch Interdiffusion) beobachtet. Die Schicht haftet durch mechanische Verklammerung und lokal durch van der Waals- und/oder chemische Bindung. Die gute Haftfestigkeit kommt dadurch zustande, daß die Teilchen auf den Rauhigkeitsspitzen der sandgestrahlten Oberfläche gewissermaßen aufschrumpfen. Andererseits werden in gewissen Verfahrensvarianten, z. B. dem Vakuum-Plasma-Spritzen oder auch durch thermische Nachbehandlung, Schicht und Substratoberfläche so weit aufgeheizt, daß Interdiffusion und damit Erhöhung der Haftfestigkeit und der Packungsdichte sowie Verminderung der Porosität und der inneren Spannungen auftreten.
Als Vorteile der thermischen Spritzverfahren sind zu nennen:

1. Da das Werkstück beim Beschichten im allgemeinen nur geringfügig erwärmt wird, erleidet es keinen Verzug, keine Oxidation und keine Gefügeänderungen; es kann daher im fertig bearbeiteten Zustand beschichtet werden.
2. Die zu beschichtenden Werkstücke können auch aus niedrig schmelzenden Legierungen, wie Al-, Sn- oder Zn-Legierungen und sogar aus ausgewählten Kunststoffen bestehen.
3. Schichten aus Metallen, Keramik, Hartstoffen, Cermets und sogar gewissen Kunststoffen können hergestellt werden.
4. An Stellen hoher Oberflächenbeanspruchung sind lokale bzw. verstärkte Beschichtungen möglich.
5. Die thermischen Spritzverfahren sind für die Beschichtung großer und kleiner Bauteile in Serienproduktion und in Einzelanfertigung geeignet. Abgesehen vom Vakuum-Plasma-Spritzverfahren, sind die Verfahren unabhängig von der Größe des Werkstückes, also sowohl im Laboratorium als auch auf der Baustelle ausführbar.

6. Die Depositionsraten sind zwei Größenordnungen höher als bei den PVD- und den CVD-Verfahren (Abb. 1.4), und es können leicht Schichten von mehreren mm Dicke erzeugt werden.

Diesen Vorteilen stehen beim Flamm-, Lichtbogen- und Plasma-Spritzverfahren diese Nachteile gegenüber:

1. Die Schichten sind porös. Erst durch Nachbehandlung, wie Schmelzen oder Imprägnieren, oder Auftragen relativ großer Schichtdicken werden dichte Schichten erhalten.
2. Die Festigkeit der Schichten ist geringer als die des kompakten Schichtmaterials.
3. Wegen ihrer relativ geringen Haftfestigkeit ertragen die Schichten keine Kantenpressung, keine großen Punkt- und Schlagbeanspruchungen.

Auf das Detonations- und das Vakuum-Plasma-Spritzverfahren treffen diese Nachteile jedoch nicht zu.

12.2 Verfahren der thermischen Spritztechnik

Die thermischen Spritzverfahren umfassen das Flammspritzen, Detonationsspritzen, Plasmaspritzen, Vakuum-Plasmaspritzen und einige Sonderverfahren.

12.2.1 Flammspritzverfahren

Bei diesem ältesten aller Spritzverfahren dient eine Brenngas-Sauerstoff-Flamme als Wärmequelle, mit der Metalle (als Pulver oder Drähte) und einige keramische Werkstoffe (als Pulver oder Stäbe) zum Schmelzen gebracht werden [12.1; 12.2]. Als Brenngas dienen Ethin (Acetylen), Propan oder Wasserstoff, die mit O_2 Temperaturen von 3 420 K, 3 120 K bzw. 2 930 K erzeugen. Die Anwendungen bleiben auf Schichtmaterialien beschränkt, deren Schmelztemperatur einige 100 °C tiefer als die Flammentemperatur ist.

Liegt das Material als Pulver vor, so wird es aus einem Vorratsbehälter durch Injektorwirkung in die Flamme eines speziellen Brenners geleitet und zu Tröpfchen geschmolzen, die durch die Verbrennungsgase auf das Werkstück geschleudert werden. Die Pulverpartikel unterliegen auf ihrem Wege zum Substrat mehr oder weniger starken Reaktionen mit der umgebenden Atmosphäre, die zur Oxidation oder Karburierung führen können. Daher sind die aus Metallen erzeugten Schichten meistens härter und spröder als das Ausgangsmaterial. Oxidkeramische Werkstoffe erfahren hingegen auf ihrem Wege zum Substrat kaum Veränderungen. Liegt das Material als Draht oder Stab vor, so wird es mit regelbarem Vorschub in der Flamme abgeschmolzen, durch einen Druckluftstrom zerstäubt und zum Substrat befördert, Abb. 12.1.

12.2 Verfahren der thermischen Spritztechnik

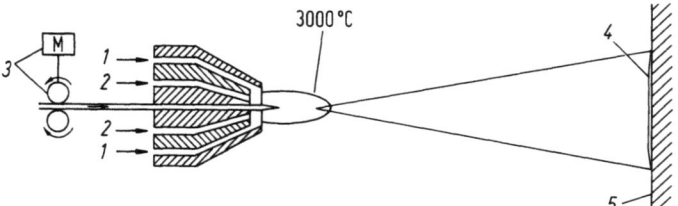

Abb. 12.1. Flammspritzverfahren. *1* Preßluft zum Zerstäuben, *2* Acetylen-Sauerstoff-Gemisch, *3* Draht-Vorschubeinrichtung, *4* Schicht, *5* Werkstück, $T < 250\,°C$

Die maximale Energiestromdichte in der Flamme beträgt $10^3...10^4\,W\,cm^{-2}$, die Auftreffgeschwindigkeit der Partikel am Substrat etwa $150\,m\,s^{-1}$ bei Metallen und $30...60\,m\,s^{-1}$ bei Keramikstoffen, der Materialdurchsatz von Metallen $5...8\,kg\,h^{-1}$ und der von Keramik $1...2\,kg\,h^{-1}$. Zur Durchführung des Verfahrens werden Brenner und Werkstück mit einer Geschwindigkeit von $0,15...0,25\,m\,s^{-1}$ relativ zueinander bewegt.

Hauptanwendungen des Flammspritzens sind: Zink- und Aluminiumschichten auf Stahlkonstruktionen als Korrosionsschutz, wobei die Poren (Porosität $5...10\,\%$) durch organische Stoffe und Farbanstriche versiegelt werden. Ferner: Bronze- und Weißmetallschichten auf Lagern, Molybdän- und Stahlschichten als Verschleißschutz und schließlich das Auftragen von Material zwecks Reparatur abgenutzter Bauteile. Mit Spezialbrennern können auch bestimmte organische Polymere auf Substrate aufgebracht werden (s. Abschn. 15.6.3.3).

Eine Variante ist das sog. *Spritzschweißen*. Dabei werden durch Flammspritzen erzeugte Schichten aus niedrigschmelzenden Fe-, Ni- oder Co-Basislegierungen durch eine Wärmebehandlung metallurgisch mit dem Grundmaterial verbunden. Dazu wird die Schicht so weit erwärmt ($T \approx 1000\,°C$), daß sie zähflüssig wird und sich ein Diffusionsübergang zum Grundmaterial ausbildet. Gleichzeitig verschwinden die in der Schicht vorhandenen Poren weitgehend, und sie erhält ein gußähnliches Gefüge. Derart nachbehandelte Schichten aus Ni- und Co-Basislegierungen haben sich als Schutz gegen Verschleiß und Hochtemperaturkorrosion auf Auspuffventilen von Dieselmotoren oder auf Schaufeln von stationären Gasturbinen bewährt.

12.2.2 Detonationsspritzverfahren

Dieses Verfahren arbeitet intermittierend mit einer Detonationskanone (D-Gun), die aus einem wassergekühlten Rohr von etwa 1 m Länge und 25 mm Durchmesser besteht, in das in einem Trägergas suspendiertes Pulvermaterial und ein Ethin/Sauerstoff-Gemisch eingeleitet werden, Abb. 12.2 [12.3; 12.4]. Das Gemisch wird gezündet, worauf eine Detonationswelle entsteht, die das Pulver auf etwa $800\,m\,s^{-1}$ beschleunigt, wobei es sich bis zur Schmelztemperatur oder darüber hinaus erwärmt. Die unter diesen Bedingungen erreichbare Temperatur von $4500\,K$ ist erheblich größer als die der C_2H_2/O_2-Flamme, so daß die meisten, wenn auch nicht alle Materialien geschmolzen werden können. Die Tatsache, daß die Geschwindigkeit der Pulverpartikel beim Auf-

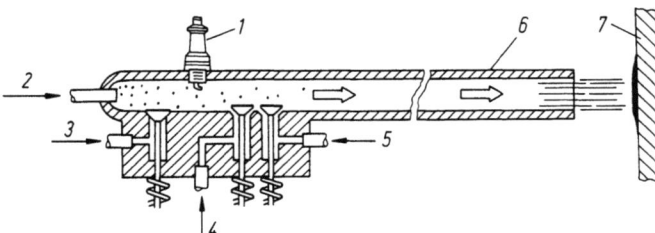

Abb. 12.2. Detonationsspritzverfahren. *1* Zündkerze, *2* Pulver, in Trägergas suspendiert, *3* Stickstoff, *4* Ethin (Acetylen), *5* Sauerstoff, *6* Rohr, *7* Werkstück

treffen auf das Substrat beträchtlich größer als bei den anderen Spritzverfahren ist, hat ihren Grund in der gerichteten Ausbreitung der Schockwelle und dem relativ großen, vom Pulver zurückgelegten Weg. Nachdem das Pulver die D-Kanone verlassen hat, folgt eine N_2-Schockwelle zwecks Reinigung des Rohres. Der ganze Zyklus wird 4-8mal pro s ausgeführt.

Jede Schockwelle des Pulvers ergibt auf dem etwa 100 mm von der Rohrmündung entfernten Substrat einen Schichtdickenzuwachs von etwa 6 µm. Die Schicht besteht aus vielen sich überlappenden kreisförmigen Bereichen. Auch Hohlräume, deren Tiefe ungefähr gleich ihrem Durchmesser ist, können bei schrägem Einfall beschichtet werden. Vorteile des Detonations- gegenüber allen anderen Spritzverfahren (ausgenommen das Vakuum-Plasmaspritzen) sind aufgrund der hohen Partikelgeschwindigkeit eine große Haftfestigkeit und geringe Porosität der Schicht (<1%). Dem steht als Nachteil eine im Vergleich zu den anderen Spritzverfahren geringere Depositionsrate gegenüber. Wegen der verwendeten Gase ist die entstehende Schicht einer oxidierenden und karburierenden Atmosphäre ausgesetzt. Die karburierende Wirkung kann in gewissen Fällen ein Vorteil sein [12.5].

Hauptanwendungen dieses Verfahrens der Union Carbide Corporation sind verschleißfeste Beschichtungen für die Luftfahrtindustrie [12.6; 12.7] und die Kernreaktortechnik [12.8].

12.2.3 Lichtbogenspritzverfahren

Bei diesem Verfahren wird ein Lichtbogen zwischen den Enden zweier aus dem Schichtmaterial bestehenden Drähte aufrechterhalten, Abb. 12.3 [12.2]. Die mit regelbarem Vorschub bewegten Drähte schmelzen in diesem Bogen bei einer Temperatur von 4 000...10 000 K kontinuierlich ab, und das Schmelzgut wird in Form von Tröpfchen (~80 µm $\varnothing$) durch einen Druckluftstrom auf das Substrat geschleudert. Der Lichtbogen wird mit Gleichspannungen von 16...34 V und Strömen zwischen 50 und 1 000 A betrieben.

Das Verfahren ist auf metallische und in Drahtform herstellbare Schichtmaterialien beschränkt. Gegenüber dem Flammspritzen besteht wegen der höheren Energiestromdichte ($10^4...10^5$ W cm^{-2}) und der höheren Auftreffgeschwindigkeit des Schichtmaterials (~200 m s^{-1}) der Vorteil der besseren Haftfestigkeit der Schicht, aber wegen der

12.2 Verfahren der thermischen Spritztechnik

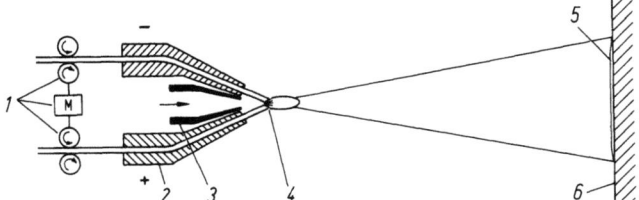

Abb. 12.3. Lichtbogenspritzverfahren. *1* Draht-Vorschubeinrichtung, *2* Elektrischer Kontakt und Drahtführung, *3* Zerstäubungsdüse, *4* im Lichtbogen schmelzende Drahtenden, *5* entstehende Schicht, *6* Werkstück

höheren Temperatur auch der Nachteil stärkerer Oxidation und stärkeren Abbrandes von Legierungskomponenten, was beim Aufbringen von Stahllegierungen zu relativ weichen Schichten führt. Ein Vorteil besteht darin, daß auch zwei Drähte aus unterschiedlichem Material verwendet werden können und die Zusammensetzung der Schicht durch die Drahtdurchmesser und die Vorschubgeschwindigkeiten variiert werden kann. Das Verfahren zeichnet sich durch einen großen Massendurchsatz von bis zu 25 kg h^{-1} aus.

Bei einer interessanten Variante des Verfahrens ist die Spritzpistole mit einem sog. „geschlossenen Düsensystem" ausgestattet, in dem die relative Geschwindigkeit zwischen Materialpartikel und Preßluft durch eine zusätzliche radiale Strömung der Preßluft erhöht wird [12.9-12.11]. Dadurch wird das im Lichtbogen schmelzende Material feiner versprüht, und es entsteht ein besser fokussierter Partikelstrahl mit dem Ergebnis einer etwa 10mal geringeren Porosität und einer entsprechend größeren Korrosionsbeständigkeit der Schicht.

Hauptanwendungen des Lichtbogenspritzens sind das Verzinken und Aluminisieren großer Flächen zwecks Korrosionsschutz; ferner die Herstellung von Verschleißschutzschichten auf Wellen, Walzen, Plungern etc. sowie deren Reparatur nach Abnützungsschäden.

12.2.4 Plasmaspritzverfahren

Das Plasmaspritzen hat unter allen thermischen Spritzverfahren die größte Bedeutung erlangt. Das Verfahren liefert Schutzschichten hoher Güte gegen Verschleiß und Korrosion [12.12-12.15].

Der Plasmabrenner nach Abb. 12.4 enthält eine stabförmige Wolframkathode und eine als Ringdüse ausgebildete Kupferanode. Der Elektrodenraum wird von einem inerten Gas, üblicherweise Argon, oder einem Gemisch von Ar mit N_2, H_2 oder He durchströmt. Durch Hochfrequenz wird zwischen den wassergekühlten Elektroden ein stromstarker Gleichstrombogen gezündet. Daraus resultiert eine große Volumenausdehnung des Gases, das mit hoher Geschwindigkeit die Düse als hell leuchtender Plasmastrahl verläßt. Das Schichtmaterial wird als Pulver durch ein Trägergas innerhalb oder außerhalb des Brenners in den Plasmastrahl injiziert, von diesem erfaßt, aufge-

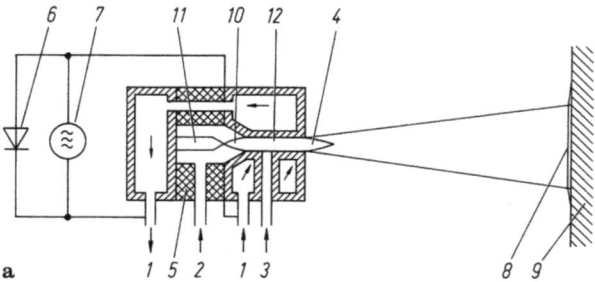

Abb. 12.4 a, b. Plasma-Spritzverfahren. **a** Aufbau eines Plasmaspritzbrenners; *1* Wasserkühlung, *2* Plasmagas, *3* Spritzpulver und Fördergas (Ar), *4* Plasmastrahl, *5* Isolation, *6* Gleichrichter, *7* Hochfrequenzgenerator, *8* Spritzschicht, *9* Werkstück, *10* Lichtbogen, *11* Elektrode (Kathode), *12* Düse (Anode). **b** Roboterisierte Plasma-Spritzanlage für Beschichtungen in der Luftfahrtindustrie [12.15a]. Werkphoto: Plasma-Technik AG, CH-5610 Wohlen

heizt und durch die Strömung zum Substrat transportiert. Die in der Bogenentladung umgesetzte Leistung beträgt, je nach Bauweise und Betriebsparametern, 5 bis etwa 100 kW, der Strom bis etwa 1 000 A, der Durchsatz an Beschichtungsmaterial bis zu 8 kg h^{-1} Metall oder 4 kg h^{-1} Keramik. Abb. 12.4 b zeigt ein roboterisiertes Plasma-Beschichtungssystem, das für Anwendungen in der Luftfahrtindustrie benutzt wird [12.15a].

Die Temperatur und die Geschwindigkeit des Plasmas hängen von den elektrischen Daten der Entladung und der Durchflußrate des Gases ab. Die Plasmageschwindigkeit liegt üblicherweise unterhalb der Schallgeschwindigkeit; sie kann aber bei geeigneter Düsenform auch darüber liegen. Die Enthalpie des Plasmas (Abb. 12.5) und damit der Wärmeübergang auf die Pulverpartikel kann durch Zugabe von zweiatomigem Gas zum Argon gesteigert werden. Die Plasmatemperatur liegt im allgemeinen zwischen $5 \cdot 10^3$ und $3 \cdot 10^4$ K, so daß alle hochschmelzenden metallischen und nichtmetallischen Materialien, sofern sie in geeigneter Korngröße vorliegen und sich nicht zersetzen, verarbeitbar sind. Zersetzliche Pulver können durch Umhüllen mit einer Schutz-

12.2 Verfahren der thermischen Spritztechnik

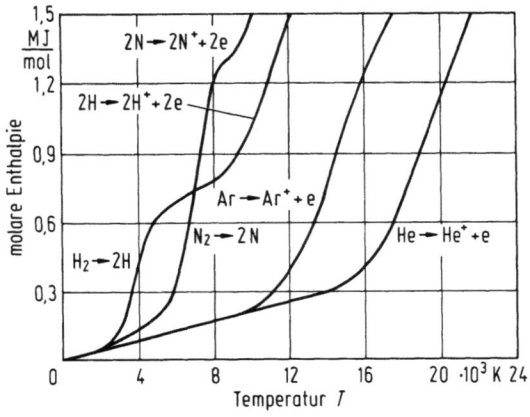

Abb. 12.5. Molare Enthalpie von beim Plasmaspritzen verwendeten Gasen in Abhängigkeit von der Temperatur [4.7 a,b]

schicht der Bearbeitung zugänglich gemacht werden. Zur Ausführung des Verfahrens werden Plasmabrenner und Substrat mit 0,5...1 m s^{-1} Geschwindigkeit relativ zueinander bewegt. Zum Beschichten von Bohrungen gibt es miniaturisierte Plasmabrenner für Hohlräume bis herab zu 25 mm Durchmesser.

Die für die Pulverpartikel wichtigsten Parameter beim Auftreffen auf das Substrat sind ihre Geschwindigkeit, ihre Temperatur und das Ausmaß chemischer Reaktionen während ihrer Flugzeit. Die Geschwindigkeit der Partikel am Substrat ist eine Funktion der ortsabhängigen Massenstromdichte des Plasmagases, der Dichte, Masse und Gestalt des Pulvers und der von ihm zurückgelegten Strecke. Bei den verschiedenen Typen von Plasmabrennern liegt die Partikelgeschwindigkeit im Bereich 150...400 m s^{-1} [12.16].

Die Temperatur der Pulverpartikel hängt wesentlich vom Wärmeübergang zwischen Plasma und Pulver ab. Der Wärmeübergang kommt durch Rekombination von Ionen und Elektronen sowie von Atomen (im Fall zweiatomiger Gase) an der Pulveroberfläche zustande, und ferner durch Absorption von Strahlung [12.17]. Die Temperatur der Pulverpartikel ist daher eine Funktion ihrer Oberflächenstruktur, ihres Absorptionsgrades (besonders im UV-Bereich), ihrer spezifischen Wärmekapazität, Wärmeleitfähigkeit und des Verhältnisses von Oberfläche zu Volumen. Metallpartikel mit ihrer hohen Absorption und hohen Wärmeleitfähigkeit werden deshalb rascher aufgeheizt als Oxidpartikel. Daher ist (ebenso wie auch bei den anderen Spritzverfahren) unter sonst gegebenen Bedingungen der Massendurchsatz von Metallen größer als der von Keramik. Chemische Reaktionen des Spritzwerkstoffes auf seinem Wege zum Substrat, die vor allem durch das Eindringen von O_2 und N_2 aus der den Plasmastrahl umgebenden Luft zustande kommen, sind wegen der schützenden Wirkung des inerten Plasmagases und der kürzeren Flugzeit bedeutend schwächer ausgeprägt als beim Flamm- und beim Lichtbogenspritzen. Die O_2-Konzentration im Plasmastrahl steigt mit wachsender Entfernung von der Düse [12.18]. So wird z. B. beim Aufspritzen von Al in 50 mm Abstand von der Düse etwa 0,1 % Al_2O_3 und in 150 mm Abstand etwa 1 % Al_2O_3 in der Schicht gefunden.

Reaktionen der Pulverpartikel mit der umgebenden Luft können durch folgende Maßnahmen reduziert bzw. vermieden werden:

1. Das Plasmaspritzen erfolgt in einer Inertgaskammer, z. B. einem mit Argon gefüllten Raum und ggf. durch Operateure, die Raumanzüge tragen [12.19].
2. Der Plasmastrahl breitet sich innerhalb eines auf die Brennerdüse montierten, konusförmigen Schutzschildes aus, der wassergekühlt ist und bis nahe an das Substrat reicht [12.20].
3. Das Plasmaspritzen erfolgt im Vakuum, worüber im folgenden Abschnitt berichtet wird.

12.2.5 Vakuum-Plasmaspritzverfahren (VPS)

Werkstoffe mit hoher Affinität zu O_2 und N_2 wie Ti, Ta, Nb etc. oder die für den Hochtemperatur-Korrosionsschutz entwickelten Superlegierungen vom Typ MCrAlY mit M = Co, Ni oder Fe ergeben beim Plasmaspritzen an Luft Schichten mit Oxideinschlüssen, Porositäten und ungenügender Haftfestigkeit. Diese Schwierigkeiten werden vermieden, wenn man den Plasmaspritzprozeß im Vakuum ausführt [12.21] und außerdem einen „übertragenen" Lichtbogen (transferred arc) [12.22] anwendet. Letzteres wird erreicht, indem man zwischen Düse des Plasmabrenners und Substrat eine Spannung von 30...100 V bei 80 mbar legt. Dadurch wird der im Vakuum an sich fächerartig auseinander strebende Plasmastrahl wieder gebündelt, doch nur so weit, daß er nicht punkt-, sondern flächenförmig auf das Werkstück trifft und ein Schmelzen der Werkstückoberfläche vermieden wird [12.23]. Das Werkstück kann positiv oder negativ gegenüber der Düse gepolt sein.

Die VPS- (oder low pressure plasma spray, LPPS-) Technik bietet gegenüber dem Plasmaspritzen an Luft die folgenden Vorteile:

1. Durch die Erwärmung des Plasmagases in der Bogenentladung und die Expansion ins Vakuum werden die Gasatome auf mehr als die dreifache Schallgeschwindigkeit beschleunigt [12.24; 12.25]. Die Strahlgeschwindigkeit und damit die Geschwindigkeit der Pulverpartikel beim Auftreffen auf das Substrat ist daher 2-3mal höher als beim Plasmaspritzen an Luft. Letzterem gegenüber wird daher eine höhere Dichte, eine geringere Porosität und eine geringere Oberflächenrauhigkeit der Schicht erzielt.
2. Bei negativer Polung des Werkstückes wird dieses von positiven (Ar^+-) Ionen getroffen und dadurch zerstäubt, gereinigt und aufgerauht. Daher tritt zur rein mechanischen Verzahnung (interlocking) der Schicht mit dem Grundwerkstoff die Absättigung freier Oberflächenenergie hinzu, wodurch die Haftfestigkeit der Schicht steigt.
3. Durch den übertragenen Lichtbogen kann das Werkstück während des Beschichtens und auch hinterher geheizt werden. Daher können Interdiffusionsprozesse schon während des Beschichtens stattfinden, wodurch ebenfalls die Haftfestigkeit erhöht und außerdem innere Spannungen abgebaut und Porositäten beseitigt werden. Dieses Heizen wird meistens bei positiver Polung des Substrats ausgeführt. Ist das Plasmagas mit O_2 verunreinigt, so treffen dann außer Elektronen auch negative Sauerstoffionen auf das Substrat bzw. die Schicht, was zu Oxidationen führen kann [12.23].
4. Da aber reaktive Gase im allgemeinen nicht anwesend sind, entspricht die Zusammensetzung der Schicht weitgehend der des Pulvermaterials, sofern keine thermi-

12.2 Verfahren der thermischen Spritztechnik 223

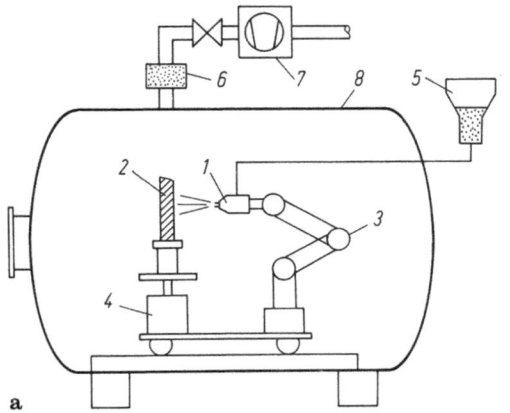

1 Plasmabrenner
2 Werkstücke
3 Roboter
4 Drehtisch
5 Pulverzufuhr
6 Filter
7 Vakuumpumpe
8 Vakuumkammer

Abb. 12.6 a, b. Vakuum-Plasma-Spritzverfahren. **a** Schema einer Vakuum-Plasma-Spritzanlage [12.44], **b** Vakuum-Plasma-Spritzanlage für industrielle Beschichtungen [12.15a], Werkphoto: Plasma-Technik AG, CH-5610 Wohlen

sche Zersetzung stattfindet. Andererseits können bestimmte Reaktionen in der entstehenden Schicht durch Zumischen entsprechender Gase zum Plasmagas erzielt werden.

Abbildung 12.6 zeigt das Schema und ein Photo einer Vakuum-Plasma-Spritzanlage, System Plasma-Technik [12.26]. Diese Anlage umfaßt:

1. das Vakuumsystem, bestehend aus einer wassergekühlten Vakuumkammer, einem Pumpstand aus einer Rootspumpe (Enddruck ≈ 1 Pa) mit einer vorgeschalteten Drehschieberpumpe, einem Filter zwischen Kammer und Pumpstand zum Schutz der Pumpen vor Staub des Pulvermaterials sowie einem Vakuumkontrollsystem zur Steuerung und Regelung der Arbeitsdrücke, die zwischen 10 und 200 mbar liegen;
2. das Vakuum-Plasmasystem für 120 kW Leistung, bestehend aus einem Plasmabrenner nebst Stromversorgung, Stromquelle für den übertragenen Lichtbogen sowie einem Pulverförderer;

3. das computer-gesteuerte Handhabungssystem mit sechs Freiheitsgraden für den Bewegungsablauf während des Beschichtens. Der Plasmabrenner wird von einem speziell für das Arbeiten im Vakuum entwickelten Roboter in fünf Freiheitsgraden bewegt, während der sechste durch den Substrathalter gebildet wird, der in zwei Richtungen kontinuierlich rotieren kann. Alle sechs Freiheitsgrade sind mit einer Reproduzierbarkeit von ±2 mm programmierbar. Ein für eine gegebene Substratkonfiguration optimiertes Bewegungsprogramm wird auf einem Magnetband gespeichert.

12.2.6 Weitere thermische Spritzverfahren

Beim Wasser-Plasmaspritzverfahren wird der wasserwirbelstabilisierte Gerdien-Bogen [12.27] als Plasmaquelle benutzt [12.28]. Das Verfahren benötigt kein Argon und zeichnet sich durch eine hohe elektrische Leistung (z. B. 200 kW) und einen hohen Materialdurchsatz (z. B. 25 kg h^{-1} Al$_2$O$_3$) aus.

Varianten der Detonationsspritztechnik stellen das „Hypersonic Spray"-System und der „Fuel Air Repetitive Explosion (FARE)- Gun"-Prozeß dar [12.29].

Beim Kondensatorspritzverfahren entlädt sich die in Kondensatoren gespeicherte Energie über einen Draht, der explosionsartig in feine Partikel zerstäubt wird. Das Verfahren kann zum Beschichten des Inneren von Hohlkörpern verwendet werden [12.15].

12.2.7 Substrate und ihre Vorbereitung

Als Substratwerkstoffe eignen sich alle technischen Metalle und Legierungen, die sich durch Sandstrahlen genügend aufrauhen lassen, d. h. deren Rockwell-Härte ≤55 HRC (=550 N mm^{-2}) ist. Die wichtigsten metallischen Substratwerkstoffe sind: Stähle, unlegiert bis hochlegiert; Grau- und Sphäroguß; Legierungen auf Ni- und Co-Basis; Al-, Mg- und Ti-Legierungen; Cu- und Cu-Legierungen. Auch gewisse Kunststoffe und keramische Stoffe können beschichtet werden; ihre Eignung ist jeweils zu prüfen.

Hinsichtlich der Oberflächengestalt und der Konstruktion ist zu beachten:

1. Alle Flächen müssen für die Vorbereitung und das Spritzen gut zugänglich sein.
2. Scharfe Kanten und Spalten sind zu vermeiden; Schweißkonstruktionen sind Nietkonstruktionen vorzuziehen.

Alle thermischen Spritzverfahren benötigen saubere und aufgerauhte Substratoberflächen. Nach dem Entfetten wird zum Aufrauhen meistens das Sandstrahlen mit Korund, Hartguß oder Siliziumkarbid angewendet. Weitere Hinweise sind in DIN 8567 zu finden. Die Rauhtiefe sollte 4...7 µm betragen. Zu beachten ist, daß nach dem erneuten Entfetten keine Strahlmitteleinschlüsse verbleiben [12.30]. In manchen Fällen genügt ein chemisches Aufrauhen, und beim Vakuum-Plasmaspritzen vielfach auch das Ionenbombardement [12.23].

12.2.8 Werkstoffe für Spritzverfahren

Die Spritzwerkstoffe müssen

1. schmelzbar und im geschmolzenen Zustand genügend aufheizbar sein, ohne sich zu zersetzen oder chemisch zu reagieren, z. B. zu oxidieren, und
2. in einer für das Verfahren geeigneten Form erhältlich sein, d. h. als flexibler Draht bzw. als rieselfähiges Pulver geeigneter Korngröße.

Die Pulver für das Plasma- und das Detonationsspritzen haben Korngrößen von 5...50 µm. Das Flamm- und das Wasser-Plasmaspritzen lassen etwas gröbere Pulver zu. Damit das Aufheizen und das Beschleunigen gleichmäßig erfolgt, ist es wichtig, daß die Korngrößenverteilung möglichst schmal ist. Im allgemeinen gilt: Feinkörnige Pulver werden schneller aufgeheizt und beschleunigt als grobkörnige, aber sie verlieren ihren Impuls auch schneller, wenn über größere Distanzen gespritzt wird; sie ergeben dichtere, aber auch an inneren Spannungen reichere Schichten, sind anfälliger gegen Oxidation, verursachen größere Verluste durch gestreute und nicht zur Haftung kommende Partikel und führen leichter als grobkörnige Pulver zu Störungen innerhalb der Spritzpistole.

Zur Zeit sind mehr als 100 verschiedene Spritzwerkstoffe kommerziell erhältlich[1]. Sie lassen sich, wie folgt, einteilen:

- *Reine Metalle:* z.B. Al, Co, Cr, Hf, Mo, Nb, Ni, Ta, Ti, V, W, Zn, Zr. Mit Ausnahme von Al, Co, Ni, Zn handelt es sich hier um Refraktärmetalle, die zweckmäßig durch Vakuum-Plasmaspritzen aufgetragen werden. Eigenschaften der Schichten: duktil, gut bearbeitbar, gute elektrische und thermische Leitfähigkeit, hoher thermischer Ausdehnungskoeffizient.
- *Legierungen:* z.B. Ni-Al, Ni-Cr, Ni-Cr-Al, Ni-Ti, Ni-Cr-Al-Y, Co-Cr-Al-Y, Ni-Co-Cr-Al-Y, Fe-Cr-Al-Y, Stähle, Bronzen. Eigenschaften der Schichten: ähnlich wie die der reinen Metalle.
- *Pseudolegierungen:* d. h. Gemische aus verschiedenen reinen Metallen oder Legierungen, z.B. Cu-W, Bronze-Stahl. Eigenschaften der Schichten: ähnlich wie die der reinen Metalle.
- *Oxidkeramik:* z.B. Al_2O_3, CaO, Cr_2O_3, HfO_2, MgO, SiO_2, TiO_2, Y_2O_3, ZrO_2 und Gemische davon. Eigenschaften der Schichten: hart, spröde, elektrische Isolatoren, geringe thermische Leitfähigkeit, geringer thermischer Ausdehnungskoeffizient, verschleißfest, chemisch resistent (s. Tabelle A 4).
- *Hartstoffe* in Form von Boriden, Carbiden, Nitriden und Siliciden:
- *Boride:* z. B. CrB_2, HfB_2, LaB_6, NbB_2, TaB_2, TiB_2, WB, ZrB_2,
- *Carbide:* z. B. B_4C, Cr_3C_2, HfC, NbC, SiC, TaC, TiC, VC, WC, W_2C, ZrC,
- *Nitride:* z. B. BN, HfN, TaN, TiN, ZrN und

---

[1] Hermann C. Starck, Postfach 7712, D-4000 Düsseldorf 1. Union Carbide Europe S.A., Case Postale 39, CH-1217 Meyrin 2.

- *Silicide:* z. B. $CrSi_2$, $MoSi_2$, TaSi, $TiSi_2$, WSi_2.
  Eigenschaften: Tabellen A 7-A 10.
- *Kompositpulver:* z. B. Cr_3C_2/Ni, WC/Co, WC/Ni, ZrO_2/NiAl. Die Pulver bestehen aus einem Keramikkern (z. B. Cr_3C_2) und einer Metallhülle (z. B. Ni). Eigenschaften der Schichten, je nach Mengenverhältnis von Metall zur Keramik: beschränkt duktil, verschleißfest und elektrisch leitend.
- *Kunststoffe:* Thermoplaste, wie z. B. Polyamid 11 und Hochdruck-Polyethylen, die sich durch Flammspritzen (mit einem Spezialbrenner, s. Kap. 15) auftragen lassen.

Um eine reproduzierbare Qualität der Schichten sicherzustellen, wird der Spritzprozeß zweckmäßig durch einen Roboter automatisiert, der die Bewegungen des Spritzgerätes mit größerer Genauigkeit und Reproduzierbarkeit ausführen kann, als es manuell möglich ist. Ferner können die Spritzpulver in vorgegebenem Mischungsverhältnis programmgesteuert zugeführt werden, was für den Aufbau von gradierten Schichtsystemen von Bedeutung ist [12.26; 12.31].

12.3 Eigenschaften der thermisch gespritzten Schichten

12.3.1 Struktur der Schichten

Die Schichten haben, sofern sie keiner Wärme- und Vakuumbehandlung ausgesetzt wurden, eine Lamellenstruktur. Die Lamellen sind aus dünnen, linsenförmigen Gebilden (etwa 5 μm dick, 10...60 μm ⌀) zusammengesetzt, die aus den Tröpfchen beim Aufprall entstehen, Abb. 12.7a. Die rasche Abkühlung dieser Partikel auf dem Substrat von $10^6...10^8$ K s^{-1} bei Metallen und $10^4...10^6$ K s^{-1} bei Oxiden ist die Ursache für die folgenden Erscheinungen [12.32]:

Beobachtungen der Röntgen- und Neutronendiffraktion ergaben, daß manche Schichten keine kristallographische Struktur besitzen. In anderen Fällen treten nur dünne amorphe Zonen als Übergang vom Substrat zur Schicht auf, deren linsenförmige Partikel durch gerichtete Erstarrung entstandene, stäbchenförmige Kristallite enthalten. Ferner treten in der Schicht Nichtgleichgewichtsphasen und starke lokale Eigenspannungen auf [12.33; 12.34].

Reaktionen, die auf dem Flug des Schichtmaterials zum Substrat stattfinden, beeinflussen die Zusammensetzung und damit auch die Struktur der Schicht. Aus folgenden Gründen kann die Zusammensetzung der Schicht von der des Schichtmaterials abweichen [12.35-12.37]:

1. Selektives Verdampfen einer Komponente einer Legierung,
2. Bildung gasförmiger Metallverbindungen: Beispielsweise bilden Ti, Zr, W, Mo, Cu in Gegenwart von O_2 Oxide, die oberhalb einer bestimmten Temperatur (≈ 2000 K für W, ≈ 1000 K für Mo) verdampfen.
3. Bildung nicht flüchtiger Metallverbindungen: Die meisten Metalle und Legierun-

12.3 Eigenschaften der thermisch gespritzten Schichten

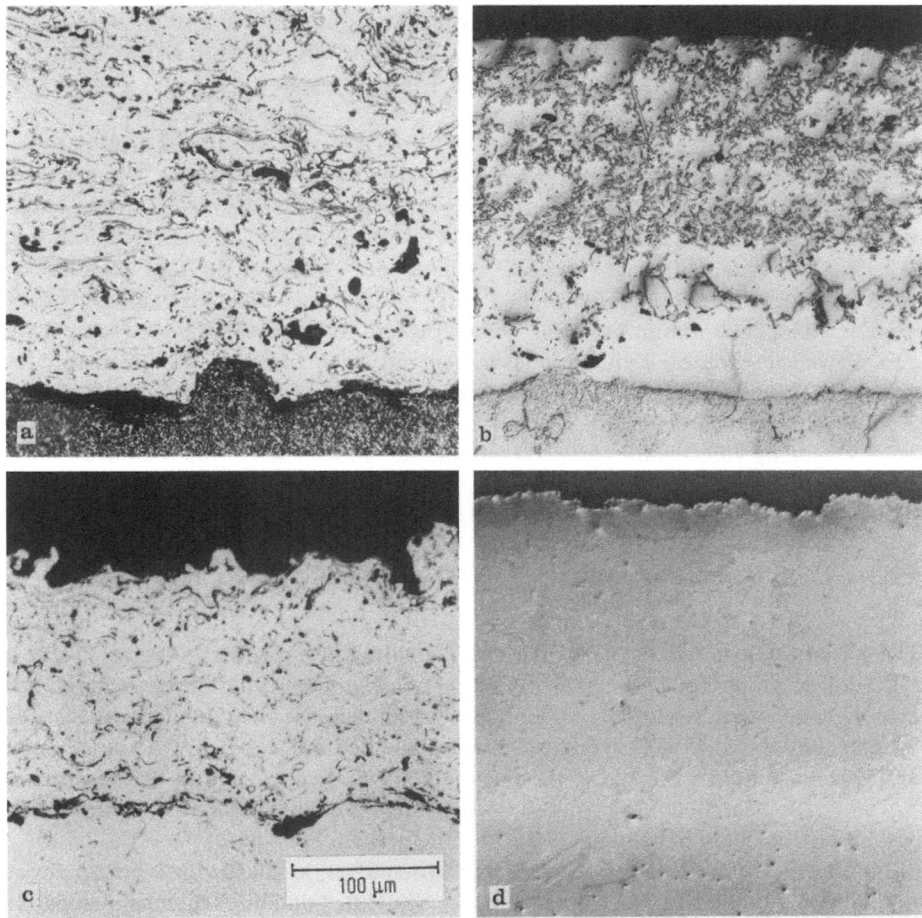

Abb. 12.7 a-d. Gefüge von durch thermisches Spritzen auf Inconel 738 LC erzeugten Schichten. Vergrößerung 250:1. Werkphotos: Sulzer AG, CH-8400 Winterthur. **a** durch Plasmaspritzen an Luft erzeugte Verschleiß-Schutzschicht aus $Cr_3C_2/NiCr$; **b** durch Flammspritzen erzeugte und anschließend gesinterte Schicht aus einer NiCrBSi-Legierung; **c** durch Plasmaspritzen an Luft erzeugte CoCrAlY (69:29:6:1)-Schicht; **d** durch Vakuum-Plasmaspritzen erzeugte CoCrAlY (69:29:6:1)-Schutzschicht gegen Hochtemperatur-Korrosion [12.44]

gen bilden in Gegenwart von O_2 feste Oxide, und stark reaktive Metalle, wie Ti, Zr etc. bei Anwesenheit von O_2, N_2 und H_2 feste Oxide, Nitride und Hydride, die zur Versprödung des Schichtmaterials führen.
4. Reaktionen von Metallverbindungen: Besonders wichtig ist die bei hoher Temperatur in Gegenwart von O_2 auftretende Zersetzung der als Hartstoffe verwendeten Karbide, Boride, Nitride und Silizide. So geht beispielsweise Wolframkarbid WC bei $T > 800$ K in das niedere Karbid W_2C über: $3\,WC + O_2 \rightarrow W_2C + W + 2\,CO$. Die Oxidationsbeständigkeit der Karbide steigt in der Reihenfolge $WC < Mo_2C < TaC < NbC < HfC < VC < ZrC < TiC < Cr_3C_2$. Cr_3C_2 und TiC sind bis etwa

1100 K oxidationsbeständig. Die Oxidationsbeständigkeit der Boride steigt in der Reihenfolge $VB_2 < TaB_2 < NbB_2 < W_2B_5 < Mo_2B_5 < TiB_2 < ZrB_2 < HfB_2 < CrB_2$, wobei die Oxidation von CrB_2 erst oberhalb 1500 K beginnt.

Von besonderer Bedeutung ist die oberflächliche Oxidation, die die Partikel der meisten Metalle und Legierungen auf ihrem Wege zum Werkstück erfahren. Diese Metalloxide, die vorzugsweise in die Grenzflächen zwischen den einzelnen Lamellen eingebaut werden, können die Härte und die Verschleißfestigkeit der Schicht erhöhen [12.38]. Der Oxidanteil hängt von der Flugdauer, der Verteilung des O_2-Partialdruckes im Strahl, dem Schichtmaterial, dem Partikeldurchmesser und dem Spritzverfahren ab. Der Oxidgehalt nimmt in dieser Reihenfolge ab: Lichtbogenspritzen, Flammspritzen, Plasmaspritzen an Luft, Plasmaspritzen mit Schutzschild, Detonationsspritzen und schließlich Vakuum-Plasmaspritzen. Die mikroskopischen Aufnahmen Abb. 12.7b, c und d lassen die Veränderungen in der Schichtstruktur erkennen, die beim Übergang vom Flamm- zum Plasmaspritzen an Luft sowie von diesem zum Vakuum-Plasmaspritzen auftreten.

12.3.2 Dichte und Porosität

Die Packungsdichte der Schicht, d. h. das Verhältnis $\bar{p} = \bar{\varrho}/\varrho$ der mittleren Dichte $\bar{\varrho}$ der Schicht zu der des kompakten Schichtmaterials ϱ, hängt vom Spritzverfahren und seinen Parametern sowie der Art und Beschaffenheit des Schichtmaterials ab. Das Flamm- und das Lichtbogenspritzen liefern Schichten mit $\bar{p} = 70...90\%$, das Plasmaspritzen an Luft $\bar{p} = 80...95\%$, das Detonations- und das Vakuum-Plasmaspritzen $\bar{p} > 99\%$. Die Schichten besitzen also — wie übrigens auch die durch PVD- und CVD-Verfahren erzeugten Schichten [12.39] — eine gewisse Porosität $\varepsilon = 1 - \bar{p}$.

Im allgemeinen gilt: Je feinerkörnig das Spritzpulver, je duktiler das Spritzmaterial und je höher die Partikelgeschwindigkeit, um so dichter sind die Schichten. Oxidation während des Beschichtens kann die Porosität erhöhen. Harte Stoffe wie Karbide, Boride und Silizide ergeben Schichten hoher Porosität [12.40]. Sieht man von diesen Hartstoffen ab, so handelt es sich vorwiegend um geschlossene Poren, so daß die Schichten von einer gewissen Dicke an hinreichend dicht sind, um den Grundwerkstoff vor Korrosion zu schützen [12.41].

Bei manchen Anwendungen ist eine hohe Porosität sogar erwünscht, z. B. bei Lagern, wo die Poren als Schmiermittelreservoir wirken. Andererseits werden weitgehend porenfreie Schichten nur durch besondere Maßnahmen wie Imprägnieren, thermische Nachbehandlung oder Vakuum-Plasmaspritzen (Abb. 12.7d) erhalten.

12.3.3 Oberflächenbeschaffenheit

Alle durch thermisches Spritzen erzeugten Schichten besitzen eine mehr oder weniger rauhe Oberfläche mit einer Rauhtiefe von 5...30 µm. Durch Schleifen und Polieren kann die Rauhtiefe auf Werte von 0,2 µm gesenkt werden. Bei vielen Anwendungen müssen die Schichten durch Schleifen nachbearbeitet werden. Da vielfach eine gleichmäßige Schichtdicke von einigen 0,1 mm gefordert wird, müssen die Werkstücke vor der Beschichtung entsprechend genau bearbeitet werden.

Ohne Nachbearbeitung läßt man z. B. die durch Flamm- oder Lichtbogenspritzen auf Stahlkonstruktionen als Schutz vor atmosphärischer Korrosion aufgetragenen Zn- oder Al-Schichten. Sie bilden einen ausgezeichneten Untergrund für eine Lackimprägnierung, durch die zugleich die Poren der Schicht verschlossen werden [12.42].

12.3.4 Haftfestigkeit und innere Spannungen

Die durch den Stirnzugtest nach DIN 50 160 oder ASTM-633 bestimmte Haftfestigkeit beträgt etwa $10\,\mathrm{N\,mm^{-2}}$ für flammgespritzte Keramikschichten und $50...70\,\mathrm{N\,mm^{-2}}$ für Schichten aus NiCr- oder NiAl-Legierungen, die durch Plasmaspritzen an Luft hergestellt wurden. Höhere und die Meßgrenze dieser Tests bereits überschreitende Werte der Haftfestigkeit besitzen Schichten, die durch Detonationsspritzen [12.7] und durch Vakuum-Plasmaspritzen [12.23; 12.43–12.45] erzeugt wurden.

Als Mechanismus der Haftfestigkeit von nicht wärmebehandelten Schichten wird im einfachsten Fall die mechanische Verklammerung (interlocking) der Schicht auf den durch Sandstrahlen entstandenen Rauhigkeitsspitzen angenommen [12.46]. Bei einer Rauhtiefe von etwa 7 µm erreicht die Haftfestigkeit ein Maximum [12.47; 12.48]. Andererseits kann die Haftfestigkeit von durch Plasmaspritzen hergestellten Keramikschichten nur zum Teil einer mechanischen Verklammerung zugeschrieben werden, zu einem anderen Teil aber kann sie auf Spinellbildung, wie z. B. bei Al_2O_3 auf Stahl und Al_2O_3/TiO_2 auf Al [12.49], zurückgeführt werden.

Wenn hingegen refraktäre Metalle, wie W und Mo, mit hoher Schmelztemperatur und hoher Wärmekapazität auf Stahl, oder Ni und Cr auf Al niedergeschlagen werden, wird bereits durch Interdiffusion eine metallurgische Bindung erzeugt [12.50]. Ähnliche Beobachtungen wurden an exotherm reagierenden Nickel-Aluminid-Schichten gemacht [12.51; 12.52]. Andererseits erniedrigt Oxidation des metallischen Schichtmaterials während des Spritzens die Haftfestigkeit, weil die Oxidschichten Diffusionsbarrieren bilden [12.53].

Das Vakuum-Plasmaspritzverfahren mit seinen Möglichkeiten der Reinigung der Substratoberfläche durch Sputtern und der Wahl einer für die Interdiffusion geeigneten Werkstücktemperatur bietet optimale Bedingungen zur Erzielung einer hohen Haftfestigkeit, wie dies an CoCrAlY- und NiCrAlY-Schichten nachgewiesen wurde. [12.23; 12.43–12.45].

Die inneren Spannungen hängen von den Versuchsparametern ab. Allgemein gilt, daß die inneren Spannungen um so höher sind, je feinerkörnig das Schichtmaterial und je größer die Schichtdicke ist. Die inneren Spannungen setzen die Haftfestigkeit herab, da sie eine Zugspannung darstellen. Daher ist die zulässige Schichtdicke bei vielen Schichtwerkstoffen begrenzt. Für hochverschleißfeste Cermetschichten beträgt sie 0,3...0,5 mm, doch gibt es Stähle und Ni-Legierungen, die Schichtdicken von einigen mm zulassen [12.54; 12.55].

12.3.5 Härte und Duktilität

Je nach Spritzmaterial und Spritzverfahren sind die Schichten sehr weich und duktil, wie z. B. Sn-Legierungen mit einer Brinell-Härte von 28 HB = 280 N mm^{-2}, bis sehr hart und spröde, wie z. B. Cr$_2$O$_3$-Schichten mit einer Vickershärte von 15 000...18 000 N mm^{-2}. Durch Mischen von Metall und Keramik (z. B. WC-Co oder Al$_2$O$_3$-Ni) können Schichten mit Hartmetall-Eigenschaften erzeugt werden, die bei hoher Härte eine gute Zähigkeit besitzen.

12.4 Anwendungen der thermischen Spritzverfahren

Die thermischen Spritzverfahren werden eingesetzt

- zur Erzeugung von Schutzschichten gegen Verschleiß, Korrosion und Wärmeeinwirkung,
- zur Herstellung von Oberflächen mit speziellen Eigenschaften, wie z. B. elektrische Isolation oder Leitung,
- für Sonderanwendungen, z. B. Herstellung von Hohlkörpern aus refraktären Metallen auf lösbaren Kernen, und schließlich
- zur Reparatur abgenützter oder schadhafter Bauteile oder zur Erneuerung erodierter Schichten.

12.4.1 Schutzschichten gegen Verschleiß

Um Werkstückoberflächen gegen Verschleiß durch Adhäsion (Fressen), Abrasion, Erosion und Fretting zu schützen, werden Schichten aus folgenden Materialien verwendet:

- *Keramik:* Al$_2$O$_3$, TiO$_2$, Cr$_2$O$_3$, Y$_2$O$_3$
  für Wellenschutzhülsen, Kolbenringe, Walzen für die Textil- und Papierindustrie, Fadenführer in der Textil- und Faserindustrie,
- *Cermets:* W$_2$C/Co, Cr$_3$C$_2$/NiCr, ZrO$_2$/NiAl
  für Brennkammern, Strahltriebwerke, Plunger, Reaktorkomponenten,
- *Metall:* Mo, Stellit, Bronze, NiAl, NiCrSiB, NiCr
  für Lager, Synchronringe, Ventile in Kolbenmotoren.

Es folgen einige Beispiele:

Reaktorkomponenten. Bei dem Kernreaktor-Bauteil aus rostfreiem Stahl nach Abb. 12.8a bestand das Problem, die vier Flächen *A*, die zur Führung von 4 m langen Stahlrohren bei nur einigen 10 µm Spiel dienen, gegen Fressen mit den Rohren zu

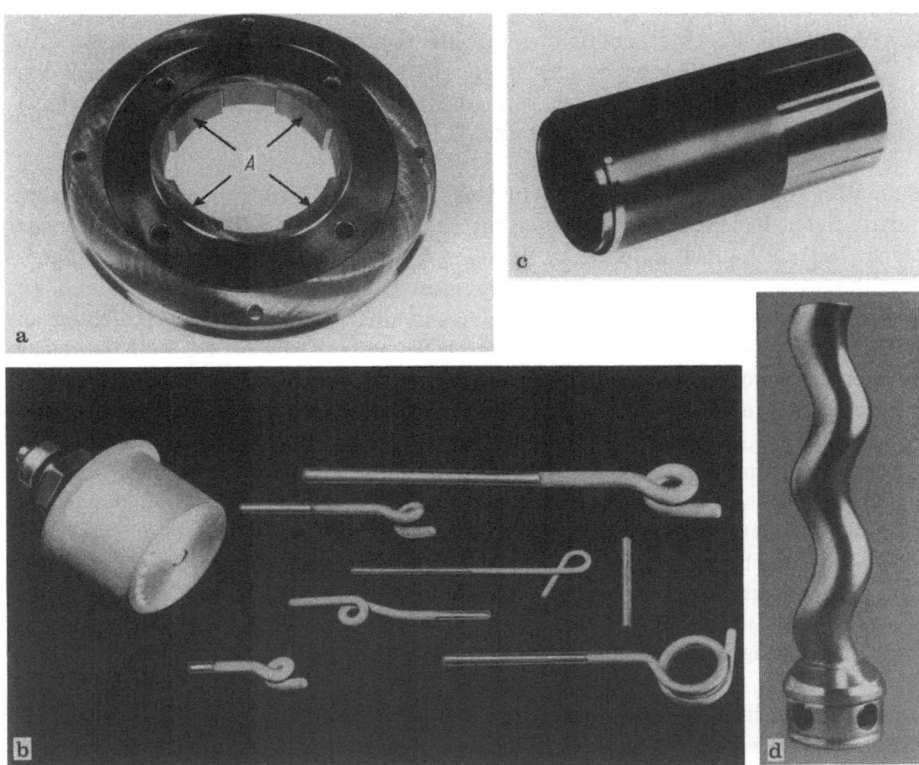

Abb. 12.8 a-d. Durch Plasmaspritzen erzeugte Verschleiß-Schutzschichten, Werkphotos: Sulzer AG. **a** Kernreaktor-Bauteil aus rostfreiem Stahl, auf den Innenflächen A mit Cermet Cr_3C_2/NiCr beschichtet als Schutz vor Fressen und Diffusionsverschweißung; **b** Fadenüberlaufrolle und Fadenführer mit keramischen Schutzschichten aus Al_2O_3/TiO_2 als Schutz vor Abrieb durch gleitende Fäden; **c** Wellenschutzbüchse einer Pumpe, mit Cr_2O_3 beschichtet als Schutz vor Abrasion durch die Dichtung; **d** Schraube einer Monopumpe mit Hartmetall-Schutzschicht [12.15a]

schützen. Da die Rohre als Bestandteil des Wärmeübertragers zwischen dem Kühlmedium (Helium) des Kernreaktors und dem Dampferzeuger für den Antrieb der Turbinen bei 800 °C wechselnden thermischen Belastungen sowie Vibrationen unterworfen sind, werden die natürlichen Oxidfilme auf den Metalloberflächen zerstört, so daß schließlich Diffusionsverschweißung auftreten kann. Die Lösung wurde in plasmagespritzten Cermetschichten aus 75 % Cr_3C_2 + 25 % NiCr gefunden. Das CrC_2 gibt der Schicht eine hohe Verschleißfestigkeit, und die NiCr-Legierung sorgt für eine gute Haftfestigkeit und eine ausreichende Duktilität [12.56]. Die Kernkraftwerke in Brunsbüttel und in Philipsburg sind mit solchen Komponenten ausgerüstet.

Heißgasleitungen zwischen Brennkammern und stationären Gasturbinen. Diese Heißgasleitungen werden — ähnlich wie früher die Ofenrohre — auf die Anschlußflächen aufgeschoben, so daß sich Wärmeausdehnungen ausgleichen können. Relativbewegungen und Vibrationen verursachen — wie im vorangehenden Fall — einen starken Verschleiß. Da eine Schmierung der Gleitflächen wegen der hohen Temperatur (>500 °C) nicht möglich ist, werden heute alle nicht-kraft- und formschlüßigen Verbindungsstellen solcher Leitungen serienmäßig durch plasmagespritzte Cr_3C_2/NiCr-Cermetschichten vor Verschleiß geschützt [12.56a].

Fadenführende Teile in der Textil- und der Chemiefaser-Industrie. In der Textilindustrie treten Fadengeschwindigkeiten bis zu 5 m s^{-1}, und bei Spinnmaschinen sogar bis zu 100 m s^{-1} auf. Daraus ergibt sich eine hohe Verschleißbeanspruchung aller fadenführenden Teile, deren Vickershärte mindestens 13 000 N mm^{-2} betragen muß. Zur Vergütung solcher Bauteile aus z. B. Al haben sich plasmagespritzte Schichten aus Al_2O_3 mit 3...40 % TiO_2 und etwa 0,15 mm Dicke bestens bewährt [12.56a]. Zur Nachbearbeitung werden besondere Schleiftechniken, z. B. der Bürstenschliff, angewendet, mit denen Werte der Rauhtiefe zwischen 1 und 10 µm und die in der Textilindustrie gebräuchlichen „Orangenhaut"-Reliefstrukturen erzielt werden. Die Mikrohärten dieser Schichten sind mit 24 000 N mm^{-2} mehr als doppelt so groß wie die der früher verwendeten Hartchromschichten. Dadurch konnten die Betriebsstandzeiten, je nach Beanspruchung der jeweiligen Fläche, auf das 4-20fache erhöht werden. Die hohen Produktionsgeschwindigkeiten moderner Textilmaschinen wurden erst durch diese Oberflächenvergütungen möglich. Ähnliche Erfahrungen mit Al_2O_3/TiO_2-Plasmaspritzschichten liegen auch in der Chemiefaserindustrie vor [12.57]. Die Abb. 12.8b zeigt Anwendungsbeispiele aus der Textilindustrie.

Anwendungen im Chemie-Apparatebau. Bei der Abdichtung rotierender Wellen für Pumpen, Rührwerke etc. werden Wellenschutzhülsen und Stopfbüchsen als austauschbare Verschleißteile verwendet, um die Welle zu schützen. Auf der Büchsenoberfläche laufen Manschetten-Lippendichtungen, die die Abdichtung übernehmen. Als Schutz vor Verschleiß durch Abrasion haben sich plasmagespritzte Cr_2O_3-Schichten bewährt (Abb. 12.8c), oder im Falle zusätzlicher Korrosion Schichten aus Cr_2O_3 + TiO_2 oder Al_2O_3 + TiO_2 oder W_2C + Co (Abb. 12.8d) [12.15a; 12.56a].

Propeller-Wellenabdichtungen im Schiffbau. Der Bau immer größerer Schiffseinheiten mit größeren Tiefgängen und deshalb größerem hydrostatischen Druck auf die Abdichtung der Propellerwellen und deren gesteigerte Umdrehungsgeschwindigkeiten stellen erhöhte Anforderungen an die Wellenabdichtungen. Seit den 70er Jahren werden die Büchsenoberflächen zum Schutz vor Verschleiß und Meerwasserkorrosion durch Plasmaspritzen mit Keramik (Cr_2O_3 + TiO_2 oder Al_2O_3 + 13 % TiO_2) beschichtet. Die nicht mit dem Meerwasser in Berührung kommenden Abdichtungsflächen aus Grauguß werden mit gutem Erfolg durch Lichtbogenspritzen mit Chromstahllegierungen mit 13...17 % Cr beschichtet [12.56a-12.56c].

Kompressorschaufeln für Flug- und Gasturbinen-Triebwerke. Diese Schaufeln werden mit ihren Füßen in eine Nabe (fan disc) mit schwalbenschwanzähnlichen Ausfräsungen eingesetzt. Der Schaufelfuß wird durch Plasma- oder Detonationsspritzen mit einer relativ weichen CuNiIn-Legierung beschichtet, um einerseits das Spiel auszu-

12.4 Anwendungen der thermischen Spritzverfahren   233

gleichen und zum anderen einen durch starke Pressung und Vibrationen bedingten Reibungsverschleiß zu verhindern. Eine weitere Anwendung der Spritztechnik erfährt die Schaufel im Bereich der Mittelabstützung, die durch eine Beschichtung aus W_2C + Co gegen Schwingungsverschleiß geschützt wird [12.56b; 12.57a].

12.4.2 Schutzschichten gegen Korrosion

Die Forderungen an diese Schichten lauten: Kathodische Schutzwirkung und damit entsprechende Korrosionsbeständigkeit, geringe Porosität, gute Haftfestigkeit, thermischer Ausdehnungskoeffizient etwa ebenso groß wie der des Grundmaterials. Das verwendete Schichtmaterial richtet sich nach der Art der Korrosion:

Atmosphärische Korrosion. In diesem Fall werden vor allem Schutzschichten aus Al und Zn verwendet, die im allgemeinen durch Flamm- oder Lichtbogenspritzen z. B. auf Stahlkonstruktionen aufgebracht werden.

Ein interessantes Beispiel ist die Pierre-Laporte-Hängebrücke in Quebec, die als zweitgrößte ihrer Art (1 041 m lang) kürzlich eine flammgespritzte 0,13 mm dicke Zn-Schicht erhielt und darüber eine Grundierschicht und zwei je 30 µm dicke Vinyllack-Schichten [12.42].

Plattierte Stahlbänder stehen serienmäßig für den Korrosionsschutz zur Verfügung: Stahlbänder aus ST 37 in einer Stärke von 0,8...2,5 mm und einer Breite von 0,3...1 m werden kontinuierlich mit Vorschubgeschwindigkeiten von 10...25 m min^{-1} mit Al oder 18/8-Legierungen in einer Dicke von 150 µm durch Plasmaspritzen beschichtet. Die Bänder werden dann aufgespult, im Glühofen thermisch behandelt und schließlich auf Quarto-Dressier- und Reversier-Anlagen ausgewalzt [12.56b].

Immersionskorrosion. Je nach der Art des korrosiven Mediums werden durch Plasmaspritzen erzeugte Schutzschichten aus Ta, Mo, Ti, hochlegierten Stählen, NiCr- oder NiCrBSi-Legierungen verwendet, und in vielen Fällen auch die zuvor erwähnten plattierten Stahlbleche. Die Anwendungen liegen im Apparatebau der chemischen und der Lebensmittelindustrie.

Die Vakuum-Plasmaspritztechnik eröffnet die Möglichkeit, oxidfreie und für die Kaltverformung geeignete Schichten aus Ta und Ti für Anwendungen in der chemischen Industrie und der Reaktortechnik zu erzeugen.

Korrosion durch Oxidation. Verwendet werden Schichten aus

- Al, NiAl-, NiCr- und NiCrAl-Legierungen
  z. B. auf Strahltriebwerkskomponenten, sowie aus
- Siliziden, z. B. $MoSi_2$, WSi_2
  z. B. auf Heizleitern und Graphitelektroden.

12.4.3 Wärmebarrieren

Um das Grundmaterial vor hohen Temperaturen zu schützen, werden Schichten geringer Wärmeleitfähigkeit aufgetragen, die außerdem eine gute Oxidations- und Thermoschockbeständigkeit besitzen sowie einen thermischen Ausdehnungskoeffizienten, der mit dem des Substrats annähernd übereinstimmt. Um die letztgenannte Forderung zu erfüllen, stellt man gradierte Schichten her, d. h. Schichten aus einem Keramik/Metall-Gemisch mit einer Zusammensetzung, die stufenweise oder kontinuierlich vom reinen Metall zur reinen Keramik übergeht. Als Keramikmaterialien werden verwendet: Al_2O_3, $MgO \cdot ZrO_2$, $ZrO_2 \cdot SiO_2$, $ZrO_2 \cdot CaO$, $ZrO_2 \cdot Y_2O_3$, Spinelle und Mullite. Es folgen zwei Anwendungen:

Brennkammern. Die Abb. 12.9a zeigt die Brennkammer und das Heißgasgehäuse eines Flugtriebwerkes, die mit einer plasmagespritzten Wärmedämmschicht belegt sind. Diese ist aus den folgenden drei Schichten zusammengesetzt [12.56a]:

Abb. 12.9 a-c. Durch Plasmaspritzen erzeugte Wärmebarrieren, Werkphotos: Sulzer AG. **a** Brennkammer und Heißgasgehäuse eines Flugtriebwerkes mit $ZrO_2 \cdot Y_2O_3$ beschichtet; **b** Gießkokillen, mit $Zr \cdot SiO_2$ beschichtet; **c** keramische Wärmedämmschichten auf Kolbenböden von Automobilmotoren [12.15a]

12.4 Anwendungen der thermischen Spritzverfahren

1. NiAl 95/5 oder NiCr 80/20 als Haftvermittler
2. 35% NiAl 95/5 + 49% ZrO_2 + 16% MgO, Cermetschicht,
3. 76% ZrO_2 + 24% MgO oder ZrO_2 + 8...20% Y_2O_3, Deckschicht.

Gießkokillen. Das Gefüge von Graugußteilen ist stark von den Abkühlungsbedingungen der Schmelze abhängig. Um ein „graues" Gefüge, in dem der Kohlenstoff als Graphit vorliegt, zu erhalten, muß die Schmelze hinreichend langsam abgekühlt werden. Dies ist mit Sandformen möglich, die den Nachteil haben, nur ein einziges Mal verwendet werden zu können. Daher benutzt man heute im allgemeinen Metallkokillen (Abb. 12.9b), die mit einer plasmagespritzten, 0,3 mm dicken Zirkonsilikat ($ZrSiO_4$)-Schicht als Wärmebarriere unter Verwendung einer haftvermittelnden NiCr-Zwischenschicht belegt sind und etwa 500 Abgüsse ohne Erneuerung der Schicht ermöglichen [12.56a].

Weitere Anwendungen von Wärmebarrieren liegen bei Gasturbinenschaufeln (s. Abschn. 12.4.4), Induktionsspulen und anderen Bauteilen in Hochtemperatur-Einrichtungen vor, wie z.B. Kolbenböden von Automobilmotoren, Abb. 12.9c.

12.4.4 Schutzschichten gegen Hochtemperaturkorrosion

Hochtemperaturkorrosion ist der bei stationären Gasturbinenanlagen vorherrschende Schädigungsprozeß. Eine solche Anlage besteht aus dem Kompressor, der Brennkammer und der Gasturbine. Die vom Kompressor angesaugte und verdichtete Luft dient zur Verbrennung des der Brennkammer zugeführten Brennstoffes. Die Verbrennungsgase treiben die Turbine an, und diese sowohl den Kompressor als auch die eigentliche Arbeitsmaschine, den Generator. Die Forderungen nach höheren Leistungen bzw. Wirkungsgraden haben zu ständig steigenden Gaseintrittstemperaturen geführt; so z.B. bei den Industrie-Gasturbinen von etwa 700 °C auf 1 000...1 200 °C im Zeitraum von 1950-1980. Entsprechend mußten auch die Schutzschichten verbessert werden. Mit noch höheren Gaseintrittstemperaturen arbeiten die Turbinen für Flugzeug-Triebwerke, doch werden hier weniger korrosive Brennstoffe verwendet als bei den stationären Gasturbinen [12.58; 12.59].

Die Hochtemperaturkorrosion in den Gasturbinen beruht im wesentlichen darauf, daß schwefelhaltige Bestandteile des Brennstoffes mit den Werkstoffen der Turbinenschaufel entsprechende Sulfide bilden. Letztere reagieren mit dem in den Verbrennungsgasen vorhandenen O_2 zu Oxiden. Der frei gesetzte Schwefel verbindet sich dann wieder mit noch unversehrtem Metall und dringt so tiefer in die Schaufel ein [12.60; 12.61].

Nach dem ersten und älteren Verfahren erhielten die z.B. aus Inconel IN 738 LC gefertigten Turbinenschaufeln eine plasmagespritzte Schicht aus einer Hartlegierung NiCrBSi ($\approx$76:16:3:5), wie sie ursprünglich für den Verschleißschutz entwickelt war. Nach dem Plasmaspritzen wurden die Bauteile im Vakuum bei 1 000...1 100 °C geglüht. Dabei schmilzt die Schicht zum Teil, vorhandene Poren schließen sich, und es bildet sich ein Diffusionsübergang zwischen Grundmaterial und Schicht. Mit einer solchen Schicht konnte die Lebensdauer einer Gasturbinenschaufel, je nach den Betriebsbedingungen ($T \leq 920\,°C$), um 10 000...15 000 h verlängert, d. h. auf das 3–5fache erhöht werden [12.62]. Die Schutzwirkung beruht auf der Bildung eines Cr_2O_3-Films an der Oberfläche. Dieser Film, der mit steigender Temperatur in zunehmendem Maße verdampft, wird durch Nachlieferung von Cr aus der Schicht solange aufrechterhalten, bis der Cr-Vorrat erschöpft ist. Die maximal zulässige Temperatur liegt bei 900 °C.

Für Gastemperaturen oberhalb 1 000 °C wurden Schutzschichten aus Legierungen vom Typ MCrAlY auf der Basis M = Ni, Co oder Fe entwickelt. Ihre Schutzwirkung gegenüber Brenngasen beruht auf der Bildung eines Oxidfilms aus Cr_2O_3, Al_2O_3 und (im Fall M = Co) Spinell $Co(CrAl)_2O_4$, wobei die beiden letzteren gegenüber hohen Temperaturen resistenter als Cr_2O_3 sind. Geringe Zusätze von seltenen Erdmetallen, z. B. Yttrium, haben aus offenbar noch ungeklärter Ursache einen günstigen Einfluß auf die Beständigkeit oberhalb 1 000 °C [12.9; 12.60; 12.61].

Schichten aus diesen Legierungen wurden durch Sputtern [12.63], Elektronenstrahl-Bedampfen [12.64], Ionenplattieren [12.65], Detonationsspritzen [12.66], Plasmaspritzen an Luft [12.66] und Vakuum-Plasmaspritzen [12.44; 12.45; 12.67-12.69] hergestellt. Die Plasmaspritzverfahren sind den PVD-Verfahren hinsichtlich der Depositionsrate weit überlegen, und das Vakuum-Plasmaspritzen dem Plasmaspritzen an Luft hinsichtlich Freiheit von Poren und Oxideinschlüssen sowie Haftfestigkeit. Die Abb. 12.10 zeigt eine Gasturbinenschaufel aus Inconel IN 738 LC, die durch Vakuum-Plasmaspritzen bei einer Substrattemperatur von 800 °C 0,4 mm dick mit CoCrAlY (64:29:6:1) beschichtet wurde [12.44]. Das Gefüge dieser Schicht zeigt Abb. 12.7 d.

Um die Beständigkeit des schützenden Oxidfilms weiter zu erhöhen, werden Wärmedämmschichten aus yttrium-stabilisiertem Zirkonoxid (z. B. $ZrO_2 + 8\% \ Y_2O_3$) als Deckschicht über die CoCrAlY-Schicht gelegt, wobei letztere außer dem Korrosions-

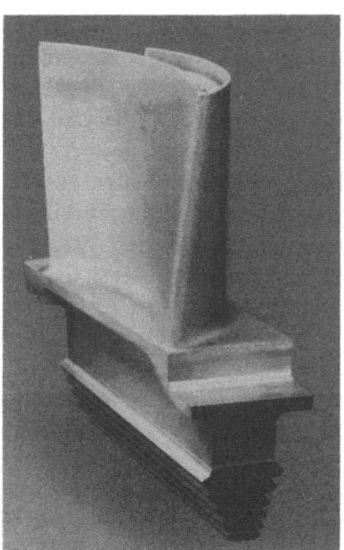

Abb. 12.10. Gasturbinenschaufel aus IN 738 LC, durch Vakuum-Plasmaspritzen mit CoCrAlY als Schutz gegen Hochtemperatur-Korrosion beschichtet [12.45]. Werkphoto: Sulzer AG

12.4 Anwendungen der thermischen Spritzverfahren

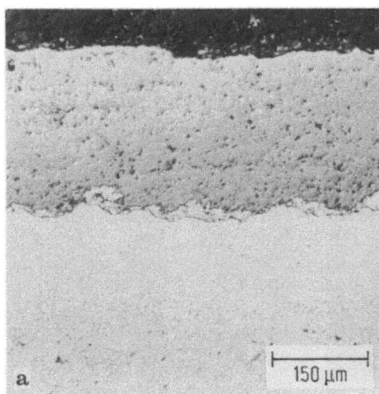 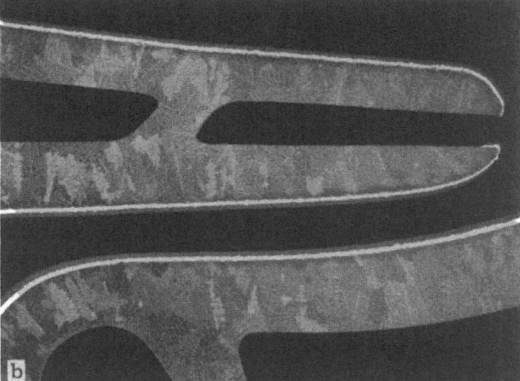

Abb. 12.11 a, b. Gasturbinenschaufel aus IN 738 LC, durch Vakuum-Plasmaspritzen mit einer Zweifachschicht CoCrAlY/ZrO$_2$·Y$_2$O$_3$ als Schutz gegen Hochtemperaturkorrosion belegt [12.70]. Werkphoto: Sulzer AG. **a** Mikroschliff, **b** Schliff durch die beschichtete Schaufel

schutz auch die Haftung der Deckschicht bewirkt. Abbildung 12.11 zeigt einen solchen durch Vakuum-Plasmaspritzen hergestellten Schichtaufbau sowohl im Mikroschliff als auch im Schnitt durch eine beschichtete Gasturbinenschaufel [12.70].

Weitere Anwendungen solcher durch Vakuum-Plasmaspritzen aufgebrachten Mehrfach-Schichtsysteme liegen bei Gasturbinen-Brennkammern, Turbinenschaufeln für Flugtriebwerke und anderen Hochtemperaturanwendungen vor [12.71].

12.4.5 Herstellung ganzer Bauteile durch Plasmaspritzen

Um komplizierte Hohlkörper aus refraktären Metallen herzustellen, mußten früher entsprechende Gießformen erzeugt und der Gießprozeß im Vakuum ausgeführt werden. Eine kostengünstigere Methode bietet das Plasmaspritzen. Dazu wird ein Formkörper, dessen Außenform der Innenform des gewünschten Bauteiles entspricht, auf einer Drehvorrichtung montiert und mit dem vorgesehenen Metall durch Plasmaspritzen oder Vakuum-Plasmaspritzen [12.72] beschichtet. Der so erhaltene Bauteil wird anschließend vom Formkörper getrennt und einem Glühprozeß im Vakuum oder einer inerten Atmosphäre zwecks Erhöhung der Dichte und der Festigkeit unterworfen. Die Abb. 12.12 zeigt durch Vakuum-Plasmaspritzen erzeugte Raketendüsen aus W und Mo sowie einige andere Hohlformen. Eine wichtige Anwendung sind auch sog. Suszeptoren, d.h. zylindrische Teile aus W, Ta oder Mo zum Einkoppeln der HF-Energie in das zu heizende Objekt in Vakuum-Induktionsöfen.

12.4.6 Einlauf- und Anlaufschichten

Bei Strömungsmaschinen werden im Interesse eines geringen Spiels zwischen Rotor und Stator auf letzterem weiche Einlaufschichten aus Al oder Ni-Graphit durch Plas-

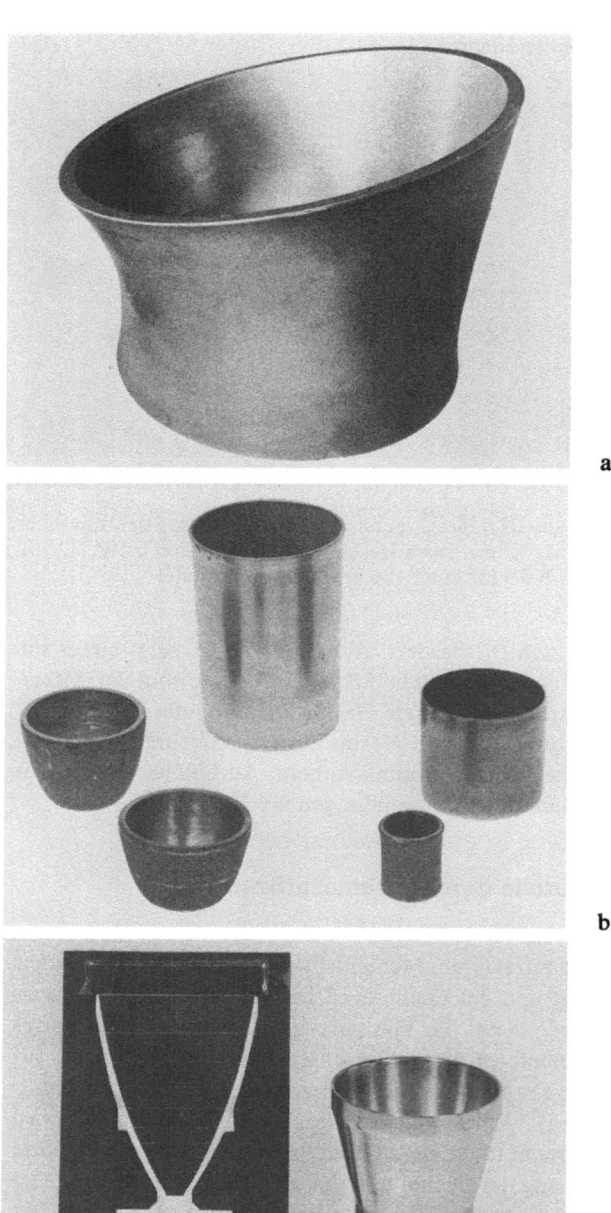

Abb. 12.12 a-c. Durch Vakuum-Plasmaspritzen erzeugte Hohlformen. Werkphotos: Plasma-Technik AG, CH-5610 Wohlen. **a** Raketendüse aus Wolfram, 8 mm Wandstärke; **b** Tiegel und Becher aus Wolfram; **c** Raketendüse aus Molybdän

maspritzen aufgebracht. Kommt es beim Einlaufen zum Anstreifen, so trägt der Rotor soviel Material ab, daß das notwendige Spiel hergestellt wird. Der Rotor wird immer mit harten Anlaufbelägen versehen, damit beim Anstreifen keine Unwucht entsteht.

12.4.7 Reparatur von Schichten und Bauteilen

Zur Reparatur von Schichten und zum Ausbessern abgenützter oder fehlerhafter Bauteile eignen sich besonders die Werkstoffe NiCr, NiAl und NiCrAl, die durch alle thermischen Spritzverfahren aufgebracht werden können, auf fast allen Materialien gut haften und bis 900 °C oxidationsbeständig sind. Anwendungsbeispiele: Reparatur von Lagern, Dichtungsflächen, Kurbelwellen, Schaufeln von Flugtriebwerken und Wiederherstellen des ursprünglichen Spiels.

12.4.8 Oberflächen mit besonderen Eigenschaften, hergestellt durch Plasma- und Vakuum-Plasmaspritzen

Elektrische Isolationsschichten. Durch Plasmaspritzen lassen sich elektrisch isolierende Schichten aus z. B. Al_2O_3, $Al_2O_3 + TiO_2$, $Al_2O_3 + MgO$ herstellen. Beispiele:

- Beschichtung der Spulen von Induktionsöfen, um Überschläge, Glimmentladungen etc. zu verhindern;
- elektrische Isolation von Elektrodenzuführungen,
- Schubdüsen von Plasma-Triebwerken [12.73].

Elektrisch leitende Schichten. Durch Plasmaspritzen werden elektrisch leitende Schichten aus Cu, Ag, Al etc. hergestellt. Beispiele:

- Großflächige Elektroden für Solarzellen [12.74],
- Funkenstreckenelektroden zum Schalten großer Ströme (300 kA) in der Plasmaforschung. Die Elektroden bestehen aus Cu-Halbkugeln, die durch Plasmaspritzen 0,1...0,5 mm dick mit Wolfram beschichtet sind [12.73].

Oberflächenvergrößerung und Strukturierung. Beispiele:

- Papierindustrie: Treibwalzen mit rauhen, 0,1 mm dicken Al_2O_3- oder WC/Co-Schichten,
- Automobilindustrie: Synchronringe mit unbearbeiteter Mo-Schicht,
- Textilindustrie: Keramikschicht mit „Orangenhaut"-Struktur auf fadenführenden Teilen,
- Medizinaltechnik: Implantate mit rauhen Ti- oder Al_2O_3-Schichten.

Oberflächenaktive Schichten. Beispiele:

- Schichten aus Cermets auf den Füllkörpern der Kolonnenpackung von Rektifizieranlagen,
- Aufbringen von chemischen Katalysatoren,
- Herstellung von Elektroden aus porösem Raney-Nickel oder anderen Werkstoffen für die Wasserelektrolyse als ein wichtiger Beitrag zu einer künftigen Wasserstofftechnologie [12.25];
- Schichten aus Platin, Iridium und Rhenium auf W-, Ta- oder Nb-Elektroden für thermionische Konverter und MHD-Generatoren [12.73].

Oberflächeninaktive Schichten als Schutz gegen flüssige Metalle. In der Metallurgie werden Elektroden und Tiegel mit geeigneten Schutzschichten versehen, so z.B. bei

- Zn- und Al-Schmelzen mit Schichten aus $Al_2O_3 + 25\%$ TiO_2 oder TiB_2, und bei
- Cu- und Fe-Schmelzen mit Schichten aus $MgO \cdot ZrO_2$.

Entsprechendes gilt für die Tiegel der Bedampfungstechnik.

Lambda-Sonden. Gewisse Oxide, z. B. mit Y_2O_3 stabilisiertes ZrO_2 oder $3\,Al_2O_3 + SiO_2$, leiten bei höherer Temperatur O^{2-}-Ionen. Darauf beruhen die durch Plasmaspritzen hergestellten Lambda-Sonden zur Messung der O_2-Konzentration der Abgase in Verbrennungsmotoren, Abgaskaminen und bei metallurgischen Prozessen [12.73].

Selbstschmierende Schichten. Hier handelt es sich um Schichten mit eingelagerten festen Schmierstoffen, z. B. aus Ni-Graphit oder $Ni-MoS_2$. Schichten mit eingelagertem MoS_2 oder anderen Schmierstoffen auf Chalkogenidbasis sind auch im Vakuum verwendbar. Eine Variante sind poröse Schichten, z. B. aus Mo, die mit einem flüssigen Schmiermittel getränkt sind.

Sphäroidisierung von hochschmelzenden Werkstoffen. In diesem Fall wird der Gasdurchsatz im Plasmabrenner so eingestellt, daß die Strömung laminar (und nicht turbulent, wie sonst üblich) und die Verweilzeit der Pulverpartikel im heißen Gas hinreichend lang ist. Dann schmelzen die Partikel zu Kugeln, die sich im Fluge wieder abkühlen und möglichst ohne Deformation aufgefangen werden [12.75]. Anwendungen der sphäroidisierten Teilchen mit, je nach den Bedingungen, 1...500 µm Durchmesser liegen auf folgenden Gebieten:

- Schüttgut für die Reaktortechnik: Oxide und Karbide von Actiniden, insbesondere Uranoxid und Urankarbid,
- Herstellung von Fritten, Filtern und poröser Keramik aus SiO_2, Al_2O_3 etc.,
- Pulvermetallurgie: Cermets, Magnetite, FeSi,
- Plasmaspritzen: Herstellung gut förder- und mischbarer Spritzpulver.

12.4 Anwendungen der thermischen Spritzverfahren

Schutzschichten gegen die Wanderosion in künftigen Fusionsreaktoren. Die Wände und Elektroden von Fusionsreaktoren werden durch Ionen, Neutronen und energiereiche Neutralteilchen zerstäubt. Gefordert wird ein Material niedriger Ordnungszahl und kleiner Sputterrate gegenüber diesen Teilchen [12.76]. Da sich die Erosion prinzipiell nicht vermeiden läßt, ist man auch bei dem günstigsten Material darauf angewiesen, die erodierten Wände der Toruskammer und die der Elektroden in der Divertorkammer nach gewissen Zeitabständen immer wieder neu zu beschichten [12.77]. Die Vakuum-Plasmaspritztechnik dürfte hierfür besonders gut geeignet sein.

13 Auftragschweißen und Plattieren

13.1 Überblick

Unter *Auftragschweißen* versteht man das Beschichten metallischer Werkstücke mittels schweißtechnischer Verfahren. Daher wird das Auftragschweißen auch Schweißplattieren genannt. Man gliedert diese Verfahren nach der Art der verwendeten Energiequelle, die als Flamme, Lichtbogen, Plasmastrahl oder Joulesche Wärme zur Verfügung stehen kann. Mit diesen Energiequellen werden sowohl das aufzutragende Material als auch eine dünne Oberflächenschicht des Werkstückes geschmolzen, so daß durch Diffusion und Vermischung eine haftfeste, porenfreie Schicht entsteht. Durch das Schmelzen der Werkstückoberfläche und deren Aufmischen mit dem Schichtwerkstoff unterscheidet sich das Auftragschweißen von den thermischen Spritzverfahren, bei denen die Werkstückoberfläche, vom Vakuum-Plasmaspritzen abgesehen, nicht wesentlich erwärmt wird.

Zu den für das Auftragschweißen geeigneten Energiequellen sind auch der Laser- und der Elektronenstrahl zu zählen. Doch wird das Beschichten mit diesen energiereichen Strahlen, das sich zum großen Teil noch im experimentellen Stadium befindet, zusammen mit anderen Laser- und Elektronenstrahl-Verfahren der Oberflächentechnologie in Teil II dieses Werkes behandelt.

Unter *Plattieren* versteht man das Verbinden zweier (oder mehrerer) relativ dicker Metallschichten unter der Einwirkung von Wärme und/oder Druck, wobei die Metalle miteinander verschweißen, d. h. sich in der Berührungszone vermischen. Gegenüber dem Auftragschweißen bestehen folgende Unterschiede:

1. Das Beschichtungsmaterial wird beim Plattieren als kompakte Schicht, beim Auftragschweißen hingegen in Form von Pulver oder Schmelztropfen zugeführt, und
2. die Energie wird beim Plattieren als thermische Energie (eines Glühofens), mechanische Energie (einer Walze, Presse oder Explosion) oder als Reaktionsenthalpie einer chemischen (z. B. der aluminothermischen) Reaktion zur Verfügung gestellt, beim Auftragschweißen hingegen durch die oben genannten Energieformen.

Das Gemeinsame beider Verfahrensgruppen ist die Erzeugung relativ dicker Schichten von 1 mm bis mehr als 10 mm, sowie deren Schweißverbindung mit dem Werkstück.

13.2 Verfahren des Auftragschweißens

Um zu Schichtdicken von 1 mm und mehr zu gelangen, wird die Energiequelle (Flamme, Lichtbogen oder Plasmabrenner) in Pendelbewegungen über die Werkstückoberfläche geführt, und die Schicht in einzelnen Lagen aufgebracht. Die aus Legierungen oder Verbundstoffen bestehenden Schichtmaterialien werden in Form von Stäben, Drähten, Bändern, Pulvern, Pasten oder Fülldrähten verarbeitet. Letztere bestehen aus einem Metallmantel, in den ein Granulat aus Legierungen, Hartstoffphasen und gegebenenfalls Schlackebildnern oder lichtbogenstabilisierenden Elementen eingefüllt ist. Diese Materialien sind ebenso wie die zum Auftragschweißen erforderlichen Geräte im Handel erhältlich. Daten verschiedener Auftragschweißverfahren sind in Tabelle 13.1 zusammengestellt.

Die Anwendungen erstrecken sich hauptsächlich auf das Beschichten und die Reparatur von dem Verschleiß und der Korrosion unterworfenen Bauteilen sowie auf das Plattieren in der Halbzeugfertigung. Für das großflächige Beschichten haben sich insbesondere das Unterpulver-Auftragschweißen mit Bandelektroden und das Plasma-Heißdraht-Auftragschweißen aufgrund technischer und wirtschaftlicher Gesichtspunkte durchgesetzt. Zusammenfassende Darstellungen liegen in [13.1-13.6] vor.

Tabelle 13.1. Daten verschiedener Auftragschweiß-Verfahren beim Beschichten mit NiCr [13.1-13.7]

Auftragschweißen mit	Schweißge-schwindig-keit cm/min	Auf-mischungs-grad[b] %	Abschmelz-leistung kg/h	Flächen-leistung m²/h	Flächen-energie J/mm²
Flamme	5	1	1	0,05	—
MIG-Verfahren[a]	10	15	9	0,20	185
UP-Verfahren, Vieldraht 6 × 1,6 mm ⌀	13	15-20	40	0,70	230
UP-Verfahren, Band 60 × 0,5 mm²	10	8-15	13,5	0,35	188
UP-Verfahren, Doppelband 2 × 60 × 0,5 mm²	30	10-15	28	0,60	140
UP-Verfahren, Breitband 180 × 0,5 mm²	10	10-15	44	1,02	170
ES-Verfahren, Band 60 × 0,5 mm²	15	5-12	15	0,50	192
Plasma-Verfahren, Pulver	25	5-12	4	0,15	160
Plasma-MIG-Verfahren, 0,8 mm ⌀	15	10	30	0,50	155
Plasma-Heißdraht-Verfahren, 2 × 1,6 mm ⌀	30	5-70	27	0,70	95

[a] Abkürzungen: MIG: Metall-Inertgas-Verfahren, UP: Unter-Pulver-Verfahren, ES: Elektro-Schlacke-Verfahren
[b] Massenverhältnis von Schichtmaterial zu Substratmaterial in der aufgeschmolzenen Oberflächenschicht des Werkstückes

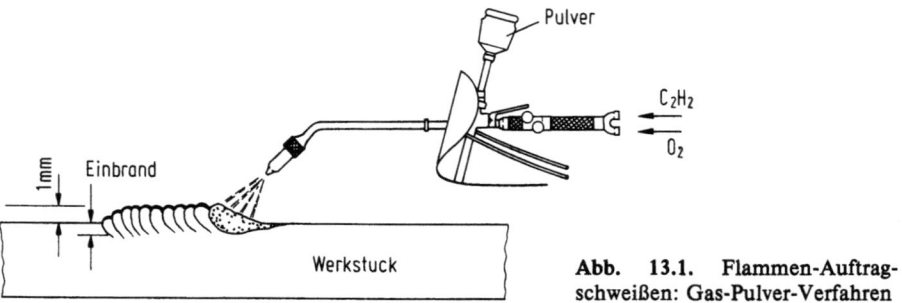

Abb. 13.1. Flammen-Auftragschweißen: Gas-Pulver-Verfahren

13.2.1 Flammen-Auftragschweißen

Im einfachsten Fall wird ein z. B. mit einem O_2/Ethin (Acetylen)-Gemisch betriebener Schweißbrenner verwendet [13.1]. Die neutral bis leicht reduzierend eingestellte Flamme wird in 5...25 mm Entfernung über das Werkstück geführt, und dessen Oberfläche leicht angeschmolzen. Gleichzeitig wird das aufzutragende Material von einem Stab abgeschmolzen oder als Pulver in die Flamme injiziert, Abb. 13.1. Die Abschmelzleistung beträgt etwa 1 kg h^{-1}. Das Gas-Pulver-Verfahren kann automatisiert werden.

13.2.2 Lichtbogen-Auftragschweißen

Die Lichtbogenverfahren, die eine Automatisierung erlauben, existieren in einer Reihe von Varianten [13.4]:

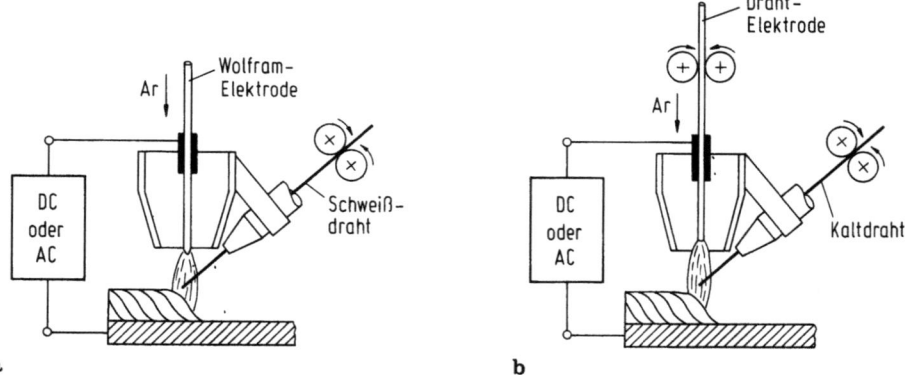

Abb. 13.2 a, b. Lichtbogen-Auftragschweißen. a Wolfram-Inertgas (WIG)-Verfahren, b Metall-Inertgas (MIG)-Verfahren mit zusätzlichem Kaltdraht

13.2 Verfahren des Auftragschweißens

13.2.2.1 Wolfram-Inertgas (WIG)-Auftragschweißen

Zwischen einer nicht abbrennenden Elektrode aus Wolfram oder thoriertem Wolfram und dem Werkstück wird ein Lichtbogen aufrechterhalten, in dem das Schichtmaterial als Stab, Draht oder Fülldraht kontinuierlich abgeschmolzen wird, Abb. 13.2a. Lichtbogen und Schmelzbad werden durch ein inertes Gas (Ar) gegen den Einfluß der Atmosphäre abgeschirmt. Die Abschmelzleistung beträgt $0,5...3$ kg h^{-1}, der Strom einige $10...1000$ A und die Spannung $20...100$ V.

In einer Variante, dem Wolfram-Wasserstoff-Auftragschweißen (WHG2-Verfahren), brennt der Lichtbogen in einer H_2-Atmosphäre zwischen zwei nicht abbrennenden W-Elektroden. Das Schichtmaterial und die Werkstückoberfläche werden dann nicht am Ansatzpunkt des Lichtbogens, sondern in seinem Plasma geschmolzen. Ein Vorteil kann die reduzierende Wirkung des Wasserstoffes sein.

13.2.2.2 Metall-Inertgas (MIG)-Auftragschweißen

Eine dem Brenner kontinuierlich zugeführte Drahtelektrode aus dem Schichtmaterial schmilzt im Lichtbogen unter einer Inertgasglocke ab, Abb. 13.2b. Zusätzlich kann im Lichtbogen ein weiterer, nicht stromführender Draht (Kaltdraht) abgeschmolzen werden, wodurch die Abschmelzleistung bis auf etwa 10 kg h^{-1} erhöht werden kann.

13.2.2.3 Metall-Aktivgas (MAG)-Auftragschweißen

Bei dieser Variante des MIG-Verfahrens wird statt Argon ein reaktionsfähiges Gas (CO_2 oder Ar/CO_2 oder Ar/CO_2/O_2) verwendet. Das abgeschmolzene Material ändert dadurch seine Eigenschaften.

13.2.2.4 Unter-Pulver (UP)-Auftragschweißen

Bei diesem Verfahren wird z. B. eine Drahtelektrode unter einer losen Aufschüttung eines geeigneten Pulvers [13.1] im verdeckten Lichtbogen zwischen Werkstück und Elektrode abgeschmolzen. Das Pulver, das von der beschichteten Fläche wieder abgesaugt wird, hat die Aufgabe, die Lichtbogenstrecke und das Schmelzbad gegen die Atmosphäre abzuschirmen und Abbrandverluste von Legierungselementen sowie ein zu rasches Abkühlen der aufgetragenen Schicht zu verhindern. Das UP-Auftragschweißen mit einer Bandelektrode ist das zur Zeit am meisten verwendete Verfahren zum großflächigen Schweißplattieren mit korrosions- und verschleißfesten Werkstoffen [13.7–13.9]. Abbildung 13.3a zeigt das Schema einer Anlage, wie sie die Fa. Messer-Griesheim für das UP-Auftragschweißen mit einer Bandelektrode von $60 \times 0,5$ mm^2 Querschnitt entwickelt hat. Der Lichtbogen pendelt entlang der abschmelzenden Bandkante hin und her, und es entsteht eine Schweißraupe, die etwas breiter als die Bandelektrode und etwa 5 mm hoch ist [13.10; 13.11]. Die Abschmelzleistung beträgt $12...14$ kg h^{-1}, und die Aufmischung des Grundwerkstoffes mit dem aufgetragenen Material in der Übergangszone (je nach Polung und Stromstärke) $8...15\%$. Die

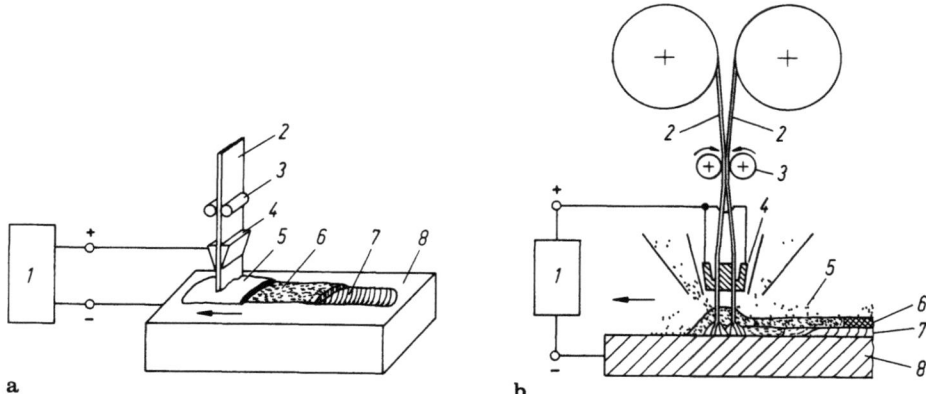

Abb. 13.3 a, b. Unter-Pulver (UP)-Auftragschweißen. **a** mit Bandelekrode, **b** mit Doppelband. *1* Stromquelle, *2* Bandelektrode, *3* Bandvorschub, *4* Kontaktbacken, *5* Pulverschüttung, *6* Schlacke, *7* aufgetragene Schicht, *8* Werkstück

Schweißraupen überlappen sich, und eine Nacharbeit ist im allgemeinen nicht erforderlich. Mit diesem Verfahren werden insbesondere unstabilisierte und stabilisierte CrNi-Stähle als Schicht aufgetragen. Dabei muß die Bandelektrode wegen des Abbrandes gewisser Legierungselemente sowie der Vermischung mit dem Grundwerkstoff überlegiert sein.

Die weitere Entwicklung führte zu einer beträchtlichen Erhöhung der Plattierungsleistung, und zwar einmal durch die Doppelband-Anordnung nach Abb. 13.3 b mit 28 kg h^{-1} Abschmelzleistung, und zum anderen durch Verbreiterung der Bandelektrode von 60 auf 180 mm, wodurch 44 kg h^{-1} Abschmelzleistung erzielt wurde [13.12]. Dies entspricht bei einer beschichteten Fläche von 1 m² pro Stunde und bei einer Dichte von 8 000 kg m^{-3} einer Schichtdicken-Wachstumsrate von 5 mm h^{-1}.

13.2.3 Elektro-Schlacke (ES)-Auftragschweißen

Bei diesem Verfahren nach Abb. 13.4, wird im stationären Zustand die Energie nicht durch eine elektrische Entladung, sondern durch Stromwärme zur Verfügung gestellt. Nur um den ES-Prozeß einzuleiten, wird zwischen der draht- oder bandförmigen Abschmelzelektrode und dem von einem geeigneten Pulver überschichteten Werkstück ein Lichtbogen gezündet. Dadurch wird das Pulver im Bereich des Lichtbogens erwärmt und in ein elektrisch leitendes Schlackebad umgewandelt. Der Lichtbogen erlischt, sobald seine elektrische Leitfähigkeit kleiner als die des Schlackebades ist. Von nun an liefert die in der Schlackeschicht erzeugte Joulesche Wärme die für den Prozeß erforderliche Energie zum Abschmelzen der Elektrode und Anschmelzen des Werkstückes. Durch Bewegen des Werkstückes relativ zur Elektrode bildet sich das Schlakkebad ständig neu. Die Abschmelzleistung bei Verwendung einer CrNi-Bandelektrode von 60 × 0,5 mm² Querschnitt beträgt 15 kg h^{-1}, und der Aufmischungsgrad 5...12 % [13.7]. Das Verfahren wird angewandt zum Beschichten nicht nur großer horizontaler

13.2 Verfahren des Auftragschweißens

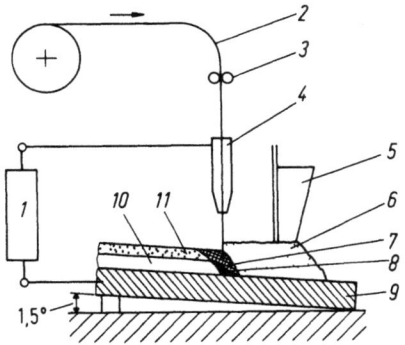

Abb. 13.4. Elektro-Schlacke (ES)-Auftragschweißen, nach [13.7]. *1* Stromquelle, *2* Bandelektrode, *3* Bandvorschub, *4* Kontaktbacken, *5* Pulverzufuhr, *6* Pulverschüttung, *7* flüssige Schlacke, *8* Metallschmelze, *9* Werkstück, *10* aufgetragene Schicht, *11* Schlacke

Flächen, sondern auch zylindrischer Oberflächen, z. B. Walzen; ferner (unter Verwendung geeigneter Stützkonstruktionen) zum Beschichten der Stirnseite von Stempeln und zum Aufschweißen von Zähnen auf Räder.

13.2.4 Plasma-Auftragschweißen

13.2.4.1 Plasma-Pulver- und Plasma-MIG-Auftragschweißen

Als Energiequelle dient hier ein mit einem Plasmabrenner in Argon erzeugter übertragener Lichtbogen zwischen einer Wolframkathode und dem als Anode geschalteten Werkstück [13.5; 13.6]. Das Schichtmaterial kann als Pulver durch ein Ar/H_2-Transportgas in den Plasmastrahl injiziert und aufgeschmolzen werden (Abb. 13.5a); es kann aber auch nach Abb. 13.5b durch einen zweiten elektrischen Bogen von einer Stab- oder Drahtelektrode abgeschmolzen werden (Plasma-MIG-Verfahren). In beiden Fällen werden Plasmabogen und Schmelzbad durch eine Inertgas-Schutzglocke gegen die

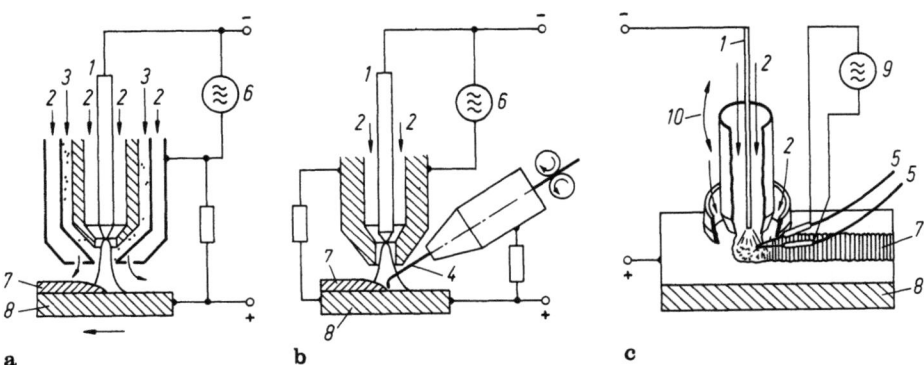

Abb. 13.5 a-c. Plasma-Auftragschweißen. **a** Mit Schweißpulver; **b** mit Schweißdraht, Plasma-MIG-Verfahren; **c** Plasma-Heißdraht-Verfahren. *1* Wolframkathode, *2* Argon, *3* Schweißpulver, *4* Schweißdraht, *5* Heißdraht, von Spule abgewickelt, *6* HF-Generator, zum Zünden, *7* aufgetragene Schicht, *8* Werkstück, *9* Heißdraht-Stromquelle, *10* Pendelbewegung

Atmosphäre abgeschirmt. Die Abschmelzleistung ist beim Plasma-MIG-Verfahren erheblich größer als beim Plasma-Pulver-Verfahren (Tabelle 13.1).

Als eine Variante des Plasma-Pulver-Verfahrens ist das in Kap. 12 behandelte Vakuum-Plasmaspritzverfahren zu betrachten.

13.2.4.2 Plasma-Heißdraht-Auftragschweißen

Bei diesem Verfahren schmilzt ein pendelnder Plasmastrahl die Werkstückoberfläche an, Abb. 13.5c [13.13; 13.14; 13.7]. In das so gebildete Metallbad tauchen zwei Drähte aus dem Schichtmaterial ein, die gemeinsam mit dem Plasmabrenner pendeln und durch Stromwärme bis nahe an ihren Schmelzpunkt geheizt werden. Im Bad schmelzen die Drähte vollends auf und entziehen ihm dabei die Schmelzwärme. Dadurch kommt eine extrem geringe Wärmezufuhr zum Werkstück von weniger als 100 J mm^{-2} zustande (Tabelle 13.1). Auch bei diesem Verfahren wird das Schmelzbad durch eine Inertgas-Schutzglocke vor Oxidation geschützt.

Während bei allen anderen elektrischen Auftragschweißverfahren die Einbrandtiefe (Zone der Aufmischung) und die Abschmelzleistung gekoppelt und eine Funktion der Stromstärke sind, sind sie hier weitgehend unabhängig voneinander einstellbar, und zwar die Einbrandtiefe durch den Plasmastrom und die Abschmelzleistung durch den Strom im Heißdraht. Die Raupenbreite kann zwischen 20 und 50 mm und die Aufmischung zwischen 5 und 70 % variiert werden. Da die Heißdrähte im Metallbad abschmelzen entsteht kein Abbrand von Legierungselementen. Die Dicke einer einlagigen Plattierung beträgt 3...7 mm. Von der zweiten Lage ab können auch Lagendicken von weniger als 3 mm hergestellt werden. Abschmelzleistungen bis 27 kg h^{-1} sind erreichbar.

Mit diesem Verfahren können großflächige Plattierungen aus niedrig- und hochlegierten Stählen, Nickel und Ni-Legierungen, Inconel, Hastelloy, Monel, Stellit, Kupfer und Cu-Legierungen hergestellt werden [13.7].

13.2.5 Zur Auswahl des Schichtmaterials

Um das Auftragschweißen auf ein bestimmtes Verschleißproblem erfolgreich anwenden zu können, müssen das Schichtmaterial, das Material des Grundkörpers und das Schweißverfahren aufeinander abgestimmt sein.

Zum Material des Grundkörpers. Grundsätzlich können alle schweißbaren Materialien durch Auftragschweißen beschichtet werden. Bei schwer schweißbarem Stahl können Gefügeumwandlungen, Grobkornbildung in der Wärmeeinflußzone sowie Versprödung nach Erwärmen auf über 800 °C und rascher Abkühlung auftreten. Gegebenenfalls müssen zuvor Zwischenschichten aus austenitischem oder austenitisch-ferritischem Gefüge aufgebracht werden [13.1; 13.2].

Zum Material der Schicht. Die Schichtwerkstoffe können nach metallurgischen Grundsätzen geordnet werden, wie in der DIN-Vorschrift Nr. 8555 bzw. in Anlehnung

13.2 Verfahren des Auftragschweißens

Tabelle 13.2. Schichtmaterialien für das Auftragschweißen [13.2]

Werkstoffgruppe	typische Anwendungen
1. schwachlegierte Aufbauwerkstoffe	Aufbaulagen, Räder
2. Cr-Mn-legierte Austenite	Pufferlagen, Brechbacken
3. mittellegierte transformationshärtende Werkstoffe	Kegelbrecher, Stachelwalzen
4. Cr-C-haltige Werkstoffe	Baggerzähne, Förderschnecken
5. Wolframkarbidhaltige Werkstoffe	Aufreißscheiben, Bohrkronen
6. Ni-Cr-B-Werkstoffe	Glasformen, Ventilatoren
7. Co-Cr-W-Werkstoffe	Sägen, Schieber

daran in [13.1], oder auch nach Anwendungsgebieten, wie in der Tabelle 13.2 [13.2]. Die drei folgenden Beispiele sollen zur Erläuterung dienen [13.2]:

a) *Beispiel zur Werkstoffgruppe 2 für schlagbeanspruchte Maschinenteile:* Cr-Mn-legierte Austenite (z. B. 18 % Cr, 8 % Mn) haben nach dem Auftragen eine relativ geringe Vickershärte von 3 500 N mm^{-2}, härten aber bei Schlagbeanspruchung durch Kaltverfestigung und erhalten in der Randschicht in einer Tiefe bis zu 3,5 mm Härten von 6 500 N mm^{-2}. Typische Anwendungen sind schlagbeanspruchte Maschinenteile wie Brechbacken und Pufferlagen.

b) *Beispiel zur Werkstoffgruppe 4 für harte Maschinenteile:* Bei Cr-C-haltigen Stählen (z. B. 30 % Cr, 5 % C) werden aus der Schmelze Cr-karbid-Kristalle mit einer Vickershärte von 15 000 N mm^{-2} ausgeschieden, die in eine eutektische Matrix von Austenit bzw. Martensit eingebettet sind und deren Flächenanteil bis zu 50 % betragen kann. Typische Anwendungen sind Maschinenteile, die ritzender Beanspruchung durch harte Mineralien ausgesetzt sind, wie z. B. Baggerzähne und Förderschnecken.

c) *Beispiel zur Werkstoffgruppe 5 für extrem harte Maschinenteile:* Wird ein mit W-karbid-Granulat (0,5 bis 5 mm ⌀, 80 Gew. %) gefülltes Röhrchen aus Stahl (20 Gew. %) in der Ethinflamme niedergeschmolzen, so wird das Umschmelzen des W-karbids vermieden. Es entsteht ein Gefüge aus nur an den Rändern angeschmolzenen W-karbid-Kristallen von 22 000 N mm^{-2} Härte, die in eine W-haltige Stahlmatrix eingebettet sind. Typische Anwendungen sind extrem beanspruchte Bohrwerkzeuge, wie Schneidbaggerköpfe, Förderschnecken und Sinterbrecherspitzen.

Wird im letzten Beispiel nicht mit der Flamme, sondern mit dem Lichtbogen aufgetragen, kommt es wegen der höheren Temperatur zu einem fast vollständigen Umschmelzen des W-karbids und damit zu einem relativ spröden Gefüge mit erheblich geringerem Verschleißwiderstand als bei Verwendung der Flamme. Das Beschichtungsverfahren kann also einen beträchtlichen Einfluß auf das Gefüge der Schicht und ihre tribologischen Eigenschaften haben. Weitere Materialprobleme sind in [13.15; 13.16] diskutiert.

13.2.6 Anwendungen des Auftragschweißens

13.2.6.1 Beschichten von Maschinenteilen

Das Auftragschweißen wird angewendet, um Maschinenteile im Neuzustand mit verschleißfesten und korrosionsbeständigen Schichten zu belegen und nach der Abnutzung zu regenerieren. Zum Beschichten werden vielfach Maschinen mit programmierbaren Bewegungsabläufen des Brenners relativ zum Werkstück benutzt. Die Abb. 13.6a und b zeigen hierfür als Beispiel das Beschichten einer ebenen Platte bzw. einer Walze. Auch Maschinen für in drei Dimensionen numerisch gesteuerte, vollautomatische Bewegungsabläufe werden gebaut [13.2; 13.17]. Als Beispiel für die Reparatur eines Werkstückes stellt Abb. 13.6c das Aufpanzern eines abgenutzten Hammers einer Hammermühle auf manuellem Wege mit z. B. einem Cr-C-haltigen Werkstoff dar.

Je nach Anwendungsfall wird die Standzeit eines Bauteiles durch das Auftragschweißen auf das 3–10fache erhöht. Die wichtigsten Anwendungen liegen auf folgenden Gebieten [13.2]:

- Bauindustrie: Baggerzähne, Leiträder, Laufräder, Kettenglieder, Schürfkübelkanten für Bagger, Bodenbearbeitungs- und Bergbaumaschinen;
- Hartzerkleinerung: Kegelbrecherteile, Backenbrecherteile, Schlagleisten, Hammermühlenschläger;
- Hüttenindustrie: Gichtglocken für Hochöfen, Heißwindschieber, Kranlaufräder, Stahlwerkskokillen, Walzen für Stahlwerke, Warmschermesser.

13.2.6.2 Schweißplattieren in der Halbzeugfertigung

Eine andere Entwicklung auf dem Gebiet des Auftragschweißens ist das großflächige, vollautomatische Plattieren in der Halbzeugfertigung z. B. von Blechen. Dabei entsteht

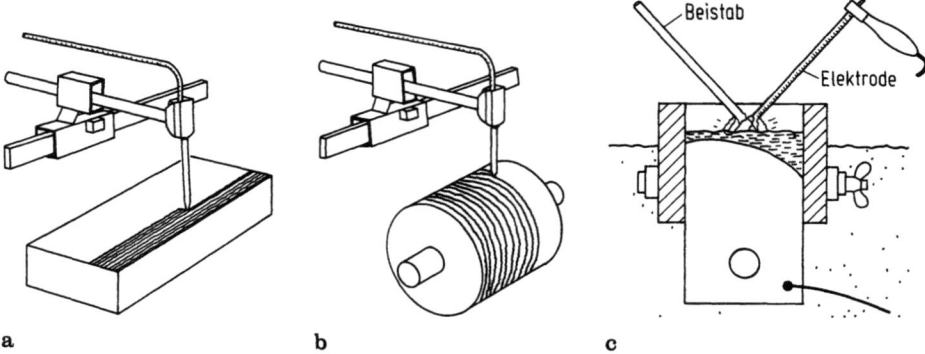

Abb. 13.6 a-c. Typische Anwendungsbeispiele für das Auftragschweißen. a Programmiertes Beschichten einer Platte, und (b) einer Walze; c Reparatur eines abgenutzten Hammermühlenschlägers durch manuelles Auftragschweißen. [13.2]

ein Verbundkörper von zwei oder mehr metallischen Werkstoffen, die durch gegenseitige Vermischung an den Berührungsflächen festhaftend verbunden sind. Aus Gründen der Wirtschaftlichkeit und auch der Sicherheit bestehen diese Werkstoffe im allgemeinen aus einem tragenden und gut zu verarbeitenden Grundwerkstoff, etwa ferritischem Stahl, und einer korrosionsbeständigen und/oder verschleißfesten Plattierung. Auch das Innenplattieren von Rohren und Krümmern bereitet keine Schwierigkeit, sofern die Brennerabmessungen dies zulassen.

Aus solchen Halbzeugfabrikaten werden dann — meist durch Plasmaschneiden — weiter zu verarbeitende Teile hergestellt. So werden im chemischen Apparatebau Behälter und Rohrleitungen verwendet, die durch Plattieren mit z.B. Stahl X40Cr13 gegen Korrosion geschützt sind [13.18].

Für das Schweißplattieren großer Flächen eignen sich vor allem zwei Verfahren [13.7]:

- Das Unter-Pulver (UP)-Auftragschweißen mit Bandelektrode und seinen Varianten (Doppelband, Breitband) für CrNi-Plattierungen (Abb. 13.3), und
- das Plasma-Heißdraht (PHA)-Auftragschweißen (Abb. 13.5c), das gegenüber jenem in der Anschaffung zwar teurer ist, dafür aber eine reichere Auswahl an aufzutragenden Werkstoffen sowie Vorteile hinsichtlich Automatisierbarkeit und geringer Wärmebelastung des Werkstückes besitzt.

13.3 Plattier-Verfahren

Von den im folgenden besprochenen Verfahren des Plattierens beruhen das Gieß- und Walzplattieren auf der Anwendung von Wärme und Druck, das Spreng-, Punkt- und Reibplattieren auf der Anwendung von Druck, und das aluminothermische Plattieren auf der Nutzung der Reaktionsenthalpie einer chemischen Reaktion.

13.3.1 Gießplattieren

Das Auflagemetall wird geschmolzen und auf den als flache Wanne ausgebildeten Grundwerkstoff aufgegossen (oder umgekehrt: der geschmolzene Grundwerkstoff auf den Auflagewerkstoff), und der so entstandene Verbundkörper unter Erwärmung gewalzt oder gepreßt. Sogenannte Mehrlagenbleche, z.B. für Pflugscharen und andere Geräte zur Erdbearbeitung werden bevorzugt nach diesem Verfahren hergestellt [13.19].

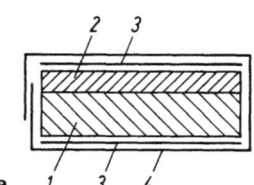 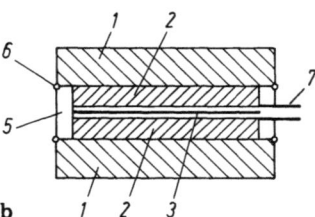

Abb. 13.7 a, b. Vorbereitung zum Walzplattieren. a Einpacken in Knopfbleche, b Verschweißen in Distanzrahmen. *1* Grundwerkstoff, *2* Auflagewerkstoff, *3* Trennschicht (Glaswollgewebe, MgO- oder Al$_2$O$_3$-Überzüge, *4* Knopfblech, durch Falzen oder Verschweißen verschlossen, *5* eingeschweißter Distanzrahmen, *6* Schweißnaht, *7* Evakuierungsstutzen

13.3.2 Walzplattieren

Das Auflagemetall wird, vielfach unter Verwendung einer elektrolytisch aufgebrachten Ni-Zwischenschicht oder eines Ni-Feinbleches als Haftvermittler, auf den Trägerwerkstoff gelegt und fixiert. Zum Schutz gegen Oxidation bei der folgenden Erwärmung werden die Platten in einen Distanzkasten eingeschweißt oder in sog. Knopfbleche eingepackt, Abb. 13.7. Die Erwärmung kann in einem von inertem oder reduzierendem Gas durchspülten Ofen vor sich gehen. Die Platten werden bis zum Beginn des plastischen Zustandes erwärmt und dann gewalzt, wobei sie eine Preßschweißverbindung eingehen [13.1; 13.19]. Diese Verbindung kann durch Ultraschall kontrolliert werden. Der Dickenbereich plattierter Bleche liegt zwischen 10 und 80 mm, wovon 5...20% auf die hochlegierte Komponente entfallen. Bei Gesamtdicken größer als 50 mm ist das Auftragschweißen wirtschaftlicher als das Walzplattieren [13.7]. Das Walzplattieren ist nur auf ebene Flächen anwendbar, das Auftragschweißen und das Sprengplattieren hingegen auch auf gekrümmte Flächen.

Wenn die Schmelzpunkte der Partnermetalle weit auseinander liegen, kann das Plattieren auch durch Anwendung nur von Druck (Kaltwalzen) ausgeführt werden; so z.B. bei Al und Messing Ms 63 auf Stahl.

Als Plattierungsmetalle auf Stahl sind zu nennen [13.1]: hochlegierte Stähle, Ti, Ni-Mo-(Cr)-Legierungen, Ni, Ag, Cu-Ni-Legierungen, Al-Bronze, Cu-Sn-Bronze, Cu, Messing Ms 90, Ms 70 und Ms 63, Al (Warmwalzen bei 300...400 °C, oder Kaltwalzen).

Das Walzplattieren ist das mengenmäßig bedeutendste aller Plattierverfahren. Die Anwendungen der walzplattierten Werkstoffe liegen vor allem auf den Gebieten allgemeiner Maschinenbau, Schneid- und Stanzwerkzeuge, Erdbewegungsmaschinen, Bergbau- und Fördertechnik und chemischer Apparatebau.

13.3.3 Sprengplattieren

Dieses auch Explosions- oder Schockplattieren genannte Verfahren wurde 1957 durch Zufall beim Experimentieren mit Sprengstoffen entdeckt. Bei diesem Verfahren wird

13.3 Plattier-Verfahren

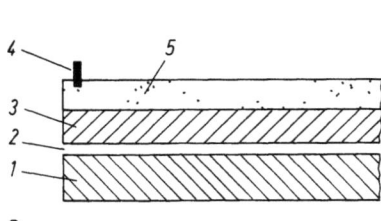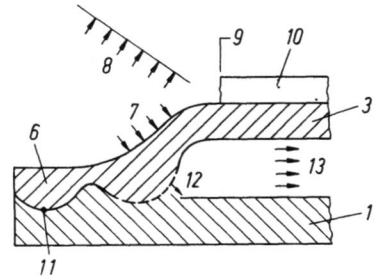

13.8 a, b. Sprengplattieren, a Vorbereitung, b nach der Zündung (schematisch); *1* Grundwerkstoff, auf einer Unterlage aus Sand, Stahl, Beton etc., *2* Abstand, *3* Auflagewerkstoff, *4* Zünder, *5* Sprengstoffschicht, *6* plattierter Auflagewerkstof, *7* beschleunigter Auflagewerkstoff, *8* Detonationsprodukte, *9* Detonationsfront im Sprengstoff, *10* noch unverbrannter Sprengstoff, *11* wellenförmige Übergangszone, *12* Materieströmung hoher Geschwindigkeit, *13* Stoßfront in Luft

das auf dem Grundwerkstoff liegende Auflagemetall gleichmäßig mit Sprengstoff (Nitroglycerin, Trinitrotoluol etc.) belegt. Dann wird der Sprengstoff am einen Ende zur Explosion gebracht. Die Explosion breitet sich über die ganze Sprengstoffbelegung aus und gleichzeitig damit eine Schockwelle hohen Druckes ($10^5 \ldots 10^6$ N mm^{-2}), durch den die beiden Materialien miteinander verbunden werden, Abb. 13.8 [13.20].

Im Gegensatz zur ebenen Bindungszone beim Walzplattieren ist hier die Grenzfläche wellenartig ausgebildet, weil die beiden einander zugewandten Metallrandschichten unter dem hohen Druck zu fließen beginnen. Dadurch entsteht eine höhere Haftfestigkeit als beim Walzplattieren. Eine metallische Zwischenschicht ist nicht erforderlich. Mit einer einzigen Explosion kann z. B. ein 32 m^2 großes Stahlblech gleichförmig mit Tantal beschichtet werden. Die größte Dicke des aufzuschweißenden Werkstoffes beträgt 25 mm [13.21].

Das Verfahren wird in großem Umfang in der Halbzeugfertigung eingesetzt, z. B. für

- ein- und doppelseitige Plattierungen auf Stahlblech mit Al, Mo, Ta, Ti, Zr und austenitischem Cr-Ni-Stahl,
- Plattierungen auf Gußeisen mit Cu und Stahl,
- Innen- und Außenplattierungen von Rohren und Zylindern,
- Plattieren von Rohrböden, und die Herstellung von
- Verbundmetallen für die Elektroindustrie, z. B. Cu auf Al.

Weitere Anwendungen sind die Herstellung von Stanz- und Schneidwerkzeugen durch Plattieren von zähem Feinkornstahl mit z. B. Werkzeugstahl X210CrW12 [13.21].

13.3.4 Punktplattieren

Dieses Verfahren ist eine Variante des Sprengplattierens: Bleche bis zu 2 mm Dicke werden auf den Trägerwerkstoff mittels einer Pistole punktweise aufgeschweißt. Die dabei entstehenden Kontaktflächen haben etwa 6 mm Durchmesser [13.20; 13.21].

13.3.5 Reibplattieren

Durch Rotation des stabförmigen Plattierwerkstoffes und/oder des Werkstückes entsteht bei gleichzeitigem Aneinanderpressen Reibungswärme. Dadurch wird der Plattierwerkstoff plastisch oder flüssig und in dieser Form auf die ebenfalls warme Werkstückoberfläche aufgetragen. Am gebräuchlichsten ist das Auftragen von Sn, Pb und Cu. Ferner kann z.B. Stahl mit hoch C-haltigen und hoch Cr-haltigen Hartstoffen beschichtet werden. Anwendungen liegen vor beim Plattieren (Panzern) von Messerschneiden für landwirtschaftliche Maschinen und beim Härten oder der Reparatur von Wellen [13.1; 13.22].

13.3.6 Aluminothermisches Plattieren

Dieses Verfahren beruht auf der exothermen Reaktion zwischen Fe-oxid- und Al-Pulver: $3\ Fe_3O_4 + 8\ Al \rightarrow 9\ Fe + 4\ Al_2O_3$ mit der Reaktionsenthalpie $\Delta H = -3{,}40\ MJ\ mol^{-1}$. Das entstehende flüssige Eisen (Thermitstahl) kann im Sinne des Gießplattierens weiter verarbeitet werden, oder auch dazu dienen, ein fehlendes Werkstückvolumen zu ergänzen. Durch Zugabe bestimmter Komponenten (Cr, C, Mn, Ni, Si etc.) zum Ausgangsgemisch kann dem Thermitstahl fast jede gewünschte Zusammensetzung gegeben werden [13.1].

14 Durch Schmelztauchen und Rascherstarrung erzeugte Metallschichten

Zwei Methoden zur Herstellung von Schichten aus einer Metallschmelze besitzen besondere Bedeutung:

1. das Schmelztauchen, d.h. das Beschichten von Werkstücken durch Eintauchen in schmelzflüssiges Metall, und
2. die Rascherstarrung aus der Schmelze (liquid quenching) zur Herstellung metallischer Gläser in Form von dünnen Folien und Bändern.

14.1 Schmelztauchverfahren

Das Schmelztauchen von Werkstücken und Halbfabrikaten hat als Korrosionsschutz von Stahl eine große Bedeutung erlangt. Als Überzugsmetalle werden hauptsächlich Al, Pb, Sn und Zn verwendet. Im Schmelzbad bildet der Stahl an seiner Oberfläche mit diesen Metallen, reines Pb ausgenommen, eine Legierungsschicht, die für die Haftfestigkeit des Überzugs verantwortlich ist. Man unterscheidet diskontinuierliche und kontinuierliche Schmelztauchverfahren [14.1-14.3].

14.1.1 Diskontinuierliches Schmelztauchverfahren

Dieses Verfahren wird auf eine Vielfalt von Objekten angewendet, angefangen von Kleinteilen wie Schrauben und Fittings, dann Bleche, Rohre und Behälter bis hin zu Stahlkonstruktionen für Brücken etc. Zur Vorbehandlung werden die zu beschichtenden Gegenstände gründlich gereinigt, etwa durch Sandstrahlen, Entfetten und Beizen. Dann wird das Werkstück, um ein gleichmäßiges Benetzen sicherzustellen, mit einem Flußmittel belegt, und zwar entweder durch Auftrocknen aus einer wäßrigen Lösung oder durch Passieren einer auf dem Metallbad aufgeschmolzenen Flußmittelschicht, Abb. 14.1 [14.2].

Beim Eintauchen des Werkstückes in das Metallbad bildet sich, abgesehen vom reinen Pb, durch Diffusion an der Stahloberfläche eine Legierungsschicht, deren Dicke mit der Temperatur und proportional zur Wurzel aus der Tauchdauer wächst [14.4; 14.5]. Außerdem ist diese Dicke von der chemischen Zusammensetzung der Stahlrandschicht und der des Schmelzbades abhängig [14.6].

Das *Zink-Bad* hat eine Temperatur von 450...480 °C. Es enthält im allgemeinen einen Zusatz von 0,05...0,2 % Al, der hemmend auf das Wachstum der Fe-Zn-Legierungsschicht wirkt. Aufgrund der größeren Affinität des Al zu Fe bildet sich nämlich zu Beginn der Reaktion eine Fe-Al-Legierungsschicht, die die Bildung einer Fe-Zn-

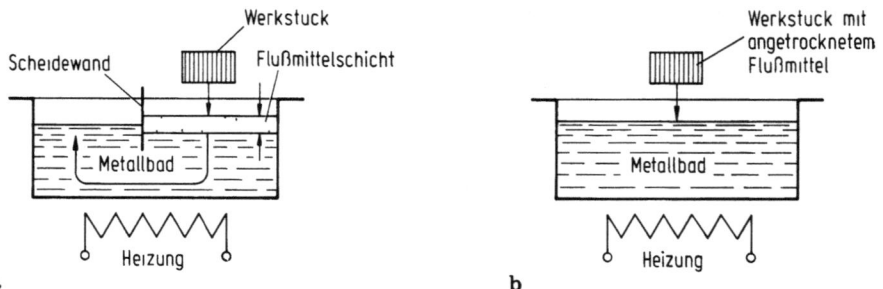

Abb. 14.1 a, b. Schema des diskontinuierlichen Schmelztauchverfahrens. **a** Eintauchen des Werkstückes durch eine Flußmittelschicht, **b** Eintauchen des zuvor mit Flußmittel belegten Werkstückes

Legierungsschicht behindert. Bei Tauchzeiten von mehreren Minuten, wie sie beim diskontinuierlichen Verfahren üblich sind, sind die Legierungsschichten dann wesentlich dünner (einige µm dick) als im reinen Zinkbad. Dies ist wichtig, weil die harten und spröden Legierungsschichten bei zu großer Dicke ein Abplatzen des Überzugs bewirken bzw. das Biegeverhalten beschichteter Bleche beeinträchtigen können. Beim Herausziehen des Werkstückes aus dem Bad bleibt eine der Badzusammensetzung entsprechende Zn-Al-Schicht haften, deren Dicke von der Geschwindigkeit des Herausziehens und der Badtemperatur abhängt und 40...80 µm beträgt. Um eine gleichmäßige Dicke zu erzielen, werden Abstreifvorrichtungen oder Abblasdüsen eingesetzt.

Das *Aluminiumbad* hat eine Temperatur von etwa 680 °C und enthält einen Zusatz von 8...10 % Si. Dann bildet sich an der Stahloberfläche eine Al-Si-Fe-Legierungsschicht, die weniger hart und spröde als eine Fe-Al-Schicht ist, wie sie im reinen Al-Bad entsteht. Beim Herausziehen des Werkstückes aus dem Bad bleibt eine seiner Zusammensetzung entsprechende Al-Si-Schicht von 20...50 µm Dicke haften.

Das *Bleibad* hat eine Temperatur von 350...400 °C. Da Pb mit Fe keine intermetallische Phase bildet, erhält das Bad einen Zusatz von 8...11 % Sn und 1...3 % Sb. Dann bildet sich eine Fe-Sn-Legierungsschicht, die die Haftfestigkeit der beim Herausziehen erzeugten Pb-Sn-Sb-Schicht sicherstellt.

Das *Zinnbad* hat eine Temperatur von 240...280 °C. Es besteht aus reinem Sn, wenn es sich um Anwendungen in der Lebensmittelindustrie handelt, und aus einer Sn-Pb-Legierung im Fall anderer Anwendungen.

Auf mehrere Varianten der Badzusammensetzung und verschiedene Arten der thermischen Nachbehandlung wird in [14.2; 14.3] eingegangen.

14.1.2 Kontinuierliches Schmelztauchverfahren

Kontinuierliche Verfahren werden vor allem auf Feinbleche, Band und Draht aus Stahl angewandt. Zwei Typen von Verfahren existieren:

a) Handelt es sich z. B. um walzhartes Stahlband, so durchläuft dieses zwecks Reinigung durch Abdampfung und Reduktion zunächst einen 500...600 °C heißen Ofen mit

14.1 Schmelztauchverfahren

Schutzgasatmosphäre und dann einen Ofen mit reduzierender H_2/N_2-Atmosphäre bei einer Temperatur oberhalb der Rekristallisationstemperatur. Nach Abkühlen auf die Badtemperatur durchsetzt das Band das Metallbad, dann das Düsenabstreifsystem und schließlich eine Kammer zur Wärmenachbehandlung. Mit diesem modifizierten Sendzimier-Prozeß werden in erster Linie Stahlbänder mit Zn und Al beschichtet [14.3; 14.7; 14.8].

b) Handelt es sich um nicht-walzhartes Stahlband, so erfolgt die Vorbehandlung wie beim diskontinuierlichen Verfahren (z.B. Entfetten, Spülen, Beizen, Spülen, Flußmittelbad, Trockenofen), und das Beschichten und die Nachbehandlung wie beim vorangehenden Prozeß. Diese Version wird auf das Überziehen von Stahlband mit Pb, Zn und Sn angewendet.

Die verwendeten Metallbäder haben die bereits geschilderte Beschaffenheit. Mit dem Düsenabstreifsystem ist eine Meßeinrichtung und Regelung der Dicke der aufgetragenen Schicht kombiniert [14.9; 14.10]. Moderne Anlagen arbeiten mit Durchlaufgeschwindigkeiten des Stahlbandes von mehr als $200\,\text{m}\,\text{min}^{-1}$ und Tauchzeiten von weniger als 3 s [14.2; 14.3].

14.1.3 Eigenschaften und Anwendungen von Schmelztauchüberzügen auf Stahlband und Feinblech

Im Vordergrund des Interesses steht der Korrosionsschutz, den die Schichten bieten, und daneben Eigenschaften wie Hitzebeständigkeit und Aussehen. Vom Standpunkt der Weiterverarbeitung sind die Umformbarkeit (Biegeverhalten), Möglichkeiten des Zusammenfügens (z. B. durch Schweißen) und der weiteren Oberflächenbehandlung (z. B. durch Lackieren) von Belang. Die Bedeutung der Schmelztauchüberzüge auf Band und Blech wird deutlich an der Produktion von sog. „feuerverzinktem" Blech, die weltweit über 20 Mio t beträgt [14.1].

14.1.3.1 Zinküberzüge

Der Korrosionsschutz, den Zn-Schichten auf Stahl gegenüber der Atmosphäre bieten, wirkt auf zweierlei Weise: Einerseits bildet sich an der Atmosphäre eine Schicht aus Zn-karbonat und Zn-oxid, deren Wachstum mit der Zeit aufhört und die unlöslich in Wasser ist. Zum anderen wird der Stahl bei Anwesenheit eines Elektrolyten (Industrieluft mit SO_2) geschützt, weil in den Poren der Schicht aufgrund der Spannungsreihe Zn (und nicht Fe) in Lösung geht. Im Mittel beträgt die dadurch bedingte jährliche Abtragungsrate auf dem Lande etwa 2 µm/a, in der Stadt 4 µm/a und in Industriegebieten 8 µm/a [14.11]. Zn-Überzüge lassen sich nach entsprechender Vorbehandlung (Entfetten und ggf. Phosphatieren) mit gut haftenden Lackschichten belegen, wodurch der Korrosionsschutz noch weiter verbessert wird.

Da bei den kurzen Tauchzeiten praktisch nur eine Fe-Al-Legierungsschicht entsteht, erlauben die Zn-Überzüge alle Umformverfahren, wie Prägen, Ziehen, Tiefziehen und scharfes Abkanten. So werden aus verzinktem Blech Karosserieteile von Automobilen durch Tiefziehen hergestellt [14.3; 14.12].

Das Zusammenfügen von verzinkten Blechen ist unter Beachtung bestimmter Voraussetzungen mit den gleichen Schweißverfahren möglich, wie sie bei unverzinktem Stahl angewendet werden [14.2; 14.12]; auch Hart- und Weichlöten sind möglich [14.2; 14.13]. Die Wiederherstellung des Korrosionsschutzes in der zinkfreien Schweißzone ist durch thermisches Spritzen mit Zn oder Auftragen von Zn-Staub oder Zn-Lot möglich [14.2].

Die Anwendungen von durch Schmelztauchen verzinkten Blechen liegen vor allem auf den Gebieten: Bauwesen (Dach- und Wandprofile, Rohre, Luftkanäle), landwirtschaftliche und Haushaltsgeräte (Waschmaschinen etc.), Elektrotechnik (Chassis für Apparate etc.) und Automobilindustrie (Karosserieteile etc.) [14.13a].

14.1.3.2 Aluminiumüberzüge

Der Korrosionsschutz beruht auf der dünnen, dichten und gut haftenden Oxidschicht, deren Dicke bei Raumtemperatur 20 nm und unter Temperaturbelastung 0,1 µm erreichen kann. In Industrieluft ist die Abtragungsrate 10mal geringer als die von Zn [14.14]. Die Umformbarkeit ist vergleichbar mit der der Zn-beschichteten Bleche. Zum Zusammenfügen werden vor allem das Schmelz- und das Widerstandsschweißen angewendet. Wegen ihrer Korrosionsbeständigkeit auch bei Temperaturen bis etwa 500 °C werden Al-beschichtete Stahlbleche in Abgassystemen von Automobilen, als Ofenrohre, in Koch- und Heizgeräten, Gehäusen für Ölbrenner, in Wärmeaustauschern und Verbrennungsanlagen verwendet [14.15].

14.1.3.3 Zinnüberzüge

Aufgrund der Spannungsreihe geht Fe in Gegenwart eines Elektrolyten z. B. in Poren der Sn-Schicht in Lösung; dem kann durch Erhöhung der Sn-Schichtdicke entgegengewirkt werden: Sn verhält sich gegenüber Fe kathodisch. Andererseits kommt es bei Abwesenheit von O_2 und gleichzeitigem Korrosionsangriff zu einer Umpolarisation, so daß sich Sn gegenüber Fe anodisch verhält. Auf diesem Effekt und ferner der Ungiftigkeit des Sn, seiner guten Lötbarkeit und Umformbarkeit beim Tiefziehen beruht die Verwendung von Sn-beschichteten Blechen bei der Herstellung von Apparaten der Lebensmittelindustrie sowie auf dem Gebiet der Lebensmittelkonserven. Allerdings wird für Konservendosen in steigendem Maße das kostengünstigere elektrolytisch verzinnte Weißblech bevorzugt. Hinsichtlich der Fügetechnik sind außer Löten das Foliennahtschweißen und das Verfahren mit der sog. verlorenen Elektrode zu nennen [14.16].

14.1.3.4 Bleiüberzüge

Diese Überzüge besitzen hinsichtlich Korrosion und Umformbarkeit ähnliche Eigenschaften wie die Sn-Überzüge. Zum Zusammenfügen eignen sich Weich- und Hartlöten sowie Schweißen mit verlorener Elektrode [14.16]. Wegen der toxischen Wirkung der beim Schweißen entstehenden Dämpfe ist auf eine gute Absaugung zu achten. Aufgrund der Beständigkeit der Pb-Schichten gegenüber schwefliger Säure und Kraftstoffen liegen die Anwendungen im Bau von Benzinbehältern, Luft- und Ölfiltergehäusen, Gaszählergehäusen und Wärmeaustauschern.

14.1.3.5 Weitere Metallüberzüge

Schmelztauchverfahren werden auch angewendet zum Beschichten von Metallen mit Kupfer und Cadmium bei Badtemperaturen von 1100...1200 °C bzw. 320...400 °C [14.1].

14.2 Rascherstarrung aus der Schmelze (liquid quenching)

14.2.1 Herstellung metallischer Gläser

Metallische Gläser gehören zur Gruppe der amorphen Metalle, deren Struktur durch die Abwesenheit kristalliner Atomanordnung gekennzeichnet ist. Die Atomverteilung ist vielmehr ungeordnet wie in einer Schmelze, in der nur eine gewisse Nahordnung benachbarter Atome existiert. Dies ist deutlich in Beugungsdiagrammen zu erkennen, die mit Röntgen-, Elektronen- oder Neutronenstrahlen aufgenommen werden. Während kristalline Metalle scharfe Intensitätsmaxima ergeben, liefern amorphe Metalle ebenso wie Schmelzen eine breite Intensitätsverteilung der gestreuten Strahlung, die allerdings Aussagen über die atomare Nahordnung ermöglicht [14.17-14.19].

Die Bedingungen, unter denen die Struktur der Schmelze bei der Erstarrung erhalten bleibt, sind bei den metallischen Gläsern und den (gewöhnlichen) silikatischen Gläsern einerseits ähnlich, zum anderen stark unterschiedlich. Ähnlich sind sie darin, daß in beiden Stoffgruppen die Elemente Si, B, P und andere Metalloide die Glasbildung bei der Erstarrung begünstigen. Unterschiedlich sind die hierfür notwendigen Abkühlgeschwindigkeiten, nämlich $10^5...10^6\,\mathrm{Ks^{-1}}$ bei den metallischen und weniger

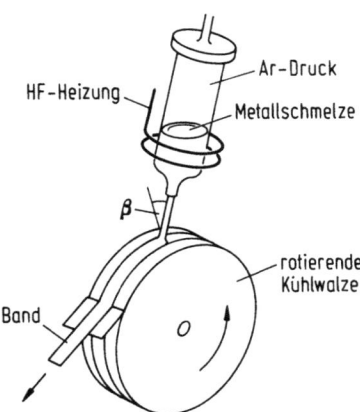

Abb. 14.2. Anordnung zur Herstellung metallischer Gläser in Form von Bändern durch Rascherstarrung (liquid quenching), schematisch [14.19]

als 10 Ks^{-1} bei den silikatischen Gläsern. Dieser Unterschied ist entscheidend für das Herstellungsverfahren metallischer Gläser. Hinsichtlich ihrer Zusammensetzung haben sich Legierungen aus Teilchenzahlanteilen von 70…85 % Übergangsmetallen und 30…15 % Metalloiden als günstig erwiesen, z. B. $Co_{78}P_{22}$ oder $Fe_{40}Ni_{40}P_{14}B_6$. Bei dieser Zusammensetzung bleibt die Struktur der Schmelze bei hinreichend raschem Erstarren erhalten, weil die Atombeweglichkeit während des Abkühlens bereits bei relativ hoher Temperatur einfriert.

Um metallische Gläser wirtschaftlich herzustellen, wird ein dünner Strahl der Metallschmelze auf eine schnell rotierende Kühlwalze gegossen, Abb. 14.2. Im Kontakt mit der gut wärmeleitenden, gekühlten Walze erstarrt die Schmelze hinreichend rasch zu einem amorphen Band. Das Verfahren ermöglicht die kontinuierliche Herstellung von dünnen, freitragenden Bändern und Folien direkt aus der Schmelze in einem einzigen Fertigungsschritt mit einer Geschwindigkeit von bis zu mehreren km min^{-1}, wobei Banddicken von 20…50 µm und Bandbreiten von 1 bis über 100 mm möglich sind. Mit geeigneten Varianten des Verfahrens können auch amorphe Drähte und Pulver hergestellt werden.

14.2.2 Eigenschaften und Anwendungen metallischer Gläser

Aufgrund ihrer amorphen Struktur besitzen die metallischen Gläser eine Reihe von Eigenschaften, die für ihren technischen Einsatz von Bedeutung sind: hoher elektrischer Widerstand, geringe magnetische Koerzitivfeldstärke, hohe mechanische Festigkeit, geringer Reibungskoeffizient, geringer Verschleiß und hohe chemische Reaktivität ihrer Oberfläche [14.19].

Weichmagnetische Anwendungen. Besonders interessant sind die weichmagnetischen Eigenschaften der metallischen Gläser auf Fe-, Ni- oder Co-Basis, die sich durch geringe Koerzitivfeldstärke, hohe magnetische Permeabilität und geringe Ummagnetisierungsverluste, vor allem bei höheren Frequenzen, auszeichnen. Diese günstigen Eigenschaften sind einerseits durch das Fehlen einer magnetischen Vorzugsrichtung, wie etwa bei den kristallinen Werkstoffen durch die Orientierung des Kristallgitters, bedingt. Zum anderen begünstigen die homogene Struktur und die Abwesenheit von Korngrenzen die Verschiebung zwischen den magnetischen Bereichen und erleichtern damit die Ummagnetisierung. Da sich jedoch bei 400…500 °C der metastabile amorphe Zustand in den kristallinen umwandelt, darf diese Kristallisationstemperatur im praktischen Betrieb nicht erreicht werden.

Fe-reiche amorphe Legierungen besitzen eine extrem hohe Sättigungsinduktion von bis zu 1,6 T und Ummagnetisierungsverluste, die 60 % geringer als die der konventionellen Si-Fe-Bleche sind. Die amorphen Legierungen auf Co-Basis zeigen eine verschwindend kleine Magnetostriktion, so daß die magnetischen Eigenschaften weitgehend unempfindlich gegenüber mechanischen Spannungen und Verformungen sind. Solche Materialien werden nicht nur als Bänder, sondern auch in Form von Abschirmgeflechten, Stanzteilen und Ringbandkernen geliefert [14.20]. Als deren Anwendungen sind zu nennen:

14.2 Rascherstarrung aus der Schmelze (liquid quenching)

- Magnetköpfe für Video-, Audio- und Datenspeichergeräte,
- Übertrager und Drosseln in Netzteilen,
- flexible magnetische Schirme und
- Sensoren zum Messen von Magnetfeldern, Verschiebungen, Drehzahlen, Kräften und Drehmomenten.

Mechanische Anwendungen. Co-haltige amorphe Metalle, die sich durch niedrigen Reibungskoeffizienten und geringe Verschleißrate auszeichnen, stehen als Folien zur Beschichtung von Gleitflächen z. B. der Papier- und der Textilindustrie unter der Bezeichnung „Vitrovac" [14.20] (zur einfachen Montage auch mit einer Klebefolie versehen) zur Verfügung (Vacuumschmelze/Hanau).

Die hohe Zugfestigkeit und Härte amorpher Metalle bietet auch eine Alternative zur Verwendung von Stahlcord in stahlverstärkten Gürtelreifen für Motorfahrzeuge.

14.2.3 Weitere Verfahren zur Erzeugung amorpher Metalle

Als weitere Verfahren sind zu nennen:

- die abschreckende Kondensation aus der Dampfphase (vapor quenching) [14.21-14.23],
- die Ionenimplantation [14.24] und
- die Oberflächenbehandlung mit Laser- und Elektronenstrahlen [14.25].

Die an zweiter und dritter Stelle genannten Verfahren der Modifikation von Oberflächen haben ebenfalls in letzter Zeit eine große technische Bedeutung erlangt; sie werden in Teil II behandelt.

15 Schichten aus organischen Polymeren und dispersen Systemen

15.1 Beschichtungsmaterialien

Schichten aus organischen Polymeren werden aus Lacken hergestellt, die als flüssige, pulverförmig-feste oder pastenförmige Substanzen auf Substrate aufgetragen und durch chemische Reaktion und/oder physikalische Veränderung in einen festhaftenden Film umgewandelt werden. Diese Lacke sind dispersive Systeme, die außer dem organischen Bindemittel noch Lösungsmittel, Pigmente, Füllstoffe und Aktivierungsmittel (Katalysatoren) enthalten können. Füllstoffe werden zur Erzielung bestimmter Schichteigenschaften (Korrosionsschutz, geringe Reibung, elektrische Leitfähigkeit) zum Lack hinzugefügt. Durch Zugabe von Pigmenten werden Lacke für deckende Farbanstriche erzielt. Festen, pulverförmigen Lacken fehlt das Lösungsmittel, und Transparentlacken das Pigment [15.1-15.4].

Als Bindemittel, auch Harze genannt, stehen Acryl-, Alkyl-, Amino-, Epoxid-, Phenol-, Polyester- und Polyurethan-Harze zur Verfügung, ferner auch Polyvinylchlorid, Polyvinylbutyral, Styren-Butadien und Silicone. Natürliche Harze (Schellack, Kopale, Kolophonium) haben eine vergleichsweise geringe Bedeutung [15.5-15.7].

Als Lösungsmittel, in denen das Bindemittel aufgelöst wird, werden in den konventionellen Lacken Alkohole, Xylol, Toluol, Trichloräthylen und andere chlorierte Kohlenwasserstoffe verwendet. Die Entwicklung geht dahin, den Gebrauch der organischen Lösungsmittel zu reduzieren, weil sie gesundheitsschädigend sind und die Luft verunreinigen. Über lösungsmittelarme bzw. -freie Lacke wird weiter unten berichtet.

Außer Kunststoffschichten können mit einigen der später beschriebenen Verfahren auch andere nichtmetallische Schichten aus anorganischen (Oxide, Silikate) und organischen (Bitumen, Gummi) Materialien hergestellt werden. Dabei handelt es sich vor allem um den Siebdruck elektrischer Schaltungen, das Tauch- und das elektrostatische Spritzverfahren.

15.2 Mechanismen der Schichtbildung

Für die Schichtbildung ist es von Bedeutung, daß die Bindemittel der flüssigen Lacke beim Verdunsten des Lösungsmittels bestimmte Reaktionen durchlaufen, die sie vom niedermolekularen Zustand in den eines stark vernetzten Polymers überführen. Diese

Vernetzung erfolgt durch Polyadditions- oder Polykondensationsreaktionen, die chemisch, katalytisch, thermisch oder durch UV- oder Teilchenstrahlen eingeleitet werden können. Hierzu einige Beispiele [15.8; 15.9];

- Öllacke mit Alkydharzen oder auch natürlichen Harzen enthalten ungesättigte Fettsäuren, die beim Eintrocknen an der Luft Sauerstoff aufnehmen. Letzterer bildet Brücken zwischen den Molekülen und vernetzt sie dadurch zu einem unlöslichen Film. Diese Oxidation kann durch Zusätze von Ca-, Co-, Mn-, Pb- und Zn-Salzen beschleunigt werden (oxidativ trocknende Lacke).
- Bei einigen Urethanen und Siliconen ist die Aufnahme von Feuchtigkeit aus der Luft für die Vernetzung verantwortlich.
- Bei den Urethanen erfolgt die Vernetzung auch durch Reaktion ihrer Isocyanat (N=C=O)-Gruppen mit den Hydroxylgruppen einer hinzugefügten zweiten Komponente. Dies ist beim Zweikomponentenlack (s. unten) der Fall.
- Manche Bindemittel, wie Phenole, Ureaformaldehyde, Melaminformaldehyde und deren Kombination mit vielen der oben genannten Harze härten bei Überschreitung einer gewissen Temperatur (120...250 °C) und gehen dann in ein unlösliches Polymer über.
- Die Vernetzung und Härtung von wässerigen Lacken durch Ultraviolett- und Elektronenstrahlen wird gegenwärtig viel diskutiert [15.10].

15.3 Lösungsmittelarme Lacke

Fünf Millionen t Lack werden pro Jahr in Europa verarbeitet, und die Hälfte dieses Gewichtes gelangt als organisches Lösungsmittel beim Trocknen in die Luft. Daher ist die Entwicklung der folgenden Typen lösungsmittelarmer bzw. -freier Lacke von großer Bedeutung.

Pulverlacke. Sie sind lösungsmittelfrei und enthalten Epoxide, Polyester oder ein Gemisch von diesen als Bindemittel. Die Filmbildung erfolgt bei einer Substrattemperatur von 140...190 °C. Dabei findet keine chemische Umwandlung statt, sondern das Material wird nur so weit erhitzt, daß die Teilchen erweichen und koalisieren. Dieser auch Sintern genannte Vorgang wird mit dem elektrostatischen Spritzverfahren oder dem Flammspritzverfahren (s. Abschn. 15.6.3) ausgeführt. Ein die Anwendungsbreite limitierender Faktor ist die hohe Einbrenntemperatur, die es unmöglich macht, Werkstücke aus Kunststoff, Holz oder Metall mit Lötverbindungen zu beschichten.

Wasserlacke. Es gibt eine Reihe wasserlöslicher Alkydharze, die den organisch gelösten Alkydharzen in ihrer Eignung für Lacke hinsichtlich Trocknung, Härte, Glanz und Farbeigenschaften nicht nachstehen. Diese Wasserlacke werden bei der Elektrotauchlackierung (s. Abschn. 11.4.4.2), insbesondere zur Grundierung von Autokarosserien verwendet [15.11 a-c].

Dispersionsfarben. Diese Farben bestehen aus in Wasser dispergierten, 1...5 µm großen Kunstharzteilchen aus z. B. Acryl- oder Butadien-Styren-Polymeren. Diese von organischem Lösungsmittel freien Farben werden nicht nur im Baugewerbe viel eingesetzt, sondern auch in der Metallindustrie. So haben sich Dispersionsfarben wegen ihrer guten Rostschutzeigenschaften im Waggonbau bei der Schweizerischen Bundesbahn SBB seit über 10 Jahren bewährt [15.12; 15.12a].

Zweikomponentenlacke. Bei dieser Gruppe der sogenannten HS (high solid)-Lacke macht der Lösungsmittelanteil nur noch 20...30 % (gegenüber >50 % bei konventionellen Lacken) aus. Ein wichtiges Beispiel sind die Zweikomponenten-Polyurethanlacke, deren Komponenten kurz vor dem Auftragen in einem bestimmten Verhältnis gemischt werden. Die Filmbildung erfolgt durch Polyadditionsreaktion, wobei sich die Isocyanat-Gruppen des Polyurethans (als Härterharz) mit den Hydroxylgruppen der hinzugefügten Komponente umsetzen. Als solche kommen praktisch alle Substanzen in Betracht, die Hydroxylgruppen enthalten, vom Rizinusöl über Nitrocellulose bis zum Acrylat. Dadurch ergibt sich eine breite Produktepalette. Die Vernetzung findet bereits bei Raumtemperatur statt, so daß sich eine zusätzliche Erwärmung erübrigt. Auch bezüglich der Beschichtungstechnik bestehen keine Schwierigkeiten, weil die beiden Komponenten gemeinsam durch bestehende Spritzanlagen aufgetragen werden können [15.13].

15.4 Anwendungen von Polymerschichten

Der Einsatz der Polymerschichten reicht von dekorativen Effekten über den Schutz vor Korrosion und Verschleiß bis zur Fertigung optischer und mikroelektronischer Bauelemente.

15.4.1 Dekorative Schichten

Farblacke, durch die der dunkle Grund einer Werkstückoberfläche verdeckt werden soll, müssen Pigmente enthalten, die das Licht, bevor es in das Substrat eindringt, zum Betrachter zurückwerfen. Daher muß die Partikelgröße der Pigmente von der Größenordnung der Wellenlänge des sichtbaren Lichtes (0,3...0,8 µm) sein, und ihre Konzentration derart, daß der mittlere Partikelabstand etwa das Dreifache der Partikelgröße beträgt. Für die weiße Farbe ist Titandioxid das meist angewandte Pigment. Als Farbpigmente werden im Lösungsmittel unlösliche anorganische und organische Farbstoffe verwendet. Der als Metallic-Effekt bezeichnete Metallglanz wird durch Zugabe bestimmter Füllstoffe, z.B. gefärbter Al-Flocken erzielt, und der Irisé (Perlmutter)-Effekt durch winzige Glimmer- oder Farbflocken [15.14]. Als weitere Füllstoffe sind hohle Mikrokugeln aus Glas oder Polymeren zu nennen [15.15].

15.4 Anwendungen von Polymerschichten

Eine besondere Rolle spielen (pigmentfreie) Transparentlacke. Sie verzögern das Anlaufen von Oberflächen aus Ag, Al, Cu, Cr, Sn, Messing und Bronze. Solche Lacke werden heute auf der Basis von Methylmethacrylat und Melaminharzen hergestellt und zur Erhöhung ihrer Beständigkeit durch Ausheizen vernetzt [15.15a]. Transparentlacke werden durch Tauchen oder Spritzen auf Ziergegenstände aller Art aufgebracht, ferner auf die Al-Schichten von Scheinwerferreflektoren und andere optische Schichten sowie auf verzinntes Weißblech für Konservendosen. Auch durch Plasmapolymerisation (Kap. 10) werden transparente Polymerschichten z. B. auf metallpigmentierten Magnetbändern erzeugt.

15.4.2 Schutz vor Korrosion und Verwitterung

Polymere Schichten können einem Substrat einen passiven Schutz bieten, indem sie als Barriere gegen Korrosion wirken, etwa durch Versiegeln der Poren von aufgebrachten Metallschichten. Sie können auch als aktiver Schutz nach Zugabe chemischer Agentien wirken, die den korrosiven Angriff verzögern. So haben sich für Grundanstriche, die Metallflächen vor Korrosion schützen sollen, Zusätze von Bleimennige, Zn-chromat, Pb- und Zn-Staub bewährt. Metalle für Unterwasseranwendungen erhalten Lackschichten mit Sn- und Pb-Salzen, die gleichzeitig als Biozide gegen Algen und Muscheln wirken [15.16; 15.17]. Schwermetalle wie Pb und Cr sind aus umweltschützerischen Überlegungen allerdings unerwünscht. Der Korrosionsschutz läßt sich aber statt mit Zn-chromat auch mit einer Kombination von Zn-phosphat und Ca-karbonat erreichen, und als Biozide finden Zusätze von organischen Sn-Verbindungen (z. B. Tributyl-Zinnoxid) zunehmend Verwendung [15.18].

Durch gewisse Schichtkombinationen erhält man vielfach einen besseren Korrosionsschutz als nur durch Lackieren. So werden in der Automobilindustrie Stahlbleche zunächst durch Tauchen oder galvanisch verzinkt, dann chromatiert (Abschn. 11.5.3) und schließlich durch Lackieren versiegelt [15.19; 15.20]. Besonders bewährt haben sich Polymere auf Acrylat-, Alkylharz- und Polyester-Basis. Sie kommen in wässeriger Lösung zum Einsatz, und ihre Vernetzung erfolgt durch thermische Behandlung [15.21; 15.22].

Auch der Korrosionsschutz, den anodische Oxidation von Al bietet, wird durch eine Lackschicht erhöht [15.19]. Gegen Korrosion von Stahl durch Salzwasser hat sich eine Kombination aus Phosphatieren (s. Kap. 11) und Aufbringen von Hexamethylentetramin und Bisphenol A aus der Dampfphase bewährt [15.23]. Auch die Pulverbeschichtung z. B. mit Polyamid 11 wird zum Korrosionsschutz von Warmwasserspeichern eingesetzt [15.24; 15.25]. Probleme der Korrosionsschutz-Prüfung solcher Schichtkombinationen werden in [15.15; 15.26; 15.27] behandelt.

15.4.3 Reibungsarme Polymerschichten

Bauteile aus Fluorkohlenstoffpolymeren werden wegen ihrer geringen Reibung auf Lagerflächen verwendet, die vom Mikroventilsitz bis zum Widerlager von Brücken reichen. Das bekannte Tetrafluorethylen (TFE) hat den Nachteil, unlöslich und nicht schmelzbar, d.h. in der sonst für Polymere üblichen Weise nicht verarbeitbar zu sein. Bei der Synthetisierung fällt TFE in Form kleiner Partikel an, aus denen kompakte Teile erst durch Sintern des Pulvers unter erhöhter Temperatur hergestellt werden. TFE-Schichten werden durch Auftragen von flüssigen Suspensionen der TFE-Partikel und anschließendes Trocknen und Sintern erzeugt. Da diese Schichten ziemlich weich sind, wählt man die Kodeposition von TFE mit härteren, thermisch stabilen Polymeren, wie etwa Polyphenylensulfid. Auch Nylon, Acetal und hochmolekulares Polyethylen besitzen niedrige Reibungskoeffizienten. Sie können wie ein Pigment dem TFE beigemischt und durch elektrostatisches Spritzen oder Extrusion auf das Substrat aufgetragen werden [15.1; 15.2].

15.4.4 Antistatische Polymerschichten

Da die meisten Polymere gute Isolatoren mit $\varrho > 10^{12}$ Ωm sind, kann durch Reibung eine elektrostatische Aufladung der Oberfläche entstehen, was z.B. bei elektronischen Schaltungen zu Störungen führen kann. Antistatische Polymerschichten werden erzeugt durch

- Inkorporation von Al-, Ag-, Graphit-Pulver oder Ruß, wobei diese Zusätze so dicht gepackt sein müssen, daß sich leitende Pfade bilden; oder Zugabe von
- organischen Komponenten, z.B. Carboxylsäure oder Aminogruppen, durch die die Polymere hygroskopisch werden. Durch Dissoziation der aus der Luft absorbierten Feuchtigkeit in H^+- und OH^--Ionen ergibt sich eine gewisse Oberflächenleitfähigkeit, so daß elektrische Ladungen abgeführt werden [15.17; 15.7].

15.4.5 Elektrische Anwendungen

Aufgrund ihrer guten elektrischen Isolation, der hohen Durchbruchfeldstärke, des geringen Verlustfaktors und der guten Beständigkeit dieser Eigenschaften werden Polymerschichten verwendet zum Beschichten von Drähten, Beschichten kompletter gedruckter Schaltungen, Einkapseln von aktiven Halbleiterelementen und Hochspannung führenden Teilen. Polymere spielen auch eine Rolle beim Bau von Kohleschichtwiderständen und Heißleitern sowie beim Siebdruck elektrischer Schaltungen (s. unten). Bei Anwendungen zum Schutz von elektronischen Schaltkreisen ist jedoch zu beachten, daß polymere Schichten keinen hermetischen Schutz vor Feuchtigkeit darstellen.

15.5 Vorbehandlung der Substrate

Wie bei allen Beschichtungsverfahren ist eine gründliche Reinigung der Substrate vor dem Auftragen der Schicht unerläßlich. Ein Aufrauhen der Oberflächen durch Ätzen oder auf mechanischem Wege verbessert im allgemeinen die Haftfestigkeit des Films (Abb. 2.1a).

In vielen Fällen wird vor der eigentlichen Schicht eine *Grundierschicht* aufgetragen, die am Substrat fest haftet und auf der die Deckschicht gut haftet. Ein wichtiges Beispiel hierfür liefert der glasfaserverstärkte Kunststoff (Polyester, Epoxyharz). Zur Erhöhung der Haftfestigkeit werden die Glasfasern mit Silanen grundiert. Die Silane R-Si(OH)$_3$ reagieren mit der Glasoberfläche, die Silanolgruppen (Si-OH) enthält, wodurch eine starke chemische Bindung entsteht. Das von der Oberfläche abgewandte Ende des Silanmoleküls trägt die funktionelle Gruppe R, die mit dem Kunstharz reagiert. So treten Vinylgruppen in Wechselwirkung mit Polyestern, oder Amino- oder Glycidyl-Gruppen mit Epoxyharzen [15.1-15.4].

Auch *Konversionsschichten*, die durch Phosphatieren auf Werkstücken aus Fe, Stahl, Zn, Al und Al-Legierungen oder durch Chromatieren auf Oberflächen aus Al, Cd, Cu, Mg, Sn, Zn, Messing und Mg-Legierungen erzeugt werden (Abschn. 11.5.3), bieten einen ausgezeichneten Haftgrund für polymere Schichten. Dies gilt auch für die durch anodische Oxidation auf Al- und Mg-Oberflächen hergestellten Hartoxidschichten (Abschn. 11.3.4). Wie oben erläutert, wird der Korrosionsschutz dieser Konversionsschichten durch zusätzlich aufgebrachte Polymerschichten noch verstärkt [15.28; 15.29].

15.6 Beschichtungsverfahren

Jeder der im folgenden beschriebenen Prozesse ist für einen besonderen Typ des Substrats geeignet. Manche Substrate sind diskrete Objekte, etwa Geräteteile, andere sind Bahnenware aus Metall, Papier, Textilien, Plastikfolien etc. Ein gegebener Prozeß, etwa das Tauchbeschichten, kann auf sowohl diskrete Objekte als auch Bahnenware angewandt werden, nur sind dann die jeweiligen Verfahrensschritte unterschiedlich. Für die Wahl des Verfahrens können auch bestimmte Eigenschaften des Substrats bestimmend sein: so erfordern elektrostatische Spritzverfahren und elektrophoretisches Beschichten elektrisch leitende Substrate.

15.6.1 Mechanische Verfahren

15.6.1.1 Lackieren und Drucken

Das Auftragen von polymeren Farben und Lacken mit Pinseln und Rollern ist jedermann vom Hausbau und Instandhalten der Wohnungen wohlbekannt [15.1; 15.2].

Beim Drucken werden Walzen sowohl zum Auftragen der Farben auf die Substrate als auch zu deren Transport benutzt. Der Offsetdruck ist hierfür ein Beispiel: Das Wesentliche besteht darin, daß das zu druckende Muster mittels der in einer Emulsion dispergierten Farbpigmente auf eine Transferwalze übertragen wird, die anschließend mit dem Substrat in Kontakt gebracht wird. Über Lackier- und Druckprozesse bei der Fertigung elektronischer Bauelemente orientieren [13.30-15.32].

15.6.1.2 Siebdruck elektrischer Schaltungen

Dieses Verfahren (screen printing) dient dazu, auf hybriden Mikroschaltkreisen Leiterbahnen, Widerstände, Dielektrika und Schutzschichten herzustellen [15.33-15.35]. Das Schichtmaterial befindet sich als Paste in einem Behälter mit einem siebartigen Boden, dessen Öffnungen ($170...350\,cm^{-2}$) dem gewünschten Schaltungsmuster entsprechen und photolithographisch erzeugt wurden. Ein beweglicher Schieber drückt die Paste durch die Öffnungen, so daß auf dem darunter liegenden Substrat das Schaltungsmuster zunächst in Form diskreter Inseln entsteht, die dann zu einem zusammenhängenden Film koalisieren. Die Paste, die außer dem Schichtmaterial in kolloidaler Form noch ein organisches Bindemittel, ein Lösungsmittel und als Füllstoff ein Glaspulver enthält, wird zunächst bei $70...150\,°C$ getrocknet. Beim anschließenden Einbrennen bei etwa $1\,000\,°C$ zersetzt sich das Bindemittel, und es entsteht eine am Substrat fest haftende, emaille-artige Schicht.

Als Substrate werden Keramiken auf der Basis von Al_2O_3, BeO, MgO und ZrO_2 verwendet; und als Schichtmaterial für Leiterbahnen Ag-Pd, Au-Pd etc., für Widerstände PdO, RuO_2 etc., für Dielektrika höher schmelzende Glaspulver und für Abdeckschichten niedrig schmelzende Glaspulver.

15.6.1.3 Tauch-, Spin- und Gießbeschichten

Bei diesen Verfahren wird jeweils eine bestimmte Menge einer Polymerlösung auf das Substrat aufgebracht, und der Film nach Verdampfen des Lösungsmittels gegebenenfalls noch getempert. Je nachdem, wie die Polymerlösung auf das Substrat aufgebracht und auf ihm verteilt wird, unterscheidet man das Tauch-, das Spin- und das Gießverfahren. Das Tauchverfahren dient aber auch zur Herstellung von Schichten aus anderen Materialien als den organischen Polymeren.

Beim *Tauchbeschichten* (dip coating) wird die Schicht durch Eintauchen des Substrats in die Lösung erzeugt. Die Dicke des Films hängt ab von der Viskosität der Lösung, der Verdampfungsrate des Lösungsmittels sowie dem Neigungswinkel und der Geschwindigkeit beim Herausziehen des Substrats. Schichtdicken zwischen 5 nm und einigen µm werden hergestellt [15.31; 15.32]. Anwendungen solcher Polymerfilme bestehen als Isolier- und Schutzschichten auf dem Gebiet elektronischer Bauelemente, ferner bei der Beschichtung von Bandware aus Metall, Textilien und Kunststoff-Folien.

Beim *Spinbeschichten* (spin coating) wird eine bestimmte Menge der Polymerlösung auf das Substrat gebracht und durch rasche Rotation des letzteren mit einigen $1\,000\,min^{-1}$ gleichmäßig verteilt [15.31; 15.32; 15.36; 15.37]. Das Verfahren wird vor al-

15.6 Beschichtungsverfahren   269

lem in der Mikroelektronikindustrie zum Belegen der Wafer mit organischen Filmen (photoresists) im Zusammenhang mit lithographischen Verfahren zur Strukturierung verwendet, und ferner bei der Herstellung optischer Speicher (Videoplatten). Geeignete Apparaturen (spin coaters), mit denen Schichtdicken im Bereich 50 nm...2 µm hergestellt werden, sind kommerziell erhältlich.

Das *Gießbeschichten* (solution casting) erfolgt durch Ausgießen und Ausbreiten einer bestimmten Menge der Polymerlösung auf horizontalen Substraten. So werden durch Ausbreiten auf Wasseroberflächen

- Monoschichten und Vielfache davon aus hochmolekularen Substanzen nach der Langmuir-Blodgett-Methode [15.38], und
- Objektträgerfolien von etwa 1µm Dicke für die Elektronenmikroskopie erzeugt [15.39-15.42].

Dickere Schichten von etwa 100 µm Dicke, die nach dem Verdampfen des Lösungsmittels und Trocknen von der Unterlage abgezogen werden, können als freitragende Filme verwendet werden [15.31; 15.32]. In neuester Zeit haben die Gieß- und die Spinbeschichtung für die Forschung und Entwicklung auf dem Gebiet der leitenden Polymere besondere Bedeutung erlangt [15.43-15.45].

15.6.1.4 Laminieren von Polymerschichten

Zwei (oder mehr) Schichten können durch Druck, ggf. unter Anwendung adhäsiver Zwischenschichten und/oder einer Wärmebehandlung, miteinander verbunden werden. Ein für die Praxis wichtiges Beispiel ist das kleberfreie Verbinden von Polyethylen (PE)- und Al-Folien. Nach einer Plasmabehandlung der PE-Folie werden beide Folien mittels einer Walze zusammengepreßt [15.46].

15.6.2 Thermische Verfahren

15.6.2.1 Extrusion aus der Schmelze

Geschmolzenes Polymer wird durch einen Spalt definierter Abmessungen gepreßt und auf ein ebenes Substrat aufgetragen, das unter der freifallenden Schmelze entlang bewegt wird. Die Schichtdicke des Polymerfilms hängt unter anderem von der Spaltbreite und der Relativgeschwindigkeit zwischen Substrat und Polymer ab [15.9]. Eine Variante ist das *Schmelztauchen*, bei dem das Substrat durch Eintauchen in das geschmolzene Polymer beschichtet wird [15.9].

15.6.2.2 Fließbettbeschichten

Festes Polymerpulver wird in einer Kammer durch einen Gasstrom in die Höhe gewirbelt. In die Kammer eingesetzte Substrate werden auf eine Temperatur oberhalb des

Schmelzpunktes des Polymers erhitzt. Auf das Substrat treffendes Pulver bildet einen zusammenhängenden Film, der nach dem Abkühlen fest haftet. Vorteile des Verfahrens:

1. relativ dicke Filme sind auch über scharfen Kanten herstellbar,
2. das Verfahren ist lösungsmittelfrei, und
3. Schichten aus Polyethylen, Nylon, Fluorpolymeren, die nicht aus der Lösung herstellbar sind, können erzeugt werden [15.9].

15.6.3 Spritzverfahren

15.6.3.1 Mechanische Spritzverfahren

Diese Verfahren beruhen darauf, daß eine das Beschichtungsmaterial in suspendierter Form enthaltende Flüssigkeit beim Überschreiten einer gewissen kritischen Geschwindigkeit in Tröpfchen zerstäubt. Letztere werden mit hoher Geschwindigkeit, die sie durch Druckluft oder Kompressoren (air bzw. airless spraying) erhalten, auf das Substrat gesprüht, wobei das Lösungsmittel verdampft [15.31; 15.32]. An das Spritzen kann sich eine thermische Behandlung anschließen. Anwendungen sind das Spritzen von Farben auf Gegenstände aller Art, sowie das Aufbringen von Schutzschichten auf elektronische Bauelemente.

Die Materialausbeute, d. h. der Prozentsatz des auf das Substrat treffenden Schichtmaterials ist beim mechanischen Spritzen wegen des stark divergierenden Strahles bei vielen Anwendungen nur 50 %. Beim elektrostatischen Spritzen erreicht man statt dessen wegen der besseren Strahlbündelung Werte bis zu 90 % [15.13].

15.6.3.2 Elektrostatische Spritzverfahren

Beim *mechanisch-elektrostatischen Spritzen* erfolgt zunächst eine mechanische Zerstäubung, dann die Auflagung der Tröpfchen mittels einer Koronaentladung am Sprühkopf der Pistole, und schließlich der Transport der (negativ) geladenen Tröpfchen zum Substrat unter der Einwirkung der elektrostatischen und mechanischen Kräfte. In einer Variante kann das Beschichtungsmaterial auch in Form von Pulvern oder kurzen Fäden in einem Trägergas dispergiert sein, das in den Bereich der Koronaentladung injiziert wird [15.47-15.50]. Als Anwendungen sind zu nennen:

- elektrostatisches Lackieren mit mechanischer Flüssigkeitszerstäubung, z. B. zur Herstellung von Farbanstrichen, von Kohleschichtwiderständen, antistatischen und anderen Polymerschichten;
- elektrostatisches Beschichten mit dielektrischen Pulvern, die im Trägergas dispergiert zugeführt werden, aufgrund ihrer Ladung auf dem Substrat haften bleiben und dort thermisch oder durch Kleben fixiert werden [15.51; 15.52]. So werden pulverförmige Kunststoffe auf Substrate aufgesprüht und dann thermisch in eine gleichmäßige Schicht umgewandelt.

Beim (rein) *elektrostatischen Spritzen* [15.53] wird der zu verarbeitende Lack an ruhende oder rotierende Kanten herangeführt, an denen er durch hohe elektrische Felder in geladene Tröpfchen einheitlicher Größe zerstäubt und in dieser Form zum Substrat hin beschleunigt wird. Anwendung: elektrostatisches Lackieren.

15.6.3.3 Thermische Spritzverfahren

Von diesen Verfahren (s. Kap. 12) wird vor allem das Flammspritzen zur Erzeugung polymerer Schichten verwendet. Dazu wird Polymerpulver in die Flamme einer speziell ausgeführten Spritzpistole injiziert [15.54]. Zwei thermoplastische Stoffe, das Polyamid 11 und das Hochdruck-Polyethylen, haben sich als besonders geeignete Schichtmaterialien erwiesen. Anwendungen: Korrosionsschutz von Warmwasserspeichern, isolierende Maschinengriffe, Gleitlagerungen [15.24; 15.54a].

15.6.4 Weitere Verfahren zur Herstellung polymerer Schichten

Hier sind zu nennen:

- die Plasmapolymerisation, die Elektrophorese und die Elektrotauchlackierung, die bereits in den Kap. 10 und 11 behandelt wurden, und
- die sog. Pfropf-Polymerisation (graft polymerization), die auf einer Modifizierung der Polymeroberfläche durch Plasmabehandlung beruht und daher erst in Teil II erörtert wird.

15.7 Anwendungen des Tauchverfahrens und des elektrostatischen Spritzens auch auf andere nichtmetallische Werkstoffe

Das Tauchverfahren wird auch zum Belegen von Glasflächen z.B. mit Oxiden für optische Anwendungen verwendet. Dabei wird eine geeignete metallorganische Verbindung durch Hydrolyse in ein Metalloxid umgewandelt, das sich als Schicht auf der Glasfläche niederschlägt und anschließend getrocknet und ausgeheizt wird. Schichtdicken bis etwa 500 nm werden hergestellt. Von allen Oxiden beanspruchen TiO_2 [15.55; 15.55a], SiO_2 und Mg-Al-Spinell [15.56] für optische Schichten das größte Interesse. Zu den auf Interferenzwirkung beruhenden Anwendungen gehören: Wärmestrahlung-reflektierendes Glas, Kaltlichtspiegel und kontrastanhebende, entspiegelte Vorsatzscheiben für Kathodenstrahlröhren [15.56a] (s. Tabelle A 4).

Eine weitere Anwendung des Tauchverfahrens ist das Emaillieren durch Eintauchen von Metallgegenständen in eine Schmelze von Silikaten.

Für das mechanisch-elektrostatische Spritzverfahren sind als weitere Anwendungen zu nennen [15.50-15.53]:

- das Beflocken von Oberflächen mit elektrostatisch ausgerichteten, faserförmigen (organischen oder anorganischen) Teilchen mit Anwendungen in der Textilindustrie (Fellimitation, Bodenbeläge) und der Papierindustrie (Tapeten, Verpackungsmaterial);
- die Trockenemaillierung durch Aufsprühen von silikatischen Pulvern und anschließendes Ausheizen; ferner das Auskleiden von Gußformen mit Trennmitteln, die Herstellung von Schleifpapier etc.
- die Elektrographie (Xerographie) [15.57] benutzt elektrostatische Felder zur Herstellung latenter Ladungsbilder und zu deren Fixierung und Reproduktion auf Film- und Papierabzügen.

Tabellenanhang

Physikalische Eigenschaften von Schichtmaterialien für verschiedene Beschichtungsprozesse und Hinweise auf Anwendungen

Tabelle A 1. Chemische Elemente als Schichtmaterialien für PVD- und CVD-Prozesse

Element	Dichte	Schmelz-temp.	Temperatur[4] für Dampfdruck		Verdampferquellen[1]	Sputter-quellen[2]	CVD-Prozesse[3]
			1,3 Pa	13 Pa			
	g/cm³	°C	°C	°C			
Ag	10,50	961	1047	1184	W, Mo, Ta, C, AO	x	
Al	2,70	659	1217	1367	W, C, TiB$_2$, EB	x	x
As	5,72	815	277	317	C, AO, BeO		x
Au	19,30	1063	1397	1567	W, Mo, C, AO, EB	x	x
B	2,33	2030	2030	2250	C, WC, TaC, EB	x	x
Ba	3,61	710	610	710	W, Mo, Ta		
Be	1,86	1283	1227	1377	W, Mo, Ta, C, EB		
Bi	9,79	271	672	777	W, Mo, Ta, C, AO	x	x
C	2,2	3800	2460	2660	EB		x
Ca	1,54	850	597	689	C, AO		
Cd	8,64	321	265	320	W, Mo, Ta, C, AO	x	
Ce	6,77	797	1700	1910	W, Ta, C		
Co	8,90	1493	1520	1690	W, Mo, C, AO, EB	x	x
Cr	7,20	1903	1400	1550	W, C, EB	x	x
Cu	8,96	1083	1260	1420	W, Mo, Ta, AO, EB	x	x
Fe	7,87	1536	1480	1650	W, AO, BeO, EB	x	
Ga	5,91	30	1130	1280	Q, AO, BeO		
Gd	7,89	1312	1327	1487	Ta		

[1] W: Wolfram-, Mo: Molybdän-, Ta: Tantal-, Pt: Platin-, C: Graphit-, WC: Wolframkarbid-, TaC: Tantalkarbid-, Q: Quarz-, AO: Al-oxid-, TiB$_2$: Titandiborid-, BN: Bornitrid-, BeO: Berylliumoxid-, EB: Elektronenstrahl-Verdampfer, nach [A.2].
[2] Die angekreuzten Materialien sind als Targets für verschiedene Typen von Sputterquellen kommerziell erhältlich.
[3] Die angekreuzten Materialien sind durch CVD-Methoden als Schicht abscheidbar.
[4] nach [A.1]

(Fortsetzung)

Tabelle A 1 (Fortsetzung)

Element	Dichte	Schmelz-temp.	Temperatur[4] für Dampfdruck		Verdampferquellen[1]	Sputter-quellen[2]	CVD-Prozesse[3]
			1,3 Pa	13 Pa			
	g/cm³	°C	°C	°C			
Ge	5,33	937	1 400	1 560	W, Mo, Ta, AO, EB	x	x
Hf	13,36	2 220	2 400	2 660	EB	x	x
In	7,30	156	950	1 080	W, Mo, C, AO	x	
Li	0,53	181	540	630	Q		
Mg	1,74	650	440	510	W, Mo, Ta, C, AO		
Mn	7,43	1 244	940	1 060	W, Mo, Ta, AO, EB	x	
Mo	10,22	2 620	2 530	2 790	W, EB	x	x
Nb	8,55	2 468	2 660	2 900	W, EB	x	x
Nd	7,01	1 020	1 302	1 497	Ta, EB		
Ni	8,91	1 455	1 530	1 700	W, C, AO, BeO, EB	x	x
Pb	11,34	327	715	830	W, Mo, Ta, Q, AO	x	x
Pd	12,1	1 550	1 460	1 650	W, BeO, EB	x	x
Pt	21,5	1 769	2 100	2 320	W, C, EB	x	x
Re	21,04	3 180	3 067	3 407	W, EB	x	x
Rh	12,5	1 960	2 040	2 250	W, EB		x
Ru	12,3	2 500	2 350	2 590	W, EB		
Sb	6,69	631	530	610	W, Mo, Ta, C, AO	x	x
Sc	2,99	1 538	1 380	1 560	Ta, C, AO, BeO	x	
Se	4,79	217	240	300	W, Mo, C, AO	x	
Si	2,33	1 423	1 630	1 820	W, Ta, C, BeO, EB	x	x
Sn	7,29	232	1 250	1 410	W, Mo, Ta, AO	x	x
Sr	2,67	770	540	630	W, Mo, Ta, C		
Ta	16,6	2 996	3 060	3 360	W, EB	x	x
Te	6,25	450	375	430	W, Ta, Q, AO, EB	x	
Th	11,7	1 695	2 410	2 690	W, EB		
Ti	4,51	1 668	1 740	1 940	W, Ta, C, EB	x	x
V	6,12	1 890	1 850	2 050	W, Mo, EB	x	x
W	19,27	3 390	3 230	3 540	EB		x
Zn	7,13	420	345	408	W, Ta, Q, AO, EB	x	
Zr	6,50	1 855	2 400	2 660	W, EB		x

Tabellenanhang

Tabelle A 2. Anwendungen chemischer Elemente als Schichtmaterialien in der Elektronik, Optik und Oberflächenvergütung
Symbole und Abkürzungen: ϱ_0: spez. elektrischer Widerstand bei 300 K, ε: Dielektrizitätskonstante, VIS: sichtbarer Spektralbereich, AR-Schichten: Antireflex-Schichten, T_c und B_c: kritische Temperatur bzw. kritische magnetische Induktion des Supraleiters.
Schichtsysteme aus mehreren Materialien sind z. B. wie Si/Ni/Au angegeben.

Schicht-material	Elektronik	Optik	Oberflächenvergütung
Ag	Leiterbahnen Kontaktschichten	hochreflektierende Schichten in Interferenzfiltern, IR-reflektierende Schichten auf Fensterglas	dekorative Schichten
Al	Leiterbahnen ($\varrho_0 = 2{,}6\ \mu\Omega\text{cm}$) Kontaktschichten Supraleiter ($T_c = 1{,}2$ K, $B_c = 9{,}9$ mT) reaktive Herstellung von AlN, Al$_2$O$_3$	VIS/IR-reflektierende Schichten, Spiegel	Kunststoffbeschichtung
As	Halbleiter, Diffusionsschicht (giftig!)		
Au	Leiterbahnen ($\varrho_0 = 2{,}35\ \mu\Omega\text{cm}$) Kontaktschichten (Si/Ni/Au, NiCr/Au) Korrosionsschutz (Cr/Cu/Au, PtSi/Mo/Pt-Au/Au)	transparente leitende Schichten auf Glas (Bildröhre), IR-reflektierende Schichten auf Fensterglas	Kunststoffbeschichtung, Korrosionsschutz
B	Halbleiter, Diffusionsschicht		reaktive Herstellung von BN als Verschleißschutz
Ba		reaktive Herstellung von BaF$_2$ für IR-Anwendungen bis 10,6µm	
Be	Halbleiter-Übergang (giftig!)		
Bi	ferromagnetische Schichten, Widerstandsschichten (giftig!)	reaktive Herstellung von Bi$_2$O$_3$ als VIS/IR-reflektierende Schicht, Haftvermittler von Au, Ag auf Glas	
C	Widerstandsschichten		Carburieren von Stahl
Cd			reaktive Herstellung von CdO zur Reibungsminderung

(Fortsetzung)

Tabelle A 2 (Fortsetzung)

Schicht-material	Elektronik	Optik	Oberflächenvergütung
Ce		reaktive Herstellung von CeF_3 und CeO_2 für AR-Schichten im UV	
Co	Leiterbahnen, $\varrho_0 = 8\ \mu\Omega\text{cm}$ magnetische Schichten, reaktive Herstellung von Co_2O_3, CoC	reaktive Herstellung von CoO, Co_2O_3 für Strahlteiler	CoCr- und CoCrAlY-Legierungen als Hochtemperatur-Korrosionsschutz
Cr	Leiterbahnen Widerstandsschichten (CrNi, CrCo, Cr-SiO), Haftvermittler für Au auf Si, SiO_2, Al_2O_3, Masken für Lithographie	VIS/IR-reflektierende Schichten für Spiegel, Strahlteiler, Graufilter; reaktive Herstellung von Cr_2O_3 für absorbierende Schichten	Kunststoffbeschichtung, Korrosionsschutz, Reibungsminderung
Cu	Leiterbahnen (Cr/Cu, Cr/Cu/Au, Ti/Cu/Pd, NiCr/Cu/Pd)	VIS/IR-reflektierende Schichten, Fensterglasbeschichtung	Kunststoffbeschichtung, reibungsmindernde Schichten, dekorative Schichten
Fe	magnetische Schichten, Fe-Konstantan-Thermoelemente		
Gd	amorphe magnetische Schichten aus Gd-Co („bubbles")		
Ge	halbleitende Schichten	Solarzellen	
Hf	reaktive Herstellung von HfN, HfO_2 als dielektrische Schichten	reaktive Herstellung von HfO_2 als AR- und Interferenzschichten	
In	Supraleiter ($T_c = 3{,}4$ K, $B_c = 29$ mT) reaktive Herstellung von In_2O_3 für Displays, Antistatikschichten, Tunnelbarrieren	aus InSn 5-10 reaktiv hergestelltes In_2O_3-SnO_2 (ITO) als halbleitende transparente Schicht für Flüssigkristalldisplays (LCD) und zur Fensterglasbeschichtung (ITO/Ag/ITO)	reibungsmindernde Schicht
Mg	zusammen mit Bi: ferromagnetische Filme		
Mn	Kontaktschichten auf Halbleitern, Haftvermittler		

Tabelle A 2 (Fortsetzung)

Schichtmaterial	Elektronik	Optik	Oberflächenvergütung
Mo	Kontaktschichten auf Halbleitern, Haftvermittler		reaktive Herstellung von MoB_2, Mo_2C, MoN zur Verschleißminderung, und MoS_2 zur Reibungsminderung
Nb	Supraleiter (T_c = 9,2 K, B_c = 206 mT) Josephson-Kontakte		reaktive Herstellung von NbB_2, NbC, NbN zur Verschleißminderung
Ni	Leiterbahnen Diffusionsbarrieren (Cr/Ni/Au) Widerstandsschichten (NiCr) magnetische Schichten reaktive Herstellung von NiB, NiC, NiO	reaktive Herstellung von NiO für Mehrfachschichten	
Pb	Supraleiter (T_c = 7,19 K, B_c = 80 mT) Josephson-Elemente reaktive Herstellung von PbO, PbS	reaktive Herstellung von PbF_2, PbS für Solarzellen	reaktive Herstellung von PbO zur Reibungsminderung
Pd	Leiterbahnen Diffusionsbarrieren (Cr/Pd/Au, Ti/Pd/Au)		Korrosionsschutz
Pt	Leiterbahnen Kontaktschichten Diffusionsbarrieren (Cr/Pt/Au)		Korrosionsschutz
Re	Widerstandsschichten Kontaktschichten		
Rh	Widerstandsschichten	Spiegel	verschleißfeste Schichten
Ru	Reed-Kontakte	hochtemperaturfeste Haftvermittler auf oxidischen Substraten	verschleißfeste Schichten
Sb	SnO_2/Sb-Widerstände		
Si	Halbleiter, Solarzellen reaktive Herstellung von SiO_2, Si_3N_4	reaktive Herstellung von SiO, SiO_2	reaktive Herstellung von Si_3N_4 und SiO

(Fortsetzung)

Tabelle A 2 (Fortsetzung)

Schicht-material	Elektronik	Optik	Oberflächenvergütung
Sn	Supraleiter ($T_c = 3{,}72$ K, $B_c = 30{,}9$ mT) Josephon-Elemente reaktive Herstellung von SnO_2	ITO-Schichten (siehe In)	reibungsmindernde Schichten
Sr		reaktive Herstellung von SrF_2 für AR-Schichten	
Ta	Leiterbahnen Widerstandsschichten Supraleiter ($T_c = 4{,}48$ K, $B_c = 83$ mT) reaktive Herstellung von Ta_2O_5 für Kondensatoren	reaktive Herstellung von Ta_2O_5 für AR-Schichten	reaktive Herstellung von TaC, TaN als Verschleißschutz und von Ta_2O_5 als Korrosionsschutz
Te	halbleitende Schichten, Dioden, Transistoren (giftig!)		
Ti	Leiterbahnen Widerstandsschichten Masken reaktive Herstellung von TiO_2, TiN	reaktive Herstellung von TiO, TiO_2 für AR-Schichten, Kaltlichtspiegel, Strahlteiler, Laserspiegel	reaktive Herstellung von TiC für Werkzeugbeschichtung, und TiN für Werkzeuge und Schmuck (Goldimitation)
V			reaktive Herstellung von VB_2, VC, VN zur Werkzeugbeschichtung
W	Widerstandsschichten Diffusionsbarrieren reaktive Herstellung von WN	reaktive Herstellung von WO_3	reaktive Herstellung von WB_2, W_2C zur Werkzeugbeschichtung
Zn	reaktive Herstellung von ZnO für piezoelektrische Schichten und ZnS für LED-Displays	reaktive Herstellung von ZnO (Optoelektronik) und ZnS (Kaltlichtspiegel, AR- und Elektrolumineszenzschichten)	reaktive Herstellung von ZnS (Irisé-Effekt auf Schmuck)
Zr	reaktive Herstellung von ZrO_2 als Dielektrikum, $\varepsilon \approx 11{,}5$	reaktive Herstellung von ZrO_2 für Laserspiegel, Strahlteiler und AR-Schichten	reaktive Herstellung von ZrC, ZrN für Werkzeugbeschichtung

Tabelle A 3. Fluoride als Schichtmaterialien für PVD-Prozesse und Anwendungen

Ausgangs-material	Dichte g/cm³	Schmelz-temperatur °C	Beschichtungstechniken			Eigenschaften der Schichten[6]						Anwendungen
			Aufdampf-temperatur[1] °C	Aufdampf-technik[2]	Sputter-methode[3]	Zu-sammen-setzung	Struktur	Packungs-dichte p	bei Substrat-temperatur T_s °C	Brechungs-index n bei 550 nm[4]	Trans-missions-bereich[5] μm	bei Substrat-temperatur T_s °C
AlF_3	3,2	1254	1000	W, Ta, Mo	HF	AlF_3	amorph	0,64	35	1,23–1,38	0,2–	35	Interferenz-schicht (nb)[8] für AR-System[7]
BaF_2	4,9	1280	700	W, Ta, EB	HF, RHF	BaF_2	kristallin	–		1,47			IR-transparente Filme für Kalt-lichtspiegel und Filter, AR-Schichten für IR bis 10,6 μm
CaF_2	3,2	1418	1300	AO, Mo, Ta	HF	CaF_2	kristallin	0,57	–	1,23–1,46	0,15–12		Interferenzfilm (nb), AR-Schichten
CeF_3	6,1	1460	1300	AO, Mo, Ta	HF, RHF	CeF_3	kristallin	0,80	30	1,63	0,3 – 5	300	Interferenzfilm (hb)[8], AR-Schicht für UV; Konden-satorschichten

[1] Approximative Werte;
[2] Verdampferquellen, wie in Tabelle A 1 bezeichnet;
[3] HF: HF-Sputtern in Ar mit einem Target aus dem Ausgangsmaterial, RHF: reaktives HF-Sputtern in Ar/F$_2$, wobei das Target aus dem jeweiligen Metall besteht, z. B. Ce $\rightarrow$ CeF$_3$;
[4] Diese Werte beziehen sich auf Aufdampfschichten;
[5] für $\alpha < 10^2$ mm^{-1};
[6] nach [A.3]
[7] AR-System: Antireflex-System;
[8] (nb) niedrigbrechend, (hb) hochbrechend;

(Fortsetzung)

Tabelle A 3 (Fortsetzung)

Ausgangs-material	Dichte g/cm³	Schmelz-temperatur °C	Beschichtungstechniken			Eigenschaften der Schichten[6]				Brechungs-index n bei 550 nm[4]	Trans-missions-bereich[5] µm	bei Sub-strat-tempe-ratur T_s °C	Anwendungen
			Auf-dampf-tempe-ratur[1] °C	Auf-dampf-technik[2]	Sputter-methode[3]	Zu-sammen-setzung	Struktur	Packungs-dichte p	bei Sub-strat-tempe-ratur T_s °C				
LaF_3	5,9	1493	1500	AO, Mo, Ta, EB		LaF_3	kristallin	0,80	30	1,55⁹	0,25– 2	30	Interferenzfilm (hb)
LiF	2,6	848	900	Ta, W, Mo, EB	HF	LiF	kristallin	–	–	1,36	0,11– 7	–	Interferenzfilm (nb), AR-Schichten
MgF_2	3,1	1263	1300	AO, W, Ta, EB	HF	MgF_2	kristallin	0,98 0,72	300 30	1,32–1,39¹⁰	0,11– 4	30–300	Interferenzfilm (nb), AR-Schichten, Strahlteiler, Filter, Schutz-schichten
NaF	2,8	1012	1000	W, Ta, Mo	HF	NaF	kristallin	–	–	1,29–1,30	0,2–	–	Interferenzfilm (nb), AR-Schichten
Na_3AlF_6 (Kryolith)	2,9	1020	1000	AO, Mo, Ta, C	HF	NaF Na_3AlF_6 $NaAlF_4$	kristallin	0,88 0,92	30 190	1,32–1,35	0,2 –14	190	Interferenzfilm (nb), AR-Schichten
NdF_3	6,5	1374	1400	AO, Mo, Ta	HF	NdF_3	kristallin	0,80	30	1,61	0,25–	300	Interferenzfilm (hb), UV-Mehrfach-schichten
PbF_2	8,4	824	900	AO, W, Ta, EB	HF	PbF_2	kristallin	0,91	30	1,75	0,25–17	30	Interferenzfilm (hb), UV-Inter-ferenzfilter Brillenglasver-gütung

Tabellenanhang

SrF$_2$	4,2	1450	1200	W, Ta, Mo, EB	HF, RHF	kristallin	–	1,44		IR-transparent, IR-Mehrfachschichten
ThF$_4$	6,1	1110	1100	Ta, EB	HF	amorph	–	1,52	0,2 –15 35	Mehrfachschichten für UV, VIS und IR bis 10,6 μm, AR-Systeme, Interferenzfilter, Spiegelschichten, Schutzschichten (radioaktiv, α-Strahler!)
ThOF$_2$	9,1	900	1000	Ta, EB	HF	amorph	–	1,50	0,2 –15 35	

[9] $n = 1,65$ bei $T_s = 300\,°C$;
[10] Mit steigender Substrattemperatur T_s wachsen die Packungsdichte p und der Brechungsindex n der Schicht: Bei $T_s = 30\,°C$ sind $p = 0,72$ und $n = 1,32$, bei $T_s = 300\,°C$ hingegen $p = 0,98$ und $n = 1,39$;

Tabelle A 4. Oxide und Oxid-Verbindungen als Schichtmaterialien für PVD-, CVD- und Tauchprozesse und Anwendungen

Schichtmaterial	Dichte g/cm³	Schmelztemp. °C	Reakt. Aufdampfen oder reaktives Ionenplattieren Temp.[1] °C	Technik[2]	Reakt. HF-Sputtern[3]	CVD[4]	Tauchverfahren[5]	Brechungsindex n bei 550 nm[6]	Transmission im Bereich μm[6]	Anwendungen, geordnet nach den Gebieten: 1. Elektronik 2. Optik 3. Oberflächenvergütung
Al_2O_3	4,0	2045	2050	W, EB	x	x	x	1,67–1,78	<0,2 – 8	1. Kondensatorschichten ($\varepsilon \approx 8$), Maskierungsschichten, Magnetplattenköpfe 2. AR-Schichten, Absorber für Solartechnik Korrosionsschutz auf Al-Spiegeln 3. Korrosionsschutz
$BaTiO_3$	6,0	1600	1600	W, EB	x			2,04–2,17		1. Kondensatorschichten
Bi_2O_3	8,9	817	1400	Mo, Pt	x			1,91		2. VIS/IR-reflektierende Schichten, Strahlteiler Haftvermittler für Au, Ag auf Glas, transparente Heizelemente
CdO	7,0	1230			x			–		3. reibungsmindernde Schichten
CeO_2	7,3	1950	1600	W, EB	x		x	2,3–2,5	0,4 –12	2. AR-Schichten,[7] Strahlteiler
Co_2O_3	5,18	1800		W, EB	x		x	–		2. Mehrfachschichten, Strahlteiler
Cr_2O_3	5,2	2440	2000	W, EB	x		x	2,5		1. dielektrische Schichten 2. absorbierende Schichten
Cu_2O	6,0	1230			x			2,5 –3,0		1. halbleitende Schichten 2. Solarzellen

Material									Anwendungen
Fe$_2$O$_3$	5,3	1570	1600	W, EB	x			3,0	1. halbleitende Schichten 2. Strahlteiler, Interferenzschichten
GeO$_2$	4,2	1115	1100	W, EB	x	x		1,6 -2,1	0,28- 8 1. dielektrischer Schutzfilm
HfO$_2$	9,7	2790	2500	Ta, EB	x	x		2,0	0,22-12 1. Kondensatorschichten ($\varepsilon \approx 24$) 2. Mehrfachschichten, AR-Schichten
In$_2$O$_3$	7,2	1900	1400	W, AO	x		x	2,0 -2,1	1. halbleitende, VIS-transparente, IR-reflektierende Schichten für LCDs und Solarzellen, Tunnelbarrieren für Josephson-Elemente, Antistatik-Schichten 2. AR-Schichten
In$_2$O$_3$-SnO$_2$ (90:10)	7,2	1900	1600	W, AO	x		x	1,8 -2,0	0,4 - >1 1. halbleitende, transparente (ITO-) Schichten für LCDs und Solarzellen 2. Fensterglasbeschichtung (ITO/Ag/ITO)
La$_2$O$_3$	5,8	2315	1500	W, EB	x			1,76	0,25- 8 1. Kondensatorschichten, Thermistoren

[1] Approximativer Wert der Verdampfungstemperatur;
[2] Die Verdampferquellen sind wie in Tabelle A 1 bezeichnet.
[3] Das Schichtmaterial wird in O$_2$-haltiger Atmosphäre reaktiv (oder aktiviert reaktiv) aufgedampft (s. Kap. 5). Das reaktive Ionenplattieren erfolgt ebenfalls in O$_2$ und meistens im HF-Feld (s. Kap. 7). Eine Variante zur Herstellung von Oxiden, z. B. von In$_2$O$_3$-Schichten, besteht darin, zunächst die Metallschicht (In) aufzudampfen und diese dann bis zu einer gewissen Tiefe durch eine HF-Gasentladung in O$_2$ zu oxidieren [A.4]; Das Target besteht im allgemeinen aus dem Schichtmaterial, und das HF-Sputtern findet in Ar/O$_2$ statt. Alle aufgeführten Schichtmaterialien sind als Targets für verschiedene Typen von Sputterquellen kommerziell erhältlich. Oxidschichten können auch durch HF-Sputtern des jeweiligen Metalls, z. B. Al $\rightarrow$ Al$_2$O$_3$, in Ar/O$_2$ erzeugt werden (s. Kap. 6);
[4] Die angekreuzten Materialien können durch CVD oder plasmaaktivierte CVD abgeschieden werden (s. Kap. 8 u. 9);
[5] Die angekreuzten Materialien können durch Tauchbeschichten auf Glassubstraten niedergeschlagen werden (s. Kap. 15 und [15.55-15.56a]);
[6] Die optischen Daten von SiO, Sc$_2$O$_3$ und Nd$_2$O$_3$ beziehen sich auf Aufdampfschichten, während alle anderen optischen Daten an Sputterschichten erzielt wurden [A.5];
[7] AR-Schichten = Antireflex-Schichten

(Fortsetzung)

Tabelle A 4 (Fortsetzung)

Schicht-material	Dichte g/cm³	Schmelz-temp. °C	Reakt. Aufdampfen oder reaktives Ionenplattieren Temp.[1] °C	Technik[2]	Reakt. HF-Sput-tern[3]	CVD[4]	Tauch-ver-fahren[5]	Brechungs-index n bei 550 nm[6]	Trans-mission im Bereich μm[6]	Anwendungen, geordnet nach den Gebieten: 1. Elektronik 2. Optik 3. Oberflächenvergütung
MgO	3,6	2800	2800	W, EB	x			1,69–1,72	0,22–8	1. Hochtemperatur-Dielektrikum, Isolatorschichten 2. Mehrfachschichten
MgO-Al_2O_3	3,7	2140	2000	W, EB	x			1,7		1. Spinell: Hochtemperatur-Dielektrikum
Nb_2O_5	4,5	1510	1500	W, EB	x			2,20	0,32–8	1. Kondensatorschichten 2. Mehrfachschichten
Nd_2O_3	7,2	2270	1900	W, EB	x		x	2,05	0,4–10	2. Mehrfachschichten
NiO	7,45	1960	1500	W, EB	x		x	2,3–2,4		1. Kondensatorschichten 2. halbleitende Mehrfachschichten
PbO	9,6	890	900	AO	x		x	2,6		1. Solarzellen (PbO-TeO) 3. reibungsmindernde Schichten
$PbTiO_3$	8,2	1050			x			2,46–2,53		1. Kondensatorschichten
$PbZrO_3$	8,3	950			x			–		1. Kondensatorschichten
Pr_6O_{11}	6,8	2050	1500	W, EB	x			1,92–2,05	0,4–	2. Mehrfachschichten
RuO_2	6,97	955			x			–		1. hochtemperaturfester Haftvermittler auf oxidischen Substraten, Reed-Kontakte

Tabellenanhang

Sb_2O_3	5,2	655	300	AO, EB	x		x	2,0	0,2 –	2. UV-Interferenzfilter
Sc_2O_3	3,9	2300	2400	EB	x			1,89	0,35-13	2. AR-Schicht auf Halbleitern mit hohem n (Si, GaAs)
SiO	2,1	1750	1300	Ta	x	x		1,55-2,0	0,4 – 9	1. Cr-SiO- und Au-SiO-Widerstände, isolierende Schichten, SiO- und SiO-Ta_2O_5-Kondensatorschichten ($\varepsilon = 3{,}7 - 5{,}2$), reaktive Herstellung von SiO_2 2. AR-Schichten, Mehrfachschichten 3. Korrosionsschutz, Mehrfachschichten, dekorative Schichten (Kunststoff- und Schmuckbeschichtung, Irisé-Effekt TiO_2/SiO/ZnS)
SiO_2	2,2	1713	1600	W, EB	x	x	x	1,45-1,50	<0,2 – 9	1. Kondensator ($\varepsilon \approx 4$), MOS-Kondensatoren 2. Korrosionsschutz auf Al-Spiegeln 3. dekorative Schichten auf Schmuck (MgF_2/SiO_2/ZnS)
SnO_2	6,9	1930	1600	W, AO	x	x	x	1,95-2,07	0,4 –	1. Widerstandsschichten, halbleitende Schichten
Ta_2O_5	7,5	1880	2100	W, EB	x	x	x	2,03-2,09	0,35-10	1. Cermet-Widerstände (Au-Ta_2O_5), Kondensatorschichten (SiO-Ta_2O_5) 2. Mehrfachschichten 3. Korrosionsschutz
ThO_2	9,7	2990	3050	EB	x		x	2,04	0,3 –	2. Mehrfachschichten, Strahlteiler
TiO	4,9	1750	1750	W, EB	x		x	2,1	0,4 – 3	2. Interferenzschichten, AR-Schichten 3. Verschleißschutz auf Kunststofflinsen

(Fortsetzung)

Tabelle A 4 (Fortsetzung)

Schichtmaterial	Dichte g/cm³	Schmelztemp. °C	Reakt. Aufdampfen oder reaktives Ionenplattieren Temp.[1] °C	Technik[2]	Reakt. HF-Sputtern[3]	CVD[4]	Tauchverfahren[5]	Brechungsindex n bei 550 nm[6]	Transmission im Bereich µm[6]	Anwendungen, geordnet nach den Gebieten: 1. Elektronik 2. Optik 3. Oberflächenvergütung
TiO_2	4,1	1855	2000	W, EB	x	x	x	2,1–2,7	0,38–8	1. Kondensatorschicht 2. AR-Schicht, Kaltlichtspiegel, Strahlteiler, SiO_2/TiO_2-Laserspiegel
WO_3	7,16	1473	1460	W, Pt, EB	x					1. halbleitende Schichten 2. elektronenmikroskopische Präparation 3. verschleißfeste Schichten
Y_2O_3	5,0	2415	2400	Ta, C, EB	x		x	1,90	0,22–12	1. Kondensatorschichten (Y_2O_3/ZrO_2) 2. Interferenzschichten, AR-Schichten
ZnO	5,7	1975	1100	W	x			2,1	0,4–	1. Kondensatorschichten, piezoelektrische Schichten, Varistoren 2. Solarzellen, optoelektronische Elemente
ZrO_2	5,6	2687	2700	W, EB	x		x	1,97–2,11	0,24–12	1. Kondensatorschichten ($\varepsilon \approx 11,5$) 2. Mehrfachschichten (ZrO_2/SiO_2 für Laserspiegel), AR-Schichten in VIS mit Al_2O_3/ZrO_2

Tabelle A 5. Nichtoxidische Chalcogenide und einige Halbleiter als Schichtmaterialien und deren technische Anwendungen

Schicht-material	Dichte g/cm³	Schmelz-temp. °C	Aufdampfen Temp.[1] °C	Technik[2]	HF-Sputtern[3]	Brechungs-index n bei λ (μm)[4]	Transmiss.-Bereich μm	Anwendungen
As_2S_3	3,4	300	400	Q	x	3,0 (0,6 μm)		AR-Filme auf Ge und Si (giftig!)
CdS	4,8	1750	800	W, Q, EB	x	2,5 (0,6 μm)	0,55–7	Photoleiter, IR-Filter, Solarzellen
MoS_2	5,06	450			x			Festschmiermittel
NbS_2	4,6	–			x			Festschmiermittel
PbS	7,5	1114		Mo, Q	x	4,0 (0,6 μm)		Solarzellen, IR-Filter, hochreflektierende Filme
Sb_2S_3	4,6	546	370	Mo, Ta		3,0 (0,5 μm)	0,5–10	IR-Filter, Strahlteiler, Thermoelemente gegen Au
TaS_2	6,9	–			x			Festschmiermittel
WS_2	7,5	430			x			Festschmiermittel
ZnS	4,1	1830	1100	Mo, Q, EB	x	2,3 (0,5 μm)	0,4–14	Mehrfachschichtsysteme in Kombination mit MgF_2 oder Kryolith-Filmen, Strahlteiler, AR-Schichten, Fensterglasbeschichtung (ZnS/Au/ZnS), Elektrolumineszenzschichten (LED-Displays)
Bi_2Se_3	6,8	710	≤ 800	Q		2,95 (10,6 μm)		Mehrfachschichtsysteme, magnetoresistive Filme
CdSe	5,8	1350	600	Mo, Q, EB	x	2,4 (8 μm)		Photozellen, Solarzellen, IR-Filter
In_2Se_3	5,7	890	≤1200	Mo, Ta				Halbleiter
$MoSe_2$	6,9	1150			x			reibungsmindernde Schichten
$NbSe_2$	6,3	780			x			reibungsmindernde Schichten

[1] Approximativer Wert der Aufdampftemperatur;
[2] Die Verdampferquellen sind wie in Tabelle A 1 bezeichnet.
[3] Das Aufdampfen der Sulfide, Selenide und Telluride erfolgt gewöhnlich reaktiv in H_2S bzw. H_2Se oder H_2Te. Das HF-Sputtern der Sulfide, Selenide und Telluride erfolgt reaktiv in Ar/H_2S bzw. Ar/H_2Se oder Ar/H_2Te, und das Sputtern der Halbleiter (GaAs bis Si) in Ar. Die angekreuzten Materialien sind als Targets für verschiedene Typen von Sputterquellen serienmäßig erhältlich, und die übrigen Materialien auf spezielle Anfrage;
[4] optische Daten nach [A.3; A.5]

(*Fortsetzung*)

Tabelle A 5 (Fortsetzung)

Schicht-material	Dichte g/cm³	Schmelz-temp. °C	Aufdampfen Temp.[1] °C	Aufdampfen Technik[2]	HF-Sputtern[3]	Brechungs-index n bei $\lambda(\mu m)$[4]	Transmiss.-Bereich μm	Anwendungen
PbSe	8,1	1065	≤1000	W, EB	x			Photoleiter, Solarzellen (giftig!)
TaSe₂	8,6	–			x			reibungsmindernde Schichten
WSe₂	9,0	–			x			reibungsmindernde Schichten
ZnSe	5,2	1526	950	W, Q, EB	x	2,57 (0,6 μm)	0,5–15	halbleitende Filme (Dioden), IR-Filter, Photozellen, Laserspiegel
Bi₂Te₃	7,7	573	≤ 800	W, Q, EB				magnetooptische Schichten
CdTe	5,9	1042	≤1200	Mo, Ta	x	3,0 (3 μm)	0,9–15	Photoleiter, Solarzellen, IR-Filter
In₂Te₃	5,8	667	≤ 800	Mo, Ta				halbleitende Schichten
MoTe₂	7,7	1180			x			reibungsmindernde Schichten
NbTe₂	7,6	–			x			reibungsmindernde Schichten
PbTe	8,2	905	1050	Mo, Ta	x	5,6 (5 μm)	3,5–20	Photoleiter, Solarzellen, IR-Filter (giftig!)
TaTe₂	9,4	–			x			reibungsmindernde Schichten
WTe₂	9,4	–			x			reibungsmindernde Schichten
ZnTe	5,6	1238	≤1200	Mo, EB	x	2,8 (0,55 μm)		thermionische Generatoren
GaAs	5,3	1240		W	x			halbleitende Schichten (Dioden)
GaP	4,14	1480		W	x			Lumineszenzdioden
Ge	5,3	937	1600	W, Mo, EB	x	4,4 (2 μm)	2–23	halbleitende Schichten, Solarzellen
Ge₃₀As₁₇–Te₃₀Se₂₃	5,5			EB		3,1 (10,6 μm)		halbleitende Schichten
InAs	5,7	943	970	Flash[5]		4,5 (1 μm)	3,8–7	halbleitende Schichten (Maser), giftig!
InP	4,78	1054		Flash[5]	x			halbleitende Schichten, Dioden, Solarzellen
InSb	5,8	525	500	Flash[5]		4,3 (1 μm)	7–16	Transistoren, magnetische Sensoren (giftig!)
Se	4,79	217	250	Mo, C, AO	x	2,78 (0,6 μm)		halbleitende Schichten, Dioden
Si	2,33	1423	1500	BeO, ZrO, EB	x	3,4 (3 μm)	1–9	halbleitende Schichten, Solarzellen

[5] Zwei-Quellen-Bedampfung;

Tabelle A 6. Legierungen und Cermets als Schichtmaterialien für PVD-Prozesse

Schichtmaterial[1]	Anwendungen, unterteilt nach den Gebieten: 1. Elektronik, 3. Oberflächenvergütung
AlCu1-4[2]	1. Leiterbahnen, Diffusionsbarrieren, Entladungsschichten in Bildröhren
AlCu4Si1	1. Leiterbahnen, Diffusionsbarrieren
AlSi 0,5-2	1. Leiterbahnen, Diffusionsbarrieren
CoCr29Al6Y1	3. Hochtemperaturschutzschichten (auch durch Vakuum-Plasmaspritzen herstellbar)
CrNi50-90	1. Widerstandsschichten (CrNi60: $R_s = 60\ \Omega/\square$, $\beta = 100$ ppm/°C)[3,4] 3. Korrosionsschutzschichten (auch durch thermisches Spritzen herstellbar)
CrCo20-60	1. Widerstandsschichten ($R_s = 100-350\ \Omega/\square$), magnetische Speicher 3. Schutzschichten gegen Heißgaskorrosion (auch durch thermisches Spritzen herstellbar)
Cr-SiO30-50 (Cermet)	1. Widerstandsschichten (Cr-SiO40: $\varrho_0 = 4000\ \mu\Omega$cm, $\beta = 100$ ppm/°C)[5]
CuMn13Ni4	1. Widerstandsschichten ($\varrho_0 = 50\ \mu\Omega$cm, $\beta \approx \pm 10$ ppm/°C)
Gd-Co	1. amorphe magnetische Schichten („bubbles") für Speicherung digitaler Daten; ebenso auch: Gd-Fe-Co, Gd-Ni-Co etc.
In-Sn 5-10	1. reaktive Herstellung von In_2O_3-InO_2 (ITO) für halbleitende, transparente Schichten für LCDs, Solarzellen etc.
NiCr15Fe7 (Inconel)	1. Widerstandsschichten 3. Korrosionsschutzschichten
NiFe19	1. Widerstandsschichten, magnetische Schichten (Speicher)
NiV7	1. magnetische Schichten
PbIn12Au4	1. supraleitende Schichten, Josephson-Elemente
TaAl16	1. Widerstandsschichten
WTi10	1. Widerstandsschichten, Diffusionsbarrieren (PtSi/WTi10/Al oder Au)

[1] Alle in dieser Tabelle genannten Schichtmaterialien sind als Aufdampfsubstanzen und als Sputterquellen kommerziell erhältlich;
[2] Die Konzentrationen (bzw. der Konzentrationsbereich) in Gew.-% sind dem jeweiligen Element nachgestellt;
[3] R_s: Flächenwiderstand;
[4] β: Temperaturkoeffizient des Widerstandes;
[5] ϱ_0: spez. elektrischer Widerstand bei 300 K

Tabelle A 7. Boride als Schichtmaterialien und deren Anwendungen

Die *Herstellung der Schichten* erfolgt durch:
1. reaktives HF-Sputtern in z. B. Ar/B_2H_6, wobei das Sputtertarget aus dem jeweiligen Borid oder dem entsprechenden Metall bzw. Halbleiter besteht. Dieses Verfahren kann auf sämtliche in der Tabelle aufgeführten, serienmäßig erhältlichen Schichtmaterialien angewandt werden. Die folgenden Verfahren:
2. reaktives Ionenplattieren,
3. thermisches CVD-,
4. plasma-aktiviertes CVD- und
5. Plasma-Spritzverfahren werden hauptsächlich auf CrB_2, HfB_2, NbB_2, TaB_2, TiB_2, WB_2 und ZrB_2, d. h. auf Probleme des Korrosions- und des Verschleißschutzes angewendet

Schicht-material	Schmelz-temp. °C	Dichte g/cm³	Spez. elektr. Widerstand μΩcm	Mikro-härte[1] 10^3 N mm^{-2}	Oxidations-beständig bis ca. °C	Anwendungen, geordnet nach den Gebieten: 1. Elektronik und 3. Oberflächenvergütung
CoB		7,32				1. amorphe magnetische Schichten
CrB_2	2 150	5,60	56	22		3. Korrosionsschutz, beständig gegen Mineralsäuren
FeB				14–19		1. magnetische Schichten
HfB_2	3 380	11,01		28		3. verschleißfeste Schichten
LaB_6	2 200	4,73	17	14–25		1. hohe thermische Elektronenemission
MoB_2	2 300	7,12				3. verschleißfeste Schichten
NbB_2	3 036	7,0		13–26		3. verschleißfeste Schichten
NiB						1. amorphe magnetische Schichten
TaB_2	3 040	12,58		25		3. verschleißfeste Schichten
TiB_2	3 230	4,38	9	30–34		3. Beschichtung von Graphitfasern für Kompositwerkstoffe, Schichten beständig gegen Leichtmetallschmelzen (Al, Sn, ..)
VB_2	2 400	5,1		13–21	1 300	3. verschleiß- und korrosionsfeste Schichten
WB_2	2 920	15,73		26		3. verschleißfeste Schichten, Werkzeugbeschichtung
ZrB_2	3 250	5,64	7	26	1 100	3. wie TiB_2

[1] nach [A 6–A 8]

Tabelle A 8. Carbide als Schichtmaterialien und deren Anwendungen

Die *Herstellung der Schichten* erfolgt durch:
1. reaktives HF-Sputtern in z. B. Ar/C_2H_4, wobei das Sputtertarget entweder aus dem jeweiligen Carbid oder dem entsprechenden Metall bzw. Halbleiter besteht. Dieses Verfahren kann auf sämtliche in der Tabelle aufgeführten, serienmäßig erhältlichen Schichtmaterialien angewendet werden. Die folgenden Verfahren:
2. reaktives Ionenplattieren,
3. thermisches CVD-,
4. plasma-aktiviertes CVD- und
5. Plasma-Spritzverfahren werden hauptsächlich auf B_4C, Cr_3C_2, HfC, SiC, TaC, TiC, VC, WC, W_2C und ZrC, d. h. auf Probleme des Verschleiß- und Korrosionsschutzes angewandt.

Schicht-material	Schmelz-temp. °C	Dichte g/cm³	Spez. elektr. Widerstand µΩcm	Mikro-härte[1] 10^3 N mm^{-2}	Oxidations-beständig bis ca. °C	Anwendungen, geordnet nach den Gebieten: 1. Elektronik und 3. Oberflächen-vergütung
B_4C	2 350	2,50		30		3. verschleißfeste Schichten
Co_2C		7,76				1. amorphe magnetische Schichten
Cr_3C_2	1 850	6,68	75	15-28	1 200	3. korrosionsschützende Schichten; beim Plasma-spritzen meist gemischt mit 25 % NiCr80:20
HfC	3 890	12,2	37	26	1 200	3. verschleißfeste Schichten; hohe Neutronenabsorp-tion
Mo_2C	2 670	8,9		16		3. verschleißfeste und korro-sionsschützende Schich-ten
NbC	3 500	7,82	34	20-24	1 100	3. verschleißfeste Schichten; geringe Neutronenabsorp-tion
Ni_3C		7,96				1. amorphe magnetische Schichten (Sensoren, Schreib- und Leseköpfe; ebenso: NiB, NiP, NiSi)
SiC	2 700	3,20		26		3. warmfeste, harte Schich-ten
TaC	3 880	14,65	25	18	1 100	3. warmfeste, verschleißfeste Schichten
TiC	3 170	4,08	68	29	1 200	3. verschleißfeste, harte, kor-rosionsschützende Schichten, insbesondere für den chemischen Anla-genbau
VC	2 770	5,4		29		3. verschleißfeste, korro-sionsschützende Schich-ten

[1] nach [A 6-A 8] *(Fortsetzung)*

Tabelle A 8 (Fortsetzung)

Schicht-material	Schmelz-temp. °C	Dichte g/cm³	Spez. elektr. Widerstand µΩcm	Mikro-härte[1] 10³ N mm⁻²	Oxidations-beständig bis ca. °C	Anwendungen, geordnet nach den Gebieten: 1. Elektronik und 3. Oberflächenvergütung
WC	2867	15,7	22	21	800	3. verschleißfeste Schichten; Plasmaspritzen meist gemischt mit Ni-Basis-Legierungen für Anlagen der Montan- und Bauindustrie
W₂C	2857	16,06	80	20	800	3. wie WC
ZrC	3530	6,51	42	26	1200	3. korrosionsschützende, warmfeste, harte Schichten

Tabelle A 9. Nitride als Schichtmaterialien und deren Anwendungen

Die *Herstellung der Schichten* erfolgt durch:
1. reaktives HF-Sputtern in Ar/N₂, wobei das Sputtertarget entweder aus dem jeweiligen Nitrid oder dem Metall bzw. Halbleiter besteht. Das Verfahren kann auf alle in der Tabelle aufgeführten, serienmäßig erhältlichen Materialien angewandt werden. Die folgenden Verfahren:
2. reaktives Ionenplattieren,
3. thermisches CVD-,
4. plasma-aktiviertes CVD- und
5. Plasma-Spritzverfahren werden hauptsächlich auf BN, HfN, TaN, TiN, VN und ZrN, d. h. auf Probleme des Verschleiß- und Korrosionsschutzes angewendet.

Schicht-material	Schmelz-temp. °C	Dichte g/cm³	Spez. elektr. Widerstand µΩcm	Mikro-härte[2] 10³ N mm⁻²	Oxidations-beständig bis ca. °C	Anwendungen, geordnet nach den Gebieten: 1. Elektronik und 3. Oberflächenvergütung
AlN	2230[1]	3,09		12		1. Transistoren (Al-AlN-Hg), piezoelektrische Schichten
BN	2300[1]	2,34		47		3. verschleißfeste Schichten für Werkzeuge, Festschmiermittel
CrN	1450[1]	7,7		18–21		3. verschleißfeste, korrosionsschützende Schichten, dekorative (weiße) Schichten
HfN	3300	13,8	26	17–20		1. Widerstandsschichten 3. gegen Al-, Cu-, Fe-Schmelzen beständige Schichten

Schicht-material	Schmelz-temp. °C	Dichte g/cm³	Spez. elektr. Widerstand μΩcm	Mikro-härte[2] 10³ N mm⁻²	Oxidations-beständig bis ca. °C	Anwendungen, geordnet nach den Gebieten: 1. Elektronik und 3. Oberflächen-vergütung
NbN	2 570	8,4				3. verschleißfeste Schichten
Si₃N₄	1 900	3,44				1. Kondensatorschichten, isolierende Schichten, Masken 3. verschleißfeste Schichten
TaN	3 360	16,3		15-30		1. Widerstandsschichten, 3. verschleißfeste Schichten, beständig gegen Al-, Cu-, Fe-Schmelzen
TiN	2 950	5,21	25	18-28	1 200	1. Leiterbahnen, Widerstandsschichten, Diffusionsbarrieren 3. verschleißfeste Schichten, Werkzeugbeschichtung, gegen Al-, Cu-, Fe-Schmelzen beständige Schichten, dekorative (goldfarbene) Schichten
VN	2 050	6,13		14-16		3. verschleißfeste, korrosionsschützende Schichten
ZrN	2 980	7,09	21	13-20	1 200	3. korrosionsschützende Schichten, beständig gegen Al-, Cu-, Fe-Schmelzen

[1] Zersetzungstemperatur
[2] nach [A 6-A 8]

Tabelle A 10. Silicide als Schichtmaterialien und deren Anwendungen

Die *Herstellung der Schichten* erfolgt durch:
1. reaktives Sputtern in z. B. Ar/SiH$_4$, wobei das Sputtertarget entweder aus dem jeweiligen Silicid oder aus dem entsprechenden Metall bzw. Halbleiter besteht. Dieses Verfahren kann auf alle in der Tabelle genannten Schichtmaterialien, die serienmäßig erhältlich sind, angewandt werden. Die folgenden Verfahren:
2. reaktives Ionenplattieren,
3. thermisches CVD-,
4. plasma-aktiviertes CVD- und
5. Plasma-Spritzverfahren werden hauptsächlich auf Cr$_3$Si$_2$, MoSi$_2$, TaSi$_2$, TiSi$_2$, VSi$_2$ und WSi$_2$, d. h. auf Probleme des Verschleiß- und Korrosionsschutzes angewandt.

Schicht-material	Schmelz-temp. °C	Dichte g/cm^3	Spez. elektr. Widerstand μΩcm	Mikro-härte[1] 10^3 N mm^{-2}	Oxidations-beständig bis ca. °C	Anwendungen, geordnet nach den Gebieten: 1. Elektronik 2. Optik 3. Oberflächenvergütung
CoSi$_2$	1 393	6,3				1. amorphe magnetische Schichten für magnetische Speicher (ebenso: CoB, CoC, CoP, FeC, FeSi, Gd-Co)
Cr$_3$Si$_2$	1 550	4,7	1 420	10		1. Widerstandsschichten 3. zunderfeste Schichten auf Fe und NE-Metallen
MoSi$_2$	2 050	6,31	21	13	1 700	1. Gate-Material für MOS-Elemente 3. zunderfeste Schichten auf Fe und NE-Metallen
NbSi$_2$	1 950	5,7				1. Diffusionsbarrieren
NiSi						1. amorphe magnetische Schichten, Sensoren, Schreib- und Leseköpfe (bubble overlays; ebenso: NiB, NiC, NiP)
TaSi$_2$	2 200	9,2	46	12	1 100	1. Leiterbahnen, Kontaktschichten, Gate-Material für MOS-Elemente 2. Haftvermittler Metall-Glas, AR-Schichten 3. Korrosionsschutz
TiSi$_2$	1 540	4,0	18	7	1 100	1. Leiterbahnen, Gate-Material für MOS-Elemente 3. zunderfeste Schichten auf Fe und NE-Metallen
VSi$_2$	1 650	5,7				1. Widerstandsschichten, Gate-Material für MOS-Elemente
WSi$_2$	2 170	9,40	12,5	11	1 600	1. Gate-Material für MOS-Elemente 3. oxidationsbeständige Schichten

[1] nach [A 6–A 8]

Literatur

Literatur zu Kapitel 1

1.1 Chapman, B.N.; Anderson, J.C. (eds): Science and technology of surface coating. New York: Academic Press 1974
1.2 Bunshah, R.F.; Mattox, D.M.: Phys. Today, May (1980)
1.2a Bunshah, R.F.: Deposition Technologies of Films and Coatings, Noyes Publishing, Park Ridge, N.J. (1982)
1.2b Maissel, L.I.; Glang, R.; ed.: Handbook of Thin Film Technology, New York: McGraw Hill 1970
1.2c Vossen, J.L.; Kern, W.; ed.: Thin Film Processes, New York: Academic Press 1978
1.3 Bunk, W.; Hansen, J.; Geyer, M. (Hrsg): Tribologie, Bd 7. Berlin: Springer 1983
1.4 Poate, J.M.; Foti, G.; Jacobson, D.C. (eds): Surface modification and alloying. New York: Plenum Press 1983
1.5 Johnson, A.W.; Ehrlich, D.J.; Schlossberg, H.R. (eds): Laser-controlled chemical processing of surfaces. New York: North-Holland 1984
1.6 Picraux, S.T.: Annu. Rev. Mater. Sci. 14 (1984) 335
1.7 Newman, R.: Fine line lithography. New York: North-Holland 1980
1.8 Frank, G.; Kauer, E.; Köstlin, H.: Phys. Bl. 34 (1978) 106
1.9 Haefer, R.A.; In: Frey, H.; Haefer, R.A.: Tieftemperaturtechnologie. Düsseldorf: VDI-Verlag 1981

Literatur zu Kapitel 2

2.1 Mattox, D.M.; In: Mittal, K.L. (ed): Adhesion measurement of thin films, thick films and bulk coating. Am. Soc. Test. Mater. (1978) 54–62
2.2 Neugebauer, C.; In: Maissel, L.; Glang, R. (eds): Handbook of thin film technology. New York: McGraw-Hill 1970
2.3 Mattox, D.M.: Thin Solid Films 18 (1973) 173
2.4 Lloyd, J.R.; Nakahara, S.: J. Vac. Sci. Technol. 14 (1977) 655
2.5 Paulson, G.G.; Friedberg, A.C.; Thin Solid Films 5 (1970) 47
2.6 Tarng, M.L.; Wehner, G.K.: J. Appl. Phys. 43 (1972) 2268
2.7 Elliot, A.G.: Surf. Sci. 51 (1975) 489
2.8 Sunahl, R.C.: J. Vac. Sci. Technol. 9 (1972) 181
2.9 Westwood, W.D.: Prog. Surf. Sci. 7 (1976) 71
2.10 Mattox, D.M.: Sandia Lab. Rep. SC-R-65-852 (1965)
2.11 Bland, R.D.; Kominiak, G.J.; Mattox, D.M.: J. Vac. Sci. Technol. 11 (1974) 671
2.12 Katz, G.: Thin Solid Films 33 (1976) 99
2.13 Philofsky, E.: Proc. 9th Ann. Reliability Phys. Symp., IEEE Catalog No. 71-C-9-Ph (1971) p 114
2.14 Selikson, B.: Appl. Phys. Lett. 14 (1969) 283
2.15 Kornelsen, E.W.: Radiat. Eff. 13 (1972) 227
2.16 Dearnaley, G.: Appl. Phys. Lett. 28 (1976) 244
2.17 Hollar, E.L.; Rebarchik, F.N.; Mattox, D.M.: J. Electrochem. Soc. 117 (1970) 117

2.18 Dirks, A.G.; Leamy, H.J.: Thin Solid Films 47 (1977) 219
2.19 Brophy, J.H.; Rose, R.M.; Wulff, J.: The structure and properties of materials, vol 2. New York: Wiley 1964, p 192
2.20 Movchan, B.A.; Demchshin, A.V.: Fiz. Met. 28 (1969) 653 — Phys. Met. Metallogr. 28 (1969) 83
2.21 Thornton, J.A.: J. Vac. Sci. Technol. 11 (1974) 666
2.22 Thornton, J.A.: Ann. Rev. Mater. Sci. 7 (1977) 239
2.23 Vossen, J.L.; Kern, W. (eds): Thin film processes. New York: Academic Press 1978, p 309-315
2.24 Francombe, M.H.; In: Mathews, J.W. (ed): Epitaxial Growth, Part A. New York: Academic Press 1975, p 109
2.25 Chambers, D.L.; Bower, W.K.: J. Vac. Sci. Technol. 7 (1970) 962
2.26 Agarwal, N.; Kane, N.; Bunshah, R.F.: Trans. Nat. Vac. Symp. 20 (1973) 73
2.27 Neirynck, M.; Samaey, W.; van Pouke, L.: J. Vac. Sci. Technol. 11 (1974) 647
2.28 Paton, B.A.; Movchan, B.A.; Demchishin, A.V.: Proc. 4th Int. Conf. Vacuum Metallurgy (1973) 251
2.29 Raghuran, A.C.; Bunshah, R.F.: J. Vac. Sci. Technol. 9 (1972) 1389
2.29a Teer, T.G.: Proc. Int. Congr. Surf. Technol. 1 (1981) 247
2.30 Marininov, M.: Thin Solid Films 46 (1977) 267
2.31 Eltoukhy, A.H.; Greene, J.W.: Appl. Phys. Lett. 33 (1978) 343
2.32 Plumbridge, W.J.: J. Mater. Sci. 7 (1972) 939
2.33 Thornton, J.A.: Thin Solid Films 40 (1977) 335
2.34 Lardon, M.; Buhl, R.; Signer, H.; Pulker, H.K.; Moll, E.: Thin Solid Films 54 (1978) 317
2.35 Mattox, D.M.: Proc. Int. Vac. Congr. 8 (1980) 297
2.36 Abermann, R.; Koch, R.: Thin Solid Films 64 (1979) 409
2.37 Springer, R.W.; Catlett, D.S.: Thin Solid Films 54 (1978) 197
2.38 Schwarzkopf, P.; Kieffer, R.: Refractory metals. New York: MacMillan 1963
2.39 Hoffman, R.W.: Phys. Thin Films 3 (1966) 246
2.40 Bunshah, R.F.; Raghuram, A.C.: J. Vac. Sci. Technol. 9 (1972) 1385
2.41 Wakefield, G.; Boyd, W.W.; Rea, S.N.: J. Appl. Phys. 42 (1971) 3256
2.42 Hintermann, H.E.; Boving, H.: Technik 33 (1978) 387
2.43 Broszeit, E.; Wagner, E.: Haus Tech. Essen Vortragsveröff. 374 (1978) 37
2.44 Townsend, P.D.; Kelly, J.C.; Hartley, N.E.W.: Ion implantation, sputtering and their applications. New York: Academic Press 1976
2.45 Mayer, J.W.; Erikson, L.: Ion implantation in semiconductors. New York: Academic Press 1976
2.46 Hartley, N.E.W.: Surfacing J. 10 (1979) 13
2.47 Dearnaley, G.; Hartley, N.E.W.: Thin Solid Films 54 (1978) 73
2.48 Campbell, D.S.; In: Maissel, L.; Glang, R. (eds): Handbook of thin film technology. New York: McGraw-Hill 1970
2.49 Santoro, C.J.: J. Electrochem. Soc. 116 (1969) 361
2.50 Pennebaker, W.B.: J. Appl. Phys. 40 (1969) 394
2.51 Lahiri, S.K.: J. Appl. Phys. 41 (1970) 3172
2.52 Chopra, K.L.: Thin Film Phenomena. New York: McGraw-Hill 1969
2.53 Stuart, P.R.: Vacuum 19 (1969) 507
2.54 Wagner, R.S.; Sinha, A.K.; Sheng, T.T.; Levinstein, H.J.; Alexander, F.B.: J. Vac. Sci. Technol. 11 (1974) 582
2.55 Abermann, R.; Kramer, R.; Mäser, J.: Thin Solid Films 52 (1978) 215
2.56 Hara, K.; Kamimoro, T.; Fujiwata, H.; Hashimoto, T.: Thin Solid Films 66 (1980) 185
2.57 Abermann, R.; Koch, R.: Thin Solid Films 64 (1979) 409 and 62 (1979) 195
2.58 Pulker, H.K.; Mäser, J.: Thin Solid Films 59 (1979) 65
2.59 Thornton, J.A.; Tabock, J.; Hoffman, D.W.: Thin Solid Films 64 (1979) 111
2.60 Thornton, J.A.: Met. Finish. 77 (1979) 45
2.61 Hoffman, D.W.; Thornton, J.A.: Thin solid Films 40 (1977) 355
2.62 Hoffman, D.W.; Thornton, J.A.: J. Vac. Sci. Technol. 16 (1979) 134

2.63 Hoffman, D.W.; Thornton, J.A.: J. Vac. Sci. Technol. 17 (1980) 380
2.64 Kubovy, A.; Janda, M.: Thin Solid Films 42 (1977) 169
2.65 Pulker, H.K.: Thin Solid Films 89 (1982) 191
2.66 Kinosita, K.: Thin Solid Films 12 (1972) 17
2.67 Chapman, B.N.: J. Vac. Sci. Techn. 11 (1974) 106
2.68 Weaver, C.: J. Vac. Sci. Technol. 12 (1975) 18
2.69 Mittal, K.L.: J. Vac. Sci. Technol. 13 (1976) 19
2.70 Harrach, H. von; Chapman, B.N.: Thin Solid Films 13 (1972) 157
2.71 Kasprazak, L.; Laibowitz, R.; Herd, S.; Ohring, M.: Thin Solid Films 22 (1974) 189
2.72 Dearnaley, G.: Appl. Phys. Lett. 28 (1976) 244
2.73 Pulker, H.K.; Perry, A.J.; Berger, R.: Surf. Technol. 14 (1981) 25
2.74 Mittal, K.L.: l.c. [2.1]
2.75 Mattox, D.M.: J. Appl. Phys. 37 (1966) 3613
2.75a Hintermann, H.E.: Schmiertech. Tribol. 28 (1981) 159
2.75b Steffen, H.D.; Dammer, R.; Fischer, U.: Oberflächentechnik. SURTEC-Kongr. 3 (1985) 75
2.76 Benjamin, P.; Weaver, C.: Proc. R. Soc. London, Ser.A 211 (1961) 516
2.77 Weaver, C.; Hill, R.M.: Philos. Mag. 8 (1959) 1107
2.78 Hall, P.M.; Panovsis, N.T.; Menzel, P.R.: IEEE Trans. Parts Hybrids Packag. 11 (1975) 202
2.79 Hasselman, D.P.H.: J. Am. Ceram. Soc. 52 (1969) 600
2.80 Rehig, D.L.: Plating Surf. Finish. 61 (1974) 43
2.81 Fraut, M.S.: J. Electrochem. Soc. 108 (1961) 774
2.82 Morrissey, R.J.: J. Electrochem. Soc. 119 (1972) 446
2.83 Haefer, R.A.: Kryo-Vakuumtechnik. Berlin: Springer 1981 S 266
2.84 Holland, L.: Vacuum deposition of thin films. London: Chapman & Hall 1968
2.85 Barber, G.F.: J. Vac. Sci. Technol. 8 (1971) 310
2.86 Wessel, H.: Silikattechnik 4 (1953) 59
2.86a Espe, W.: Werkstoffe der Hochvakuumtechnik, Bd 3, Berlin: VEB Dtsch. Verl. Wiss. 1959
2.86b Mittal, K.L.: Surface contamination, vol 1 and 2. New York: Plenum Press 1979
2.86c Holland, L.: Properties of glass surfaces. London: Chapman & Hall 1964
2.86d Zimon, A.D.: Adhesion of dust and powder. New York: Plenum Press 1969
2.86e Vig, J.R.; Le Bus, J.W.: IEEE Trans. Parts Hybrids Packag. 12 (1976) 365
2.86f Jorgensen, G.J.; Wehner, G.K.: Trans. 10th AVS Symp. (1963) 388
2.87 Ross, A.: Vak. Tech. 8 (1959) 1
2.88 Holland, L.: Br. J. Appl. Phys. 9 (1958) 410
2.89 Isler, W.E.; Bullis, L.H.: J. Vac. Sci. Technol. 3 (1966) 192
2.90 Benson, N.; Hass, G.; Scott, N.W.: J. Opt. Soc. Am. 40 (1950) 687
2.91 Neugebauer, C.; In: Maissel, L.; Glang, R. (eds): Handbook of thin film technology. New York: McGraw-Hill 1970
2.92 Espe, W.: l.c. [2.86a] Bd. 1
2.93 Weiner, R.: Kunststoff-Galvanisierung. Saulgau: Leuze 1973
2.94 Bikermann, J.J.: The science of adhesive joints. New York: Academic Press 1968
2.95 Mittal, K.L.: Adhesion science and technology. New York: Plenum Press 1981
2.96 Mattox, D.M.: Thin Solid Films 53 (1978) 81
2.97 Wu, S.: Polymer interface and adhesion. New York: Dekker 1982
2.98 Bischof, C.; Possart, W.: Adhäsion. Berlin: Akademie-Verlag 1983

Literatur zu Kapitel 3

3.1 Pulker, H.K.; Girardet, E.: J. Vac. Sci. Technol. 6 (1969) 131
3.2 Sauerbrey, G.: Z. Phys. 155 (1959) 206
3.3 Behrendt, K.H.: Proc. 4th Int. Vac. Congr. vol 2, (1968) 579
3.4 Pulker, H.K.: Z. angew. Phys. 20 (1966) 537

3.5   Pulker, H.K.; Hilbrand, M.: Z. angew. Phys. 23 (1967) 15
3.6   Behrendt, K.H.: J. Vac. Sci. Technol. 8 (1971) 622
3.7   Miller, J.G.; Bolef, D.I.: J. Appl. Phys. 39 (1968) 5815
3.8   Lu, C.; Lewis, O.: J. Appl. Phys. 43 (1972) 4385
3.9   Söllner, E.; Benes, E.; Biedermann, A.: Vak. Tech. 26 (1977) 187
3.10 Pulker, H.K.: Thin Solid Films 32 (1976) 27
3.11 Walker, R.F.: Microbalance techniques. New York: Plenum Press 1962
3.12 Niedermayer, R.; Schroen, W.: Vak. Tech. 11 (1962) 36
3.13 Chopra, K.L.: Thin film phenomena. New York: McGraw-Hill 1969, p 883
3.14 Steckelmacher, W.; In: Holland, L. (ed): Thin film monitoring techniques in thin film microelectronic. London: Chapman & Hall 1965
3.15 Hayes, R.E.; Roberts, A.R.V.: J. Sci. Instrum. 39 (1963) 428
3.16 Beavitt, A.R.: J. Sci. Instrum. 43 (1966) 182
3.17 Koch, O.G.; Koch-Dedic, G.A.: Handbuch der Spurenanalyse. Berlin: Springer 1964
3.18 Wainfan, N.; Scott, N.J.; Parratt, L.G.: J. Appl. Phys. 30 (1959) 1604
3.19 Tümmler, R.; Graefe, G.: Z. Chem. 14 (1974) 349
3.20 Schiller, S.; Goedicke, K.: Vak. Tech. 22 (1973) 149
3.21 Auwärter, M. (Hrsg); Haefer, R.A.; Rheinberger, P.: Ergebnisse der Hochvakuumtechnik und der Physik dünner Schichten, Bd 1. Stuttgart: Wiss. Verlagsges. 1957, S 22-38
3.22 Ross, A.: Vak. Tech. 8 (1959) 1
3.23 Wolter, H.: Z. Phys. 105 (1937) 269
3.24 Haefer, R.A.: l. c. [3.21] p 123-142
3.25 Hacmann, D.: Balzers-Hochvakuum-Fachber. 4, 1965
3.26 Mayer, H.: Physik dünner Schichten, Bd 1. Stuttgart: Wiss. Verlagsges. 1950
3.27 Steckelmacher, W.: Vak. Tech. 20 (1971) 139
3.28 Tolansky, S.: Multiple beam interferometry. Oxford: Clarendon Press 1948
3.29 Heavens, O.S.: Proc. Phys. Soc. 64 (1951) 419
3.30 Scott, G.D.; McLauchlan, T.A.; Sennett, R.S.: J. Appl. Phys. 21 (1950) 843
3.31 Pulker, H.K.: Naturwissenschaften 53 (1966) 224
3.32 Nomarski, G.; Weill, A.R.: Rev. Metall. 52 (1956) 121
3.33 Wainfan, N.: Electronics 36, 51 (1963) 17
3.34 Passoglia, E.; Stromberg, R.R.; Krüger, J.: Nat. Bur. Stand. Mis. Publ. Nr. 256 (1964)
3.35 Schwartz, N.; Brown, R.: Nat. Vac. Symp. 8 (1962) 836
3.36 Campbell, D.S.; Blackburn, H.: Nat. Vac. Symp. 7 (1961) 313
3.36a Stylus-Gerät Typ Talystep, Rank Taylor Hobson, Leicester/England
3.36b Stylus-Gerät Typ Dektak II, Sloan Technology Corp., 535 East Montecito Street, Santa Barbara, CA 93103
3.37 Mayer, H.: Physik dünner Schichten, Bd 2. Stuttgart: Wiss. Verlagsges. 1955
3.38 Reimer, L.: Elektronenmikroskopische Untersuchungs- und Prüfmethoden. Berlin: Springer 1967
3.39 Reimer, L.; Pfefferkorn, G.: Rasterelektronenmikroskopie. Berlin: Springer 1977
3.40 Seiler, H.: Abbildung von Oberflächen mit Elektronen, Ionen und Röntgenstrahlen. Mannheim: Bibliograph. Inst. 1968
3.41 Glauert, A.M.: Practical methods in electron microscopy. Amsterdam: North Holland 1974
3.42 Schimmel, G.; Vogell, W.: Methodensammlung der Elektronenmikroskopie. Stuttgart: Wiss. Verlagsges. 1970
3.43 Steckelmacher, W.; English, J.; Bath, H.H.A.; Haynes, D.; Holden, J.T.; Holland, L.: Solid State Technol. 7 (1964) 17 — Electron. Components 5 (1964) 405
3.44 Keister, F.Z.; Scapple, R.Y.: Trans. Nat. Vac. Symp. 9 (1963) 116
3.45 Meyerhofer, D.; Ochs, S.A.: J. Appl. Phys. 34 (1963) 2535
3.46 Müller, P.: Metall 18 (1964) 957
3.47 Gühring, W.: Messen + Prüfen (1977) 731
3.48 Dietzel, A.H.: Emaillierung. Berlin: Springer 1981
3.49 Krautkrämer, J.; Krautkrämer, H.: Ultrasonic testing of materials. Berlin: Springer 1983
3.50 Schwarz, H.: J. Appl. Phys. 37 (1966) 4341

3.51	Huber, W.K.; Wegmann, U.; Wellerdieck, K.; Gorter, C.A.: Proc. 8th. Int. Vac. Congr. (1980) 542
3.52	Coburn, J.W.; Chen, M.: J. Vac. Sci. Technol. 18 (1981) 353
3.53	Haefer, R.A.: Optik 17 (1960) 213
3.54	Haefer, R.A.: Proc. European Conf. Electron Microscopy. Delft 1960, 591
3.55	Weyl, R.: Z. Angew. Phys. 13 (1961) 283
3.56	Preuss, L.E.; Bugenis C.: Trans. Nat. Vac. Symp. 7 (1962) 260
3.57	Malissa, H.: Handbuch der mikrochemischen Methoden, Bd 4: Elektronenstrahl-Mikroanalyse. Wien: Springer 1966
3.58	Birks, L.S.: Electron probe mikroanalysis. New York: Wiley 1971
3.59	Oechsner, H. (ed): Thin film and depth profile analysis. Topics in current physics, vol 37. Berlin: Springer 1984
3.60	Joshi, A.; Davis, L.C.; Palmberg, P.W.; In: Czanderna, A.W. (ed): Methods of surface analysis. New York: Elsevier 1975
3.61	Carlson, T.A.: Photoelectron and Auger spectroscopy. New York: Plenum Press 1976
3.62	Riggs, W.M.; Parker, M.J.: l. c. [3.60] chap. 4
3.63	Hercules, S.H.; Hercules, D.M.; In: Kane, P.F.; Larrabee, G.B. (eds): Characterization of solid surfaces. New York: Plenum Press 1974
3.64	McHugh, J.A.: l. c. [3.60] chap. 6
3.65	McCrea, J.J.: l. c. [3.63] chap. 21
3.66	Benninghoven, A.: Appl. Phys. 1 (1973) 3
3.66a	Oechsner, H.: Plasma Phys. 16 (1974) 835
3.66b	Beckmann, P.; Oechsner, H.: Oberflächentechnik. SURTEC-Kongr. 3 (1985) 431
3.67	Buck, T.M.: l. c. [3.60] chap. 3
3.68	Nelson, G.C.: J. Colloid Interface Sci. 55 (1976) 289
3.69	Foti, G.; Wagner, J.W.; Rimini, E.; In: Mayer, J.W.; Rimini, E. (eds): Ion beam handbook for material analysis. New York: Academic Press 1977
3.70	Borders, J.A.; In: Hercules, D.M. (ed): Contemporary topics in analytical and clinical chemistry. New York: Plenum Press 1978
3.71	Schmaltz, G.: Technische Oberflächenkunde. Berlin: Springer 1936
3.72	Holloway, P.H.; McGuire, G.E.: Appl. Surf. Sci. 4 (1980) 410
3.73	Hantschke, H.; Habig, K.H.: Z. Werkstofftech. 13 (1982) 361
3.74	Habig, K.H.; In: Bunk, W.; Hansen, J.; Geyer, M. (Hrsg): Tribologie, Bd 7. Berlin: Springer 1982
3.75	Buckley, D.H.: Proc. Int. Congr. Surf. Technol. 2 (1983) 501
3.76	Ahlers, R.J.: Proc. Int. Congr. Surf. Technol. 2 (1983) 471
3.77	Bodschwinna, H.: Proc. Int. Congr. Surf. Technol. 1 (1981) 55
3.78	Henzold, G.: Proc. Int. Congr. Surf. Technol. 1 (1981) 47
3.79	Hillmann, W.; Eckolt, K.: Proc. Int. Congr. Surf. Technol. 1 (1981) 39
3.79a	Hensold, G.: Rauheitsmessung mit elektrischen Tastschnittgeräten. Normenheft 12, 1971
3.80	Schimmel, G.: Proc. Int. Congr. Surf. Technol. 2 (1983) 489
3.81	Mader, S.; In: Maissel, L.I.; Glang, R. (eds): Handbook of Thin Film Technology. New York: McGraw-Hill 1970
3.81a	Tsunasawa, E.: J. Vac. Sci. Technol. 14 (1977) 651
3.82	Kohlrausch, F.: Praktische Physik, 3 Bde, 23.Aufl. Stuttgart: Teubner 1985
3.83	Anders, H.: Dünne Schichten in der Optik. Stuttgart: Wiss. Verlagsges. 1965
3.84	MacLeod, H.A.: Thin film optical filters. London: Hilger 1969
3.85	Pulker, H.K.: Coatings on glass. Amsterdam: Elsevier 1984
3.86	Gundlach, D.: Proc. Int. Congr. Surf. Technol. 2 (1983) 481
3.87	Maissel, L.I.; In: Maissel, L.I.; Glang, R. (eds): Handbook of thin film technology. Chap. 13 and 18. New York: McGraw-Hill 1970
3.88	Harrop, P.J.; Campbell, D.S.; In: Maissel, L.I.; Glang, R. (eds): Handbook of thin film technology. New York: McGraw-Hill 1970
3.89	Gerstenberg, D.; In: Maissel, L.I.; Glang, R. (eds): Handbook of thin film technology. New York: McGraw-Hill 1970

3.90 Foster, N.J.; In: Maissel, L.I.; Glang, R. (eds): Handbook of thin film technology. New York: McGraw-Hill 1970
3.91 Cohen, M.S.; In: Maissel, L.I.; Glang, R. (eds): Handbook of thin film technology. New York: McGraw-Hill 1970
3.92 Raffel, J.I.; In: Maissel, L.I.; Glang, R. (eds): Handbook of thin film technology. New York: McGraw-Hill 1970
3.93 Simmons, J.G.; In: Maissel, L.I.; Glang, R. (eds): Handbook of thin film technology. New York: McGraw-Hill 1970
3.94 Weimer, P.K.; In: Maissel, L.I.; Glang, R. (eds): Handbook of thin film technology. New York: McGraw-Hill 1970
3.95 Joynson, R.E.; In: Maissel, L.I.; Glang, R. (eds): Handbook of thin film technology. New York: McGraw-Hill 1970
3.96 Blech, I.; Sello, H.; Gregor, L.V.; In: Maissel, L.I.; Glang, R. (eds): Handbook of thin film technology. New York: McGraw-Hill 1970
3.97 Meiksin, Z.H.: Thin and thick films for hybrid microelectronics. Lexington: Lexington Books 1976
3.98 Glaser, A.B.; Subak-Sharpe, G.E.: Integrated circuit engineering. Reading: Addison-Wesley 1977
3.99 Rehme, H.: Phys. Bl. 38 (1982) 253
3.100 Menzel, E.; Kubalek, E.: Scanning 5 (1983) 103–122
3.101 Zerbst, M.: Meß- und Prüftechnik, Halbleiterelektronik, Bd 16. Berlin: Springer 1984
3.102a Warnecke, H.J.; Dutschke, W.; Grode, H.P. (eds): Fertigungsmeßtechnik. Berlin: Springer 1984
3.102b Tabor, D.: The hardness of metals. Oxford: Clarendon Press 1951
3.102c Ruff, A.W.; Lashmore, D.S.: ASTM Spec. Techn. Publ. 769 (1982) 134
3.102d Ruff, A.W.; Polvani, R.S.: Oberflächentechnik. SURTEC-Kongr. 3 (1985) 441
3.103a Ultramicrohardness Tester UMHT-3, Firma Anton Paar K.G., Kärntnerstr. 322, A-8054 Graz
3.103b Bangert, H.; Wagendristel, A.; Aschinger, H.: Vak. Tech. 31 (1982) 200
3.104 Zorll, U.: Proc. Int. Congr. Surf. Technol. 2 (1983) 527
3.105 Zorll, U.: Farbe + Lack 82 (1976) 821
3.106 Perry, A.J.: Thin Solid Films 78 (1981) 77
3.107 Moslé, H.G.: Proc. Int. Congr. Surf. Technol. 1 (1981) 125
3.108a Benjamin, P.; Weaver, C.: Proc. R. Soc. London: Ser. A 254 (1960) 163
3.108b Laeng, P.; Steinmann, P.A.; Hintermann, H.E.: Oberfläche-Surface 23 (1982) 108
3.109 Habig, K.H.: Verschleiß und Härte von Werkstoffen. München: Hanser 1980
3.109a Hoffmann, R.W.; In: Hass, G.; Thun, R.E. (eds): Physics of thin films, vol 3. New York: Academic Press 1966, p 211
3.109b Pulker, H.K.; Buhl, R.; Mäser, J.: Proc. 7th Int. Vac. Congr. (1977) 1761
3.110 Campbell, D.S.; In: Maissel, L.I.; Glang, R. (eds): Handbook of thin film technology. New York: McGraw-Hill 1970
3.111 Elfinger, F.X.: Proc. Int. Congr. Surf. Technol. 2 (1983) 519

Literatur zu Kapitel 4

4.1 Brown, S.C.: Basic data of plasma physics 1966. Cambridge/Mass.: MIT Press 1967
4.2 Cobine, J.D.: Gaseous conductors. New York: Dover 1958
4.3 Baddour, R.F.; Timmins, R.S. (ed): The applications of plasmas to chemical processing. Cambridge/Mass.: MIT Press 1967
4.4 Chen, F.F.: Introduction to plasma physics. New York: Plenum Press 1974
4.5 Spitzer, L.: Physics of fully ionized gases. New York: Interscience 1956
4.6 Delcroix, J.L.: Introduction to the theory of ionized gases. New York: Interscience 1960
4.7a Shohet, J.L.: The plasma state. New York: Academic Press 1971
4.7b Chapman, B.: Glow discharge processes. New York: Wiley 1980
4.8 Thornton, J.A.: J. Vac. Sci. Technol. 15 (1978) 15

Literatur

- 4.9 Griem, H.R.: Plasma spectroscopy. New York: McGraw-Hill 1964
- 4.10 ter Haar, D.: Elements of statistical mechanics. New York: Holt, Rinehart & Winston 1960
- 4.11 Druvestyn, M.J.; Penning, F.M.: Rev. Mod. Phys. 38 (1940) 80
- 4.12 Dreicer, H.: Phys. Rev. 117 (1960) 343
- 4.13 du Bois; Rudd, M.E.: J. Phys. B. 8 (1975) 9, 1474
- 4.14 Kieffer, L.J.; Dunn, G.H.: Rev. Mod. Phys. 38 (1966) 1
- 4.15 Hirschfelder, J.O.; Curtiss, C.F.; Bird, R.B.: Molecular theory of gases and liquids. New York: Wiley 1954
- 4.16 McDaniel, E.W.: The mobility and diffusion of ions in gases. New York: Wiley 1973
- 4.17 von Engel, A.: Ionized gases. Oxford: Clarendon Press 1965
- 4.18 Bohm, D.; In: Guthrie, A.; Wakerling, R.K. (eds): The characteristics of electrical discharges in magnetic fields. New York: McGraw-Hill 1949
- 4.19 Davis, W.D.; Vanderslice, T.A.: Phys. Rev. 131 (1963) 219
- 4.20 Chen, F.F.; In: Huddlestone, R.H.; Leonard, S.L. (eds): Plasma diagnostic techniques. New York: Academic Press 1965, p 113
- 4.21 Gillery, F.A.: J. Vac. Sci. Technol. 15 (1978) 306
- 4.22 Langmuir, I.: Phys. Rev. 28 (1926) 727
- 4.23 Druvesteyn, M.: Z. Phys. 64 (1930) 781
- 4.24 Johnson, E.O.; Malter, L.: Phys. Rev. 80 (1950) 58
- 4.25 Fetz, H.; Oechsner, H.: Z. Angew. Phys. 12 (1960) 250
- 4.26 Butler, H.S.; Kino, G.S.: Phys. Fluids 6 (1963) 1346
- 4.27 Wehner, G.K.; Anderson, G.S.; In: Maissel, L.; Glang, R. (eds): Handbook of thin film technology. New York: McGraw-Hill 1970
- 4.28 Koenig, H.R.; Maissel, L.I.: IBM J. Res. Dev. 14 (1970) 168
- 4.29 Koenig, H.R.: US Pat 3 661 761 (1972)
- 4.30 Coburn, J.W.; Kay, E.: J. Appl. Phys. 43 (1972) 4965
- 4.31 Hollahan, J.R.; Bell, A.T. (eds): Techniques and applications of plasma chemistry. New York: Wiley 1974
- 4.32 McTaggart, F.K.: Plasma chemistry in electrical discharges. Amsterdam: Elsevier 1967
- 4.33 Winters, H.F.; Coburn, J.W.; Kay, E.: J. Appl. Phys. 48 (1978) 4973
- 4.34 Coburn, J.W.; Winters, H.F.: J. Vac. Sci. Technol. 16 (1979) 392
- 4.35 Burnett, G.M.; North, A.M. (eds): Transfer and storage of energy by molecules. New York: Interscience 1969
- 4.36 Mischlitz, E.E.: Science 159 (1968) 599
- 4.37 Kern, W.; Ban, V.S.; In: Vossen, J.L.; Kern, W. (eds): Thin film processes. New York: Academic Press 1978, p 257
- 4.38 Coburn, J.W.; Winters, H.F.: J. Appl. Phys. 50 (1979) 3189
- 4.39 Oechsner, H.: Phys. Rev. B 17 (1978) 1052
- 4.40 Haefer, R.A.: Acta Phys. Austriaca 9 (1954) 1

Literatur zu Kapitel 5

- 5.1 Glang, R.; In: Maissel, L.I.; Glang, R. (eds): Handbook of thin film technology. New York: McGraw-Hill 1970
- 5.2 Holland, L.: Vacuum deposition of thin films. London: Chapman & Hall 1956
- 5.3 Chapman, B.N.; Anderson, J.C. (eds): Science and technology of surface coatings. New York: Academic Press 1974
- 5.4 Schiller; Heisig, U.: Bedampfungstechnik. Berlin: VEB Velag Technik 1975
- 5.5 Haefer, R.A.: Kryo-Vakuumtechnik. Berlin: Springer 1981
- 5.6 Buhl, R.: Vak. Tech. 30 (1981)
- 5.7 Hertz, H.: Ann. Phys. 17 (1882) 177
- 5.8 Knudsen, M.: Ann. Phys. 47 (1915) 697
- 5.9 Hirth, J.P.; Pound, G.M.: Condensation and evaporation, nuceation and growth kinetics. New York: MacMillan 1963

5.10 Rutner, E.: J. Vac. Sci. Technol. 4 (1967) 368
5.11a Honig, R.E.: RCA Rev. Dec. (1962) 567-586
5.11b Dushman, S.: Scientific foundations of vacuum technique. New York: Wiley 1962, p 691
5.12 Deppich, G.: Vak. Tech. 30 (1981) 67
5.13 Graper, E.B.: J. Vac. Sci. Technol. 8 (1971) 333 and 10 (1973) 100
5.14 Schiller, S.: Vak. Tech. 16 (1967) 205
5.15 Turner, M.E.: Solid State Technol. 16 (1973) 16
5.16 Riley, T.C.: PhD thesis. Stanford Univ., Nov. 1974
5.17 Smith, H.R.: Proc. 12th Ann. Techn. Conf., Soc. Vacuum Coaters (1969) 50-54
5.18 Bunshah, R.F.; Juntz, R.S.: Trans. Vac. Met. Conf. (1967) 799
5.19 Balzers Druckschrift: Substratträger und Drehantriebe (1982)
5.20 Neugebauer, C.A.; Ekvall, R.A.: J. Appl. Phys. 35 (1964) 547
5.21 Ritter, E.: Proc. Colloq. Thin Films. Budapest 1975, p 79
5.22 Pulker, H.K.; Ritter, E.; In: Auwärter, M. (ed): Ergebnisse der Hochvakuumtechnik und der Physik dünner Schichten, Bd 2. Stuttgart: Wiss. Verlagsges. 1971, S 244
5.23 Bauer, E.; In: Auwärter, M. (ed): Ergebnisse der Hochvakuumtechnik und der Physik dünner Schichten, Bd 1. Stuttgart: Wiss. Verlagsges. 1957
5.24 Pulker, H.K.; Jung, E.: Thin Solid Films 4 (1969) 219
5.25 Pulker, H.K.; Zaminer, Ch.: Thin Solid Films 5 (1970) 421
5.26 Günther, K.G.; In: Anderson, J.C. (ed): The use of thin films in physical investigations. New York: Academic Press 1966, p 213
5.27 Hoffman, D.; Liebowitz, D.: J. Vac. Sci. Technol. 9 (1972) 326
5.28 Auwärter, M.: DE Pat 1,104,283 (1953), US Pat 2,920,002 (1960)
5.29 Ritter, E.: J. Vac. Sci. Technol. 3 (1966) 225
5.30 Goldfinger, P.; Jeunehomme, M.; In: Waoldron, J.D. (ed): Advances in mass spectrometry. London: Pergamon Press 1959
5.31 Preisinger, A.; Pulker, H.K.: Proc. 6th Int. Vac. Congr. (1974) vol 1, p 769
5.32 Ritter, E.; Hoffmann, R.: J. Vac. Sci. Technol. 6 (1969) 733
5.33 Heitmann, W.: Z. Angew. Phys. 21 (1966) 503
5.34 Etstathion, A.; Hoffman, D.M.; Levin, E.R.: J. Vac. Sci. Technol. 6 (1969) 383
5.35 Summer, G.G.; Reynolds, L.L.: J. Vac. Sci. Technol. 6 (1969) 493
5.36 Bahl, S.K.; Chopra, K.L.: J. Vac. Sci. Technol. 6 (1969) 561
5.37 Gadgil, L.H.; Goswami, A.: J. Vac. Sci. Technol. 6 (1969) 591
5.38 Bourgeois, P.; Mock, P.: Le Vide 119 (1965) 376
5.39 Dale, E.B.: J. Vac. Sci. Technol. 6 (1969) 568
5.40 Richards, J.L.; Hart, P.B.; Callone, L.M.: J. Appl. Phys. 34 (1963) 3418
5.41 Johnson, J.E.: J. Appl. Phys. 36 (1965) 3193
5.42 Hänlein, W.; Günther, K.G.: Advances in vacuum science and technology. London: Pergamon Press 1960, p 727
5.43 Mills, T.M.: Electrochem. Soc. Extended Abstr. 76-2 (1976) 785
5.44 Davey, J.E.; Pankey, T.: J. Appl. Phys. 39 (1968) 1941
5.45 Arthur, J.R.; Lepore, J.J.: J. Vac. Sci. Technol. 6 (1969) 545
5.46 Zinsmeister, G.: Vak. Tech. 13 (1964) 233
5.47 Himes, W.; Stout, B.F.; Thun, R.E.: Trans. 9th Nat. Vac. Symp. (1962) 144
5.48 Movchan, B.A.; Demchishin, A.V.; Kulak, L.D.: J. Vac. Sci. Technol. 11 (1974) 869
5.49 Oron, M.; Adams, C.M.: J. Mater. Sci. 4 (1969) 252
5.50 Nimmagadda, R.; Raghuram, A.C.; Bunshah, R.F.: J. Vac. Sci. Technol. 9 (1972) 1406
5.51 Shevakin, Y.F.; Kharitonova, L.D.; Ostrovskaya, L.M.: Thin Solid Films 62 (1979) 337
5.52 Smith, H.R.; Kennedy, K.; Boericke, F.S.: J. Vac. Sci. Technol. 7 (1970) S48
5.53 Santala, T.; Adams, C.M.: J. Vac. Sci. Technol. 7 (1970) S22-S29
5.54 Stowell, W.R.: J. Vac. Sci. Technol. 10 (1973) 489
5.55 Cremer, E.; Kraus, T.; Ritter, E.: Z. Elektrochem. 62 (1958) 939
5.56 Auwärter, M.: Ergebnisse der Hochvakuumtechnik und der Physik dünner Schichten, Bd 2. Stuttgart: Wiss. Verlagsges. 1971, S 1-15
5.57 Anastasio, T.A.: J. Vac. Sci. Technol. 6 (1969) 333

5.58　Bunshah, R.F.; Raghuram, A.C.: J. Vac. Sci. Technol. 9 (1972) 1385
5.59　Nakamura, K.; Inagawa, K.; Tsuruoka, K.; Komiya: Thin Solid Films 40 (1977) 155
5.60　Kobayashi, M.; Doi, Y.: Thin Solid Films 54 (1978) 57
5.61　Raghuram, A.C.; Nimmagadda, R.; Bunshah, R.F.; Wagner, C.N.S.: Thin Solid Films 20 (1974) 187
5.62　Grossklaus, W.; Bunshah, R.F.: J. Vac. Sci. Technol. 12 (1975) 593
5.63　Nath, P.; Bunshah, R.F.: Thin Solid Films 69 (1980) 63
5.64　Stowell, W.R.: Thin Solid Films 22 (1974) 111
5.65　Heitmann, W.: Vak. Tech. 21 (1972) 1
5.66　Raghuram, A.C.; Bunshah, R.F.: J. Vac. Sci. Technol. 9 (1972) 1389
5.67　Auwärter, M.: Ergebnisse der Hochvakuumtechnik und der Physik dünner Schichten, Bd 1. Stuttgart: Wiss. Verlagsges. 1957, S 14
5.68　Pulker, H.K.; Paesold, G.; Ritter, E.: Appl. Opt. 15 (1976) 2986
5.69　Kohl, W.H.: Handbook of materials and techniques for vacuum devices. New York: Reinhold 1967
5.70　Ames, I.; Kaplan, L.H.; Roland, P.A.: Rev. Sci. Instrum. 37 (1966) 1737
5.71　Denton, R.A.; Greene, A.D.: Proc. 5th Electron Beam Symp. (1963) 180
5.72　Schiller, S.; Heisig, U.; Panzer, S.: Elektronenstrahltechnologie. Berlin: VEB Verlag Technik 1976
5.73　Heinz, B.; Kienel, G.: Int. Conf. Ion Plating and Allied Techniques (IPAT) 1977, p 73
5.74　Schiller, S.; In: Bakish, R.: Electron and Ion Beam Science and Technology. 5th Int. Conf. 1972, p 399
5.75　Schwarz, H.; Tourtelotte, H.A.: J. Vac. Sci. Technol. 9 (1972) 1377
5.76　Haefer, R.A.: Tech. Rundsch. 36/37 (1958)
5.77　Haefer, R.A.: Automatisierung von Vakuumanlagen. Schweizer Automatik-Katalog 1959
5.78　Haefer, R.A.: Proc. 1st Int. Vac. Congr. (1960) 508
5.79　Bath, H.H.A.; English, J.; Steckelmacher, W.: Electronic Components 7 (1966) 239
5.80　Pulker, H.K.; Girardet, E.: J. Vac. Sci. Technol. 6 (1969) 131
5.81　Barber, G.F.: J. Vac. Sci. Technol. 8 (1971) 940
5.82　Balzers AG: Druckschrift Bedampfungsanlage BAH 2000
5.83　Frey, H.; Haefer, R.A.: Tieftemperaturtechnologie. Düsseldorf: VDI-Verlag 1981, Kap. 6
5.84　Smith, H.R.; Hunt, C.A.: Trans. Vac. Met. Conf. (1965) 257
5.85　Charshan, S.S.; Westgard, H.: Electrochem. Technol. 1 (1964) 5
5.86　Haufmann, A.M.; Viola, F.J.: Proc. 4th Int. Vac. Congr. vol 2, (1968) p 549
5.87　Granger, P.; Priestland, C.R.D.: Vacuum 21 (1971) 309
5.88　Paatsch, W.: Metall 30 (1976) 332

Literatur zu Kapitel 6

6.1　Behrisch, R.: Festkörperzerstäubung durch Ionenbeschuß. Erg. Exakten Naturwiss. 35 (1964) 295
6.2　Kaminsky, M.: Atomic and ionic impact phenomena on metal surfaces. Berlin: Springer 1965
6.3　Carter, G.; Colligon, J.S.: Ion bombardement on solids. London: Heinemann 1968
6.4　Maissel, L.; In: Maissel, L.; Glang, R. (eds): Handbook of thin film technology. New York: McGraw-Hill 1970
6.5　Wehner, G.K.; Anderson, G.S.; In: Maissel, L.; Glang, R. (eds): Handbook of thin film technology. New York: McGraw-Hill 1970
6.6　Behrisch, R. (ed): Sputtering by particle bombardement I. Berlin: Springer 1981
6.7　Behrisch, R. (ed): Sputtering by particle bombardement II. Berlin: Springer 1983
6.8　Oechsner, H.: Z. Phys. 261 (1973) 37
6.9　Almen, O.; Bruce, G.: Trans. 8th Nat. Vac. Symp. (1962) 245
6.10　Fetz, H.; Oechsner, H.: Compt. Rend. VI CIPIG, Paris (1963) vol 2, p 39

6.11	Westwood, W.D.: Prog. Surf. Sci. 7 (1976) 71
6.12	Oechsner, H.; Stumpe, E.: Appl. Phys. 14 (1977) 43
6.13	Gerhard, W.; Oechsner, H.: Z. Phys. 322 (1975) 41
6.14	Chopra, K.L.: Thin film phenomena. New York: McGraw-Hill 1969
6.15	Oechsner, H.: Z. Phys. 238 (1970) 433
6.16	Harrison, D.E.; Levy, N.S.; Johnson, J.P.; Effron, H.M.: J. Appl. Phys. 39 (1968) 3742
6.17	Ishitani, T.; Shimizu, R.: Phys. Lett. A 46 (1974) 487
6.17a	Biersack, J.P.; Haggmark, L.G.: Nucl. Instrum. Methods 174 (1980) 257
6.17b	Eckstein, W.; Biersack, J.: Nucl. Instrum. Methods B2 (1984) 550
6.18	Sigmund, P.: Phys. Rev. 184 (1969) 383 and 187 (1969) 768
6.19	Sigmund, P.: J. Vac. Sci. Technol. 17 (1980) 396; [6.6] p 9-72
6.20	Kornelsen, E.V.: Can. J. Phys. 42 (1964) 364
6.21	Blank, P.; Wittmaack: J. Appl. Phys. 50 (1979) 1519
6.22	Grant, W.A.; Carter, G.: Vacuum 15 (1965) 477
6.23	Winters, H.F.: Radiation effects on solid surfaces. Kaminsky, M. (ed): Adv. in Chemistry Ser. Nr.158. Washington: Am. Chem. Soc. 1976
6.24	Shimizu, H.; Ono, M.; Nakayama, K.: Surf. Sci. 36 (1973) 817
6.25	Coburn, J.W.: J. Vac. Sci. Technol. 13 (1976) 1037
6.26	Coburn, J.W.: Thin Solid Films 64 (1979) 371
6.27	Gillam, E.: J. Phys. Chem. Solids 11 (1959) 55
6.28	Harrison, D.E.; Delaplain, C.B.: J. Appl. Phys. 47 (1976) 2252
6.29	Oechsner, H.; Gerhard, W.: Surf. Sci. 44 (1974) 480
6.30	Gerhard, W.: Z. Phys. B22 (1975) 31
6.31	Nobes, M.J.; Colligon, J.S.; Carter, G.: J. Mater. Sci. 4 (1969) 730
6.32	Carter, G.; Colligon, J.S.; Nobes, M.J.: J. Mater. Sci. 6 (1971) 115
6.33	Sigmund, P.: J. Mater. Sci. 8 (1973) 1545
6.34	Witcomb, M.H.: J. Mater. Sci. 9 (1974) 551
6.35	Wehner, G.K.; Hajicek, D.J.: J. Appl. Phys. 42 (1972) 1145
6.36	Tarng, M.L.; Wehner, G.K.: J. Appl. Phys. 43 (1972) 2268
6.37	Green, J.E.; Natarjan, B.R.; Sequeda-Osorio, F.: J. Appl. Phys. 49 (1978) 417
6.38	Oohashi, T.; Yamanaka, S.: Jpn. J. Appl. Phys. 11 (1972) 1581
6.39	Shimizu: Jpn. J. Appl. Phys. 13 (1974) 228
6.40	Dahlgren, S.D.; McClanahan: J. Appl. Phys. 43 (1972) 1514
6.41	Vossen, J.L.: J. Vac. Sci. Technol. 8 (1971) 751
6.42	Wheeler, D.R.; Brainard, W.A.: J. Vac. Sci. Technol. 15 (1978) 24
6.43	Oechsner, H.; Schoof, H.; Stumpe, E.: Surf. Sci. 76 (1978) 343
6.44	Schoof, H.; Oechsner, H.: Proc. 4th ICSS and 3rd ECOSS, Cannes 1980, vol 2, p 1291
6.45	Coburn, J.W.; Taglauer, E.; Kay, E.: Proc. Int. Vac. Congr. 6 (1974) 501
6.46	Kelly, R.; Nghi, Q.Lam: Radiat. Eff. 19 (1973) 39
6.47	Salama, C.T.; Sicinnas, E.: J. Vac. Sci. Technol. 9 (1972) 91
6.48	Ratinen, H.: Phys. Status Solidi A 15 (1973) K109
6.49	Lagnado, I.; Lichtensteiger, M.: J. Vac. Sci. Technol. 7 (1970) 318
6.50	Mooij, J.H.; de Jong, M.: J. Vac. Sci. Technol. 9 (1972) 446
6.51	Coburn, J.W.; Lee, K.: J. Appl. Phys. 42 (1971) 5903
6.52	Sosniak, J.: J. Vac. Sci. Technol. 7 (1970) 110
6.53	Iha, K.N.; Korgaonkar, A.V.: Thin Solid Films 9 (1972) 133
6.54	Fraser, D.B.; Cook, H.D.: J. Electrochem. Soc. 119 (1972) 1368
6.55	Fukunishi, S.; Kawana, A.; Uehida, N.: Acta Crystallogr. Sect. A 28 (1972) 143
6.56	Sawatzky, E.: J. Appl. Phys. 42 (1971) 1706
6.57	Sonder, A.D.; Brodie, D.E.: Can. J. Appl. Phys. 50 (1972) 2724
6.58	Foster, N.F.: J. Vac. Sci. Technol. 8 (1971) 25
6.59	Nuciotti, A.: Phys. Status Solidi A 12 (1972) 193
6.60	Pennebaker, W.B.: IBM J. Res. Dev. 13 (1969) 686
6.61	Vuillod, J.: J. Vac. Sci. Technol. 9 (1972) 87
6.62	Rawlins, T.G.R.; Woodward, R.J.: J. Mater. Sci. 7 (1972) 257
6.63	Harvey, J.; Corkhill, J.: Thin Solid Films 6 (1970) 277

Literatur

6.64 Heller, J.: Thin Solid Films 17 (1973) 163
6.65 Hecq, M.; Portier, E.: Thin Solid Films 9 (1972) 341
6.66 Stirling, A.J.; Westwood, W.D.: Thin Solid Films 7 (1971) 1
6.67 Spitzer, H.J.: J. Vac. Sci. Technol. 10 (1973) 20
6.68 Fraser, D.B.; Melchior, H.: J. Appl. Phys. 43 (1972) 3120
6.69 Lehmann, H.W.; Widner, R.: J. Appl. Phys. 44 (1973) 3868
6.70 Frieser, R.G.: J. Electrochem. Soc. 113 (1966) 357
6.71 Stirling, J.A.; Westwood, W.D.: Thin Solid Films 7 (1971) 1
6.72 Itoh, A.; Misawa, S.: J. Vac. Soc. Jap. 15 (1972) 214
6.73 Mokrousov, V.V.: Izv. Vyssh. Uchebn. Zaved. Fiz. 8 (1972) 124
6.74 Durand, S.: Thin Solid Films 11 (1972) 237
6.75 Hirabayashi, H.; Nogami, M.: J. Vac. Soc. Jpn. 15 (1972) 402
6.76 Lakshmanan, T.K.; Mitchell, J.M.: Proc. 10th Nat. Vac. Symp. (1963) 335
6.77 Zozime, A.; Sella, C.; Cohen-Solal, G.: Thin Solid Films 13 (1972) 373
6.78 Stirling, A.J.; Westwood, W.D.: Thin Solid Films 8 (1971) 199
6.79 Hovel, H.J.; Cuomo, J.J.: Appl. Phys. Lett. 20 (1972) 71
6.80 Smith, I.T.J.: J. Appl. Phys. 41 (1970) 4227
6.81 Molzen, W.W.: J. Vac. Sci. Technol. 12 (1975) 99
6.82 Thornton, J.A.; Jonath, A.J.: Proc. 12th IEEE Photovoltaic Specialists Conf. (1976) 549
6.83 Abe, T.; Honasaka, T.: J. Vac. Soc. Jpn. 15 (1972) 15
6.84 Keskar, K.S.; Yamashita, Y.; Onodera, Y.; Goto, Y.; Aso, T.: J. Appl. Phys. 45 (1974) 3102
6.85 Czapla, A.; Jachimowski, M.; Kusior, E.: Acta Phys. Pol. A 41 (1972) 149
6.86 Kleber, W.; Manglus, F.; Sutter, D.: Kristall und Technik 5 (1970) 501
6.87 Rothemund, W.; Fritsche, C.R.: Thin Solid Films 15 (1973) 199
6.88 Croset, M.: Appl. Phys. Lett. 19 (1971) 33
6.89 Takao, T.; Wasa, K.; Hayakawa, S.: J. Electrochem. Soc. 123 (1976) 1719
6.90 Gerstenberg, D.; Calbick, C.J.: J. Appl. Phys. 35 (1964) 402
6.91 Coyne jr., H.J.; Tauber, R.N.: J. Appl. Phys. 39 (1968) 5585
6.92 Willmott, D.J.: J. Appl. Phys. 43 (1972) 4865
6.93 Schiller, S.; Heisig, U.; Steinfelder, K.; Strümpfel, J.; Sieber, W.: Vak. Tech. 30 (1981) 3
6.94 Münz, W.D.; Hessberger, G.: Vak. Tech. 30 (1981) 78
6.95 Wasa, K.; Hayakwa, S.: Microelectron. Reliab. 6 (1967) 213
6.96 Hensler, D.H.; Ross, A.R.; Fuls, E.N.: Electrochem. Soc. 116 (1969) 887
6.97 Duchene, J.; Terraillone, M.; Pailly, M.: Thin Solid Films 12 (1972) 231
6.98 Paradis, E.L.; Shuskus, A.J.: Thin Solid Films 38 (1976) 131
6.99 Murray, H.; Tosser, A.: Thin Solid Films 22 (1974) 37
6.100 Deforges, J.; Durand, S.; Bugnet, P.: Thin Solid Films 18 (1973) 231
6.101 Davis, W.D.; Vanderslice, T.A.: Phys. Rev. 131 (1963) 219
6.102 Stirling, A.J.; Westwood, W.D.: J. Appl. Phys. 41 (1970) 742
6.103 Westwood, W.D.: J. Vac. Sci. Technol. 15 (1978) 1
6.104 Westwood, W.D.: Prog. Surf. Sci. 7 (1976) 71
6.105 Thornton, J.A.: Met. Finish. 74 (1976) 46
6.106 Winters, H.F.; Kay, E.: J. Appl. Phys. 38 (1967) 3928
6.107 Hoffmeister, W.; Zuegel, M.: Thin Solid Films 3 (1969) 35
6.108 Christensen,O.: Solid State Technol. 13 (1970) 273
6.109 Blachmann, A.G.: J. Vac. Sci. Technol. 10 (1973) 273
6.110 Mattox, D.M.; Kominiak, G.J.: J. Vac. Sci. Technol. 8 (1971) 194
6.111 Mitchell, I.V.; Maddison, R.C.: Vacuum 21 (1971) 273
6.112 Keller, J.H.; Pennebaker, W.B.: IBM J. Res. Dev. 3 (1979) 233
6.113 Logan, J.S.; Keller, J.H.; Simmons, R.G.: J. Vac. Sci. Technol. 14 (1977) 92
6.114 Logan, J.S.; Mazza, N.M.; Davidse, P.D.: J. Vac. Sci. Technol. 6 (1969) 120
6.115 Logan, J.S.: IBM J. Res. Dev. 14 (1970) 172
6.116 Jackson, G.N.: Thin Solid Films 5 (1970) 209
6.117 Vossen, J.L.: J. Vac. Sci. Technol. 8 (1971) S12
6.118 Messier, R.; Takamori, T.; Roy, R.: J. Vac. Sci. Technol. 13 (1976) 1060

6.119 Brodsky, M.H.; Title, R.S.; Weiser, K.; Pettit, G.D.: Phys. Rev. B 1 (1970) 2632
6.120 Shuskus, A.J.; Reeder, T.M.; Paradis, E.L.: Appl. Phys. Lett. 24 (1974) 151
6.121 Hyder, S.B.: J. Vac. Sci. Technol. 8 (1971) 228
6.122 Moulten, G.: Nature 195 (1962) 793
6.123 Glew, R.W.: Thin Solid Films 46 (1977) 59
6.124 Corsi, C.: J. Appl. Phys. 45 (1974) 3467
6.125 Wasa, K.; Nagai, T.; Hayakawa, S.: Thin Solid Films 31 (1976) 235
6.126 Salma, C.A.T.: J. Electrochem. Soc. 117 (1970) 913
6.127 Pratt, I.H.: Solid State Technol. 12 (1969) 49
6.128 Titchmarsh, P.; Toombs, A.B.: J. Vac. Sci. Technol. 7 (1970) 103
6.129 Lakshmanan, T.K.: J. Electrochem. Soc. 110 (1963) 548
6.130 Goldstein, R.M.; Leonhard, F.W.: Thin film dielectric capacitors formed by reactive sputtering. Proc. Electronic Components Conf., AIEE (1967) p 312
6.131 Vossen, J.L.: RCA Rev. 32 (1971) 289
6.132 Hickmott, T.W.: J. Appl. Phys. 45 (1974) 1050
6.133 Goldstein, R.M.; Wigginton, S.C.: Thin Solid Films 3 (1969) R41
6.134 Young, P.L.; Fehler, F.P.; Whitman, A.J.: J. Vac. Sci. Technol. 14 (1977) 176
6.135 Wasa, K.; Hayakawa, S.: Microelectron. Reliab. 6 (1967) 213
6.136 Shimomoto, Y.; Matsumaru, H.; Nishimura, T.: Jpn. J. Appl. Phys., Suppl. 2, Part 1 (1974) 701
6.137 Robertson, T.; Morrison, D.T.: Thin Solid Films 15 (1973) 87
6.138 Robertson, T.; Morrison, D.T.: Thin Solid Films 27 (1975) 19
6.139 Biederman, H.; Ojha, S.M.; Holland, L.: Thin Solid Films 41 (1977) 329
6.140 Takei, W.J.; Formigoni, N.P.; Francombe, M.H.: J. Vac. Sci. Technol. 7 (1970) 442
6.141 Thornton, J.A.: SAE Trans. 82 (1974) 1787
6.142 Mei, L.; Greene, J.E.: J. Vac. Sci. Technol. 11 (1975) 145
6.143 Busch, R.; McClanahan: Thin Solid Films 47 (1977) 291
6.144 Haefer, R.A.: Acta Phys. Austriaca 8 (1954) 213
6.145 Thornton, J.A.: J. Vac. Sci. Technol. 15 (1978) 171
6.146 Thornton, J.A.; Penfold, A.S.; In: Vossen, J.L.; Kern, W. (eds): Thin film processes. New York: Academic Press 1978, p 75
6.147 Penning, F.M.: Physica 3 (1936) 873 and 4 (1937) 71
6.148 Penning, F.M.; Moubis, J.A.H.: Proc. K. Ned. Akad. Wet. 43 (1940) 41
6.149 Beck, A.H.; Brisbane, J.: Vacuum 11 (1952) 137
6.150 Haefer, R.A.: Acta Phys. Austriaca 9 (1955) 200
6.151 Haefer, R.A.: DE Pat 973214 (1959)
6.152 Redhead, P.A.: Proc. 1st Int. Vac. Congr. (1960) 410
6.153 Knauer, W.; Stack, E.R.: Trans. Natl. Vac. Symp. 10 (1964) 180
6.154 Andrew, D.: Proc. Int. Vac. Congr. 4 (1968) 325
6.155 Wutz, M.: Vacuum 19 (1969) 1
6.156 Haefer, R.A.: Acta Phys. Austriaca 9 (1955) 1
6.157 Haefer, R.A.; Mohamed, A.: Acta Phys. Austriaca 11 (1957) 193
6.158 Haefer, R.A.; Mohamed, A.: Acta Phys. Austriaca 11 (1957) 221
6.159 Grasenick, F.; Reiter, O.: Proc. 4th Int. Congr. Electron Microscopy (1960) 413
6.160 Grasenick, F.; Jakopic, E.: Naturwissenschaften 56 (1969) 413
6.161 Penfold, A.S.; Thornton, J.A.: US Pat 3,884,793 (1975)
6.162 Haefer, R.A.: Acta Phys. Austriaca 7 (1953) 52
6.163 Haefer, R.A.: Acta Phys. Austriaca 7 (1953) 251
6.164 Thornton, J.A.: Thin Solid Films 54 (1978) 23
6.165 Thornton, J.A.; Hedgcoth, V.L.: J. Vac. Sci. Technol. 13 (1976) 117
6.166 Penfold, A.S.: Met. Finish. 77 (1979) 33
6.167 Thornton, J.A.; Hedgcoth, V.L.: J. Vac. Sci. Technol. 12 (1975) 93
6.168 Thornton, J.A.: Met. Finish. 77 (1979) 45
6.169 Heisig, U.; Goedicke, K.; Schiller, S.: Proc. 7th Int. Symp. Electron and Ion Beam Sci. Technol. (1976) 129
6.170 Hosokawa, N.; Tsukada, T.; Misumi, T.: J. Vac. Sci. Technol. 14 (1977) 143

Literatur

6.171 Hurwitt, S.: Trans. Conf. Prod. Sputtering (1974) p 301
6.172 Van Vorous, T.: Solid State Technol. 19 (1976) 62
6.173 Chapin, J.S.: Res. Dev. 25 (1974) 37; US Pat 438,482 (1974)
6.174 Schiller, S.; Heisig, U.; Goedicke, K.: Thin Solid Films 40 (1977) 327
6.175 Waits, R.K.; In: Vossen, J.L.; Kern, W. (eds): Thin film processes. New York: Academic Press 1978
6.176 Clarke, P.J.: US Pat 3,616,450 (1971)
6.177 Fraser, D.B.: In: Vossen, J.L.; Kern, W. (eds): Thin film processes. New York: Academic Press 1978, chap. II-3
6.178 Aronson, A.; Weinig, S.: Vacuum 27 (1977) 151
6.179 Van Vorous, T.: Opt. Spectra 7 (1977) 30
6.180 Smith, H.R. Jr: Proc. 20th Ann. Tech. Conf., Soc. of Vacuum Coaters (1977) p 1
6.181 Thornton, J.A.: Thin Solid Films 80 (1981) 1
6.182 Thornton, J.A.; Chin, J.: Ceram. Bull. 56 (1977) 504
6.183 Waits, R.K.: J. Vac. Sci. Technol. 12 (1978) 179
6.184 Nowicki, R.S.: J. Vac. Sci. Technol. 14 (1977) 127
6.185 Bennett, J.R.J.: IEEE Trans. Nuc. Sci. 19 (1972) 48
6.186 von Ardenne, M.: Tabellen der Elektronenphysik, Ionenphysik und Übermikroskopie. Berlin: Dtsch. Verl. Wiss. 1956
6.187 Harper, J.M.E.; In: Vossen, J.L.; Kern, W. (eds): Thin film processes. New York: Academic Press 1978
6.188 Kaufman, H.R.; Harper, J.M.E.; Cuomo, J.J.: J. Vac. Sci. Technol. 21 (1982) 725, 737 and 764
6.189 Robinson, R.S.: J. Vac. Sci. Technol. 15 (1978) 277
6.190 Weissmantel, C.: Thin Solid Films 72 (1980) 19
6.191 Brokmeier, K.H.: Induktionsschmelzen. Essen: Girardet 1966
6.192 Krall, H.A.: Metall 33 (1979) 1247
6.193 Schiller, S.; Heisig, U.; Panzer, S.: Elektronenstrahl-Technologie. Berlin: VEB Verlag Technik 1976
6.194 Kluss, E.: Einführung in die Probleme des elektrischen Lichtbogen- und Widerstandsofens. Berlin: Springer 1951
6.195 Parr, N.L.: Zone refining. London: Newnes 1960
6.196 Severin, H.G.: Vak. Tech. 33 (1984) 3
6.197 Sernetz, F.: Vortrag Lehrgang „Plasmaunterstützte Dünnschichttechnologien". Tech. Akad. Esslingen 1984
6.198 Haefer, R.A.: Vorbereitung
6.199 Wegmann, U.: Balzers Report BB 800014 DE 8104 (1981)
6.200 Ridge, M.I.; Stenlake, M.; Howson, R.P.; Bishop, C.A.: Thin Solid Films 80 (1981) 31
6.201 Vossen, J.L.; Schnable, G.L.; Kern, W.: J. Vac. Sci. Technol. 11 (1974) 60
6.202 Schreiber, H.U.; Froschle, E.: J. Electrochem. Soc. 123 (1976) 30
6.203 Wagner, R.S.; Sinha, A.K.; Sheng, T.T.; Levinstein, H.J.; Alexander, F.B.: J. Vac. Sci. Technol. 11 (1974) 3
6.204 Haacke: Ann. Rev. Mater. Sci. 7 (1977) 73
6.205 Thornton, J.A.; Hedgcoth, V.L.: J. Vac. Sci. Technol. 13 (1976) 117
6.206 Mei, L.; Greene, J.E.: J. Vac. Sci. Technol. 11 (1975) 145
6.207 Maissel, L.; In: Maissel, L.; Glang, R. (eds): Handbook of thin film technology. New York: McGraw-Hill 1970
6.208 Gerstenberg, D.; In: Maissel, L.; Glang, R. (eds): Handbook of thin film technology. New York: McGraw-Hill 1970
6.209 Hickernell, F.S.: J. Vac. Sci. Technol. 12 (1975) 879
6.210 Croset, M.; Schnell, J.P.; Velasco, G.; Siejka, J.: J. Appl. Phys. 48 (1977) 775
6.211 Fraser, D.B.: Thin Solid Films 13 (1972) 407
6.212 Maple, T.G.; Buchanen, R.A.: J. Vac. Sci. Technol. 10 (1973) 616
6.213 Sawatsky, E.; Street, G.B.: J. Appl. Phys. 44 (1973) 1789
6.214 Meitzler, A.H.; Maldonado, J.R.: Electronics Feb. (1971) 34
6.215 Chaudhari, P.; Cuomo, J.J.; Gambino, R.J.: Appl. Phys. Lett. 22 (1973) 337

6.216 Tien, P.K.; Ballman, A.A.: J. Vac. Sci. Technol. 12 (1975) 892
6.217 Quinn, D.J.; Berak, J.M.; Cullen, D.E.: J. Appl. Phys. 46 (1975) 3866
6.217a Hope, A.: New Sci. Dec. (1978) 836 – Funktechnik 30 (1975) 197
6.218 Pulker, H.K.: Coatings on glas. Amsterdam: Elsevier 1984
6.219 Kienel, G.; Stengel, W.: Vak. Tech. 27 (1978) 204
6.220 Vorous van, T.: Opt. Spectra Nov. (1977) 30
6.221 Gläser, H.J.: Glastech. Ber. 56 (1983) 231
6.222 Claus, F.J.: Solid lubricants and self-lubricating solids. London: Academic Press 1972
6.223 Spalvins, T.: J. Vac. Sci. Technol. 17 (1980) 315
6.224 Eylon, D.; Betts, R.K.; Fujishiro, S.: Thin Solid Films 73 (1980) 323
6.225 Spalvins, T.; Przybyszewski, J.S.: NASA-Report TN D-4269 (1967)
6.226 Spalvins, T.: Am. Soc. Lubr. Eng. Trans. 14 (1971) 267
6.227 Spalvins, T.: ASLE Trans. 19 (1975) 329 — NASA-Rep. TMX 3193 (1975)
6.228 Spalvins, T.: Thin Solid Films 73 (1980) 291
6.229 Reichelt, K.; Mair, G.: J. Appl. Phys. 49 (1978) 1245
6.230 Dimigen, H.; Enke, K.; Hübsch, H.; Schaal, U.; In: Bunk, W.; Hansen, J.; Geyer, M. (Hrsg): Tribologie, Bd 7. Berlin: Springer 1983
6.231 Christy, L.: Thin Solid Films 64 (1979) 223 and 73 (1980) 299
6.231a Hintermann, H.E.: Oberflächentechnik. SURTEC-Kongr. 3 (1985) 231
6.231b Hintermann, H.E.; Menoud, C.: Oberflächentechnik. SURTEC-Kongr. 3 (1985) 221
6.232 Sproul, W.D.; Richman, M.: J. Vac. Sci. Technol. 12 (1975) 842
6.233 Eser, E.; Ogilvie, R.E.: J. Vac. Sci. Technol. 15 (1978) 401
6.234 Münz, W.D.; Hessberger, G.: Vak. Tech. 30 (1981) 78
6.235 Hughes, L.; Lucariello, R.; Blum, P.: Proc. 20th Tech. Conf., Soc. Vacuum Coaters (1977) 15
6.236 Thornton, J.A.; Penfold, A.S.: Proc. Soc. Plastics Engineers (1980) 67

Literatur zu Kapitel 7

7.1 Berghaus, B.: DE Pat 683414 (1939), GB Pat Specification 510993 (1939)
7.2 Mattox, D.M.: Electrochem. Technol. 2 (1964) 295
7.3 Mattox, D.M.: J. Vac. Sci. Technol. 10 (1973) 47
7.4 Teer, D.G.: Proc. 1st Int. Congr. Surf. Technol. (1981) 247
7.5 Halling, J.; Teer, D.G.; Matthews, A.: Thin Solid Films 80 (1981) 41
7.6 Mattox, D.M.: Proc. IPAT (1979) 1-10
7.7 Teer, D.G.: J. Adhesion 8 (1977) 289
7.8 Hasted, J.B.: Physics of atomic collisions. London: Butterworth 1964
7.9 Davis, W.D.; Vanderslice, T.A.: Phys. Rev. 131 (1963) 219
7.10 McLeod, P.S.; Mah, G.: J. Vac. Sci. Technol. 11 (1974) 119
7.11 Westwood, W.D.: Progr. Surf. Sci. 7 (1976) 71
7.12 Navinsek, B.: Progr. Surf. Sci. 7 (1976) 49
7.13 McDonald, R.J.; Haneman, D.: J. Appl. Phys. 37 (1966) 1609 and 3048
7.14 Bellina jr., J.J.; Farnsworth, H.E.: J. Vac. Sci. Technol. 9 (1972) 616
7.15 Norris, D.I.R.: Rad. Effects 14 (1972) 1
7.16 Edwards, D., Kornelsen, E.V.: Radiat. Eff. 26 (1975) 155
7.17 Colligon, J.S.; Fischer, G.; Patel, M.H.: J. Mater. Sci. 12 (1977) 829
7.18 Cuomo, J.J.; Gambino, R.J.: J. Vac. Sci. Technol. 14 (1977) 152
7.19 Stephens, K.C.; Wilson, I.J.: Thin Solid Films 50 (1978) 325
7.20 Fischer, G.; Hill, A.E.; Colligon, J.S.: Vacuum 28 (1978) 277
7.21 Kominiak, G.J.; Uhl, J.E.: J. Vac. Sci. Technol. 13 (1976) 1193
7.22 Johnson, R.A.; Lum, N.Q.: Phys. Rev. B 13 (1976) 4364
7.23 Lardon, M.; Buhl, R.; Signer, H.; Pulker, H.K.; Moll, E.: Thin Solid Films 54 (1978) 317
7.24 Enomoto, Y.; Matsubara, K.: J. Vac. Sci. Technol. 12 (1975) 827
7.24a Moll, E.; Vogel, J.: Oberfläche-Surface 25 (1984)

7.25	Mattox, D.M.; Kominiak, G.J.: J. Vac. Sci. Technol. 9 (1972) 528
7.26	Bland, R.D.; Kominiak, G.J.: J. Vac. Sci. Technol. 11 (1974) 671
7.27	Aisenberg, S.; Chabot, R.W.: J. Vac. Sci. Technol. 10 (1973) 104
7.28	Stowell; Chambers, D.: J. Vac. Sci. Technol. 11 (1974) 653
7.29	Murayama, Y.: J. Vac. Sci. Technol. 12 (1975) 818
7.30	König, U.; Grewe, H.; In: Bunk, W.; Hansen, J.; Geyer, M. (Hrsg): Tribologie, Bd 1. Berlin: Springer 1981, 197-250
7.31	Carmichael, D.C.: J. Vac. Sci. Technol. 11 (1974) 639
7.32	Wan, C.T.; Chambers, D.L.; Carmichael, D.C.: J. Vac. Sci. Technol. 8 (1971) VM 99
7.33	Matsubara, K.; Enomoto, Y.; Yaguchi, G.; Watanabe, M.; Yamazaki, R.: Proc. 6th Int. Vac. Congr. (1974) 455
7.34	Berg, R.S.; Kominiak, G.J.; Mattox, D.M.: J. Vac. Sci. Technol. 11 (1974) 52
7.35	Schiller, S.; Heisig, U.; Goedicke, K.: J. Vac. Sci. Technol. 12 (1975) 858
7.36	Steube, K.E.; McCrary, L.E.: J. Vac. Sci. Technol. 11 (1974) 362
7.37	White, G.W.: Res. Dev. 24 (1973) 43
7.38	Janninek, R.F.; Heiden, C.R.; Guttensohn, A.E.: J. Vac. Sci. Technol. 11 (1974) 535
7.39	Krimmel, E.F.; Gordon, A.: Z. Angew. Phys. 22 (1966) 1
7.40	Davy, T.G.; Hanak, I.I.: J. Vac. Sci. Technol. 11 (1974) 43
7.41	Bunshah, R.F.: Proc. IPAT (1979) 230
7.42	Matthews, A.; Teer, D.G.: Thin Solid Films 72 (1980) 541
7.43	Freller, H.; Häßler, H.; Schreiner, H.: Proc. 10. Plansee Seminar, Reutte (1981) 625
7.44	Chin, J.; Elsner, N.B.: J. Vac. Sci. Technol. 12 (1975) 821
7.45	Ward, A.L.: Phys. Rev. 112 (1958) 1852
7.46	Kaminsky, M.: Atomic and ionic impact phenomena on metal surfaces. Berlin: Springer 1965
7.47	Schiller, S.; Heisig, U.; Goedicke, K.: Proc. 7th Int. Vac. Congr. (1977) 1545
7.48	Heinz, B.; Kienel, G.: Proc. IPAT 77 (1977) 73
7.49	Schiller, S.; Heisig, U.; Goedicke, K.: Vak. Tech. 25 (1976) 113
7.50	Kloos, K.H.; Broszeit, E.; Gabriel, E.: Vak. Tech. 30 (1980) 15
7.51	Raghuran, A.C.; Nimmagadda, R.; Wagner, C.J.: Thin Solid Films 20 (1974) 187
7.52	Kaufman, H.R.; Harper, J.M.E.; Cuomo, J.J.: J. Vac. Sci. Technol. 21 (1982) 764
7.53	Kaufman, H.R.; Cuomo, J.J.; Harper, J.M.E.: J. Vac. Sci. Technol. 21 (1982) 725
7.54	Harper, J.M.E.; Cuomo, J.J.; Kaufman, H.R.: J. Vac. Sci. Technol. 21 (1982) 737
7.55	Harper, J.M.E.: Thin Film Processes. Vossen, J.L.; Kern, W. (eds). New York: Academic Press 1978, p 175
7.56	Ardenne, M. von: Tabellen der Elektronenphysik, Ionenphysik und Übermikroskopie. Berlin: VEB Deutsch. Verl. Wiss. 1956
7.56a	Townsend, P.D.; Kelly, J.C.; Hartley, N.E.W.: Ion implantation, sputtering and their applications. London: Academic Press 1976
7.57	Weissmantel, C.: J. Vac. Sci. Technol. 18 (1981) 179
7.58	Murayama, Y.: J. Vac. Sci. Technol. 12 (1975) 818
7.59	Machet, J.; Guille, J.; Saulnier, P.; Robert, S.: Thin Solid Films 80 (1981) 149
7.60	Ridge, M.; Stenlake, M.; Howson, R.P.; Bishop, C.A.: Thin Solid Films 80 (1981) 31
7.61	Ridge, M.J.; Howson, R.P.; Avaritsiotis, J.N.; Bishop, C.A.: Proc. Ion Plating and Allied Techn. (1979) 21
7.62	Hale, G.J.; White, G.W.; Meyer, D.E.: Electron. Packdg. Prod. (1975) 39
7.63	Spalvins, T.: J. Vac. Sci. Technol. 17 (1980) 315
7.64	Spalvins, T.; Brainard, W.A.: Ion plating with an induction heating source. NASA TMX-3330 (1976)
7.64a	Tsuchimoto, T.: J. Vac. Sci. Technol. 15 (1978) 70 and 1730
7.65	Matthews, A.; Teer, T.G.: Thin Solid Films 80 (1981) 41
7.65a	Matthews, A.; Valli, J.: Oberflächentechnik. SURTEC-Kongr. 3 (1985) 627
7.66	Fleischer, W.; Schulze, D.; Wilberg, R.; Lunk, A.; Schrader, F.: Thin Solid Films 63 (1979) 347
7.67	Alecseev, A.M.: Proc. 4th Int. Symp. on Plasma Chemistry. Zürich (1979) vol 2, 742
7.68	Kobayashi, M.; Doi, Y.: Thin Solid Films 54 (1978) 67

7.69 Teer, D.G.; Delcea, B.L.: Thin Solid Films 54 (1978) 295
7.70 Münz, W.D.; Hessberger, G.: Vak. Tech. 30 (1981) 78
7.70a Gabriel, H.M.; Münz, W.D.: Oberflächentechnik. SURTEC-Kongr. 3 (1985) 17
7.71 Schiller, S.; Heisig, U.; Goedicke, K.: J. Vac. Sci. Technol. 14 (1977) 81
7.72 Cocca, M.A.; Stauffer, L.H.: Trans. Vac. Met. Conf. (1963) 203
7.73 Morley, J.R.: Trans. Vac. Met. Conf. (1963) 186 — US Pat. 3,562,141 (1968)
7.74 Morley, J.R.; Smith, H.R.: J. Vac. Sci. Technol. 9 (1972) 1377
7.75 Komiya, S.; Tsuruoka, K.: J. Vac. Sci. Technol. 12 (1975) 589
7.76 Komiya, S.; Tsuruoka, K.: J. Vac. Sci. Technol. 13 (1976) 520
7.77 Komiya, S.; Umezu, N.; Narusawa, T.: Thin Solid Films 54 (1978) 51
7.78 Sato, T.; Tada, M.; Huang, Y.C.: Thin Solid Films 54 (1978) 61
7.79 Moll, E.; Daxinger, H.: US Pat. 4,197,175 (1977
7.80 Buhl, R.; Pulker, H.K.; Moll, E.: Thin Solid Films 80 (1981) 265
7.81 Gühring, K.; Kerschl, W.: Fertigungstechnik (1980) 100
7.82 Kelly, P.W.: Am. Mach. November (1982)
7.83 Hatschek, R.L.: Am. Mach. March (1983)
7.83a Bergmann, E.; Vogel, J.: Oberflächentechnik. SURTEC-Kongr. 3 (1985) 207
7.84 Finkelnburg, W.; Maecker, H.: Handbuch der Physik, Bd 22. Berlin: Springer 1956, S 403
7.85 Snaper, J.: US Pat. 3,625,848 (1971)
7.86 Sablev, L.P.; US Pat. 3,783,231 (1974) and 3,793,179 (1974)
7.87 Dorodnov, A.M.: Sov. Phys. Tech. Phys. 23 (1978) 1058
7.88 Osipov, V.A.: Sov. Rev. Sci. Instr. 21 (1978) 1651
7.89 Gabriel, H.M.: Verschleiß- und Korrosionsschutz durch ionen- und plasmagestützte Vakuumbeschichtungstechnologien. — THD Schriftenreihe Wissenschaft und Technik, Bd 20. 1984
7.89a Ertürk, E.: Oberflächentechnik. SURTEC-Kongr. 3 (1985) 191
7.90 Takagi, T.; Yamada, J.; Sasaki, A.; J. Vac. Sci. Technol. 12 (1975) 1128
7.91 Yamada, Y.; Takagi, T.: Thin Solid Films 80 (1981) 105
7.92 Yamada, J.; Takaoka, H.; Inokawa, H.; Usui, H.; Cheng, S.C.; Takagi, T.: Thin Solid Films 92 (1982) 137
7.93 Nakamura, N.; Inagawa, N.K.; Tsuruoka, K.; Komiya, S.: Thin Solid Films 40 (1977) 155
7.94 Vogel, J.: Verschleiß-Schutzschichten unter Anwendung der CVD/PVD-Verfahren. Tech. Akad. Esslingen, Lehrgang Nr. 7213/45055, Oktober 1984
7.95 Gabriel, H.M.: Proc. Int. Congr. SURTEC 2 (1983) 555
7.96 Fraisa AG, CH-4512 Bellach, Firmenschrift
7.97 Fette GmbH, D-2053 Schwarzenbek, Firmenschrift
7.98 König, U.; Kauwen, R.; In: Bunk, W.; Hansen, J.; Geyer, M. (Hrsg): Tribologie, Bd 9. Berlin: Springer 1984
7.99 Garde, W.: Fachber. Metallbearbeitung 60 (1983) 92
7.100 Firma Sphinx, CH-4502 Solothurn, Firmenschrift (1983)
7.101 Spalvins, T.: Lubr. Eng. 27 (1971) 40
7.102 Spalvins, T.: NASA-Report TMX 3193 (1975)
7.103 Ohmae, N.; Nakai, T.; Tsukizoe, T.: Wear 38 (1976) 18
7.104 Williams, D.G.: J. Vac. Sci. Technol. 11 (1974) 374
7.105 Morris, A.W.: Plating Surf. Finish. 63 (1976) 42
7.106 Swaroop, B.; Meyer, D.E.; White, G.W.: J. Vac. Sci. Technol. 13 (1976) 680
7.107 Smith, J.R.; Williams, B.J.: Proc. IPAT-77 (1977) 43
7.108 Tsunasawa, E.; Inaguaki, K.; Yamanaka, K.: J. Met. Finish. Soc. Jpn. 32 (1977) 159
7.109 Schuermeyer, F.C.; Chase, W.R.; King, E.L.: J. Appl. Phys. 42 (1971) 5856
7.110 Tsunasawa, E.; Inaguaki, K.; Yamanaka, K.: J. Met. Finish. Soc. Jpn. 23 (1977) 454
7.111 Burt, R.A.: Proc. IPAT-77 (1977) 135
7.112 Fannin, E.R.: Sci. Techn. Aerospace Rep. 17 (1979) 1824
7.113 Fukutomi, M.; Kitajima, M.; Okada, M.; Watanabe, R.: J. Electrochem. Soc. 124 (1977) 1420
7.114 Mattox, D.M.; Bland, R.D.: J. Nucl. Mater. 21 (1967) 349
7.115 Bland, R.D.: Electrochem. Tech. 6 (1968) 272

7.116 Boone, D.H.; Lee, D.; Shafer, J.M.: Proc. IPAT-77 (1977) 141
7.117 Boone, D.H.; Strangman, T.E.; Wilson, L.W.: J. Vac. Sci. Technol. 11 (1974) 641
7.118 Teer, D.G.; Salama, M.: Proc. IPAT-77 (1977) 63
7.119 Itakura, M.; Chira, F.: Proc. 3rd Symp. Ion Sources and Applications Technol. (1979) 127
7.120 Ishida, T; Wako, S.; Ushio, S.: Thin Solid Films 39 (1976) 227
7.121 Okada, M.: J. Electrochem. Soc. 124 (1977) 297 C
7.122 Takagi, T.; Yamada, I.; Sasaki, A.: Proc. 7th Int. Vac. Congr. (1977) 1915
7.123 Takagi, T.; Sasaki, A.; Ishibashi, A.: IEEE Trans. Electron Devices 10 (1973) 1110
7.124 Howson, R.P.; Avaritsiotis, J.N.; Ridge, M.I.; Bishop, C.A.: Thin Solid Films 63 (1979) 37
7.125 Avaritsiotis, J.N.; Howson, R.P.: Thin Solid Films 65 (1980) 101
7.126 Williams, E.W.; Jones, K.; Teer, D.G.; Mater. Res. Bull. 14 (1979) 59
7.127 Jones, K.; Griffiths, A.J.; Williams, E.W.: Proc. IPAT-77 (1977) 63
7.128 Pulker, H.K.; Buhl, R.; Moll, E.: Proc. 7th Int. Vav. Congr. (1977) 1595
7.129 Henderson, E.: Proc. IPAT-77 (1977) 73
7.130 Murayama, Y.: J. Vac. Sci. Technol. 12 (1975) 818
7.131 Münz, W.D.; Hessberger, G.: Werkst. und ihre Veredelung 3 (1981) 3
7.132 Zega, B.; Kornmann, M.; Amiguet, J.: Thin Solid Films 45 (1977) 577

Literatur zu Kapitel 8

8.1 Powell, C.F.; Oxley, J.H.; Blocher jr. J.M. (eds): Vapor deposition. New York: Wiley 1966
8.1a Yee, K.K.: Int. Met. Rev. 1 (1978) 19-42
8.1b Blocher, J.M. jr. et al. (eds): Proc. 10th Int. CVD Conf. (1985), und vorangehende Proc.
8.2 Hiber, K.; Stolz, M.: Siemens Forsch. Entwicklungsber. 6 (1977)
8.3 Ruppert, W.: Metalloberfläche (1960) 193
8.4 Funk, R.; Schachner, H.; Lux, B.: J. Electrochem. Soc. 123 (1976) 285
8.5 Hintermann, H.E.; Gass, H.: Oberfläche-Surface 12 (1971) 177
8.5a Blocher, J.M. jr.; Loonam, A.S.: US Pat. 3,116,144 (1963)
8.6 Stull, D.R.: JANAF Thermochemical Tables. Dow Chemical Co. Midland, Michigan
8.7 Gordon, S.; McBride, B.J.: NASA SP273 (1971)
8.8 Hunt, L.; Sirtl, E.: J. Electrochem. Soc. 119 (1974) 1771
8.9 Blocher, J.M. jr.; Campbell, I.E.: Proc. 2nd Int. Conf. Peaceful Uses of Atomic Energy (1958) 374
8.10 Schäfer, H.; Kahlenberg, F.: Z. Anorg. Allgem. Chem. 305 (1960) 291
8.11 Wan, C.F.; Spear, K.E.: Proc. 6th Int. Conf. CVD (1977) 47
8.12 Carlton, H.E.; Oxley, J.H.: AIChE J. 11 (1965) 79
8.13 Eversteyn, F.C.: J. Electrochem. Soc. 117 (1970) 925
8.14 Kieffer, R.; Fister, D.; Heidler, E.: Metall 26 (1972) 128
8.15 Hänni, W.; Hintermann, H.E.: Thin Solid Films 40 (1977) 107
8.16 Hintermann, H.E.; Bowing, H.: Technik 33 (1978) 387
8.17 Beguin, C.: Metall 28 (1974) 21
8.18 Benninghoff, H.: Metalloberfläche 30 (1976) 474
8.19 Aggor, L.; Fitzer, E.; Sahebkar, M.: Carbon 12 (1974) 358
8.20 Scott, B.A.; Plecenik, R.M.; Simonyi, E.E.: Appl. Phys. Lett. 39 (1981) 73; J. Phys. Suppl. 42 (1981) 635
8.21 Blocher, J.M. jr.; Browning, M.F.; Oxley, J.M.: Chem. Eng. Prog. Symp. Ser. 62 (1966) 64
8.22 Aggor, L.; Fritz, W.: Chem. Ing. Tech. 43 (1971) 472
8.23 Glaski, F.: Proc. 4th Int. Conf. CVD (1973) 521
8.24 Hubermann, M.N.; Holzl, R.A.: J. Appl. Phys. 35 (1964) 1357
8.25 Cuomo, J.J.; Ziegler, J.F.; Woodall, J.M.: Appl. Phys. Lett. 26 (1975) 557
8.26 Blocher, J.M. jr.: J. Vac. Sci. Technol. 11 (1974) 680
8.27 Hintermann, H.E.: Schmiertech. Tribol. 28 (1981) 159
8.28 Benjamin, P.; Weaver, C.: Proc. R. Soc. Ser. A 254 (1960) 163
8.29 Laeng, P.; Steinmann, P.A.; Hintermann, H.E.: Oberfläche-Surface 23 (1982) 108
8.30 Habig, K.H.; Evers, W.; Hintermann, H.E.: Z. Werkstofftech. 11 (1980) 191

8.31	Hintermann, H.E.: Thin Solid Films 84 (1981) 215
8.32	Hintermann, H.E.: Proc. 2nd Conf. SURTEC (1983) 545
8.33	Vieregge, G.: Zerspanung der Eisenwerkstoffe. Düsseldorf: Stahleisen 1970
8.34	Schintlmeister, W.; Pacher, O.: J. Vac. Sci. Technol. 12 (1975) 743
8.35	Schintlmeister, W.; Pacher, O.; Raine, T.: Wear 48 (1978) 251
8.36	Schuhmacher, G.: Z. Prakt. Metallbearbeitung 63 (1969) 275
8.37	Reinartz, A.: Z. Industr. Fertigung 61 (1971) 561
8.38	Peterson, J.R.: J. Vac. Sci. Technol. 11 (1974) 715
8.39	Schintlmeister, W.; Pacher, O.: Metall 28 (1974) 688
8.40	König, U.; Dreyer, K.; Reiter, N.; Kolaska, J.; Grewe, H.: 10. Plansee Seminar, Reutte (1981) 411
8.41	Maier, H.; Schintlmeister, W.; Storf, R.; Wallgram, W.: Fachber. Metallbearbeitung 60 (1983) 87
8.42	Schintlmeister, W.; Kanz, J.; Wallgram: Oberflächentechnik. SURTEC-Kongr. 3 (1985) 227
8.43	Storf, R.: Maschinenmarkt 102 (1980) 2015
8.44	Hintermann, H.E.; Perry, A.J.; Horvath, E.: Proc. 2nd Europ. Tribology Congr. (1977) 1-17
8.45	Horvath, E.; Perry, A.J.: Wear 48 (1978) 217
8.46	Kieffer, R.; Benesovsky, F.: Hartmetall. Wien: Springer 1965
8.47	Perry, J.; Horvath, E.: Met. Mater. Oct. (1978) 37
8.48	Maillat, M.: Bull. Annu. Soc. Suisse Chronom. 7 (1975) 101
8.49	Boving, H.; Hintermann, H.E.; Hänni, W.; Bondivenue, E.; Boeto, M.; Condé, E.: 11th Aerospace Mechanisms Symp. (1977) 173
8.50	Holman, W.R.; Huegel, F.J.: Proc. 1st Int. Conf. CVD (1967) 127
8.51	Condé, E.: Proc. 1st Europ. Space Tribology Symp., Frascati (1975) 273
8.52	Hintermann, H.E.; Boving, H.; Hänni, W.: Wear 48 (1978) 225
8.53	Gass, H.; Hintermann, H.E.; Stehle, G.; Briscoe, H.M.: Proc. 1st Europ. Space Tribology Symp., ESA (1975) 281
8.53a	Hintermann, H.E.: Oberflächentechnik. SURTEC-Kongr. 3 (1985) 231
8.54	Stähli, G.; Beutler, H.: Tech. Rundsch. Sulzer (1976) Nr. 1
8.55	Hintermann, H.E.: VDI Ber. 333 (1979) 53
8.56	Bonetti, R.; Hintermann, H.E.: Proc. 6th CVD Conf (1978) 273
8.57	Cowling, R.D.; Hintermann, H.E.: J. Electrochem. Soc. 117 (1970) 1447 and 118 (1971) 1912
8.58	Ebersbach, G.; Mey, E.: Technik 24 (1969) 526
8.59	Agaisse, R.: Proc. 3rd Europ. Conf. on CVD (1980) 249
8.60	Ruppel, W.: Bänder, Bleche, Rohre (1964) 553
8.61	Felix, P.; Erdös, E.: Werkst. Korros. 8 (1972) 627
8.62	Blocher, J.M. jr.; Browning, M.F.: Proc. 6th Int. Conf. on CVD (1977) 129
8.63	Smith, W.H.; Leeds, D.H.: In: Gonser, B.W. (ed): Pyrolithic graphite, modern materials. New York: Academic Press 1970, p 139
8.64	Fitzer, E.; Kehr, D.: Thin Solid Films 39 (1976) 55
8.65	Bokros, J.C.: Carbon 15 (1977) 355
8.66	Browning, M.F.; Veigel, N.D.; Cook, T.E.; Diethorn, W.S.; Blocher, J.M. jr.: US Atomic Energy Rep. BMI 1471 (1960)
8.67	Poeschel, E.: Z. Werkstofftech. (1973) 215
8.68	Fitzer, E.; Kehr, D.; Sahebkar, M.: Chem. Ing. Techn. 45 (1973) 1244
8.69	Blocher, J.M. jr.: Thin Solid Films 77 (1981) 51
8.70	Christin, F.; Héraud, L.; Choury, J.J.; Naslain, R.; Hagenuller, P.: Proc. 3rd Europ. Conf. on CVD (1980) 273
8.71	Kidd, R.W.; Browning, M.F.; Rusin, J.M.: Proc. 7th Int. Conf. on CVD (1979) 300
8.72	Wilson, W.J.; Browning, M.F.; Secrest, V.M.; Blocher, J.M. jr.: USAEC Rep. BMI 1718 (1965)
8.73	Grimmer, D.P.; Herr, K.C.; McCreary, W.J.: J. Vac. Sci. Technol. 15 (1978) 59
8.74	Seraphin, B.O.: NSF/RANN Rep. GI-43793 (1975) 19

8.75 Erben, E.; Valent, J.: Proc. 5th Int. Solar Forum. Berlin: Vol. 1 (1984) 158
8.76 Kurz, W.; Sahm, P.R.: Gerichtet erstarrte eutektische Werkstoffe. Berlin: Springer 1975
8.77 Schneiders, A.M.; Beucherie, P.H.: 2nd Int. Symp. on Solar Energy (1979) 273
8.78 Pellegrini, G.: Proc. Oberflächentechnik. SURTEC 1 (1981) 577
8.79 Hudson; Wayne, R.: J. Vac. Sci. Technol. 14 (1977) 286
8.80 Spiller, E.; Feder, R.; Topalian, G.: Phys. Technol. 8 (1977) 22
8.81 Tanaka, S.; Yokota, H.; Hochikawa, M.; Miya, T.; Inagaki, N.: 6th Europ. Conf. Opt. Commun. (1980) 37
8.82 Schultz, P.C.: Appl. Opt. 18 (1979) 3684
8.83 Izawa, T.; Kobayashi, S.; Sudo, S.; Hanawa, F.: Proc. Int. Conf. on Integrated Optics and Optical Fiber Commun. (1977) 375
8.84 French, W.G.; McChesney, J.B.; O'Connor, P B.; Tasker, G.W.: Bell Syst. Techn. J. 53 (1974) 951
8.85 Grabmaier, J.G.; Schneider, H.; Lebetzki, E.; Douklias, N.: Siemens Forsch. Entwicklungsber. 5 (1976) 171
8.86 Horiguchi, M.; Osanai, H.: Electron. Lett. 12 (1976) 310
8.87 Küppers, D.; Koenings, J.; Wilson, H.: J. Electrochem. Soc. 123 (1976) 1079
8.88 Fleming, J.W.; O'Connor, P.B.: Proc. 12th Int. Congr. on Glass (1980) 273
8.89 Aulich, H.A.; Douklias, N.; Kinshofer, G.; Grabmaier, J.G.; Hacker, H.: Siemens Forsch. Entwicklungsber. 7 (1978) 158
8.90 Aulich, H.A.; Grabmaier, J.G.; Eisentith, K.H.: Electron. Lett. 14 (1978) 347
8.91 Aulich, H.A.; Grabmaier, J.G.; Eisenrith, K.H.; Kinshofer, G.: Siemens Forsch. Entwicklungsber. 7 (1978) 298
8.92 Beales, K.J.; Day, C.R.; Duncan, W.J.; Dunn, P.L.; Newns, G.R.; Wright, J.V.: 5th Europ. Conf. Opt. Commun. (1979) pp. 3.2.1
8.93 Grabmaier, J.G.; Deserno, U.; Aulich, H.A.; Douklias, N.; Hacker, H.: Siemens Forsch. Entwicklungsber. 6 (1977) 314
8.94 Grabmaier, J.G.; Aulich, H.; Plättner, R.: Proc. 5th Int. Solar Forum (1984) 776
8.95 Huber, D.; Freiesleben, W.; In: Goetzberger, A.; Zerbst, M. (eds): Solid State Devices 1982, Weinheim: Physik Verlag 1983, p 143

Literatur zu Kapitel 9

9.1 Hollahan, J.R.; Rosler, R.S.; In: Vossen, J.L.; Kern, W. (eds): Thin film processes. New York: Academic Press 1978
9.2 Yasuda, H.; In: Vossen, J.L.; Kern, W. (eds): Thin film processes. New York: Academic Press 1978
9.3 Hollahan, J.R.; Bell, A.T. (eds): Techniques and application of plasma chemistry. New York: Wiley 1974
9.4 Reinberg, A.R.: Ann. Rev. Mater. Sci. 9 (1979) 341
9.5 Weissmantel, C.: Thin Solid Films 58 (1979) 101
9.6 Haefer, R.A.: Acta Phys. Austriaca 9 (1955) 1-17
9.7 Haefer, R.A.; Mohamed, A.A.: Acta Phys. Austriaca 11 (1957) 193
9.8 Haefer, R.A.; Mohamed, A.A.: Acta Phys. Austriaca 11 (1957) 221
9.9 Grasenick, F.; Jakopic, E.: Naturwissenschaften 56 (1969) 413
9.10 Vossen, J.L.: J. Electrochem. Soc. 126 (1979) 319
9.11 Smolinsky, G.; Vasile, M.J.: Int. J. Mass Spectrom. Ion Phys. 16 (1975) 137
9.12 Grasenick, F.; Haefer, R.A.: Monatsh. Chem. 83 (1952) 1069
9.13 Andersson, L.P.; Berg, S.; Norström, H.; Olafson, R.; Towta, S.: Thin Solid Films 63 (1979) 115
9.14 Street, R.A.; Knightz, J.C.; Bieglesen, D.K.: Phys. Rev. B 18 (1978) 1880
9.15 Catherine, Y.; Turban, G.: Thin Solid Films 41 (1977) L57
9.16 Lanford, W.A.; Rand, M.J.: J. Appl. Phys. 49 (1978) 2473
9.17 Reinberg, A.R.: US Pat. 3,757,733 (1973)
9.18 Reinberg, A.R.: J. Electron. Mater. 8 (1979) 345

9.19 Egitto, F.D.: J. Electrochem. Soc. 127 (1980) 1354
9.20 Rosler, R.S.; Engle, G.: Solid State Technol. (1979) 81
9.21 Koenig, H.R.; Maissel, L.I.: IBM J. Res. Dev. (1970) 168
9.22 Dimigen, H.; Enke, K.; Hübsch, H.; Schall, U.; In: Bunk, W.; Hansen, J.; Geyer, M. (Hrsg): Tribologie, Bd 7. Berlin: Springer 1983
9.22a Enke, K.: Thin Solid Films 80 (1981) 227
9.23 Moravec, T.J.; Lee, J.C.: J. Vac. Sci. Technol. 20 (1982) 338
9.24 Weissmantel, C.; Bewilogua, K.; Dietrich, D.; Erler, H.J.; Hinneberg, H.J.; Klose, S.; Nowick, W.; Reisse, G.: Thin Solid Films 72 (1980) 19
9.25 Holland, L.; Ojha, S.M.: Thin Solid Films 58 (1979) 107
9.26 Bubenzer, A.; Dischler, B.; Nyaiesch, A.: Thin Solid Films 91 (1982) 81
9.27 Spencer, E.G.; Schmidt, P.H.; Joy, D.J.; Sansalone, F.J.: Appl. Phys. Lett. 29 (1976) 118
9.28 Vora, H.; Moravec, T.J.: J. Appl. Phys. 52 (1981) 6151
9.29 Weissmantel, C.; Reisse, G.; Erler, H.J.; Bewilogua, K.; Ebersbach, H.: Le Vide Suppl. 196 (1979) 487
9.30 Weissmantel, C.; Bewilogua, K.; Schmer, C.; Bremer, K.; Zscheile, H.: Thin Solid Films 61 (1979) L1
9.31a Reis, T.A.; Hiratsuka, H.; Bell, A.T.; Shen, M.: NBS Special Publ. 462 (1976) 230
9.31b Schmahl, G.; Rudolph, D.; Niemann, B.: X-Ray Microscopy, Ser. Opt. Sci. vol 43. Berlin: Springer 1984
9.31c Aisenberg, S.; Chabot, R.; J. Appl. Phys. 42 (1971) 2953
9.31d Mayhan, K.G.; Hahn, A.W.; Havens, M.R.; Peace, B.W.: NBS Special Publ. 415 (1975) 1-17
9.32 Spear, W.E.: Adv. Phys. 26 (1977) 811-845
9.33 Fritsche, H.: Sol. Energy Mater. 3 (1980) 447-501
9.34 Tauc, J.: Phys. Today (1976) 23
9.35 Brodsky, M.H.: Amorphous semiconductors, Topics in Appl. Phys. vol 36. Berlin: Springer 1979
9.36 Spear, W.E.; Le Comber, P.G.: Solid State Commun. 17 (1975) 1193
9.37 Spear, W.E.; Le Comber, P.G.: Philos. Mag. 33 (1976) 935
9.38 Joannopoulos, J.D.; Lucovsky, G.: The physics of hydrogenated amorphous silicon, I and II. Topics in Appl. Phys. vol 55 and 56. Berlin: Springer 1984
9.39 Veprek, S.; Maracek, V.: Solid State Electron. 11 (1968) 683
9.40 Webb, A.P.; Veprek, S.: Chem. Phys. Lett. 62 (1979) 173
9.41 Veprek, S.: Pure Appl. Chem. 54 (1982) 1197
9.42 Taniguchi, M.; Hirose, M.; Osaka, Y.: J. Cryst. Growth 45 (1978) 126
9.43 Scott, B.A.; Plecenik, R.M.; Simoniy, E.E.: Appl. Phys. Lett. 39 (1981) 73 — J. Phys. Suppl. 42 (1981) 635
9.44 Kniffler, N.; Müller, W.W.; Pirrung, J.M.; Hänisch, N.; Schröder, B.; Geiger, J.: J. Phys. Suppl. 42 (1981) 811
9.45 Miller, D.L.; Lutz, H.; Weisemann, H.; Rock, E.; Glowsky, A.; Ramamoorthy, S.; Strongin, M.: J. Appl. Phys. 49 (1978) 6992
9.46 Jang, J.; Kang, J.H.; Lee, C.: J. Non-Cryst. Solids 36 (1980) 313
9.47 Moustakas, T.D.: J. Electron Mater 8 (1979) 391
9.48 Anderson, D.A.; Moddel, G.; Paesler, M.A.; Paul, W.: J. Vac. Sci. Techn. 16 (1979) 906
9.49 Müller, W.; Pirrung, J.; Iselborn, S.; Rübel, H.; Schröder, B.; Geiger, J.: Statusber. Sonnenenergie. Düsseldorf: VDI-Verlag 1982
9.50 Starr, M.R.; Palz, W.: Photovoltaic power for Europe. Dordrecht: Reidel 1983
9.51 Wagner, S.; In: Goetzberger, A.; Zerbst, M. (eds) Solid State Devices 1982. Weinheim: Physik-Verlag, 1983
9.52 Ast, D.G.: US-Japan joint seminar on technological applications of tetrahedral amorphous silicon. Palo Alto, July 1982
9.53 Gibson, R.A.; Le Comber, P.G.; Spear, W.E.: Appl. Phys. 21 (1980) 307
9.54 Maruyama, E.; Hirai, T.: J. Non-Cryst. Solids 59/60 (1983) 1247
9.55 Nakayama, Y.; Yamamoto, N.; Kawamura, T.: US-Japan joint seminar on technological applications of tetrahedral amorphous silicon. Palo Alto, 1982

9.56   Shimizu, I.; Oda, S.; Saito, K.; Tomita, H.; Inone, E.: J. Phys. Suppl. 42 (1981) 1123
9.57   Owen, A.E.; Le Comber, P.G.; Spear, W.E.; Hajto, J.: J. Non-Cryst. Solids 59/60 (1983) 1273
9.58   Kishida, S.; Naruke, Y.; Uchida, Y.; Matsumara, M.: J. Non-Cryst. Solids 59/60 (1983) 1281
9.59   Rosler, R.S.; Benzing, W.C.; Baldo, J.: Solid State Technol. (1976) 45
9.60   Chow, R.; Lanford, W.A.; Ke-Ming, W.: Electrochem. Soc. Extended Abstracts 80-2 (1980) 770
9.61   Rand, M.J.; Wonsidler, D.R.: J. Electrochem. Soc. 125 (1978) 99
9.62   Sinha, A.K.; Lugujo, E.: Appl. Phys. Lett. 32 (1978) 245
9.63   Sinha, A.K.; Levinstein, H.J.; Smith, T.E.; Quintana, G.; Haszko, S.E.: J. Electrochem. Soc. 125 (1978) 601
9.63a Hezel, R.: Proc. 5th Int. Solar Forum. Statusber. Photovoltaik, Berlin 1984, 202
9.64   Kuppers, D.: J. Electrochem. Soc. 123 (1976) 1079
9.65   Kirk, R.: l.c. [9.3], chap. 9
9.66   Cathrine, Y.; Turban, G.; Grolleau, B.: Thin Solid Films 76 (1981) 23
9.67   Yoshihara, H.; Mori, H.; Kuichi, M.: Thin Solid Films 76 (1981) 1
9.68   Bauer, J.: Phys. Status Solidi A 39 (1977) 173
9.69   Kaho, N.; Koga, S.: J. Electrochem. Soc. 118 (1971) 1619
9.70   Knightz, J.C.; Mahan, J.E.: Solid State Commun. 21 (1977) 983
9.71   Hultquist, A.E.; Sibert, M.E.: Adv. Chem. Ser. 80 (1977) 182
9.72   Hyder, S.B.; Yep, T.O.: J. Electrochem. Soc. 123 (1976) 1721
9.73   Secrist, D.R.; Mackensie, J.D.: Bull. Am. Ceram. Soc. 45 (1966) 784
9 74   Chittick, R.C.: J. Non-Cryst. Solids 3 (1970) 255
9.75   Anderson, D.A.; Spear, W.E.: Philos. Mag. 35 (1977) 1
9.76   Veprek, S.; Roos, J.: J. Phys. Chem. Solids 37 (1976) 554
9.77   Alexander, J.H.; In: Vranty, F. (ed): Thin film dielectrics. Princeton/N.J.: Electrochem. Soc. 1970
9.78   Bednorz, K.; Cammerer, F.; Hecht, H.D.: Proc. 5th Int. Solar Forum. Statusber. Photovoltaik. Berlin 1984, S. 175

Literatur zu Kapitel 10

10.1   Shiloh, M.; Gayer, B.; Brinkman, F.E.: J. Electrochem. Soc. 124 (1977) 295
10.2   Yasuda, H.; In: Vossen, J.L.; Kern, W. (eds): Thin film processes. New York: Academic Press 1978
10.3   Hollahan, J.R.; Bell, A.T. (eds): Techniques and application of plasma chemistry. New York: Wiley 1974
10.4   Shen, M.; Bell, A.T.: Am. Chem. Soc. Symp. Ser. 108 (1979)
10.5   Tibbit, J.M.; Jensen, R.; Bell, A.T.; Shen, M.: Macromolecules 10 (1977) 647
10.6   Kobayashi, H.; Shen, M.; Bell, A.T.: J. Macromol. Sci. Chem. 8 (1974) 373
10.7   Kobayashi, H.; Shen, M.; Bell, A.T.: J. Appl Polmer Sci. 18 (1973) 885
10.8   Kobayashi, H.; Bell, A.T.; Shen, M.: Macromolecules 7 (1974) 277
10.9   Kobayashi, H.; Shen, M.; Bell, A.T.: J. Macromol. Sci. Chem. 8 (1974) 1345
10.10   Denaro, A.R.; Owens, P.A.; Crawshaw, A.: Eur. Polymer J. 4 (1968) 93
10.11   Yasuda, H.; Lamaze, C.: J. Appl. Polymer Sci. 17 (1973) 201
10.12   Yasuda, H.; Appl. Polymer Symp. 22 (1973) 241
10.13   Yasuda, H.; Marsh, H.C.: J. Appl. Polymer Sci. 19 (1975) 2981
10.14   Stancell, A.F.; Spencer, A.T.: J. Appl. Polymer Sci. 16 (1972) 1505
10.15   Suryanarayanan, B.; Carr, J.J.; Mayhan, K.G.: J. Appl. Polymer Sci. 18 (1974) 309
10.16   Chang, F.Y.; Shen, M.; Bell, A.T.: J. Appl. Polymer Sci. 17 (1973) 2915
10.17   Bieg, K.W.; Wischmann, K.B.: Solar Energy Mater. 3 (1980) 301
10.17a Kirk, R.W.: l.c. [10.3], chap. 9
10.18   Wydeven, T.; Kubacki, R.: Appl. Opt. 15 (1976) 132
10.19   Reis, T.A.; Hiratsuka, H.; Bell, A.T.; Shen, M.: NBS Special Publ. 462 (1976) 230

10.20   Dubois, J.C.; Gazard, M.: Rev. Tech. Thomson-CSF 6 (1974) 1169
10.21   Tamir, T. (ed): Integrated optics. Topics in Appl. Phys. 7, 2nd ed. Berlin: Springer 1979
10.22   Tien, P.K.; Smolinski, G.; Martin, R.J.: Appl. Opt. 11 (1972) 637
10.23   Smolinski, G.: J. Vac. Sci. Technol. 11 (1974) 33
10.24   Morita, S.; Tamano, J.; Hattori, S.; Leda, M.: J. Appl. Phys. 51 (1980) 3938
10.25   Hope, A.: New Sci. Dec. (1978) 836 — Funktech. 30 (1975) 197
10.25a Frey, H.; Haefer, R.A.: Tieftemperaturtechnologie. Düsseldorf: VDI-Verlag 1981, Kap. 12
10.25b Renner, P.; Schumann, J.; In: Görlich, P.; Eckhard, A.; Kunze, P. (Hrsg), Neuere Entwicklungen der Physik. Berlin: Dtsch. Verl. d. Wiss. 1974
10.26   Moshonow, A.; Avny, Y.: J. Appl. Polymer Sci. 25 (1980) 771
10.27   Mayhan, K.G.; Hahn, A.W.; Havens, M.R.; Peace, B.W.: NBS Special Publ. 415 (1975) 1-12
10.28   Hahn, A.W.; Mayhan, K.G.; Easley, J.R.; Sanders, C.W.: NBS Special Publ. 415 (1975) 13-17
10.29   Colter, K.D.; Bell, A.T.; Shen, M.: Biomater. Med. Devices Antif. Organs 5 (1977) 1-12 and 13-24

Literatur zu Kapitel 11

11.1   Lowenheim, F.A.: Electroplating. New York: McGraw-Hill 1978
11.1a   Lowenheim, F.A.: Modern Electroplating, 3rd ed. New York: Wiley 1974
11.1b   Lowenheim, F.A.; In: Vossen, J.L.; Kern, W. (eds): Thin film processes. New York: Academic Press 1978, p 212
11.2   Fischer, H.: Elektrolytische Abscheidung und Elektrokristallisation von Metallen. Berlin: Springer 1954
11.3   Vagramyan, A.T.; Soloveva, Z.A.: Technology of electrodeposition. New York: Draper 1961
11.4   Raub, E.; Müller, K.: Fundamentals in metal deposition. New York: Elsevier 1967
11.5   Graham, A.K. (ed): Electroplating engineering handbook. New York: Reinhold 1974
11.6   Pearlstein, F.; l. c. [11.1] chap. 31
11.7   Spähn, H.: Proc. Int. Congr. Surf. Technol. SURTEC 1 (1981) 427
11.8   Illgner, K.H.: Proc. Int. Congr. Surf. Technol. SURTEC 1 (1981) 453
11.9   Vetter, K.J.: Electrochemical kinetics. New York: Academic Press 1967
11.10   Cheh, H.Y.; Linford, H.B.; Wan, C.C.: Plating Surf. Finish. 64 (1977) 66, 42, 44
11.10a Read, H.J.: Plating 49 (1962) 602
11.11   Kardos, O.: Plating 61 (1974) 61, 129, 229 and 316
11.12   Matulis, Y.: Theory and practics of bright electroplating. Translated from the Russian TT 65-50000, US Dept. of Commerce (1965)
11.13   Bato, K.: Electrodep. Surf. Treatment 3 (1975) 77
11.14   Forbes, C.A.; Ricks, H.E.: Plating 49 (1965) 407
11.15   Zentner, V.: Proc. Am. Electroplaters Soc. 47 (1960) 166
11.16   Jernstedt, G.W.: Proc. Am. Electroplaters Soc. 37 (1950) 151
11.17   Avila, A.J.; Brown, M.J.: Plating 57 (1970) 1105
11.18   Reid, F.H.: Metalloberfläche 30 (1976) 453
11.19   Zentner, V.; Brenner, A.; Jennings, C.W.: Plating 39 (1952) 865
11.20   Raub, Ch.J.; Knödler, A.: Gold Bull. 10 (1977) 38
11.21   Rehrig, D.L.: Proc. Am. Electroplating Soc. 65 (1978) 73
11.21a Ohno, I.; Ohfuruton, H.; Haruyama, S.: Oberflächentechnik. SURTEC-Kongr. 3 (1985) 359
11.21b Novacs, P.: J. Electrochem. Soc. 129 (1982) 696
11.21c Diegle, R.B.; Merz, M.D.: J. Electrochem. Soc. 127 (1980) 2030
11.22   Fischer, H.: Plating 56 (1969) 1229
11.23   Kapustin, A.P.; Trofimov, A.N.: Electrocrystallisation of metals in an ultrasonic field. Translated from the Russian, TT-70-50036, US Dept. of Commerce (1970)

Literatur

11.24a Walker, C.T.; Walker, R.: Electrodep. Surf. Treatment 1 (1973) 457
11.24b Alota, S.; Azzerri, N.; Bruno, R.; Memmi, M.; Ramundo, S.: Oberflächentechnik. SURTEC-Kongr. 3 (1985) 367
11.24c Weymeersch, A.; Winand, R.; Renard, L.: Plating Surf. Finish. 68 (1981) 56 and 118
11.24d Schopfer, P.A.: Oberflächentechnik. SURTEC-Kongr. 3 (1985) 383
11.25 Safranak, W.H.: The properties of electrodeposited metals and alloys. New York: Elsevier 1974
11.26 Am. Soc. for Testing Materials. Philadelphia/Pa: Book of ASTM standards, Part 9, revised annually
11.27 Dettmer, W.; Elze, J.: Handbuch der Galvanotechnik, Bd 1 und 2. München: Hanser 1966
11.28 Brenner, A.: Electrodeposition of alloys, principlex and practice. New York: Academic Press 1963
11.29 Brenner, A.: Plating 52 (1965) 1249
11.30 Krohn, A.; Bohn, W.C.: Plating 58 (1971) 237 — Electrodep. Surf. Treatment 1 (1973) 199
11.31 Averkin, V.A.: Electrodeposition of alloys. Translated from the Russia OTS 64-11015, US Dept. of Commerce (1961)
11.31a Chopra, K.L.; Das S.R.: Thin film solar cells. New York: Plenum Press 1982
11.31b Nagel, G.: Proc. Int. Congr. Surf. Technol. 1 (1981) 463
11.32 Dubpernell, G.: Electrodeposition of chromium. London: Pergamon Press 1977
11.33 Greenwood, J.D.: Hard chromium plating. Porticullis/New York: Internat. Publ. Serv. 1971
11.34 Jones, M.H.; Kenez, M.G.; Saiddington, J.: Plating 52 (1965) 39
11.35 Wiegand, H.; Fürstenberger, U.H.: Hartverchromung, Eigenschaften und Auswirkungen auf den Grundwerkstoff. Frankfurt: Maschinenbau-Verlag 1968
11.36 Ludwig, R.W.; Schwarz, G.K.: Z. Metalloberfläche 30 (1976) 466
11.37 Heinke, G.: VDI-Ber. 194 (1973)
11.38 Read, H.J. (ed): Hydrogen embrittlement in metal finishing. New York: Reinhold 1961
11.39 Brugger, R.: Nickel plating. Porticullis/New York: Internat. Publ. Serv. 1970
11.40 Silman, H.: Electroplating Met. Finish. 28 (1975) 8 and 16
11.40a Paatsch, W.: Galvanotechnik 68 (1977) 392
11.41 Burkhardt, W.: Technik 31 (1976) 16
11.42 Reid, F.H.; Goldie, W. (eds): Gold plating technology. Middlesex/England: Electrochemical Publ. 1974
11.43 Fischer; Weiner, D.E.: Precious metal plating. Teddington: Draper 1964
11.43a Mücke, K.H.: Metalloberfläche 314 (1977) 175
11.44 Bogenschütz, A.F.: Surface technology and electroplating in the electronics industry. London: Portcullis Press 1974
11.45 Bogenschütz, A.F.: Proc. Int. Congr. Surf. Technol. SURTEC 1 (1981) 493
11.45a Saxer, W.: Oberflächentechnik. SURTEC-Kongr. 3 (1985) 309
11.45b Derfler, H.; Perchenmeier, J.; Spitzer, H.: DE Pat 324.7268 (1983)
11.45c Schmitter, K.H.: Max-Planck-Gesellschaft, Jahrbuch 1983, S 686-689
11.46 Machu, W.; Ghandour, E.: Werkst. Korros. 11 (1960) 420 u. 481
11.47 Domnikov, L.: Met. Finish. 62 (1964) 61
11.48 Chisholm, C.V.; Carnegie, R.J.G.: Plating 59 (1972) 28
11.49 Black, G.: Met. Finish. 44 (1946) 207 — US Pat 2.315.740 (1946)
11.50 Moeller, R.W.; Snell, W.A.: Proc. Am. Electroplating Soc. 42 (1955) 189
11.51 Moeller, R.W.; Snell, W.A.: Proc. Am. Electroplating Soc. 43 (1956) 230
11.52 Ehrhardt, J.: Proc. Int. Congr. Surf. Technol. SURTEC 2 (1981) 483
11.53 Broszeit, E.: Verschleiß metallischer Werkstoffe und seine Verminderung durch Oberflächenschichten. Kunst, H. (Hrsg), Grafenau: expert-Verlag 1982
11.54 Kloos, K.H.; Wagner, E.; Broszeit, E.: Metalloberfläche 32 (1978) 321
11.54a Wagner, E.; Broszeit, E.: Schmiertech. Tribol. 26 (1979) 17
11.54b Cowieson, D.R.; Sadowska-Mazur, J.; Warwick, M.E.: Oberflächentechnik. SURTEC-Kongr. 3 (1985) 589

11.54c	Thoma, M.: Oberflächentechnik. SURTEC-Kongr. 3 (1985) 597
11.54d	Newnham, M.; Foster, J.: Oberflächentechnik. SURTEC-Kongr. 3 (1985) 603
11.54e	Sova, V.: Oberflächentechnik. SURTEC-Kongr. 3 (1985) 611
11.55a	Hübner, H.; Ostermann, A.E.: VDI-Ber. 333 (1979) 23 — Galvanotechnik 71 (1980) 238
11.55b	Brown, L.: Oberflächentechnik. SURTEC-Kongr. 3 (1985) 333
11.55c	Khoperia, T.N.: Oberflächentechnik. SURTEC-Kongr. 3 (1985) 343
11.56	Nakayama, N.: Jpn J. Appl. Phys. 8 (1969) 450
11.57	Saxena, S.; Pandya, D.K.; Chopra, K.L.: Thin Solid Films 94 (1982) 223
11.58	Baranski, A.S.; Fawcett, W.R.: J. Electrochem. Soc. 127 (1980) 766
11.59a	Dötzer, R.: Chem. Ing. Tech. 45 (1973) 653
11.59b	Birkle, S.; de Vries, H.: Oberflächentechnik. SURTEC-Kongr. 2 (1983) 457
11.59c	Birkle, S.; Gehring, I.; Stoger, K.; de Vries, H.: Metall 36 (1982) 673
11.59d	Landau, U.: Oberflächentechnik. SURTEC-Kongr. 3 (1985) 317
11.60	Wurm, J.: Haus Tech. Essen Vortragsveröff. 374 (1978) 54
11.61	Sethi, R.S.: Surf. J. 9 (1978) 2,10
11.61a	Nagai, T.; Kishi, T.; Miura, T.: Oberflächentechnik. SURTEC-Kongr. 3 (1985) 325
11.61b	Simon, H.: Metalloberfläche 39 (1985) 13
11.62	Bamberger, C.E.; In: Braunstein, J.; Mamantov, G.; Smith, G.P. (eds): Experimental techniques in molten fluoride chemistry, vol 3. New York: Plenum Press 1975, p 177
11.63	Senderoff, S.; Mellors, G.W.: Science 153 (1966) 1475
11.64	Senderoff, S.; Mellors, G.W.: J. Electrochem. Soc. 113 (1966) 60
11.65	Howie, R.C.; Macmillan, D.W.: J. Appl. Chem. 2 (1972) 217
11.66	Matiosovsky, K.; Lubyova, Z.; Danek, V.: Electrodeposition 1 (1973) 43
11.67	Schlain, D.; McCawley, F.X.; Smith, G.R.: Bureau of Mines Rep. of Investigation No. 8249 (1977)
11.68	Davis, G.L.; Gentry, C.H.R.: Metallurgia 53 (1956) 3
11.69	Cook, N.C.: Sci. Am. August (1969) 38
11.70	Frey, H.; Haefer, R.A.: Tieftemperaturtechnol. Düsseldorf: VDI-Verlag 1981, 465
11.71	Mellors, G.W.; Senderoff, S.: J. Electrochem. Soc. 112 (1965) 266
11.72	Am. Soc. Test. Mater. Standard B 431-65. Recommended practice for processing of mandrels for electroforming, — Plating 51 (1964) 1075
11.73	DiBari, G.A.: Elektroforming, New York: Metals and Plastics Publ. Inc. (1978)
11.74	Spiro, P.: Electroforming. New York: Int. Publ. Serv. 1971
11.75	Dini, J.W.; Johnson, H.R.: Surf. Technol. 4 (1976) 217
11.76	Böcker, J.W.: Prozeßüberwachung beim Galvanoformen. Berlin: Springer 1983
11.77	Tuscher, O.; Suchentrunk, R.: Metalloberfläche 32 (1978)
11.78	Tuscher, O.; Suchentrunk, R.: Galvanotechnik 70 (1979)
11.79	Tuscher, O.: Proc. Int. Congr. Surf. Technol. SURTEC 1 (1981) 471
11.80	Tuscher, O.: Galvanotechnik 69 (1978)
11.81	Wittich, W.; Butler, K.; Suchentrunk, R.: Z. Werkstoffkunde 8 (1977) 16
11.82	Wernick, S.; Pinner, R.: The surface treatment and finishing of aluminium, 2 vols. New York: Draper 1972
11.83	van Horn, K.R. (ed): Aluminium, 3 vols. Metals Park/Ohio: Am. Soc. Met. 1967
11.84	Hübner, W.W.G.; Schiltknecht, A.: Die Praxis der anodischen Oxidation. Düsseldorf: Aluminium-Verlag 1961
11.85	Young, L.: Anodic oxide films. New York: Academic Press 1961
11.86	Sweet, A.W.: Plating 44 (1957) 1191
11.87	Tajima, S.; Baba, N.: Electrochim. Acta 9 (1964) 1509; Light Met. Jpn. 14 (1964) 320
11.88	Keller, F.; Hunter, M.S.; Robinson, D.L.: J. Electrochem. Soc. 100 (1953) 411
11.89	Hoar, T.P.; Yahalom, J.: J. Electrochem. Soc. 110 (1963) 614
11.90	Endtinger, F.: Haus Tech. Essen Vortragsveröff. 374 (1978) 91
11.91	Grossmann, H.: Chem. Exp. Didakt. 2 (1976) 243
11.92	Sautter, W.; Ibe, G.; Meier, J.: Aluminium 50 (1974) 143
11.93	Sandera, L.: Aluminium 49 (1973) 533
11.94	Wefers, K.: Aluminium 49 (1973) 553, 622
11.95	Frey, H.; Haefer, R.A.: Tieftemperaturtechnologie. Düsseldorf: VDI-Verlag 1981, S. 236

11.96	Wernick, S.; Pinner, R.: Met. Finish. 53 (1955) 1
11.97	Kaiser Aluminium and Chemical Corp. Oakland/USA: US Pat 3031387 (1959)
11.98	Zurbrügg, E.: Schweiz. Aluminium Rundsch. 14 (1964) 8
11.99	Westwood, W.D.; Waterhouse, N.; Wilcox, P.S.: Tantalum thin films. London: Academic Press 1976
11.100	Fery, H.; Haefer, R.A.: Tieftemperaturtechnologie. Düsseldorf: VDI-Verlag 1981, S. 419ff, 464
11.101	Pfister, H.: Siemens Forsch. Entwicklungsber. 3 (1974)
11.102	Kneisel, P.: Proc. Appl. Supercond. Conf., Annapolis 1972, 657
11.103	Brewer, G.E.F. (ed): Electrodeposition of coatings. Washington: Am. Chem. Soc. 1973
11.104	Coler, M.A.; In: Mark, H.F.; McKetta, J.J. jr.; Othmer, D.F. (eds): Encyclopedia of chemical technology (Kirk-Othmer) vol. 8. New York: Wiley 1965, p 23
11.105	Kühn, W.; Geu, D.: Emailtechnik. Berlin: VEB-Verlag Technik 1978
11.106	Ortner, M.: Plating 51 (1964) 885
11.107	Shyne, J.J.; Barr, H.N.; Fletscher, W.D.; Scheible, H.G.: Plating 42 (1955) 1255
11.108	Oglesby, S.; Nichols, G.B.: Electrostatic precipitation. New York: Dekker 1978
11.109	Machu, W.: Elektrotauchlackierung. Weinheim: Verlag Chemie 1974
11.110	Lückert, O.: Ind. Lackier-Betr. 48 (1980) 9
11.111	Streitberger, H.J.; Arlt, K.; Pötter, F.J.: Proc. Int. Congr. Surf. Technol. SURTEC 2 (1983) 169
11.112	Thumm, D.: Proc. Int. Congr. Surf. Technol. SURTEC 2 (1983) 187
11.113a	Streitberger, H.J.; Strauss, U.; Arlt, K.K.: Oberflächentechnik. SURTEC-Kongr. 1 (1981) 351
11.113b	Heimann, U.; Dirking, Th.; Streitberger, H.J.: Oberflächentechnik. SURTEC-Kongr. 3 (1985) 395
11.114	Morlock, R.: Proc. Int. Congr. Surf. Technol. SURTEC 2 (1983) 95
11.115	Weiner, R.: Z. Metalloberfläche 31 (1977)
11.116	Pießlinger-Schweiger, S.: Proc. Int. Congr. Surf. Technol. 2 (1983) 461
11.116a	Pießlinger-Schweiger, S.: Oberflächentechnik. SURTEC-Kongr. 3 (1985) 579
11.117	Usselmann, E.; Dietz, K.J.; Hemmerich, H.; Schüller, F.C.; Tanga, A.: Fusion Technol. Proc. 13th Symp. (1984) vol 1, p 105
11.118	Perrings, L.E.: Trans. Inst. Met. Finish. 50 (1972) 38
11.119	Rantell, A.; Holtzmann, A.: Plating 63 (1974) 1052
11.119a	Feldstein, N.: US Pat 3.993.799 (1976)
11.120	Brenner, A.; Riddell, G.: J. Res. Nat. Bur. Stand. 39 (1947) and Electroplat. Soc. 33 (1946) 23 and 34 (1947) 156
11.121	Brenner, A.: Met. Finish. 52 (1954) Nr. 11, p 68 and Nr. 12, p 61
11.122	Gorbunova, K.M.; Nikiforova, A.A.: Physicochemical principles of nickel plating. Translated from the Russian, OTS 63-11003, US Dept. of Commerce 1962
11.123	Saubestre, E.B.: Met. Finish. 60 (1962) Nr. 6, p 67; Nr. 7, p 49
11.124	Saubestre, E.B.: Met. Finish. 60 (1962) Nr. 8, p 45
11.125	Gutzeit, G.; Saubestre, E.B.; Turner, D.R.; In: Graham, A.K. (ed), Electroplating engineering handbook. New York: Reinhold 1974, p 486
11.126	Saubestre, E.B.: Met. Finish. 60 (1962) Nr. 9, p 59
11.127	Klein, H.G.; Niederprüm, H.; Horn, E.M.: Metalloberfläche 25 (1971) 30 und 26 (1972) 7
11.128	Wiegand, H.; Heinke, G.; Schwitzgebel, K.: Metalloberfläche 22 (1968) 304 und 24 (1970) 163
11.129	Heinke, G.: VDI Ber. 194 (1973)
11.130	Randin, J.P., Hintermann, H.E.: Plating 54 (1967) 523
11.131	Chow, S.L.; Hedgecock, N.E.; Schlesinger, M.: J. Electrochem. Soc. 119 (1970) 1614
11.132	Immel, W.: Proc. Int. Congr. Surf. Technol. SURTEC 2 (1983) 435
11.133	Riedel, W.: Proc. Int. Congr. Surf. Technol. SURTEC 2 (1983) 443
11.134	Parker, K.: Interfinish (1972) 202
11.135	Metzger, W.: Metalloberfläche 31 (1977) 404
11.136	Weissenberger, M.: Metall (1976) 1134
11.137	Saubestre, E.B.; Durney, L.J.; Washburn, E.B.: Met. Finish 62 (1964) 52

11.138 Saubestre, E.B.: Trans. Inst. Met. Finish. 47 (1969) 228
11.139 Courduvelis, C.L.: Proc. Ann. Tech. Conf. Am. Electroplaters 65 (1978) 273
11.140 Martin, J.J.: Plating 58 (1971) 888
11.141 Goldie, W.: Metallic coating of plastics. Middlesex/England: Electrochemical Publ. 1968
11.142 Jarrett, D.R.; Draper, C.R.; Müller, G.; Bandrand, D.W.: Plating on plastics. Porticullis/New York: Internat. Publ. Serv. 1971
11.143 Coombs, C.F. (ed): Printed circuits handbook. New York: McGraw-Hill 1967
11.144 Smith, C.M.: Plating 56 (1969) 23
11.145 Elektroschmelzwerk Kempten: Firmenmitteilung 1984
11.146 Szedon, J.R.; Shirland, F.A.; Biter, W.J.; O'Keefe, T.W.; Stoll, J.A.; Fonash, S.J.: Westinghouse R & D Center (1979) Rep. No. 78-9F3-CADSO-R6
11.147 Kaur, I.; Pandya, D.K.; Chopra, K.L.: J. Electrochem. Soc. 127 (1980) 943
11.148 Chopra, K.L.; Kainthla, R.C.; Pandya, D.K.; Thakoor, A.P.; Francombe, M.H. (ed): Physics of thin films, vol 12. New York: Academic Press 1982
11.149 Groth, R.; Kauer, E.; v. d. Linden, P.C.: Z. Naturf. 17a (1962) 789
11.150 Frank, G.; Kauer, E.; Köstlin, H.: Phys. Bl. 34 (1978) 106
11.150a Viguié, J.C.; Spitz, J.: J. Electrochem. Soc., Solid State Sci. Technol. 122 (1975) 585
11.150b Blandenet, G.; Court, M.; Lagarde, Y.: Thin Solid Films 77 (1981) 81
11.151 Bogenschütz, A.F.: Proc. Int. Congr. Surf. Technol. SURTEC 2 (1983) 423
11.151a Wittel, K.: Oberflächentechnik. SURTEC-Kongr. 3 (1985) 263
11.152 Rausch, W.: Ind. Lackier-Betr. 49 (1981) 413
11.153 Busch, B.: Ind. Lackier-Betr. 50 (1982) 148
11.154 Rausch, W.: Proc. Int. Congr. Surf. Technol. SURTEC 2 (1983) 33
11.155 Bronder, E.: Oberflächentechnik. SURTEC-Kongr. 3 (1985) 283

Literatur zu Kapitel 12

12.1 Schoop, M.U.; Daesche, C.H.: Handbuch der Metallspritztechnik. Zürich: Rascher 1935
12.2 Ballard, W.E.: Metal spraying. London: Griffin, 1963
12.3 Poorman, R.M.; Sargent, H.B.; Lamprey, H.: US Pat 2,714,553 (1955)
12.4 Gage, R.M.; Nestor, O.H.; Yenni, D.M.: US Pat 3,016,447 (1962)
12.5 Price, M.O.; Wolfla, T.A.; Tucker jr., R.C.: Thin Solid Films 45 (1977) 309
12.6 Cook, E.B. jr.: Proc. 13th Airlines Plating Forum (1977) 1
12.7 Wolentarski, W.: Proc. 11th Turbomachinery Symp. (1982) 207
12.8 Schwarz, E.: Proc. 9th Int. Thermal Spraying Conf. (1980) 91
12.9 Giertsen, S.B.: Proc. 8th Int. Thermal Spraying Conf. (1976)
12.10 Brennek, J.; Milewski, W.: Proc. 9th Int. Thermal Spraying Conf. (1980) 239
12.11 Schmidt, H.; Matthäus, D.: Proc. 9th Int. Thermal Spraying Conf. (1980) 225
12.12 Marchandise, H.: Plasmatechnologie. Düsseldorf: Dtsch. Verl. f. Schweißtech. 1970
12.13 Smart, R.F.; Catherall, J.A.: Plasma spraying. London: Mills & Boon 1972
12.14 Fauchais, P. et al.: High pressure plasmas and their application to ceramic technology. Topics in Current Chemistry 107. Berlin: Springer 1983
12.15 Gerdeman, D.A.; Hecht, N.L.: Arc plasma technology in materials science. Berlin: Springer 1972
12.16 Meyer, H.: Ber. Dtsch. Keram. Ges. 39 (1963) 115-124
12.17 Rykalin, N.N.; Kudinov, V.V.: Pure Appl. Chem. 48 (1976) 229-239
12.18 Heinrich, P.: Linde Ber. Tech. Wiss. 52 (1982) 29-37
12.19 Kayser, H.: Thin Solid Films 39 (1976) 243
12.20 Houben, J.M.: Proc. 9th Int. Thermal Spraying Conf. (1980) 197
12.21 Muehlberger, E.: Proc. 7th Int. Thermal Spraying Conf. (1973) 245
12.22 Muehlberger, E.; Kremmith, R.D.: Offenlegungsschrift DE 3043830 A1
12.23 Steffens, H.D.; Höhle, H.M.: Proc. 9th Int. Thermal Spraying Conf. (1980) 420
12.24 Henne, R.; Weber, W.: High Temp. High Pressures 14 (1982) 237

12.25	Henne, R.; Schnurnberger, W.; Weber, W.: Proc. 10th Int. Thermal Spraying Conf. (1983) 161
12.26	Borbeck, K.D.: Proc. 10th Int. Thermal Spraying Conf. (1983) 99 — Ind. Anz. 103 (1981)
12.27	Finkelnburg, W.; Maecker, H.: Handbuch der Physik, Bd 22. Berlin: Springer 1956, S 301
12.28	Kugler, T.: Proc. 6th Int. Thermal Spraying Conf. (1970)
12.29	Steffens, H.D.: Proc. 10th Int. Thermal Spraying Conf. (1983) 1
12.30	Wolfla, T.A.; Johnson, R.N.: J. Vac. Sci. Technol. 12 (1975) 777
12.31	Wolf, P.C.: Proc. 10th Int. Thermal Spraying Conf. (1983) 95
12.32	Wilms, V.; Herman, H.: Proc. 8th Int. Thermal Spraying Conf. (1977) 216
12.33	Wilms, V.; Herman, H.: Thin Solid Films 39 (1976) 251
12.34	Iwamoto, N.; Makino, Y.; Arata, Y.: Proc. 9th Int. Thermal Spraying Conf. (1980) 306
12.35	Levy, M.; Sklover, G.N.; Sellers, D.J.: Adhesion and thermal properties of refratory coating-metal substrate systems. US Army Materials Research Agency, AMRA TR 66-01 (1968)
12.36	Benz, R.; Scheidler, G.P.: Z. Metallkd. 71 (1980) 182
12.37	Roos, H.: Thermische Spritzverfahren. Lehrgang an der Techn. Akad. Esslingen, 8.-10.2.1984
12.38	Müller, K.N.: Proc. 7th Int. Thermal Spraying Conf. (1973)
12.39	Pulker, H.K.: Appl. Opt. 18 (1979) 1969
12.40	Donovan, N.: Brit. Weld. J. 13 (1966) 490
12.41	Cook, E.B.: Proc. 13th Airlines Plating Forum (1977)
12.42	Jodoin, N.; Nadeau, M.: Proc. 9th Int. Thermal Spraying Conf. (1980) 53
12.43	Steffens, H.D.; Beczkowiak, J.: Proc. 10th Int. Thermal Spraying Conf. (1983) 218
12.44	Huber, P.; Dekumbris, R.; Villat, M.: Communautée Int. de Machines à Combustion Conf. (1983) 579
12.45	Dekumbris, R.; Huber, P.; Villat, M.: Proc. 10th Int. Thermal Spraying Conf. (1983) 153
12.46	Matting, H.A.; Steffens, H.D.: Metall 17 (1963) 583 und 905
12.47	Grisaffe, S.J.: NASA Technical Note TN D-3113 (1965)
12.48	Marchandise, H.: The plasma torch and its applications. Eur. Atomic Energy Comm. EUR 2439f (1965)
12.49	Durmann, G.; Longo, F.N.: Ceram. Bull. 48 (1969) 221
12.50	Kitahara, S.; Hasni, A.: J. Vac. Sci. Technol. 11 (1974) 747
12.51	Longo, F.N.: Weld. J. 45 (1966) 66
12.52	Matting, H.A.; Steffens, H.D.: Metall 17 (1963) 1213
12.53	Okada, M.; Marno, H.: Brit. Weld. J. 15 (1968) 371
12.54	Sharivker, S.Y.: Poroshk. Metall. 54 (1967) 70
12.55	Marynowski, C.W.; Halden, F.A.; Farley, E.P.: Electrochem. Technol. 3 (1965) 109
12.56	Villat, M.: Tech. Rundsch. Sulzer. (1974) 1
12.56a	Villat, M.: Anwendungen des Plasmaspritzens, Interner Ber. der Sulzer AG, Winterthur, und Vortrag am Seminar der Ges. f. Tech. und Wirtschaft, Dortmund, 7.4.1978.
12.56b	Wirtz, H.; Hess, H.: Schützende Oberflächen durch Schweißen und Metallspritzen. Düsseldorf: Dtsch. Verl. f. Schweißtech. 1969
12.56c	Knotek, O.; Lugscheider, E.; Eschnauer, H.: Hartlegierungen zum Verschleißschutz. Düsseldorf: Stahleisen 1975
12.57	Gräfen, H.: Proc. 2nd Int. Congr. Surf. Technol. (1983) 1
12.57a	Kirner, K.: Proc. 1st Int. Congr. Surf. Technol. (1981) 315
12.57b	Steffens, H.D.; Höhle, H.M.; Ertürk, E.: Int. Conf. Metallurgical Coatings, San Diego (1980)
12.58	Voorde, van de M.H.: Surface Engineering. Kossowsky, R.; Singhal, S.C. (eds). NATO ASI Ser. (1984) 390
12.59	Goward, G.W.: NATO ASI Ser. (1984) 408
12.60	Giggins, C.S.; Pettit, F.S.: Solid State Science 118 (1971) 1782
12.61	Golightly, F.A.; Wood, G.C.; Stott, F.H.: Oxid. Met. 14 (1980) 217
12.62	Villat, M.; Felix, P.: Tech. Rundsch. Sulzer. 3 (1976) 1

12.63 Hecht, R.J.: Pratt and Whitney Aircraft Group, Rep. No. FR 12170 (1979)
12.64 Boone, D.H.; Shen, S.; Lee, D.: Proc. Int. Conf. Metallurgical Coatings, San Francisco (1978)
12.65 Boone, D.H.; Lee, D.; Shafer, J.M.: Conf. Ion Plating and Allied Techniques, IPAT 77 (1977)
12.66 Bhat, H.; Zatorski, R.A.; Herman, H.; Coyle, R.J.: Proc. 10th Int. Thermal Spraying Conf. (1983) 21
12.67 Rairden, J.R.: Proc. 9th Int. Thermal Spraying Conf. (1980) 329
12.68 Wilms, V.: Proc. 9th Int. Thermal Spraying Conf. (1980) 317
12.69 Smith, R.W.; Shilling, W.F.; Fox, H.M.: Proc. 9th Int. Thermal Spraying Conf. (1980) 334
12.70 Villat, M.; Huber, P.: Vortrag auf dem Lehrgang Thermische Spritzverfahren. Tech. Akad. Esslingen, 14. Nov. 1984
12.71 Wolf, P.C.; Longo, F.N.: Proc. 9th Int. Thermal Spraying Conf. (1983) 187
12.72 Rairden, J.R.; Jackson, M.R.; Henry, M.F.: Proc. 10th Int. Thermal Spraying Conf. (1983) 205
12.73 Kirner, K.: Dtsch. Verb. f. Schweißtech. Ber. 47 (1977) 36
12.74 Bednorz, K.; Cammerer, F.; Hecht, H.D.: Statusber. Photovoltaik (1984) 175, BMFT Bonn
12.75 Cheney, R.F.; Mower, F.J.; Moscatello, C.L.: US Pat 3 909 241 (1975)
12.76 Behrisch, R. (ed): Sputtering by particle bombardement II. Topics in Appl. Phys. vol 52. Berlin: Springer 1984
12.77 Haefer, R.A.: Kryo-Vakuumtechnik, Grundlagen und Anwendungen. Berlin: Springer 1981, S 244ff

Literatur zu Kapitel 13

13.1 Wirtz, H.; Hess, H.: Schützende Oberflächen durch Schweißen und Metallspritzen. Dtsch. Verl. f. Schweißtech. 1969
13.2 Wahl, W.: VDI Ber. 333 (1979) 121
13.3 Kluss, E.: Einführung in die Probleme des elektrischen Lichtbogen- und Widerstandsofens. Berlin: Springer 1951
13.4 Berthold, E.A.; In: Kunst, H. (ed): Verschleiß metallischer Werkstoffe und seine Verminderung durch Oberflächenschichten. Grafenau: expert-Verlag 1982
13.5 Gross, B.; Grycz, B.; Miklossy, K.: Plasma Technology. London: ILIFFE-Books 1968
13.6 Marchandise, H.: Plasma-Technologie. Düsseldorf: Dtsch. Verl. f. Schweißtech. 1970
13.7 Dilthey, U.: Proc. 1st Int. Congr. Surf. Technol. (1981) 285
13.8 Eichhorn, F.; Dilthey, U.; Huwer, W.: Ind. Anz. 94 (1972) 2369/72
13.9 Wanke, R.: Schweißen + Schneiden 25 (1973) 252
13.10 Eichhorn, F.; Lohrmann, G.R.: Schweißen + Schneiden 21 (1969) 311
13.11 Dilthey, U.; Eichhorn, F.: DVS Ber. 15 (1970) 59
13.12 Dilthey, U.: Diss. TU Aachen 1972
13.13 Garrabrant, E.C.; Zuchowski, R.S.: Weld. J. 49 (1969) 385
13.14 Ruckdeschel, W.: DVS Ber. 23 (1972) 35
13.15 Dilthey, U.: DVS Ber. 27 (1973) 23
13.16 Kretzschmar, E.: Schweißtechnik 29 (1979) 345-351
13.17 Kretzschmar, E.: Zentralinst. Schweißtech. Mitt. 16 (1975) 681
13.18 Chène, J.; Luguinbühl, P.; Beck, R.: Tech. Rundsch. Sulzer. (1970) 73-78
13.19 Neuhaus, W.: VDI Ber. 333 (1979) 137
13.20 Bahrani, A.S.: Surf. J. 9 (1978) 2
13.21 Chelius, J.: Werkst. Korros. 19 (1968) 307
13.22 Stähli, G.: VDI Ber. 333 (1979) 69

Literatur zu Kapitel 14

14.1 Selige, A.: Haus Tech. Essen Vortragsveröff. 374 (1978) 78
14.2 Kleingarn, J.P.: Proc. Int. Congr. Surf. Technol. SURTEC 2 (1983) 371
14.3 Schmitz, H.: Proc. Int. Congr. Surf. Technol. SURTEC 2 (1983) 385
14.4 Horstmann, D.: Stahl Eisen 80 (1960) 1531
14.5 Horstmann, D.: Stahl Eisen 90 (1970) 571
14.6 Horstmann, D.: Arch. Eisenhüttenwesen 46 (1975) 137
14.7 Koenitzer, J.; Schmitz, H.: Stahl Eisen 99 (1979) 837
14.8 Espenhahn, M.; Nikoleizig, A.; Weber, F.: Stahl Eisen 102 (1982) 21
14.9 Butler, J.J.; Beam, D.J.; Hawkins, J.C.: Iron Steel Eng. 47 (1970) 77
14.10 Nikoleizig, A.; Kootz, Th.; Weber, F.; Espenhahn, M.: Stahl Eisen 98 (1978) 336
14.11 Böttcher, H.J.: Werkst. und ihre Veredelung 4 (1982) 109
14.12 Ganowski, F.J.: Fachbuchreihe Schweißtechnik, Bd 58. Düsseldorf: Dtsch. Verl. f. Schweißtech. 1970, S 132-165
14.13 Kohl, F.W.: Maschinenmarkt 75 (1969) 4
14.13a Prange, W.; Albrecht, J.; Klotzki, H.; Zastera, A.: Oberflächentechnik. SURTEC Kongr. 3 (1985) 569
14.14 Friebe, W.; Menthen, B.; Schenk, W.: Stahl Eisen 88 (1968) 477
14.15 Teuhaven, U.: Stahl Eisen 94 (1974) 419
14.16 Ganowski, F.J.: Schweißen + Schneiden 19 (1967) 509
14.17 Güntherodt, H.J.; Oelhafen, P.; Lapka, R.: 4th Int. Conf. on liquid and amorphous metals, Grenoble 1980. J. Phys. Colloq. 8, 41 (1980) 381
14.18 Meyer, J.D.: 4th Int. Conf. on liquid and amorphous metals, Grenoble 1980. J. Phys. Colloq. 8, 41 (1980) 762
14.19 Güntherodt, H.J.; Beck, H. (eds): Glassy metals. Topics in applied phys. vol 46. Berlin: Springer 1981
14.20 Druckschrift der Firma Vacuumschmelze GmbH, D-6450 Hanau 1
14.21 Buckel, W.; Hilsch, R.: Z. Phys. 238 (1954) 109
14.22 Buckel, W.: Z. Phys. 238 (1954) 136
14.23 Bergmann, G.: Phys. Rep. 276 (1976) 161
14.24 Davies, J.A.: Surface modification and alloying by laser, ion and electron beams. Poate, J.M.; Foti, G.; Jacobson, D.C. (eds). New York: Plenum Press 1983, p 189
14.25 Rimini, E.: Surface modification and alloying by laser, ion and electron beams. Poate, J.M.; Foti, G.; Jacobson, D.C. (eds). New York: Plenum Press 1983, p 15

Literatur zu Kapitel 15

15.1 Waldie, J.M. (ed): Surface coating. vol 1: Raw Materials and their usage, vol 2: Technology. London: Chapman and Hall 1983
15.2 Zorll, U.; Schütze, E.C.: Kunststoffe in der Oberflächentechnik. Stuttgart: Kohlhammer 1985
15.3 Kaufman, H.S.; Falcetta, J.J.: Introduction to polymer science and technology. New York: Wiley 1977
15.4 McKelvey, J.M.: Polymer processing. New York: Wiley 1971
15.5 Tadmor, Z.; Gogos, C.: Principles of polymer processing. New York: Wiley 1979
15.6 Parfitt, G.D.: Dispersion of powders in Liquids: With special reference to pigments. New York: Wiley 1973
15.7 Manson, J.A.; Sperling, L.H.: Polymer blends and composites. New York: Plenum Press 1976
15.8 Burns, R.M.; Bradley, W.W.: Protective coatings for metals. Am. Chem. Soc. Monogr. Ser. Nr. 163 (1967)
15.9 Seymor, R.B.: Hot organic coatings. New York: Reinhold 1959
15.10 Baulmann, W.: Oberflächentechnik. SURTEC-Kongr. 1 (1981) 409
15.11a Burkhardt, W.: Oberflächentechnik. SURTEC-Kongr. 1 (1981) 363

15.11b Heimann, U.; Dirking, Th.; Streitberger, H.J.: Oberflächentechnik. SURTEC-Kongr. 3 (1985) 395
15.11c Kissau, G.: Oberflächentechnik. SURTEC-Kongr. 3 (1985) 403
15.12   Bösch-Billing, H.: NZZ-Forsch. Tech. 14. 8. 1985, S 57
15.12a Wittig, M.: Oberflächentechnik. SURTEC-Kongr. 3 (1985) 389
15.13   Burkhardt, W.: Oberflächentechnik. SURTEC-Kongr. 2 (1983) 111
15.14   Kühhirt, W.: Oberflächentechnik. SURTEC-Kongr. 2 (1983) 101
15.15   Clark, D.T.; Feast, W.J.: Polymer surfaces. New York: Wiley 1978
15.15a Bergk, B.: Oberflächentechnik. SURTEC-Kongr. 3 (1985) 643
15.16   Makins, N.: Oberflächentechnik. SURTEC-Kongr. 1 (1981) 399
15.17   Besold, R.: Oberflächentechnik. SURTEC-Kongr. 2 (1983) 139
15.18   Nitsche, C.: Oberflächentechnik. SURTEC-Kongr. 2 (1983) 147
15.19   Moslé, H.G.: Oberflächentechnik. SURTEC-Kongr. 3 (1985) 635
15.20   Knaak, E.; Koeppen, H.J.: Oberflächentechnik. SURTEC-Kongr. 3 (1985) 639
15.21   Kayser, K.: VDI-Z. 126 (1984) 96-108
15.22   Metzger, W.; Schmitz, M.: Metalloberfläche 38 (1984) 293
15.23   Deibig, H.; Wollmann, K.: Oberflächentechnik. SURTEC-Kongr. 1 (1981)
15.24   Trentini, A.; Oehlenschläger, A.: Oberflächentechnik. SURTEC-Kongr. 2 (1983) 107
15.25   Strouhal, R.: Oberflächentechnik. SURTEC-Kongr. 2 (1983) 163
15.26   Saatweber, D.: Oberflächentechnik. SURTEC-Kongr. 2 (1983) 131
15.27   Bikales, N.M. (ed): Characterization of polymers. New York: Wiley 1971
15.28   Rausch, W.: Oberflächentechnik. SURTEC-Kongr. 1 (1981) 137
15.29   Germscheid, H.G.: Oberflächentechnik. SURTEC-Kongr. 1 (1981) 147
15.30   Karttunen, S.; Oittinen, P.; In: Chapman, B.N.; Anderson, J.C. (eds): Science and technology of surface coating. New York: Academic Press 1974, p 222
15.31   Licari, J.J.: Plastic coatings for electronics. New York: McGraw-Hill 1970
15.32   Licari, J.J.; Brands, E.R.; In: Handbook of materials and processes for electronics. Harper, C.A. (ed). New York: McGraw-Hill 1970
15.33   Topfer, M.L.: Thick film microelectronics. New York: van Nostrand-Reinhold 1971
15.34   Hamer, D.W.; Biggers, J.V.: Thick film hybrid microcircuit technology. New York: Wiley 1972
15.35   Harper, C.A. (ed): Handbook of thick film hybrid microelectronics. New York: McGraw-Hill 1974
15.36   Washo, B.D.: IBM J. Res. Dev. 21 (1977) 190
15.37   Murphy, J.A.: Surface preparation and finishes of metals. New York: McGraw-Hill 1971, chap 6
15.38   Mayer, H.: Aktuelle Forschungsprobleme aus der Physik dünner Schichten. München: Oldenbourg 1950
15.39   Grasenick, F.; Haefer, R.A.: Monatsh. Chem. 83 (1952) 1069
15.40   Schimmel, G.; Vogell, W.: Methodensammlung der Elektronenmikroskopie. Stuttgart: Wiss. Verlagsges. 1980
15.41   Haefer, R.A.; Mohamed, A.A.: Acta Phys. Austriaca 11 (1957) 221
15.42   Reimer, L.: Elektronenoptische Untersuchungs- und Präparationsmethoden. Berlin: Springer 1967
15.43   Leising, G.; Kahlert, H.; Leitner, O.: Electronic properties of polymer and related compounds. In: Kuzmany, H.; Mehring, M.; Roth, S. (eds), Springer Ser. in Solid State Sci. 63. Berlin: Springer 1985, p 56
15.44   Kahlert, H.; Leising, G.; Leitner, O.; Uitz, R.; Stelzer, F.: Proc. 17th Int. Conf. on Physics of Semiconductors (1985) 1553-1556
15.45 . Greene, R.L.; Street, R.L.: Science 226 (1984) 651-656
15.46   Rabenhorst, H.: Oberflächentechnik. SURTEC-Kongr. 2 (1983) 87
15.47   Kut, S.: l. c. [15.30] p 43
15.48   Corbett, R.P.: l. c. [15.30] p 52
15.49   Sample, S.B.; Bollini, R.; Decker, D.A.; Boarman, J.W.: l. c. [15.30] p 32
15.50   Loeb, L.B.: Static electrification. Berlin: Springer 1958
15.51   Moore, A.D.: Electrostatics and its applications. New York: Wiley 1970

Literatur

15.52 Neubert, U.: Elektrostatik in der Technik. München: Oldenbourg 1954
15.53 Oglesby, S.; Nichols, G.B.: Electrostatic precipitation. New York: Dekker 1978
15.54 Leuze, G.: Lehrgang „Thermische Spritzverfahren", Tech. Akad. Esslingen, 3.2.1986
15.54a Wartusch, J.: Oberflächentechnik. SURTEC-Kongr. 3 (1985) 409
15.55 Bach, H.; Schröder, H.: Thin Solid Films 1 (1967/68) 255
15.55a Schröder, H.: Physics of thin films. Hass, G. (ed), vol 5. New York: Academic Press 1969, p 87-140
15.56 Pulker, H.K.: Coatings on glass. New York: Elsevier (1984)
15.56a Arften, N.; Hußmann, E.: Oberflächentechnik. SURTEC-Kongr. 3 (1985) 91
15.57 Schaffert, R.M.: Electrophotography. New York: Academic Press 1965

Literatur zum Anhang

A.1 Honig, R.E.: RCA-Rev. Dec. (1962) 567-586
A.2 Maissel, L.I.; Glang, R.: Handbook of thin film technology. New York: McGraw-Hill 1970
A.3 Pulker, H.K.: Appl. Opt. 18 (1979) 1969
A.4 Greiner, J.H.: J. Appl. Phys. 42 (1972) 5151 — IBM J. 24 (1980) 195
A.5 Pulker, H.K.: l.c. [15.56]
A.6 Knotek, O.; Lugscheider, E.; Eschnauer, H.: Hartlegierungen zum Verschleißschutz. Düsseldorf: Stahleisen 1975
A.7 Habig, K.H.: Verschleiß und Härte von Werkstoffen. München: Hanser 1980
A.8 Simon, H.; Thoma, M.: Angewandte Oberflächentechnik für metallische Werkstoffe. München: Hanser 1985

Sachverzeichnis

a-C:H, amorpher harter Kohlenstoff 8, 169
Adhäsion der Schichten 18, 28, 29, 54, 150, 229
Adsorption 72
AES, Auger-Elektronenspektroskopie 47
aktivierte reaktive Bedampfung 83
Al-Hartoxidschichten 9, 207
Al_2O_3-Duplexschicht 205
– Färben der Schicht 207
Al_2O_3-Sperrschicht 203
Aluminium, galvanische Schichten 200
Aluminium, Tauchschichten 258
aluminothermisches Plattieren 254
amorphe Bubblespeicher 118
amorphe Schichten 15, 118, 193, 204, 259, 276, 289–291, 294
Anodenfall 66
anodische Oxidation 4, 8, 204ff.
Antireflex-Schichten 94, 118, 172, 184, 275–287
antistatische Schichten 266
Apparate- und Anlagenbau,
    Anwendungen im – 141, 153–156, 196, 197, 203, 204, 211–217, 232–234, 239, 250–258, 271, 272
aprotische Elektrolyte 200
Architekturglas-Beschichtung 94, 118, 275, 276, 287
Arc-Verdampfung 135
van Arkel-de Boer-Prozeß 145
a-Si:H, amorphes Silizium 8, 173ff.
Assoziation 70, 72
Aufdampfmaterialien 80, 273ff.
Aufdampftechnik 73ff.
Auftragschweißen 5, 11, 242ff.
Aufwachsraten 13
autokatalytische Beschichtung 211
Automatisierung
– Beschichtungsprozeß 89
– Vakuumerzeugung 89

Bandbedampfung 89, 93
batch-type-Beschichtung 90

Bau- und Montanindustrie,
    Anwendungen in der – 250ff.
Bedampfungsanlagen 90
Bedampfungstechniken 4, 5, 73ff.
Beflocken von Oberflächen 272
Beschichtungsanlagen für
– anodische Oxidation 187, 204
– Auftragschweißen 243–248
– Bedampfen 90–94
– chemische Abscheidung 187
– CVD 146–148
– galvanische Abscheidung
    – aprotischer Elektrolyt 200
    – Salzschmelze 201
    – wässeriger Elektrolyt 187ff.
– Ionenplattieren 126–137
– organische Polymere und Dispersionen 267–271
– Plasma CVD 163, 168
– Plasmapolymerisation 179, 182
– Plattieren 251–254
– Rascherstarrung 259
– Schmelztauchen 255–257
– Sputtern 115–117
– thermisches Spritzen 216–224
Beta-Rückstreuverfahren 45
Beweglichkeit 62
Bias-Sputtern 69, 71, 117
Bildplatten 203
biomedizinische Technik,
    Anwendungen in der – 4, 8, 141, 157, 172, 186, 199, 203, 239
Blei-Tauchschichten 258
Bohm-Kriterium 66
Bonding 141, 186, 201

Carburieren von Stahl 275
CASING-Prozeß 183
CCD-Elemente 175
Chalcogenide 287
chemisches Beschichten
– chemisch reduktiv 211
– Konversion 214
– Pyrolyse 213

Chromatieren 4, 9, 214
Coulomb-Wechselwirkung im Plasma 62
Coulometrische Dickenmessung 42
CVD, chemische Dampfabscheidung 4, 7, 143 ff.

Dampfdruck 76, 273 ff.
Dampfstromdichte-Verteilung 77
Debye-Länge 65
dekorative Schichten, erzeugt durch
- anodische Oxidation 206, 207
- Bedampfen 94, 275-278, 284
- chemisches Beschichten 212
- galvanisches Beschichten 197
- Ionenplattieren 138, 142, 275-278, 292, 293
- organische Polymere und Dispersionen 264
- Sputtern 120, 275-278, 284, 292
dendritische Oberflächenstruktur 158
Depositionsraten 13, 114
- Meßmethoden 34 ff.
Depotpharmaka, Schichten für - 186
Detonationsspritzen 217
diamantähnlicher Kohlenstoff 8, 170
Diffusionsbarrieren 118, 175, 182, 183, 276-278, 289, 293, 294
Diffusionskoeffizient, im Plasma 62
Diffusionspumpen 75
Diffusionsschicht 197, 203
dip coating 268
Dispersionen, Abscheidung von - 262 ff.
Dispersionshärtung 199
Dispersionsschichten 198 ff., 212, 213
Display-Elemente 94, 118
dissoziative Chemisorption 72
dissoziative Ionisation 70
dosierte Massezufuhr 37
Drucken 5, 267
Druckmessung 76
dünne Schicht, Definition 15
Dünnschicht-Kondensatoren 9, 94, 118, 186, 204, 208, 293
Dünnschicht-Laser 118
Dünnschicht-Widerstände 80, 83, 94, 118, 157, 275-278, 284, 285, 289, 292-294
Duplexschicht auf Al 205 ff.

Edelmetallschichten 196, 197
Eigenspannungen der Schichten 26, 55
Einlauf-/Anlaufschichten 237
electroforming 203
electroless plating 4, 9, 211
electroplating
- PRCE, periodic reverse current electroplating 192-194

- pulse plating 192-196
elektrochemische Beschichtung, aus
- aprotischen Elektrolyten 200
- Salzschmelzen 201
- wässerigen Elektrolyten 188 ff.
elektrochemische Doppelschicht 189
elektrochemische Reaktionen 189
Elektrodenpolarisation 189
Elektrographie 272
Elektrolumineszenzzellen 118, 141
Elektrolyte
- nichtwässerige (aprotische) 200
- - mit Additiven 192, 194
- wässerige 191
elektrolytisches Entgraten 211
Elektrolytkondensator 205
Elektronen-Anlagerung 70
elektronen-induzierte Adsorption 72
elektronen-induzierte Desorption 72
elektronenmikroskopische Präparation 163, 173, 269, 285
elektronen-stimulierte Reaktionen 72
Elektronenstrahl-Lithographie 185, 269
Elektronenstrahl-Schmelzen 111
Elektronenstrahl-Verdampfer 87
Elektronenstrahl-Verfahren 14
Elektronentemperatur 59
Elektronik- und Mikroelektronik-Schichten, erzeugt durch
- anodische Oxidation 204
- Bedampfen 14, 273 ff.
- chemisches Beschichten 213
- CVD 156, 157, 273 ff.
- galvanisches Beschichten 196, 200, 203
- Ionenplattieren 141, 273 ff.
- organische Polymere und Dispersionen 266-272
- Plasma CVD 173-175, 273 ff.
- Plasmapolymerisation 185, 273 ff.
- Rascherstarrung 260
- Sputtern 118, 273 ff.
Elektrophorese 4, 9, 208, 209
Elektrophotographie 175
Elektropolieren 211
elektrostatische Abschirmung 94, 118
Elektrotauchlackierung 4, 9, 209, 214
Ellipsometrie 40
Eloxieren 204 ff.
Emaillierung 209, 271
Emulsionen, Schichten aus - 5, 262 ff.
epitaxiale Schichten 7, 137, 141
EPM, Elektronenstrahl-Mikroanalyse 47
ES, Elektroschlacke-Auftragsschweißen 246
ESCA, Photoelektronenspektroskopie 48
Explosionsspritzen 5, 217
Extrusion aus der Schmelze 269

Sachverzeichnis

Faraday-Gesetz 189
Feldeffekttransistoren 175
Festschmiermittel 118, 199, 287
Flammen-Auftragschweißen 5, 244
Flammspritzen 5, 10, 216
Flash-Verdampfung 83
Fließbrettreaktor 148, 157, 269
Floating-Potential 66
Flüssigkristall-Displays 94, 118, 175
Folienbedampfung 93
Fügetechnik, mittels
– Ionenplattieren 141
– Plasmapolymerisation 186
Fuel Air Repetitive Explosion
 Gun-Process 224

galvanische Abscheidung aus
– nichtwässerigen Elektrolyten 200
– Salzschmelzen 201
– wässerigen Elektrolyten 188
galvanische high speed Abscheidung 193
galvanisches Aluminieren 200
Galvanoformung 9, 196, 197, 203
Gastrennung 182
Gasturbinen, Beschichtung 235
Giaever-Effekt 15
Gießbeschichten 5, 268, 269
Gießplattieren 5, 251
Glanzstoffe für galvanische Bäder 25, 194
Gleitstoffe 118, 199, 287
Glimmentladung
– anomale 57
– normale 57
Glimmentladungsreinigung 31, 71
goldfarbenes TiN 138, 142, 278, 284
graft polymerization 271
Graufilter 276
Großflächendioden 175
Grundieren 267
Gummierung 209

Härte der Schichten 54, 230, 290 ff.
Haftfestigkeit der Schichten 18, 28, 29, 54, 150, 229
Haftvermittler-Schichten 119, 275–277, 282, 284, 294
Halbleiter-Dioden 278
Halbleiter-Materialien 156, 175, 275–277, 283, 287, 288
Halbzeugfertigung, Anwendungen 250
Hartmetallwerkzeuge, Beschichtung 152
Hartoxid auf Al 9, 207
Hartstoffschichten auf Werkzeugen 137, 199, 275 ff.
Hartverchromen 196
Hartzerkleinerung, Anwendungen 11, 250

Heat-Mirror-Folien 118
Heißleiter 266
Heißpressen 112
Helmholtz-Fläche 189
HIP, heißisostatisches Pressen 112
Hochdruck-Plasma 60
Hochfrequenz-Entladungen 68
Hochfrequenz-Sputtern 68
Hochstromschalter 239
Hochtemperaturkorrosion, Schutzschichten 11, 156, 217, 235, 276, 283, 289
Hohlkathoden-Bogenentladung 133
Hohlleiter 203
Hüttenindustrie, Anwendungen 250
Hypersonic Spray System 224

IIX, ionen-induzierte Röntgenstrahlung 51
Induktionsschmelzen 111
innere Spannungen der Schichten 26, 55, 229
Instrumentenlager, Beschichtungen 153
integrierte Optik 8, 118, 184
Interfacezonen 16, 19, 99, 124, 148
Interferenzfilter 94, 118, 275 ff.
intrinsische Spannungen 27
inverse Osmose 182
Ionen-Ätzen 71
Ionen-Cluster-Strahl 136
Ionengetterpumpe 75
Ionenimplantation 14, 26
ionen-induzierte Elektronenemission 57, 72
Ionenquellen 110, 204
Ionenplattieren, mit
– Arc-Verdampfer 135
– DC-Glimmentladung 121, 127
– Elektronenstrahl 131
– HF-Entladung 128
– Hochvakuum 128
– Hohlkathodenbogen 133
– Ionen-Cluster-Strahl 136
– Magnetron 132
– Niedervoltbogen 134
– Plasmastrom 129
– Triodensystem 130
Ionentemperatur 59
Ionisierungsgrad 58
IR-Filter 287, 288
Irisé-Effekt 264, 278, 284
IR-reflektierende Schichten 94, 271, 275 ff.
IR-Spektroskopie 171
Isolationsschichten 118, 172, 239, 283
ISS, Ionenstreuspektroskopie 50
ITO-Schichten 7, 85, 94, 118, 142, 214, 275, 276, 283, 289

JET, Plasmafusionsanlage 211, 241
Josephson-Elemente 15, 186, 277

Kalcolor-Verfahren 208
Kaltlichtspiegel 94, 118, 271, 278
Kantenfilter 94, 118
Katalysatorfalle 75
Kathodenfall 65
Kathodenzerstäubung, s. Sputtern
kathodische Abscheidung,
  s. elektrochemische Abscheidung
Keimbildung 19
Kernreaktortechnologie,
  Anwendungen in der – 154, 156, 157, 218, 230
Kirkendall-Effekt 20, 29
Kohleschichtwiderstand 266
Kompositwerkstoffe 157
Kondensation, abschreckende 43
Kondensationskoeffizient 43
Kondensatorschichten 205, 278, 282–286
Kondensator-Spritzverfahren 224
Kontaktschichten 118, 141, 197, 275 ff.
kontinuierliches Aufdampfen 89
Konversionsschichten 214, 267
Korrosionsschutz, durch
– anodische Oxidation 209, 210
– Auftragschweißen 249–251
– Bedampfen 94
– chemisches Beschichten 214
– CVD 156
– galvanisches Beschichten 196, 197, 200–203
– Ionenplattieren 141
– organische Polymere und Dispersionen 265, 271
– Plasma CVD 175, 176
– Plattieren 251–254
– Schmelztauchen 257–258
– Sputtern 118
– thermisches Spritzen 217–241
Kosinus-Gesetz 76
kritischer Ionisierungsgrad 65
Kryoelektronik 2
Kryopumpen 75, 117
Kunststoffbeschichtung 32, 92, 212, 213

Lacke 262
– lösungsmittelarme – 263
Lackierverfahren 5, 267
Lambda-Sonden 240
Laminieren, von Polymerschichten 5, 269
Langmuir-Blodgett-Methode 269
Langmuir-Sonde 67
Laser-CVD 4, 7, 145
Laserspiegel 94, 118, 285–287
Laserstrahl-Auftragschweißen 5
Laserstrahl-Verfahren 14
LCD-Displays 94, 118, 175

Lebensmittelindustrie,
  Anwendungen in der – 196, 258, 265
LED-Displays 118, 287
leitende Polymere 269
Leiterbahnen 11, 118, 213, 268, 275–289, 294
Leiterplatten 9, 140, 213
Leitfähigkeit, Plasma- 62
Leuchtschirme 9, 209
Licht absorbierende Schichten 276, 282
Lichtbogen-Auftragschweißen 5, 244
Lichtbogen-Schmelzen 111
Lichtbogen-Spritzen 5, 10, 218
Lichtleiter, integrierte Optik 185
Lichtteiler 118
Lichtwellenleiter 8, 158
– Faserziehtechnik 161
– Materialherstellung 160
liquid quenching 5, 12, 259
Lithographie 13, 14, 269
LPPD, low pressure plasma deposition 84
Luft- und Raumfahrttechnik,
  Anwendungen in der – 154, 204, 218, 233, 239
Lumineszenzdioden 288

MAG, Metall-Aktivgas-Auftragschweißen 245
Magnetbänder 94, 118, 140, 265
magnetische Abschirmungen 261
magnetische Schichten 2, 12, 94, 118, 140, 260, 265, 275 ff., 289 ff.
magnetische Sensoren 261, 288, 291
magnetische Speicher 94, 118, 289
magnetoresistive Filme 287
Magnetköpfe für Video-, Audio- und Datenspeicher 261, 282
Magnetron-Sputtersysteme
– HF-betriebene 110
– planare 110
– zylindrische 107
Maschinenbau, Anwendungen im – 141, 155, 156, 196, 199–204, 211–219, 231–239, 250–258
Maser 288
Masken für Lithographie 94, 118, 145, 276, 278, 293
MBE, Molekularstrahl-Epitaxie 43
Meerwasserentsalzung 8, 182
Mehrquellen-Verdampfung 44, 81
Membrantechnik 182
Messungen an Schichten
– chemische Zusammensetzung 46–52
– funktionsorientierte Eigenschaften 55
– mechanisch-technologische Eigenschaften 54

Sachverzeichnis 331

- mikrogeometrische und kristalline Struktur 53
- physikalische Eigenschaften 53
- Schichtdicke, Schichtdickenrate 34 ff.

Metallchalcogenide 201, 287
Metalliding-Prozeß 203
metallische Gläser 259
Metall-Kohlenstoffschichten 172
Metallschmelze, Abscheidung aus – 12, 255 ff.
Metallspiegel 118, 275 ff.
metastabile Zustände 71
MIG, Metall-Inertgas-Auftragschweißen 245
Mikroelektronikschichten, s. Elektronikschichten
Mikrohärte 54, 230
Mikrohohlkugeln 158
mikrokristallines Si 173
Mikrostruktur von PVD-Schichten 21 ff.
- Einfluß von Inertgas 24
- Einfluß von Ionenbombardement 24
- Inkorporation von Fremdatomen 25
- Strukturzonen-Modelle 21
mittlere freie Weglänge 60, 74
Modifizierung der Randschicht 13
Montan- und Bauindustrie, Anwendungen in der – 292
MOS-Elemente 94, 118, 285, 294

nichtthermische Plasmen 56 ff.
Niederdruckplasmen 56 ff.
Niedervolt-Bogenentladung 134
NRA, Kernreaktionsanalyse 51

oberflächenaktive Schichten 240
Oberflächen-Analytik 46 ff.
Offsetdruck 268
optische Emissionsspektrometrie 43
optische Schichten, erzeugt durch
- Bedampfen 94, 275 ff.
- chemisches Beschichten 214
- CVD 158, 275 ff.
- galvanisches Beschichten 195–200
- Ionenplattieren 142, 275 ff.
- organische Polymere und Dispersionen 265, 271
- Plasma CVD 171–176
- Plasmapolymerisation 184
- Sputtern 118, 275 ff.
optische Speicher 118
optische Spiegel 94, 118, 265, 275 ff.
optoelektronische Schichten 2, 175, 275 ff.

pack cementation 145
Paschen-Gesetz 57
Passivierungsschichten 141, 175
Pasten, Abscheidung von – 5, 13, 267
p-C, pyrolithischer Kohlenstoff 8, 157
Penning-Prozesse 71
Permalloy-Schichten 197
Pfropf-Polymerisation 271
pharmazeutische Industrie, Anwendungen 4, 8, 186
Phosphatieren 4, 9, 214
Photoelektronenspektroskopie (ESCA) 48
Photoleiter 118, 287, 288
Photometer-Schichtdickenmessung 38
Photorezeptoren 175
Photozellen 287
piezoelektrische Schichten 118, 285
planare Magnetrons 110
Plasma-Ätzen 14, 70–72
plasma-aktivierte CVD 4, 7, 71, 162
Plasma-Auftragschweißen 5, 247 ff.
- Heißdraht-Auftragschweißen 248
- MIG-Auftragschweißen 247
- Pulver-Auftragschweißen 247
Plasma-Behandlung von Kunststoffen 14
Plasmafrequenz 65
Plasmaparameter, Messung 67
Plasmapolymerisation 4, 8, 70–72, 178 ff.
Plasma-Spritzverfahren 5, 10, 219 ff.
Plasma-Transport-Methode 173
Plasmen 56 ff.
- Erzeugung 56
- HF-Plasmen 68
- Kenngrößen 58
- kollektive Phänomene 64
- Reaktionen an der Oberfläche 71
- Reaktionen im Volumen 70
Plattenspeicher 197
Plattierverfahren 5, 12, 251 ff.
Polymere, Abscheidung organischer – 5, 13, 262 ff.
Porosität der Schichten 228
Präzipitation, Beschichtung durch – 4, 9, 213
Prozeßsteuerung von Anlagen 98
pulvermetallurgische Verfahren 111, 240
Pumpstand-Steuerungen 89
Punktplattieren 5, 253
PVD-Prozesse 4, 5, 73–142
pyrolithischer Graphit 157
Pyrolyse-Sprühverfahren 9, 213

quantitative Beschichtung 37

Raketendüsen 237
Randschichthärten 14
Rascherstarrung 5, 12, 259
Rauhigkeit 41, 53
Raumladungsschichten im Plasma 65

RBS, Rutherford-Rückstreuungs-
 spektroskopie 51
reaktives Bedampfen 26, 81
reaktives Ionenplattieren 26, 126
reaktives Sputtern 26, 101
Reed-Kontakte 277, 284
Refrigeratorkryopumpen 75, 117
Reibplattieren 5, 254
reibungsarme Schichten, erzeugt durch
 − Bedampfen 94
 − CVD 150
 − galvanisches Beschichten 199
 − Ionenplattieren 140
 − organische Polymere und Dispersionen
   265
 − Plasma CVD 172
 − Sputtern 118, 119
 − thermisches Spritzen 240
Reibungsminderung 119, 140, 171, 271,
 276, 277, 282, 284, 287, 288
Reibung und Verschleiß, Messung 55
Reinigung von Substraten
 − chemisch 30
 − durch Glimmentladung 31
 − durch Sputtern 31
Reparatur von Bauteilen durch
 Beschichten 197, 217, 219, 239, 250
Restgasdruck 74
Ritztest-Gerät 54
Röntgen-Fluoreszenz-Methode 45
Röntgen-Mikroanalyse 47
Röntgen-Mikroskopie 171
Röntgen-Teleskopie 171

Schichtdicke
 − Berechnung, Messung 34 ff.
 − Gleichmäßigkeit 78
 − Verteilung 76
Schichtdickenbereiche,
 verschiedener Prozesse 10, 13
Schichtdickenmessung 34 ff.
 − Beta-Rückstreumethode 45
 − Coulometrische Methode 42
 − dosierte Massezufuhr 37
 − Durchschlagsspannungs-Methode 43
 − Kapazitätsmethode 41
 − Licht- und Elektronenmikroskopie 41
 − magnetische Methode 42
 − Mikrowägung 37
 − Photometer-Methode 38
 − quantitative Beschichtung 37
 − Röntgen-Fluoreszenzmethode 45
 − Schwingquarz-Methode 35
 − Stylus-Methode 41
 − Tracer-Methode 45
 − Ultraschall-Echo-Methode 43

 − Widerstandsmethode 41
 − Wirbelstrommethode 42
Schichtdickenraten für verschiedene
 Prozesse 11, 13, 19, 34 ff.
Schichteigenschaften der Prozesse:
 − anodische Oxidation 204−207
 − Auftragsschweißen 248, 249
 − Bedampfen 18−29, 74 ff.
 − chemische Abscheidung 211−214
 − CVD 148
 − galvanische Abscheidung
   − aprotischer Elektrolyt 200, 201
   − Salzschmelze 202
   − wässeriger Elektrolyt 194
 − Ionenplattieren 18−29
 − organische Polymere und Dispersionen
   267−272
 − Plasma CVD 165
 − Plasmapolymerisation 180
 − Plattieren 251−254
 − Rascherstarrung 260
 − Schmelztauchen 257−259
 − Sputtern 18−29
 − thermisches Spritzen 226−230
Schichtmaterialien für die Prozesse:
 − anodische Oxidation 204−208
 − Auftragsschweißen 248, 249
 − Bedampfen 80, 81, 273, 289
 − chemische Abscheidung 211 ff.
 − CVD 143−146, 273−294
 − galvanische Abscheidung
   − aprotischer Elektrolyt 200, 201
   − Salzschmelze 202
   − wässeriger Elektrolyt 191, 195
 − Ionenplattieren 80, 96, 273−294
 − organische Polymere und Dispersionen
   262
 − Plasma CVD 164, 273−294
 − Plasmapolymerisation 179, 180
 − Plattieren 251−254
 − Rascherstarrung 259
 − Schmelztauchen 257−259
 − Sputtern 96−104, 114, 273−294
 − thermisches Spritzen 225, 273−294
Schichtmaterialien, Daten und Anwendun-
 gen:
− Boride 290
− Carbide 291
− Cermets 81, 289
− chemische Elemente 80, 273 ff.
− Halbleiter 81, 288
− Halogenide 80, 279
− Legierungen 81, 289
− Nitride 292
− Oxide 80, 282
− Selenide 81, 287

Sachverzeichnis

- Silicide 294
- Sulfide 81, 287
- Telluride 81, 287
Schmelzextrusion 5, 269
Schmelztauchverfahren 5, 12, 255 ff.
Schmelztiegel 240
Schutzfilme für
- Al-Spiegel 184
- elektronische Bauteile 185
Schweißplattieren 11, 242
Schwingmetallteile 197
Schwingquarz-Methode 35
selbstschmierende Schichten 240
SEM, Raster-Elektronenmikroskop 46, 52
Sendzimier-Prozeß 257
Si-carbid-, Si-nitrid- und Si-oxid-Schichten 175, 176
Siebdruck, elektrische Schaltungen 5, 268
SIGAL-Verfahren 200
Silizium, Herstellung
- metallurgical grade 156
- semiconductor grade 156
- solar grade 157
SNMS, Sekundär-Neutralteilchen-Massenspektrometrie 50
Solartechnik
- Absorber 8, 158, 282
- Konzentratoren 203
- Solarzellen 94, 118, 141, 172, 175, 213, 239, 276, 277, 282–288
solution coating 268
Sperrschicht auf Al 204
Sphäroidisieren 11, 240
Spinbeschichten 5, 268
spin coating 268
Spiralbohrer, Beschichtung 137
Sprengplattieren 12, 252
Spritzschweißen 217
Spritzverfahren
- air less spraying 270
- elektrostatisch 271
- mechanisch 270
- thermisch 215, 271
Sprühpyrolyse 4, 213
Sputteranlagen 115
Sputterreinigung 31
Sputtertargets 111
Sputtertechniken 4, 6, 71, 95 ff.
- Gesetzmäßigkeiten 96
- Ionenstrahl-Sputtern
- Mechanismus 99
- planare Dioden 102
- planare Magnetrons 110
- Sputterrate 97
- Triodensystem 105
- zylindrische Magnetrons 107

Stahlwerkzeuge, Beschichtung 153
Stickingwahrscheinlichkeit 74
stöchiometrisches Aufdampfen
- Elektronenstrahl-Verdampfung 82
- Flash-Verdampfung 83
- Mehrquellen-Verdampfung 44, 81
Stoßfrequenzen 62
Stoßraten 74
Strahlteiler 282–285, 287
Stranggruß-Verfahren 111
Ströme auf Elektroden im Plasma 65
Strukturzonen-Modell, nach
- Movchan-Demchishin 22
- Thornton 22
Stylus-Methode 41
Substrate, Vorbehandlung für die Prozesse:
- anodische Oxidation 195
- Auftragschweißen 224
- Bedampfen 29–33
- chemisches Beschichten 195
- CVD 29–33, 146
- galvanische Abscheidung
  - aprotischer Elektrolyt 195
  - Salzschmelze 202
  - wässeriger Elektrolyt 195
- Ionenplattieren 29–33
- organische Polymere und Dispersionen 267
- Plasma CVD 29–33
- Plasmapolymerisation 29–33
- Plattieren 224
- Rascherstarrung 259
- Schmelztauchen 255
- Sputtern 29–33
- thermisches Spritzen 215, 224
Substratträger 78
Superisolation 94
supraleitende Schichten 15, 94, 204, 208, 276–278

Tauchbeschichten 5, 268
Tauchemaillierung 9, 209
Teilchenbewegung im Magnetfeld 63
TEM, Transmissionselektronenmikroskop 46, 47
thermionische Generatoren 240, 288
thermische Bogenentladung 135
thermische CVD-Verfahren 4, 7, 143 ff.
thermische Detektoren 2
thermische Spannungen 27
thermische Spritzverfahren 9, 215 ff.
thermisches Plasma 56, 69
thermisches Randschichthärten 14
Thermistore 283
thermochemische Verfahren 13
throwing power 117, 190

TiC-, TiN-Schichten 138 ff., 152 ff.
Tiefenstreuung 117, 190
Townsend-Entladung 57
Tracer-Methode 45
Trägerdichte 58
Transistoren 94, 118, 288, 292
transparente, leitende Schichten 85, 275, 276, 282
Trockenemaillierung 271, 272
Trockenschmiermittel 6, 119, 199
TTL-Elemente 94
Tunneleffekte 15
Turbomolekularpumpe 75

Übergangszone Substrat/Schicht
- Diffusionsübergang 20
- mechanischer Übergang 19
- Monoschicht-Übergang 19
- Pseudodiffusionsübergang 20
- Verbindungsübergang 20
ultrafeine Pulver 2, 240
Ultraschall-Impulsecho-Methode 43
UP, Unter-Pulver-Auftragschweißen 245

Vakuum-Plasmaspritzen 5, 10, 222 ff.
Vakuum-Schmelzverfahren 111
Varistor 285
Verbundmetalle 72
Verdampfercharakteristik 78
Verdampferquellen 85 ff., 273 ff.
Verdampfungsrate 76
Verdampfungsrate-Monitor 43
Verdampfungsrate-Steuerungen 89
Verdrängungsreaktionen zu Beschichtung
- chemisch 213
- elektrochemisch 200
Verschleißrate, Meßmethode 55
Verschleißschutz, durch
- anodische Oxidation 207
- Auftragschweißen 249-251

- Bedampfen 94, 275-278
- chemisches Beschichten 212
- CVD 151, 275-278, 290-293
- galvanisches Beschichten 196-200
- Ionenplattieren 137, 275-293
- Plasma CVD 170, 275-278, 290-293
- Plattieren 251-254
- Sputtern 120, 275-278, 290-293
- thermisches Spritzen 230-241, 290-293
Videoplatten 118, 269
Vidicon 175

Wälzlager, Beschichtung 153
Wärmebarrieren 9, 234
Wärmedämmung 9, 94, 118, 234
Wärmeisolation 6, 94, 118
Wärmeschutzfilter 94, 118
Walzplattieren 5, 12, 252
Wasser-Elektrolyse 240
Wasser-Plasmaspritzen 224
Wendeschneidplatten 152
Werkzeugbeschichtung (TiN, TiC) 137, 140, 152, 250, 278
Widerstandsmeßmethoden 41
WIG, Wolfram-Inertgas-Auftragschweißen 245
Windkanal-Modelle 204
Wirbelstrommeßmethode 42
Wirkungsquerschnitte 60
Wolfram-Wasserstoff-Auftragschweißen 245

XPS, Röntgenstrahl-Photoelektronen-Spektrometrie 48

Zink-Tauchbeschichtung 257
Zinn-Tauchbeschichtung 258
Zonenschmelzen 111
zylindrisches Magnetron, mit
- elektrostatischem Plasmaeinschluß 107
- magnetischem Plasmaeinschluß 109

MIX
Papier aus verantwortungsvollen Quellen
Paper from responsible sources
FSC® C105338

If you have any concerns about our products,
you can contact us on
ProductSafety@springernature.com

In case Publisher is established outside the EU,
the EU authorized representative is:
**Springer Nature Customer Service Center GmbH
Europaplatz 3, 69115 Heidelberg, Germany**

Printed by Libri Plureos GmbH
in Hamburg, Germany